21世纪高等学校计算机专业
核心课程规划教材

微机原理与接口技术

（第3版）

◎ 牟琦 编著

U0197745

清华大学出版社
北京

内 容 简 介

本书从工程应用的角度出发,以 Intel 8086 微处理器为基础,系统阐述微型计算机的基本组成、工作原理及接口技术。

本书主要内容包括微型计算机硬件系统的组成、汇编语言程序设计、总线及接口技术三大部分,全书共分为 9 章,分别讲述计算机系统概述、微型计算机系统基础、80x86 微处理器、寻址方式与指令系统、汇编语言程序设计、半导体存储器、输入/输出技术和常用接口芯片等内容,并给出了一些典型的实验。

本书在内容选择上以微型计算机基础知识为主,同时注重应用,坚持理论联系实际的原则,给出了大量的例题、习题和实验。内容组织和语言表达方面坚持由浅入深、循序渐进、通俗易懂的原则,以适应不同专业、不同层次的读者学习需要。

本书可作为高等院校非计算机专业本、专科教材使用,也可作为相关工程技术人员的参考资料。

图书在版编目(CIP)数据

微机原理与接口技术/牟琦编著. —3 版. —北京:清华大学出版社,2018(2024.2重印)
(21 世纪高等学校计算机专业核心课程规划教材)
ISBN 978-7-302-49863-6

Ⅰ. ①微… Ⅱ. ①牟… Ⅲ. ①微型计算机—理论 ②微型计算机—接口技术 Ⅳ. ①TP36

中国版本图书馆 CIP 数据核字(2018)第 051509 号

策划编辑:魏江江
责任编辑:王冰飞
封面设计:刘　键
责任校对:时翠兰
责任印制:丛怀宇

出版发行:清华大学出版社
　　　　网　　　址:https://www.tup.com.cn,https://www.wqxuetang.com
　　　　地　　　址:北京清华大学学研大厦 A 座　　　　　　邮　　编:100084
　　　　社　总　机:010-83470000　　　　　　　　　　　　邮　　购:010-62786544
　　　　投稿与读者服务:010-62776969,c-service@tup.tsinghua.edu.cn
　　　　质量反馈:010-62772015,zhiliang@tup.tsinghua.edu.cn
　　　　课件下载:https://www.tup.com.cn,010-83470236
印　装　者:北京同文印刷有限责任公司
经　　　销:全国新华书店
开　　　本:185mm×260mm　　　　印　　张:24.75　　　　字　　数:604 千字
版　　　次:2007 年 12 月第 1 版　　2018 年 12 月第 3 版　　印　　次:2024 年 2 月第 14 次印刷
印　　　数:97001～99000
定　　　价:49.50 元

产品编号:078706-01

第 3 版前言

"微机原理与接口技术"是高等学校计算机、通信、电气、电子等专业开设的一门专业基础课,包括汇编语言程序设计、微机系统结构及工作原理、总线及接口芯片等内容。本书内容主要包括微型计算机硬件系统的组成、汇编语言程序设计、总线及接口技术三大部分,各部分侧重有所不同。概括起来,由内及外可分为 3 个层次:CPU 是核心,指令系统学习重在原理;汇编语言程序设计重点是讲清楚机器语言与体系结构的关系,并兼顾了解各级编程界面;接口芯片学习重在应用。本书的教学目标是使学生能够深入理解计算机系统的硬件结构和工作原理,了解计算机在执行程序时各个部件是如何工作的,从而培养硬件思维方式,建立起计算机系统的整体概念,使学生具备计算机系统应用和软硬件开发的能力,为后续相关课程及课程设计和毕业设计打下基础。因此,这门课程在帮助学生建立系统观、培养硬件思维方面,都具有重要的意义。

微机原理与接口技术教材具有信息量大、知识点涵盖面广、硬件与软件兼顾、课程内容前后衔接紧密等特点,而且涉及较多计算机底层的内容,学生在学习过程中往往感到内容抽象、不好理解,学习难度大。这就需要在教材编写过程中合理组织教学内容,精心选择教学例题,帮助学生深入体会硬件工作原理,训练硬件思维方法,逐步建立对硬件的感觉。

本书主要针对普通高等院校计算机类、电气类、电子信息类、自动化类、仪器类、机械类等相关专业本科生。作者在本书中融入了多年的教学经验,注重培养学生的工程应用能力,在内容选择、语言表达方面力求精练、通俗易懂,重点突出。第 3 版修订过程中,重新梳理了知识点之间的关系,将一些知识点的顺序做了调整,使其更符合学生的认知习惯;另外,也根据当前微型计算机、嵌入式、单片机等领域的最新发展,删除了部分过时的、没有实用价值的内容,增加了一些新的内容。其中,第 1~4 章由牟琦编写,第 5 章、第 7 章由孙艺珍编写,第 6 章、第 8 章、第 9 章由桑亚群编写。

全书以培养高级工程应用人才为目标,面向多层次、多学科专业,实用性强、使用面广,具有以下几个特点。

(1) 理论教学与实践教学并重,以丰富的实例支撑理论教学,并兼顾选材的先进性和教学对象的普适性。

(2) 坚持基本理论适度原则,立足系统、面向应用、力求精练、重点突出。

(3) 全书以培养学生应用能力为主线,以帮助学生深入理解计算机的结构和工作原理为课程教学目标。

除了主教材之外,我们还提供了丰富的教学资源,包括授课 PPT、教学大纲、考试大纲、实验大纲、习题及答案、模拟试题及答案，以及教学进度、实验方案等。另外，清华大学出版社专门为本书建立了课程研讨 QQ 群（311795034），目前课程群中已经有来自全国 50 余所高校的教师共同分享教学心得，交流教学经验。

最后，感谢清华大学出版社的编辑们的大力支持，使本书第 3 版顺利出版，在此表示诚挚的谢意。

由于计算机技术发展迅速，加之作者水平有限，书中难免会有不妥之处，恳请广大读者与专家批评指正，以便在今后的修订中不断改进。

作　者

2018 年 6 月

目 录

第1章

计算机系统概述

电子数字计算机是 20 世纪最卓越的科学技术成就之一,它的发明与应用标志着人类文明进入了一个新的历史阶段。本章主要介绍计算机中的数据表示与编码、微型计算机中常用的数字逻辑电路,以及计算机系统的基本结构与工作原理等内容。使读者能从总体上对计算机系统有一个初步的了解,为后续知识的学习奠定基础。

1.1 计算机中的数据表示与编码

计算机最重要的功能是处理信息,如数值、文字、符号、语音、图形和图像等。在计算机内部,各种信息都必须采用数字化的形式被存储、加工与传送。计算机中的数据信息一般又可分为数值数据和非数值数据。**数值数据**用于表示数量的大小,具有确定的数值;**非数值数据**没有确定的数值,它主要表示字符、汉字、逻辑数组等。例如,用 10 个阿拉伯数字表示数值,用 26 个英文字母构成英文词汇,就是现实生活中编码的典型例子。

1.1.1 数与数制

1. 进位计数法与数制

进位计数法是一种计数的方法。在日常生活中,人们使用各种进位计数法,如六十进制(1 小时＝60 分,1 分＝60 秒),十二进制(1 英尺＝12 英寸,1 年＝12 月)等。但最熟悉和最常用的是**十进制**计数。**数制**是人们利用符号来计数的科学方法,是以表示数值所用的数字符号个数来命名的。例如,十进制数的特点是"逢十进一,借一当十",需要用到的数字符号为 10 个,分别是 0～9。

任意一个十进制数可以用**位权**来表示。位权就是某个固定位置上的计数单位。在十进制数中,个位的位权为 10^0,十位的位权为 10^1,百位的位权为 10^2,千位的位权为 10^3,而在小数点后第一位上的位权为 10^{-1},小数点后第二位上的位权为 10^{-2} 等。

因此,如果有十进制数 234.13,则其各位上的位权如图 1.1 所示。

其中,百位上的 2 表示 2 个 100,十位上的 3 表示 3 个 10,个位上的 4 表示 4 个 1,小数点后第一位上的 1 表示 1 个 0.1,小数点后第二位上的 3 表示 3 个 0.01,用位权表示为:

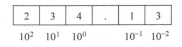

图 1.1 十进制数的位权

$$(234.13)_{10} = 2 \times 10^2 + 3 \times 10^1 + 4 \times 10^0 + 1 \times 10^{-1} + 3 \times 10^{-2}$$

2. 二进制数、八进制数和十六进制数

(1)二进制数。现代计算机中,数据是以电子元件的物理状态来表示的。由于二进制数仅用到"0"和"1"两个基本符号,在物理上最容易实现,因此计算机中广泛采用**二进制数**。例如,用高、低两个电位表示"1"和"0",或者用脉冲的有、无表示"1"和"0",用脉冲的正、负极性表示"1"和"0"等,可靠性都较高。另外,"1"和"0"正好与逻辑数据"真"与"假"相对应,为计算机实现逻辑运算带来了方便。

因此,不论是什么信息,在输入计算机内部时,都必须用二进制编码表示,以方便存储、传送和处理。二进制数的特点是"逢二进一,借一当二",需要用到的数字符号为两个,分别是"0"和"1"。

与十进制数类似,二进制数也可用位权表示为:
$$(110.11)_2 = 1 \times 2^2 + 1 \times 2^1 + 0 \times 2^0 + 1 \times 2^{-1} + 1 \times 2^{-2}$$

这个计算的结果就是二进制数110.11的十进制数值。因此,计算任何一个二进制数所代表的十进制数值的运算规则是:
$$N_2 = \pm \sum_{i=-m}^{n-1} x_i 2^i = \pm \left(\sum_{i=0}^{n-1} x_i 2^i + \sum_{i=-1}^{-m} x_i 2^i \right)$$

其中,n是整数位个数;m是小数位个数。

（2）八进制和十六进制数。计算机中采用二进制数,优点是物理实现容易且运算特别简单,但缺点是书写冗长。因此,为了人们阅读与记录方便,通常采用八进制和十六进制来表示二进制数。

八进制数的特点是"逢八进一,借一当八",需要用到的数字符号为八个,分别是0～7。**十六进制数**的特点是"逢十六进一,借一当十六",需要用到的数字符号为十六个,分别是0～9、A～F。

由于二进制数、八进制数和十六进制数之间存在特殊关系,即$2^3 = 8, 2^4 = 16$,因此每3位二进制数对应一位八进制数,每4位二进制数对应一位十六进制数,如表1.1所示。

表1.1　十进制、二进制、八进制和十六进制数码对照表

十进制	二进制	八进制	十六进制
0	0000	0	0
1	0001	1	1
2	0010	2	2
3	0011	3	3
4	0100	4	4
5	0101	5	5
6	0110	6	6
7	0111	7	7
8	1000	10	8
9	1001	11	9
10	1010	12	A
11	1011	13	B
12	1100	14	C
13	1101	15	D
14	1110	16	E
15	1111	17	F

任意一个八进制数和十六进制数也可用位权表示。例如：

$$(34.56)_8 = 3 \times 8^1 + 4 \times 8^0 + 5 \times 8^{-1} + 6 \times 8^{-2}$$

$$(1B.E5)_{16} = 1 \times 16^1 + B \times 16^0 + E \times 16^{-1} + 5 \times 16^{-2}$$

因此，对于 n 位整数、m 位小数的任意 r 进制数 N，可推广出表示任意 r 进制数的通式：

$$N = \pm \sum_{i=-m}^{n-1} x_i r^i = \pm \left(\sum_{i=0}^{n-1} x_i r^i + \sum_{i=-1}^{-m} x_i r^i \right)$$

式中，r 称为**基数**或**基**，$\sum_{i=0}^{n-1} x_i r^i$ 为整数部分，$\sum_{i=-1}^{-m} x_i r^i$ 为小数部分。

3. 数制转换

（1）r 进制数转换为十进制数。

r 进制数的通式为：

$$N = \pm \sum_{i=-m}^{n-1} x_i r^i = \pm \left(\sum_{i=0}^{n-1} x_i r^i + \sum_{i=-1}^{-m} x_i r^i \right)$$

本式提供了将 r 进制数转换为十进制数的方法，即按位权展开后相加。

【例 1.1】 把二进制数 101.11 转换为相应的十进制数。

解 $(101.11)_2 = 1 \times 2^2 + 0 \times 2^1 + 1 \times 2^0 + 1 \times 2^{-1} + 1 \times 2^{-2}$

$\qquad\qquad = 4 + 0 + 1 + 0.5 + 0.25$

$\qquad\qquad = (5.75)_{10}$

【例 1.2】 把八进制数 123.54 转换为相应的十进制数。

解 $(123.54)_8 = 1 \times 8^2 + 2 \times 8^1 + 3 \times 8^0 + 5 \times 8^{-1} + 4 \times 8^{-2}$

$\qquad\qquad = 64 + 16 + 3 + 0.625 + 0.0625$

$\qquad\qquad = (83.6875)_{10}$

（2）十进制数转换为 r 进制数。

将十进制数转换为 r 进制数，整数部分和小数部分的转换方法是不同的，具体方法如下。

① 整数部分的转换：除 r 取余法。

将十进制数除以基数 r，得到一个商和一个余数；再将商除以基数 r，又得到一个商和一个余数；继续这一过程，直到商等于 0 为止。将每次得到的余数连起来，就是对应 r 进制数的各位数字。其中，第一次得到的余数为 r 进制数的最低位，最后得到的余数为 r 进制数的最高位。

【例 1.3】 将十进制数 25 转换为二进制数。

解 运算过程为：

```
2 |        25      取余数
  2 |      12      1    ← 最低位
    2 |     6      0
      2 |   3      0
        2 | 1      1
            0      1    ← 最高位
```

所以 $(25)_{10} = (11001)_2$

【例 1.4】 将十进制数 97 转换为十六进制数。

解 运算过程为：

```
16 ┃  97      取余数
   16 ┃ 6        1   ←最低位
        0        6   ←最高位
```

所以 $(97)_{10} = (61)_{16}$

② 小数部分的转换：乘 r 取整法。

用基数 r 乘以十进制小数,得到整数和小数部分;再用基数 r 乘以小数部分,又得到一个整数和一个小数部分;继续这一过程,直到余下的小数部分为 0 或满足精度要求为止。

最后将每次得到的整数部分按先后顺序从左到右排列,即得到所对应 r 进制小数。

【例 1.5】 将十进制小数 0.8125 转换为二进制小数。

解 运算过程为：

```
        0.8125        积的整数部分
   ×        2
        1.6250            1        ←最高位
        0.6250
   ×        2
        1.2500            1
        0.2500
   ×        2
        0.5000            0
        0.5000
   ×        2
        1.0000            1        ←最低位
        0.0000        余下的小数部分为 0,结束
```

所以 $(0.8125)_{10} = (0.1101)_2$

如果十进制数包含整数和小数两部分,在将其转换成 r 进制时,则可以将其整数部分和小数部分分别进行转换,然后再组合起来。

【例 1.6】 将十进制小数 25.8125 转换为二进制数。

解 运算过程为：

$$(25)_{10} = (11001)_2$$
$$(0.8125)_{10} = (0.1101)_2$$

由此可得：

$$(25.8125)_{10} = (11001.1101)_2$$

(3) 二进制数与八进制数、十六进制数之间的转换。

二进制数、八进制数和十六进制数之间,可参照表 1.1 的对应关系进行转换。

将二进制数转换为八进制数,只要将二进制数从小数点开始,分别向左、向右每 3 位一组进行划分即可。若小数点左侧的位数不是 3 的整数倍,则在数的最左侧补零;若小数点右侧的位数不是 3 的整数倍,则在数的最右侧补零。然后参照表 1.1 将每 3 位二进制数转换为对应的一位八进制数,即为二进制数对应的八进制数。

【**例 1.7**】 将二进制数 $(11010110.11)_2$ 转换为八进制数。

解

$$\underset{3}{\underline{011}} \quad \underset{2}{\underline{010}} \quad \underset{6}{\underline{110}} \quad . \quad \underset{6}{\underline{110}}$$

所以

$$(11010110.11)_2 = (326.6)_8$$

将八进制数转换为二进制数的过程正好相反,参照表 1.1,将每一位八进制数转换为对应的 3 位二进制数即可。

【**例 1.8**】 将八进制数 $(25.4)_8$ 转换为二进制数。

解

$$\underset{010}{\underline{2}} \quad \underset{101}{\underline{5}} \quad . \quad \underset{100}{\underline{4}}$$

所以

$$(25.4)_8 = (10101.1)_2$$

类似的,二进制数和十六进制数之间的转换只要按照每组 4 位进行分组即可。

【**例 1.9**】 将二进制数 $(111101.101)_2$ 转换为十六进制数。

解

$$\underset{3}{\underline{0011}} \quad \underset{D}{\underline{1101}} \quad . \quad \underset{A}{\underline{1010}}$$

所以

$$(111101.101)_2 = (3D.A)_{16}$$

【**例 1.10**】 将十六进制数 $(1FC7.958)_{16}$ 转换为二进制数。

解

$$\underset{0001}{\underline{1}} \quad \underset{1111}{\underline{F}} \quad \underset{1100}{\underline{C}} \quad \underset{0111}{\underline{7}} \quad . \quad \underset{1001}{\underline{9}} \quad \underset{0101}{\underline{5}} \quad \underset{1000}{\underline{8}}$$

所以

$$(1FC7.958)_{16} = (1111111000111.100101011)_2$$

在汇编语言中,通常用数字后面跟一个英文字母来表示该数的数制。其中,十进制数用 D(Decimal)来表示,二进制数用 B(Binary)来表示,八进制数用 O(Octal)来表示,十六进制数用 H(Hexadecimal)来表示。由于英文字母 O 容易和零混淆,因此也可以用 Q 来表示八进制。当然,也可以用这些字母的小写形式来表示数制。另外,计算机操作中一般默认使用十进制,所以十进制数可以不标出进制符号。

例如:

$$25D = 11001B = 19H = 31Q$$
$$0.5D = 0.1B = 0.8H = 0.4Q$$
$$25d = 11001b = 19h = 31q$$
$$0.5d = 0.1b = 0.8h = 0.4q$$

由于使用八进制数和十六进制数表示的二进制数较短,便于记忆,因此八进制数和十六进制数主要用来简化二进制数的书写。

1.1.2 数据格式

计算机中常用的数据表示格式有两种:定点格式和浮点格式。所谓定点数和浮点数,是指在计算机中一个数的小数点的位置是固定的还是浮动的。如果一个数中小数点的位置是固定的,则为**定点数**;如果一个数中小数点的位置是浮动的,则为**浮点数**。一般来说,定点格式可表示的数值范围有限,对硬件的要求简单;而浮点格式可表示的数据范围很大,硬件比较复杂。

1. 定点数表示方法

在定点格式中,约定机器中所有数据的小数点位置是固定不变的。由于约定在固定的位置,因此小数点就无须被记录和存储。原则上,小数点可以固定在任何位置,但是通常将小数点固定在数值部分的最高位之前,构成定点**纯小数**;或者将小数点固定在数值部分的最后面,构成定点**纯整数**。

例如,用一个 n 位字来表示一个定点数 $x = x_0 x_1 x_2 \cdots x_{n-1}$,其中第一位 x_0 用来表示数的符号位,其余位数代表它的数值部分。如果 x 表示的是纯小数,那么小数点位于 x_0 和 x_1 之间,数的表示范围为 $0 \leqslant |x| \leqslant 1 - 2^{-(n-1)}$;如果 x 表示的是纯整数,则小数点位于最低位 x_{n-1} 的右边,数的表示范围为 $0 \leqslant |x| \leqslant 2^{n-1} - 1$。

2. 浮点数表示法

浮点数表示法对应于科学计数法,如二进制数 110.011 可表示为:

$$x = 110.011 = 1.10011 \times 2^{+10} = 11001.1 \times 2^{-10} = 0.110011 \times 2^{+11}$$

在计算机中一个浮点数由两部分构成:阶码和尾数。阶码是指数部分,只能是一个带符号的整数,它决定了浮点数的表示范围;尾数部分表示数值的有效数字,是纯小数,因而决定了浮点数的精度。

浮点数的存储格式如图1.2所示。

图 1.2 浮点数存储格式

例如,设尾数为 4 位,阶码为 2 位,则二进制数 $x = 0.1011 \times 2^{+11}$ 的浮点数存储格式如图 1.3 所示。

图 1.3 浮点数存储格式

尾数的符号也就是整个浮点数的符号,而阶码的符号只决定小数点的位置。

为便于软件移植,IEEE 754 标准规定了 32 位浮点数和 64 位浮点数的标准格式。IEEE 754 32 位浮点数的格式如图 1.4 所示。

图 1.4 IEEE 754 浮点数标准格式

浮点数可表示的数的范围比定点数大得多,在相同的条件下浮点运算比定点运算速度慢。早期的微型机和单片机大多数不支持硬件浮点数运算,只能通过调用程序库(函数)实现浮点运算,非常耗时,如 Intel 8086/8088/80286/80386 CPU、51 单片机等。Intel 提供了可选的协处理器 80x87 实现硬件浮点运算。从 Intel 80486 起,CPU 内置了浮点数处理器(Float Point Unit,FPU)。目前,大多数微型机、单片机都同时具有定点和浮点两种表示方法。

1.1.3　二进制数的编码及运算

一个数在机器(计算机)中的表示形式称为**机器码**。相应地,一般书写表示的实际数值数据被称为真值。

1. 无符号数

在某些情况下,计算机要处理的数据全是正数,因此在数据存储和运算时,就不必专门保存符号位,机器码中所有位均作为数值位处理,假设机器字长为 n 位,则无符号整数的编码表示如图 1.5 所示。

图 1.5　无符号整数的编码表示

无符号整数的表示范围 N 为 $0 \leqslant N \leqslant 2^n - 1$。例如,当 $n = 8$ 位时,表示范围为 $0 \leqslant N \leqslant 255$;当 $n = 16$ 位时,表示范围为 $0 \leqslant N \leqslant 65535$。

计算机中最常见的无符号整数是地址,另外,双字长数据的低位字也是无符号整数。

2. 有符号数

对于有符号数,用机器码的最高位来表示其正负符号。假设机器字长为 n 位,则有符号整数的编码表示如图 1.6 所示。

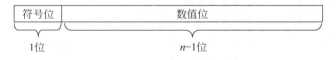

图 1.6　有符号整数的编码表示

在二进制中,因为只有“0”和“1”两种形式,所以数据的正负号也必须用“0”和“1”来表示,一般 0 表示正数,1 表示负数。常用的机器码有**原码**、**反码**和**补码**。由于补码有许多优点,大多数微机采用补码编码。

(1)原码。数的最高位为符号位,0 表示正数,1 表示负数;数值部分是真值的绝对值。一个数 x 的原码记作 $[x]_原$。若 $n-1$ 位二进制数 $x = x_{n-2}x_{n-3}\cdots x_1 x_0$,则 n 位原码的形式为:

$$[x]_原 = \begin{cases} \mathbf{0}x_{n-2}x_{n-3}\cdots x_1 x_0 & x \geqslant 0 \\ \mathbf{1}x_{n-2}x_{n-3}\cdots x_1 x_0 & x \leqslant 0 \end{cases}$$

例如,当机器字长 $n = 8$ 时,$+1 = +0000001\text{B}$,则

$$[+1]_原 = \mathbf{0}\,0000001\text{B}$$

$$+127=+1111111B,则[+127]_原=\mathbf{0}\ 1111111B$$
$$-1=-0000001B,则[-1]_原=\mathbf{1}\ 0000001B$$
$$-127=-1111111B,则[-127]_原=\mathbf{1}\ 1111111B$$

可见,对于二进制数,正数的原码就是它本身,负数的原码符号位取 1,数值部分是真值的绝对值。

在原码表示中,+0 和−0 的原码不同,即 0 有以下两种原码表示形式。

$$+0=+0000000B,则[+0]_原=\mathbf{0}\ 0000000B$$
$$-0=-0000000B,则[-0]_原=\mathbf{1}\ 0000000B$$

原码表示法简单易懂,但它的最大缺点是加减运算复杂。这是因为,当两数相加时,如果是同号则两数相加;如果是异号则要进行减法操作。而在进行减法操作时,还要比较两数绝对值的大小,然后大数减去小数,最后还要给结果选择恰当的符号。这不仅使运算器的设计较为复杂,而且降低了运算速度。

(2) 反码。对于二进制数,正数的反码就是它本身,负数的反码符号位取 1,数值部分按位取反。所谓按位取反,就是二进制数的各位数码 0 变 1、1 变 0。也就是说,若 $x_i=1$,则反码 $\bar{x}_i=0$;若 $x_i=0$,则反码 $\bar{x}_i=1$。

一个数 x 的反码记作 $[x]_反$。若 $n-1$ 位二进制数 $x=x_{n-2}x_{n-3}\cdots x_1x_0$,则 n 位反码的形式为:

$$[x]_反=\begin{cases}\mathbf{0}\ x_{n-2}x_{n-3}\cdots x_1x_0 & x\geqslant0 \\ \mathbf{1}\ \bar{x}_{n-2}\bar{x}_{n-3}\cdots\bar{x}_1\bar{x}_0 & x\leqslant0\end{cases}$$

例如,当机器字长 $n=8$ 时,

$$+1=+0000001B,则[+1]_反=\mathbf{0}\ 0000001B$$
$$+127=+1111111B,则[+127]_反=\mathbf{0}\ 1111111B$$
$$-1=-0000001B,则[-1]_反=\mathbf{1}\ 1111110B$$
$$-127=-1111111B,则[-127]_反=\mathbf{1}\ 0000000B$$

在反码表示中,+0 和−0 的反码不同,即 0 有以下两种反码表示形式。

$$+0=+0000000B,则[+0]_反=\mathbf{0}\ 0000000B$$
$$-0=-0000000B,则[-0]_反=\mathbf{1}\ 1111111B$$

(3) 补码。下面先以钟表对时为例说明补码的概念。假设现在的标准时间为 4 点整,而有一只表已经 7 点了,为了校准时间,可以采用如下两种方法:一种是将时针退 $7-4=3$ 格;另一种是将时针向前拨 $12-3=9$ 格。这两种方法都能对准到 4 点,由此看出,减 3 和加 9 是等价的。就是说 9 是(−3)对 12 的补码,可以用数学公式表示为:

$$-3=+9(\bmod 12)$$

mod 12 的意思就是 12 为模,这个"模"表示被丢掉的数值。上式在数学上称为同余式。上例中之所以认为 7−3 和 7+9(mod 12)等价,原因就是表指针超过 12 时,将把 12 自动丢掉,最后得到 16−12=4。同样,以 12 为模时,

$$-4=+8(\bmod 12)$$
$$-5=+7(\bmod 12)$$

从这里可以得到一个启示,就是用补码表示时,可以把负数转化为正数,减法转化为加

法。这样,在计算机中实现起来就比较方便。

一个数 x 的补码记为 $[x]_\text{补}$,在模为 M 的情况下,补码可定义为:

$$[x]_\text{补} = \begin{cases} x & x \geqslant 0 \\ M+x & x \leqslant 0 \end{cases}$$

对于二进制数,正数的补码就是它本身,负数的补码符号位取 1,数值部分按位取反后末位加 1。

例如,当机器字长 $n=8$ 时,

$$+1=+0000001\text{B},则[+1]_\text{补}=\mathbf{0}\,0000001\text{B}$$
$$+127=+1111111\text{B},则[+127]_\text{补}=\mathbf{0}\,1111111\text{B}$$
$$-1=-0000001\text{B},则[-1]_\text{补}=\mathbf{1}\,1111111\text{B}$$
$$-127=-1111111\text{B},则[-127]_\text{补}=\mathbf{1}\,0000001\text{B}$$

在补码表示中,$+0$ 和 -0 的补码形式相同,即 0 只有一种补码表示形式:

$$+0=+0000000\text{B},则[+0]_\text{补}=\mathbf{0}\,0000000\text{B}$$
$$-0=-0000000\text{B},则[-0]_\text{补}=\mathbf{1}\,1111111+1=\mathbf{0}\,0000000\text{B}$$

对于 10000000 这个补码编码,其十进制真值被定义为 -128。

一般来说,如果机器字长为 n 位,则补码能表示的整数范围为:

$$-2^{n-1} \sim 2^{n-1}-1$$

例如,当 $n=8$ 时,补码能表示的整数范围为 $-128 \sim +127$,当 $n=16$ 时,补码取值范围为 $-32768 \sim +32767$。

【例 1.11】 机器字长 $n=8$ 位,$x=+56$,求 $[x]_\text{补}$,结果用十六进制表示。

解　因为机器字长是 8 位,其中符号占了 1 位,所以数值部分应占 7 位,$+56=+0111000\text{B}$,则

$$[+56]_\text{补}=\mathbf{0}\,0111000\text{B}=38\text{H}$$

【例 1.12】 机器字长 $n=8$ 位,$x=-56$,求 $[x]_\text{补}$,结果用十六进制表示。

解　因为机器字长是 8 位,其中符号占了 1 位,所以数值部分应占 7 位,$-56=-0111000\text{B}$,则

$$[-56]_\text{补}=\mathbf{1}\,1001000\text{B}=0\text{C}8\text{H}$$

在汇编语言中,为了区别指令码和数据,规定 A～F 开始的数据前面必须加零。

【例 1.13】 机器字长 $n=16$ 位,$x=+56$,求 $[x]_\text{补}$,结果用十六进制表示。

解　因为机器字长是 16 位,其中符号占了 1 位,所以数值部分应占 15 位,$+56=+111000\text{B}=+000\,0000\,0011\,1000$,则

$$[+56]_\text{补}=\mathbf{0}\,000\,0000\,0011\,1000\text{B}=0038\text{H}$$

【例 1.14】 机器字长 $n=16$ 位,$x=-56$,求 $[x]_\text{补}$,结果用十六进制表示。

解　因为机器字长是 16 位,其中符号占了 1 位,所以数值部分应占 15 位,$-56=-111000\text{B}=-000\,0000\,0011\,1000$,则

$$[-56]_\text{补}=\mathbf{1}\,111\,1111\,1100\,1000\text{B}=0\text{FFC}8\text{H}$$

由此可看出,二进制整数的补码数要扩展时,正数是在前面补 0,负数是在前面补 1。也就是说,补码数扩展实际上是符号扩展。

已知补码求真值的方法是:当机器码的最高位(符号位)为 **0** 时,表示真值是正数,其值等于其余 $n-1$ 位的值;当机器数的最高位(符号位)为 **1** 时,表示真值是负数,其值等于其余 $n-1$ 位按位取反末位加 **1** 的值。

例如:若$[x]_补 = \mathbf{0}\ 1111111$,则 $x = +1111111B = +127$

若$[x]_补 = \mathbf{1}\ 1111111$,则 $x = -0000001B = -1$

表 1.2 所示为 8 位二进制编码对应的无符号数,以及带符号数原码、反码及补码的值。

表 1.2   8 位二进制编码对应的数值

二进制编码	无符号数	原码	反码	补码
00000000	0	+0	+0	+0
00000001	1	+1	+1	+1
00000010	2	+2	+2	+2
⋮	⋮	⋮	⋮	⋮
01111110	126	+126	+126	+126
01111111	127	+127	+127	+127
10000000	128	−0	−127	−128
10000001	129	−1	−126	−127
10000010	130	−2	−125	−126
⋮	⋮	⋮	⋮	⋮
11111110	254	−126	−1	−2
11111111	255	−127	−0	−1

3. 补码运算

用补码表示的带符号数进行加减运算时,把符号位的 0 或 1 也看作数值,一同进行运算,所得结果也为补码形式,而且减法运算也可以通过加法运算器得到,无须为了负数的加法运算或减法运算再配一个减法器,大大简化了运算器的设计。

二进制补码的运算规则:

$$[X+Y]_补 = [X]_补 + [Y]_补$$
$$[X-Y]_补 = [X]_补 + [-Y]_补$$

这是补码加法的理论基础,可以看出,计算机引入了补码后,具有以下优点。

(1) 进行加法运算时,把符号位和数值位一起进行运算(若符号位有进位,则丢掉),结果为两数之和的补码形式。

(2) 减法运算可以转化为加法运算,这样就不必为了负数的加法运算或减法运算再配一个减法器,大大简化了硬件设计。

【例 1.15】 补码进行下列运算:

① (+33)+(+15);② (−33)+(+15);③ (+33)+(−15);④ (−33)+(−15)。

解

$$+33 = +0100001B, [+33]_补 = \mathbf{0}\ 0100001$$
$$+15 = +0001111B, [+15]_补 = \mathbf{0}\ 0001111$$
$$-33 = -0100001B, [-33]_补 = \mathbf{1}\ 1011111$$
$$-15 = -0001111B, [-15]_补 = \mathbf{1}\ 1110001$$

$$
\begin{array}{ll}
\ \mathbf{0}\ 0100001 & [+33]_\text{补} \\
+\ \ \mathbf{0}\ 0001111 & [+15]_\text{补} \\
\hline
\ \mathbf{0}\ 0110000 & [+48]_\text{补}
\end{array}
\qquad
\begin{array}{ll}
\ \mathbf{1}\ 1011111 & [-33]_\text{补} \\
+\ \ \mathbf{0}\ 0001111 & [+15]_\text{补} \\
\hline
\ \mathbf{1}\ 1101110 & [-18]_\text{补}
\end{array}
$$

$$
\begin{array}{lll}
\ \mathbf{0}\ 0100001 & [+33]_\text{补} \\
+\quad\ \mathbf{1}\ 1110001 & [-15]_\text{补} \\
\hline
(1)\quad \mathbf{0}\ 0010010 & [+18]_\text{补}
\end{array}
\qquad
\begin{array}{lll}
\ \mathbf{1}\ 1011111 & [-33]_\text{补} \\
+\quad\ \mathbf{1}\ 1110001 & [-15]_\text{补} \\
\hline
(1)\quad \mathbf{1}\ 1010000 & [-48]_\text{补}
\end{array}
$$

　　　　↑————————进位,丢掉　　　　　　　　↑————————进位,丢掉

【例 1.16】 用补码进行下列运算:

① $(+33)-(+15)$;② $(-33)-(+15)$;③ $(+33)-(-15)$;④ $(-33)-(-15)$。

解

$$+33=+0100001\text{B},[+33]_\text{补}=\mathbf{0}\ 0100001\text{B}$$
$$+15=+0001111\text{B},[+15]_\text{补}=\mathbf{0}\ 0001111\text{B}$$
$$-33=-0100001\text{B},[-33]_\text{补}=\mathbf{1}\ 1011111\text{B}$$
$$-15=-0001111\text{B},[-15]_\text{补}=\mathbf{1}\ 1110001\text{B}$$

根据补码减法公式,可以得到:

$$[(+33)-(+15)]_\text{补}=[+33]_\text{补}+[-15]_\text{补},\quad [(-33)-(+15)]_\text{补}=[-33]_\text{补}+[-15]_\text{补}$$
$$[(+33)-(-15)]_\text{补}=[+33]_\text{补}+[+15]_\text{补},\quad [(-33)-(-15)]_\text{补}=[-33]_\text{补}+[+15]_\text{补}$$

计算过程如下:

$$
\begin{array}{lll}
\ \mathbf{0}\ 0100001 & [+33]_\text{补} \\
+\quad\ \mathbf{1}\ 1110001 & [-15]_\text{补} \\
\hline
(1)\quad \mathbf{0}\ 0010010 & [+18]_\text{补}
\end{array}
\qquad
\begin{array}{lll}
\ \mathbf{1}\ 1011111 & [-33]_\text{补} \\
+\quad\ \mathbf{1}\ 1110001 & [-15]_\text{补} \\
\hline
(1)\quad \mathbf{1}\ 1010000 & [-48]_\text{补}
\end{array}
$$

　　　　↑————————进位,丢掉　　　　　　　　↑————————进位,丢掉

$$
\begin{array}{lll}
\ \mathbf{0}\ 0100001 & [+33]_\text{补} \\
+\quad\ \mathbf{0}\ 0001111 & [+15]_\text{补} \\
\hline
\quad \mathbf{0}\ 0110000 & [+48]_\text{补}
\end{array}
\qquad
\begin{array}{lll}
\ \mathbf{1}\ 1011111 & [-33]_\text{补} \\
+\quad\ \mathbf{0}\ 0001111 & [+15]_\text{补} \\
\hline
\quad \mathbf{1}\ 1101110 & [-18]_\text{补}
\end{array}
$$

　　由此可看出,计算机引入了补码编码后,将减法运算转化为加法运算,加减法可用同一硬件电路进行处理;运算时,符号位与数值位同等对待,都按二进制参加运算,符号位产生的进位丢掉不管,其结果是正确的。

　　另外,要注意采用补码运算后,结果也是补码,要得到运算结果的真值,还需要转换。

【例 1.17】 设 $x=+64,y=+10$,用补码计算 $x-y$,结果用十进制形式表示。

解

$$x=+1000000\text{B},[x]_\text{补}=\mathbf{0}\ 1000000$$
$$y=+0001010\text{B},[-y]_\text{补}=\mathbf{1}\ 1110110$$

$$
\begin{array}{lll}
\ \mathbf{0}\ 1000000 & [x]_\text{补} \\
+\quad\ \mathbf{1}\ 1110110 & [-y]_\text{补} \\
\hline
(1)\quad \mathbf{0}\ 0110110 & [x-y]_\text{补}
\end{array}
$$

　　　　↑————————进位,丢掉

$$[x-y]_\text{补} = \mathbf{0}\ 0110110$$

所以

$$x-y = +\ 0110110B = +54D$$

以上补码加、减法公式成立有个前提条件，就是运算结果不能超出机器数所能表示的范围，否则会出现**溢出**。

例如，如果机器字长为8位，计算(+64)+(+65)。

```
      +64                          0 1000000
  +)  +65                      +)  0 1000001
     +129                         1 0000001 ——→ -127
```

为什么(+64)+(+65)的结果值会是-127？这个结果显然是错误的。这是因为8位补码能表示的数的真值范围为-128～+127，而(+64)+(+65)=+129>+127，超出了字长为8位所能表示的最大值，产生了**正溢出**，所以结果值出错。

再看(-125)+(-10)=?

```
     -125                          1 0000011
  +) - 10                       +)  1 1110110
     -135                        1  0 1111001 ——→ +121
```

$$\text{自然丢失} ——↑$$

显然，计算结果是错误的。其原因是(-125)+(-10)=-135<-128，超出了字长为8位所能表示的最小值，产生了**负溢出**，所以结果值出错。

为了判断溢出是否发生，可以采用以下两种检测方法。

第一种方法是采用**单符号法**，从以上两个例子可以看出，当最高有效位产生进位而符号位无进位时，产生正溢出；当最高有效位无进位而符号位有进位时，产生负溢出。

第二种方法是采用**双符号位法**，这种方法又称为"变形补码"或"模4补码"。变形补码在一个数的补码表示中用两个相同的符号位表示该数的符号。任何正数，两个符号位都是"0"，即 $\mathbf{00}\ x_{n-2}x_{n-3}\cdots x_1x_0$；任何负数，两个符号位都是"1"，即 $\mathbf{11}\ x_{n-2}x_{n-3}\cdots x_1x_0$。如果两个数经过运算后，其结果的符号位出现"01"或"10"两种组合时，表示发生溢出。符号位为"01"时，表示正溢出；符号位为"10"时，表示负溢出；最高位符号位永远表示结果的正确符号。

需要注意的是，计算机本身总是按照补码的运算规则做运算，而不区分参与运算的是带符号数还是无符号数。例如，机器做这样一个运算：

```
      1 0 0 0 1 0 1 0
  +)  0 0 0 0 0 1 1 1
      1 0 0 1 0 0 0 1
```

可以把它看作是两个无符号整数相加：

```
        1 3 8
  +)        7
      0 1 4 5
```

也可以把它看作是两个有符号整数相加：

```
       -1 1 8
  +)        7
       -1 1 1
```

也就是说,无论把二进制数解释成有符号数还是无符号数,其结果都是正确的。因此,机器采用补码编码以后,不必针对无符号数和有符号数设计两套不同的电路,无符号数和有符号数的运算是兼容的。这也是采用补码后带来的一大优点。

1.1.4　十进制数的编码及运算

1. BCD 码

计算机是采用二进制表示和处理数据的,而人们在日常生活中习惯使用十进制数,因此,在计算机输入和输出数据时,要进行十进制→二进制和二进制→十进制的转换。但是,在某些特定的应用领域中,如商业统计,数据的运算很简单,但数据的输入、输出量很大,这样,进制转换所占的时间比例很大。从提高计算机的运行效率考虑,人们提出了一个比较适合于十进制系统的二进制代码的特殊形式,即将 1 位十进制数 0~9 分别用 4 位二进制编码来表示。在此基础上,可按位对任意十进制数进行编码。这就是二进制编码的十进制数,简称 **BCD 码**(Binary Coded Decimal)。

4 位二进制编码有 16 种不同的组合,从中选择出 10 个组合来表示十进制数位的 0~9 有非常多的方案。最常见的是 **8421BCD 码**,也称为 8421 码。8421 码是指 4 个基 2 码的位权从高到低分别为 8、4、2、1,选择的是 0000、0001、0010、…、1001 这 10 种组合,用来表示 0~9 这 10 个数位,如表 1.3 所示。

表 1.3　8421BCD 码表

十进制数	8421BCD 码	十进制数	8421BCD 码
0	0000	5	0101
1	0001	6	0110
2	0010	7	0111
3	0011	8	1000
4	0100	9	1001

8421BCD 码与十进制数关系直观,其相互转换也很简单。本书中后边提到的 BCD 码都是指 8421BCD 码。

【例 1.18】　求十进制数 57.3 的 BCD 码。

解　$\dfrac{5}{0101}$　$\dfrac{7}{0111}$　.　$\dfrac{3}{0011}$

所以,$(57.3)_{10} = (01010111.0011)_{\text{BCD}}$。

【例 1.19】　求 BCD 码 10000011.0111 所对应的十进制数。

解　$\dfrac{1000}{8}$　$\dfrac{0011}{3}$　.　$\dfrac{0111}{7}$

所以,$(10000011.0111)_{\text{BCD}} = (83.7)_{10}$。

在计算机中,BCD 码有两种格式:**压缩 BCD 码**和**非压缩 BCD 码**,也称为**组合 BCD 码**和**非组合 BCD 码**。

非压缩的 BCD 码是指一个字节中仅存放 1 位十进制数的 BCD 码,其中,低 4 位表示相应十进制数位,高 4 位没有意义。例如,十进制数 4 在计算机中用非压缩的 BCD 码表示为 ××××0100。十进制数 43 表示为 ××××0100××××0011。

压缩 BCD 码是指一个字节中存放 2 位十进制数的 BCD 码。例如,十进制数 43 在计算机中用压缩的 BCD 码表示为 01000011。

2. BCD 码的加减运算

下面以压缩的 BCD 码为例来讨论 BCD 码的加法与减法运算。

在十进制运算时，两数相加之和大于 9，便产生进位。BCD 码是十进制数，应遵循"逢十进一"的运算规则。可是由于 BCD 码是用 4 位二进制数来表示一位十进制数的，若将这种 BCD 码直接交给计算机去运算，计算机会把它当作二进制数来运算。4 位二进制数相加时，是按"逢十六进一"的原则进行运算的，结果可能会出错。因此采用 BCD 码后，在两数相加的和小于或等于 9 时，十进制运算的结果是正确的；而当相加的和大于 9 时，结果不正确，必须加 6 修正后才能得出正确的结果。

BCD 码的运算规则：两个 BCD 码相加，如果和等于或小于 1001，即 9，则不需要修正；如果相加之和大于 9，则需加 6 修正。

【例 1.20】 利用 BCD 码计算：

① 4＋5；② 5＋7；③ 8＋9。

解

① $(4)_{BCD}=0100,(5)_{BCD}=0101$

运算过程为：

```
      0 1 0 0      4
  +   0 1 0 1      5
  ─────────────
      1 0 0 1      9
```

② $(5)_{BCD}=0101,(7)_{BCD}=0111$

运算过程为：

```
      0 1 0 1      5
  +   0 1 1 1      7
  ─────────────
      1 1 0 0    结果大于 9
  +   0 1 1 0    加 6 修正
  ─────────────
    1 0 0 1 0     12
```

③ $(8)_{BCD}=1000,(9)_{BCD}=1001$

运算过程为：

```
      1 0 0 0      8
  +   1 0 0 1      9
  ─────────────
    1 0 0 0 1    结果大于 9
  +   0 1 1 0    加 6 修正
  ─────────────
    1 0 1 1 1     17
```

【例 1.21】 利用 BCD 码计算：

① 35＋21；② 25＋37。

解

① $(35)_{BCD}=0011\ 0101,(21)_{BCD}=0010\ 0001$

```
      0011  0101      35
  +)  0010  0001      21
  ──────────────────
      0101  0110      56
```

② $(25)_{BCD} = 0010\ 0101, (37)_{BCD} = 0011\ 0111$

	0010 0101	**25**
$+)$	0011 0111	**37**
	0101 1100	结果大于 9
$+)$	0000 0110	加 6 修正
	0110 0010	**62**

1.1.5 ASCII 字符代码

现代计算机不仅处理数值领域的问题,而且处理大量非数值领域的问题。因此,各种字符也必须用二进制代码来编码,如 26 个英文字母、10 个阿拉伯数字、运算符号、标点符号,以及一些特殊的控制符,如换行、回车等。

目前在微型机中使用最多、最普遍的是美国信息交换标准代码(American Standard Code For Information Interchange,ASCII 码)。它采用 7 位二进制码,一共可以表示 128 个字符。由于在计算机内部通常是以字节为单位的,因此实际上每个 ASCII 字符是用 8 位表示的,将最高位置为"0"。需要奇偶校验时,最高位用作校验位。

ASCII 码所表示的 128 个字符如表 1.4 所示,其中,B_6 为最高位,B_0 为最低位。

表 1.4 ASCII 字符编码表

$B_3 B_2 B_1 B_0$	$B_6 B_5 B_4$							
	000	001	010	011	100	101	110	111
0000	NUL	DLE	SP	0	@	P	`	p
0001	SOH	DC1	!	1	A	Q	a	q
0010	STX	DC2	"	2	B	R	b	r
0011	ETX	DC3	#	3	C	S	c	s
0100	EOT	DC4	$	4	D	T	d	t
0101	ENQ	NAK	%	5	E	U	e	u
0110	ACK	SYN	&.	6	F	V	f	v
0111	BEL	ETB	'	7	G	W	g	w
1000	BS	CAN	(	8	H	X	h	x
1001	HT	EM	)	9	I	Y	i	y
1010	LF	SUB	*	:	J	Z	j	z
1011	VT	ESC	+	;	K	[	k	{
1100	FF	FS	,	<	L	\	l	|
1101	CR	GS	—	=	M	]	m	}
1110	SO	RS	.	>	N	↑	n	~
1111	SI	US	/	?	O	←	o	DEL

可以看到,ASCII 码包括如下几部分。

(1) 32 个控制字符,主要用于通信控制或对计算机设备的功能控制,如回车(LF)、换行(CR)等,编码值为 0~31(十进制)。

(2) 空格字符 SP,编码值为 32。

(3) 删除控制码 DEL,编码值为 127。

（4）94 个可印刷字符（或称有形字符）。

在 ASCII 码表示的 94 个可印刷字符编码中，字符 0～9 的高 3 位编码都为 011，低 4 位编码为 0000～1001，屏蔽掉高 3 位的值，低 4 位正好是数据 0～9 的二进制形式。这样编码的好处是既满足正常的数值排序关系，又有利于 ASCII 码与二进制码之间的转换。另外，英文字母的编码值满足 A～Z 或 a～z 正常的字母排序关系，大、小写英文字母编码仅是 B5 位值不相同，有利于大、小写字母之间的编码转换。

1.2 逻辑电路基础

逻辑电路是实现输入信号与输出信号之间逻辑关系的电路，微型计算机就是由若干典型电路通过精心设计而组成的，因此逻辑电路是计算机的硬件基础。

随着微电子技术的不断发展，单个芯片上的集成度越来越高，出现了中、大规模和超大规模集成电路。在不同系列的集成电路中，集成规模的划分标准是不同的。一般来说，在**小规模集成电路**（SSI）中仅是器件的集成，如门电路或触发器等；在**中规模集成电路**（MSI）中已是逻辑构建的集成，如多路选择器、加法器等；在**大规模集成电路**（LSI）和**超大规模集成电路**（VLSI）中，则是一个数字子系统或整个数字系统的集成。

逻辑门电路是最基本的逻辑部件，它们又可组成各种功能的逻辑电路，这些逻辑电路按其结构可分为组合逻辑电路和时序逻辑电路。由各种门电路组合而成且无反馈的逻辑电路，称为**组合逻辑电路**，简称**组合逻辑**，如译码器。如果逻辑电路的输出状态不仅和当时的输入状态有关，而且还与电路在此前的输出状态有关，则这种电路称为**时序电路**，如触发器及各类寄存器等。

1.2.1 基本逻辑门电路

常用的基本逻辑门电路有与门、或门、非门、与非门、或非门、异或门、同或门、与或非门，这些基本门电路是构成逻辑电路的基本组成部分，利用它们可以搭建多种多样的复杂的逻辑电路。基本逻辑门电路的符号及表达式如表 1.5 所示。

表 1.5 基本逻辑门电路的符号及表达式

序号	名称	国标图形符号	常用图形符号	逻辑表达式	真 值 表		
					A	B	F
1	与门			$Y = A \cdot B$	0 0 1 1	0 1 0 1	0 0 0 1
2	或门			$Y = A + B$	0 0 1 1	0 1 0 1	0 1 1 1
3	非门			$Y = \overline{A}$	0 1		1 0

续表

序号	名称	国标图形符号	常用图形符号	逻辑表达式	真 值 表		
					A	B	F
4	与非门			$Y=\overline{A \cdot B}$	0 0 1 1	0 1 0 1	1 1 1 0
5	或非门			$Y=\overline{A+B}$	0 0 1 1	0 1 0 1	1 0 0 0
6	异或门			$Y=A \oplus B$	0 0 1 1	0 1 0 1	0 1 1 0
7	同或门 （异或非门）			$Y=A \odot B$ $Y=\overline{A \oplus B}$	0 0 1 1	0 1 0 1	1 0 0 1
8	与或非门			$Y=\overline{AB+CD}$	略		

1.2.2　译码器

将一个信号或事件、一段文字或数字、一个人名或地域……用数字代码来表示,这个过程就称为**编码**。例如,电报码是把汉字编成 4 位十进制数字代码,学号、身份证号就是把人物编成数字代码,图书馆里的图书或超市里商品上的条形码则是把物件编成数字代码……相应的,将数字代码翻译成它代表的文字、数字或人名、地域等的过程称为**译码**,完成译码功能的电路或装置称为**译码器**。二进制译码器的输入是一组二进制代码,输出是一组高低电平信号。例如,对于低电平有效的译码器来说,对某个输入代码“译出”的标志是对应的一个输出为低电平,其他输出均为高电平。

常见的二进制集成译码器有 2-4 译码器、3-8 译码器、4-16 译码器等。下面以 3-8 译码器为例说明译码器的结构和工作原理。

图 1.7 所示为 74LS138 译码器的引脚和译码逻辑框图。

译码器 74LS138 有 3 个使能输入 G_1、$\overline{G_{2A}}$、$\overline{G_{2B}}$,工作条件是 $G_1=1$,$\overline{G_{2A}}=0$,$\overline{G_{2B}}=0$。当不满足工作条件时,74LS138 输出全为高电平,相当于译码器未工作。

74LS138 有 3 个数据输入端 C、B、A,可组成 8 种不同的输入状态 000、001、010、…、111,故输出有 8 种状态 $Y_0 \sim Y_7$,根据输入的编码,选择相应的输出 Y_i 有效。

译码器 74LS138 的功能表如表 1.6 所示。

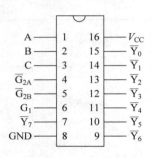 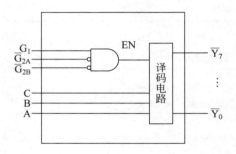

图 1.7　74LS138 引脚和逻辑图

表 1.6　74LS138 译码器功能表

G_1	$\overline{G}_{2A}$	$\overline{G}_{2B}$	C	B	A	译　码　输　出
1	0	0	0	0	0	$\overline{Y}_0=0$,余为 1
1	0	0	0	0	1	$\overline{Y}_1=0$,余为 1
1	0	0	0	1	0	$\overline{Y}_2=0$,余为 1
1	0	0	0	1	1	$\overline{Y}_3=0$,余为 1
1	0	0	1	0	0	$\overline{Y}_4=0$,余为 1
1	0	0	1	0	1	$\overline{Y}_5=0$,余为 1
1	0	0	1	1	0	$\overline{Y}_6=0$,余为 1
1	0	0	1	1	1	$\overline{Y}_7=0$,余为 1
其他			×	×	×	$\overline{Y}_0 \sim \overline{Y}_7$ 全为 1

译码器可以用作多路分配器、地址译码器或实现逻辑函数等。

1.2.3　触发器

触发器(Trigger)是计算机记忆装置的基本单元,也是构成时序电路的基础。在计算机中用触发器来存储数据,一个触发器存储一位二进制数。触发器可以组成寄存器,寄存器又可以组成存储器。

触发器的种类很多。按时钟控制方式可分为电位触发、边沿触发、主从触发等。按功能划分为 R-S 型、D 型、J-K 型等,如图 1.8 所示。它们具有以下特性。

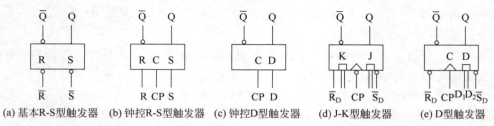

(a) 基本R-S型触发器　(b) 钟控R-S型触发器　(c) 钟控D型触发器　(d) J-K型触发器　(e) D型触发器

图 1.8　触发器的逻辑符号

(1) 有两个输出端 Q 和 $\overline{Q}$。Q$=1$ 时,$\overline{Q}=0$;而当 Q$=0$ 时,$\overline{Q}=1$。

(2) 有两个稳定的逻辑状态。通常将 Q$=1$ 和 $\overline{Q}=0$ 时称为 1 **状态**,表示此时存储的数据为"1";而把 Q$=0$ 和 $\overline{Q}=1$ 称为 0 **状态**,表示存储的数据为"0"。若输入不发生变化,触发器处于其中一个状态,且保持下去。

（3）在输入信号的作用下,触发器可以从一个稳定状态转换到另一个稳定状态,这时触发器中存储的数据发生了变化,从"1"变为"0",或者从"0"变为"1"。

人们把输入信号变化前的触发器状态称为现态,而把输入信号变化后的触发器状态称为次态。

下面以上升沿触发的 D 型触发器为例,介绍触发器的工作过程。

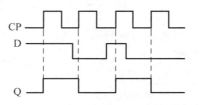

图 1.9 上升沿触发的 D 型触发器

为了使整个计算机中的各个部件协调运行,计算机中采用统一的时钟脉冲来指挥整个计算机的行动。因此,可以采用时钟脉冲边沿触发的方式,控制触发器的状态改变。图 1.9 所示为一个上升沿触发的 D 型触发器的逻辑符号及波形图。

由波形图可见,在输入端 D 建立输入信号之后,当时钟脉冲 CP 的上升沿到达的瞬间,触发器产生翻转;如果 D 端的输入信号在时钟脉冲 CP 上升沿到达之后才建立,则不能改变触发器的状态,而必须等到下一个时钟脉冲的上升沿到达时才起作用。这样就可以使整个计算机高度准确地协调运行。

在有些电路中,有时需要预先给某个触发器置位(Q=1)或复位(Q=0),而与时钟脉冲和输入端 D 无关,可以通过强制置位端 SET、强制复位端 RESET 来实现。

1.2.4 寄存器

寄存器(Register)是计算机中的一个重要部件,用于暂存数据、指令等。它是由触发器和一些控制门组成的,由 n 个触发器可以组成一个 n 位寄存器。

寄存器由于在计算机中的作用不同而具有不同的功能,从而被命名为不同的名称。常见的寄存器有以下几种。

1. 缓冲寄存器

在计算机中,**缓冲寄存器**(Buffer)用于暂存某个数据或地址,以便在适当的时间节拍和给定的计算步骤将数据输入或输出到其他记忆元件中。根据存放的内容,缓冲寄存器分为**数据缓冲寄存器**和**地址缓冲寄存器**。

例如,数据缓冲寄存器用来暂时存放由内存储器读出的一条指令或一个数据字;反之,当向内存存入一条指令或一个数据字时,也可暂时将它们存放在数据缓冲寄存器中。其作用如下。

（1）作为 CPU 和内存、外部设备之间信息传送的中转站。

（2）补偿 CPU 和内存、外部设备之间在操作速度上的差别。

（3）有些简单的运算器中只有一个累加器,这时数据缓冲寄存器还可兼作操作数寄存器。

2. 移位寄存器

移位寄存器(Shifting Register)具有数据存储和移位两个功能。在移位脉冲的作用下,能将其中所存储的数据逐位向左或向右移动,如图 1.10 所示。

具有单向移位功能的移位寄存器称为**单向移位寄存器**,既可向左也可向右移的寄存

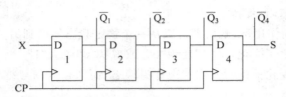

图 1.10　4 位移位寄存器逻辑图

器称为**双向移位寄存器**。例如,若现态为"001",则它的次态只有两种可能,分别是"000"或"010"。

3. 计数器

计数器(Counter)是计算机、数字仪表中常用的一种电路。它是由若干个触发器组成的寄存器,当一个计数脉冲到达时,它会按二进制数的规律累计脉冲数,使存储在其中的数字加 1。

计数器所能累计计算脉冲的最大数目称为该计数器的模,用字母 M 来表示。

计数器的种类繁多,分类方法也不同。按计数器的功能,可分为加法计数器、减法计数器和可逆计数器;按进位基数,可分为二进制计数器(模为 2^r 的计数器,r 为整数)、十进制计数器和任意进制计数器;按计数器的进位方式,可分为同步计数器(又称为并行计数器)和异步计数器(又称为串行计数器)。

4. 累加器

累加器(Accumulator)是一个由多个触发器组成的多位寄存器,用于暂存每次在 ALU 中计算的中间结果。它在微型计算机的数据处理中担负着重要的任务。通常,累加器除了能输入及输出数据外,还能完成移位等操作。

1.2.5　三态电路

由于记忆元件是由触发器组成的,而触发器只有 0 和 1 两个状态,因此每条信号传输线只能传送一个触发器的信息(0 或 1)。如果一条信号传输线既能与一个触发器接通,也能与其断开而与另外一个触发器接通,则一条信息传输线就可以传输任意多个触发器的信息了。三态输出电路(或称三态门)就是为了达到这个目的而设计的。

三态输出电路的符号如图 1.11 所示。当选通端 E 为高电平时,A 的两种可能的电平(0 和 1)都可以顺利地通到 B 端去,即 E=1 时,B=A。当选通端 E 为低电平时,A 端与 B 端是不相通的,即它们之间存在着高阻状态。

三态输出电路的功能表如表 1.7 所示。

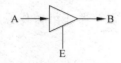

图 1.11　三态输出电路

表 1.7　三态输出电路功能表

E	A	B
0	0	高阻
0	1	高阻
1	0	0
1	1	1

三态门可以加到任何寄存器电路上,这样的寄存器电路就称为三态寄存器。

由 4 个 D 型触发器构成的 4 位缓冲寄存器的逻辑图如图 1.12 所示。由于它具有三态门控制输出,因此适合于挂接在数据总线上。

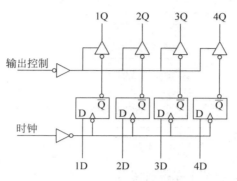

图 1.12　4 位缓冲寄存器

1.3　计算机系统概述

计算机系统是一个由硬件、软件组成的复杂的电子装置。它能够存储程序和原始数据、中间结果和最终运算结果,并自动完成运算,是一种能对各种数字化信息进行处理的**"信息处理机"**。计算机不仅能够完成数学运算,还能够进行逻辑运算,同时它还具有推理判断的能力。因此,人们又称它为"电脑"。现在,科学家们正在研究具有"思维能力"的智能计算机。

1.3.1　计算机的分类及发展

1. 计算机的分类

目前人们所说的计算机都是指**电子数字计算机**,曾经出现过的机械的、模拟的计算机已经逐渐消失。

计算机按用途可分为**专用计算机**和**通用计算机**。专用计算机是针对某一特定任务而设计制造的计算机,一般结构简单、拥有固定的存储程序,如工业生产过程中的各类工业控制计算机、计算导弹弹道的专用计算机等,以及目前热门的各类嵌入式系统,也可看作专用计算机。专用计算机解决特定问题的速度快、可靠性高、成本低,但是它的功能单一、适应性差。通用计算机功能齐全,适应性很强,但是牺牲了效率、速度和经济性。

计算机按性能和规模又可分巨型机、大型机、服务器、微型机和单片机等类型,它们的区别在于体积、简易性、功率损耗、性能指标、数据存储容量、指令系统规模和机器价格等,如图 1.13 所示。

巨型机又称为**超级计算机**,它是计算机家族中速度最快、性能最高、数据存储容量最大的一类计算机。它结构复杂,价格昂贵,运算速度在每秒万亿次以上,主要应用于尖端的科学计算和现代化军事领域中,它已经成为一个国家计算机技术水平的重要标志。在全球超级计算机排行榜中,中国 2004 年"曙光 4000A"位居第十;2009 年"星云号"位居第二;2010 年"天河一号"位居第一,此后中国超级计算机多次排行榜首。2017 年 6 月,中国"神威·太

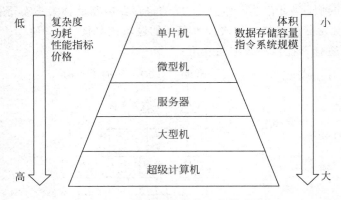

图 1.13　计算机按性能和规模分类

湖之光"和"天河二号"第 3 次携手夺得前两名,算上此前"天河二号"的六连冠,中国已连续 5 年占据全球超算排行榜的最高席位。"神威·太湖之光"实现了核心部件全部国产,达到 125 435.9TFlop/s 的峰值计算能力。

　　介于超级计算机和单片机之间的是大型机、服务器、微型机,它们的结构规模和性能指标依次递减。

　　微型计算机是以微处理器作为中央处理器,和半导体存储器、输入输出设备共同组成的计算机系统。自从 1971 年利用 4 位微处理器芯片 Intel 4004 组成的第一台微型计算机 MCS-4 问世以来,在 40 多年的时间里,随着微处理器的不断发展,微型计算机也得到了非常迅速的发展。通常来说,微型计算机也称为**个人计算机**(Personal Computer,PC),人们通常用的台式计算机、笔记本电脑都属于微型计算机。

　　单片机是只用一片集成电路做成的计算机,体积小、结构简单、性能指标较低、价格便宜是它的优点。目前已经出现了多种型号的专用单片机,用于测试或控制。目前主流的单片机有 8051、AVR、PIC、MSP430、ARM 等系列。

　　随着超大规模集成电路的迅速发展,计算机分类的界限也在发生变化,今天的服务器可能就是明天的微型机。

　　2. 计算机的发展

　　世界上第一台电子数字计算机是 1946 年在美国宾夕法尼亚大学制成的。这台机器耗资 40 万美元,用了 18 000 多个电子管,占地 160m²,重量达 30 吨,而运算速度只有 5000 次/秒。用今天的眼光来看,这台计算机耗资巨大又不完善,但它却是科学史上一次划时代的创新,奠定了电子计算机的基础。自从这台计算机问世以来,计算机的系统结构不断变化,应用领域也在不断拓宽。人们根据计算机所用逻辑元件的种类对计算机进行了分代,习惯上分为以下五代。

　　第一代为 1946 年开始的电子管计算机,其典型逻辑结构为定点运算,主要应用领域为**数值计算**。

　　第二代为 1956 年开始的晶体管计算机,其典型逻辑结构实现了浮点运算,并提出了变址、中断、I/O 处理等新概念。在此期间,**工业控制机**开始得到应用。

　　第三代为 1964 年开始的中小规模集成电路计算机。在此期间形成机种多样化、生产系列化、使用系统化,**小型计算机**开始出现。

第四代为 1972 年开始的大规模和超大规模集成电路计算机,由几片大规模集成电路组成的**微型计算机**开始出现。

第五代为 1991 年开始的巨大规模集成电路计算机,由一片巨大规模集成电路实现的**单片计算机**开始出现。

总之,计算机从 1946 年诞生以来,大约每隔 5 年运算速度提高 10 倍,可靠性提高 10 倍,成本降低 1/10,体积缩小 1/10。自 20 世纪 70 年代以来,计算机的生产数量每年以 25% 的速度递增。

从第三代计算机起,微电子学飞速发展,半导体集成电路的集成度越来越高,速度也越来越快。一块 LSI(Large Scale Integrated circuits,大规模集成电路)芯片上可以放置 1000 个元件,VLSI(Very Large Scale Integrated circuits,超大规模集成电路)达到每个芯片 1 万个元件,现在的 ULSI(Ultra Large Scale Integration,特大规模集成电路)芯片超过了 100 万个元件。1965 年摩尔观察到芯片上的晶体管数量每年翻一番,1970 年这种势态减慢为每 18 个月翻一番,这就是**摩尔定律**:"由于硅技术的不断改进,每 18 个月,集成度将翻一番,速度将提高一倍,而其价格将降低一半。"

1.3.2　计算机系统的组成

任何一个**计算机系统**都是由硬件系统和软件系统两部分组成的。

计算机**硬件**是指构成计算机的所有实体部件的集合,通常这些部件由电路(电子元件)、机械等物理部件组成。

软件是指为运行、维护、管理、应用计算机所编制的所有程序及文档的总和。**程序**是用计算机语言编写的命令序列的集合。计算机通过执行程序,实现特定目标或解决特定问题。**文档**是为了便于了解程序所需要的阐述性资料。

1. 冯·诺依曼计算机

1946 年,生于匈牙利的美国数学家冯·诺依曼等在总结当时计算机研究成果的基础上,在一篇名为"电子计算机装置逻辑初探"的报告中首先提出了"**存储程序控制**"的概念,因此又称存储程序计算机为**冯·诺依曼结构**计算机。这个报告的内容可简要地概括为以下几点。

(1) 计算机(指硬件)由运算器、存储器、控制器、输入设备和输出设备五大基本部件组成。

(2) 指令和数据均以二进制编码表示,采用二进制运算。

(3) 采用存储程序的方式,程序和数据存放在同一存储器中。

(4) 指令在存储器中按其执行顺序存放,由程序计数器指明要执行的指令地址,自动从存储器中取出指令并执行。

(5) 计算机是以运算器为中心的,输入/输出设备与存储器之间的数据传送都要通过运算器。

"存储程序控制"的基本思想是:将编好的程序和原始数据事先存入存储器中,然后再启动计算机工作,使计算机在不需要人工干预的情况下,自动、高速地从存储器中取出指令加以执行。70 多年来,虽然计算机技术得到了迅猛的发展,但是"存储程序控制"的概念和基本结构一直沿用至今,没有发生根本性的变化。

冯·诺依曼结构的计算机是**以运算器为中心**的,如图1.14所示。

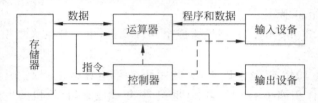

图1.14　以运算器为中心的计算机结构

运算器是对信息进行处理和运算的部件,就好像是一个"电子算盘",用来完成算术运算和逻辑运算。运算器的核心是算术逻辑运算部件,简称ALU。

控制器是整个计算机的指挥中心,它按照人们预先确定的操作步骤,控制计算机的各部件有条不紊地进行工作。控制器的主要任务是从主存中逐条地取出指令进行分析,根据指令的不同来安排操作顺序,然后向各部件发出相应的操作信号,控制它们执行指令所规定的任务。控制器主要包括指令寄存器、指令译码器和时序控制器等部件。

存储器是一个记忆装置,主要用来存放程序和数据。存储器是计算机能够实现"存储程序控制"的基础。

输入设备的任务是把人们编好的程序和原始数据输入到计算机中去,并且将它们转换为计算机内部所能接受和识别的二进制信息形式。

输出设备的任务是将计算机的处理结果以人或其他设备所能接受的形式输出计算机。

2. 现代计算机系统

冯·诺依曼结构计算机是在1945年的技术水平和当时的环境下提出的,70多年来,随着硬件、软件技术的发展及非数值处理等新应用领域的开拓,人们对冯·诺依曼计算机做了很多改进,使计算机系统结构有了新的发展。

随着集成电路技术的飞速发展,将早期计算机系统中的运算器和控制器集成在一片集成电路中,称为**中央处理器**(Central Processing Unit,CPU)。CPU和内存构成计算机的主体,称为**主机**。主机以外的其他硬件设备都称为**外围设备**或**外部设备**,简称**外设**。外围设备包括输入设备、输出设备和辅助存储器。

现代计算机系统是以存储器为中心,采用总线结构,在系统总线上配置一定容量的存储器和一定数目的I/O接口电路,以及相对应的I/O设备而构成的。

(1) 以存储器为中心的计算机系统。早期冯·诺依曼提出的计算机结构是以运算器为中心的,其他部件通过运算器完成信息的传递,这极大地影响了计算机的效率。现代计算机**以存储器为中心**,批量的输入、输出数据可以直接在输入/输出设备和存储器之间进行,如图1.15所示。

(2) 总线。现代计算机系统广泛采用系统总线将各大部件联系起来,如图1.16所示。**系统总线**是构成计算机系统的骨架,是多个系统部件之间进行数据传送的公共通路。借助系统总线,计算机在CPU、存储器、输入设备、输出设备之间实现地址、数据、控制/状态信息的传送。采用总线结构有两个优点:一是各部件可通过总线交换信息,相互之间不必直接连线,减少了传输线的根数,从而提高了微机的可靠性;二是在扩展计算机功能时,只需把要扩展的部件接到总线上即可,十分方便。

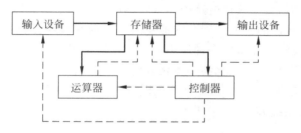

图 1.15　以存储器为中心的计算机结构

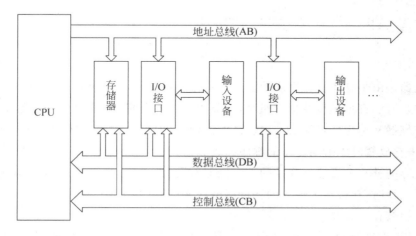

图 1.16　系统总线

系统总线按功能可分为地址总线、数据总线、控制总线三类。**地址总线**用来传送地址信息,以确定存储器单元地址及 I/O 接口部件地址;**数据总线**用来传送数据信息,实现 CPU、存储器及 I/O 接口之间的数据交换;**控制总线**用来传送各种控制信号,使微机各部件协调动作,从而保证正确地通过数据总线传送各项信息的操作。

(3) I/O 接口。在早期的计算机系统中,外设种类较少,且 CPU 执行的任务较为简单,所以 CPU 直接对外设进行管理与控制。随着计算机技术的不断发展和应用的日益广泛,外设门类品种大大增加,且性能各异、操作复杂,这些功能繁多的外设工作原理、工作速度不同,所采用的信号形式、数据传送形式也不同。如果仍由 CPU 直接管理外设,则会使主机陷入与外设打交道的沉重负担之中。为了解决以上矛盾,在 CPU 与外设之间设置了简单的接口电路,后来逐步发展成为独立的接口和设备控制器,把对外设的控制任务交给接口去完成,从而大大地减轻了主机的负担,简化了 CPU 对外设的控制和管理。**I/O 接口**,又称**适配器**,存在于 CPU 与外设之间,是 CPU 与外围设备进行信息交换的中转站。外围设备通过 I/O 接口连接在系统总线上。它保证外围设备采用计算机系统所要求的形式发送和接收信息。

有了接口之后,研制 CPU 时无须考虑各种外设的结构特性如何,研制外设时也不需要考虑它是同哪种 CPU 相连接,处理器与外设按各自的规律更新,形成微机本身和外设产品的标准化和系列化,促进了微机系统的发展。

早期的接口电路是由小规模集成电路构成的功能简单的逻辑电路。随着大规模集成电路及计算机技术的发展,目前接口电路中的主要部件几乎都是功能强大的大规模集成电路,有的接口电路中还有自己的微处理器及内部总线。在**通用可编程接口**中,可以通过对接口芯片编程,使得同一接口芯片适应多种使用场合。接口技术的发展趋势是采用大规模、超大规模集成电路,并向智能化、系列化和一体化方向发展。

（4）存储系统。在现代计算机系统中,规模较大的存储器往往分为若干级,称为**存储系统**。常见的三级存储系统如图 1.17 所示。

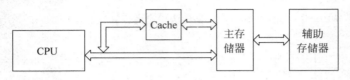

图 1.17　三级存储结构

主存储器是由半导体材料组成的随机读写存储器（Random-Access Memory,RAM）,可由 CPU 直接访问,存取速度快但容量小,一般用来存放当前正在执行的程序和数据。

辅助存储器又称为外存储器,容量大,价格较低,但存取速度较慢,不能由 CPU 直接访问,一般用来存放暂时不参与运行的程序和数据,这些程序和数据在需要时可传送到主存,因此它是主存的补充和后援。常见的外存储器有磁盘、磁带、光盘等。例如,在使用文字处理程序编辑文稿时,在键盘上输入的字符就被存入内存中,只有当选择"保存"命令时,内存中的数据才会被存入磁盘。

当 CPU 速度很高时,为了使访问存储器的速度能与 CPU 的速度匹配,在主存和 CPU 之间增设了**高速缓冲存储器**（Cache）,Cache 的存取速度比主存更快,但容量更小,用来存放当前正在执行的程序中的活跃部分,以便快速地向 CPU 提供即将执行的指令和数据。

另外,在微型计算机中还有用来存储基本输入输出系统（Basic Input Output System, BIOS）的只读存储器 ROM。通常将 ROM、RAM、Cache 总称为**内存储器**,简称**内存**。

除此之外,为了进一步提高计算机系统的性能,还出现了并行处理机、流水处理机等许多新型的计算机系统结构。

3. 计算机的软件系统

仅有硬件,没有任何软件支撑的计算机称为"裸机"。裸机本身几乎不能完成任何功能,只有配备一定的软件,才能发挥其功用。实际呈现在用户面前的计算机系统是经过若干层软件改造的计算机,而其功能的强弱也与所配备软件的丰富程度有关。软件武装了计算机,使它成为一台名副其实的"信息处理机"。

计算机的工作是由存储在其内部的**程序**指挥的,这是冯·诺依曼计算机的重要特色。因此程序或软件质量的好坏将极大地影响计算机性能的发挥。

计算机软件一般分为两大类:系统软件和应用软件。

系统软件通常是负责管理、控制和维护计算机的各种硬件资源,并为用户提供一个友好的操作界面,以及服务于一般目的的上机环境。系统软件可以简化程序设计,简化使用方法,提高计算机的使用效率,发挥和扩大计算机的功能及用途。它包括操作系统、数据库管理系统、语言处理程序、算法语言、服务型程序等。

应用软件是专业人员为各种应用目的而开发的程序,利用计算机来解决某些问题,如办公自动化软件、管理信息系统、自动控制程序、情报检索系统、大型科学计算软件包等。随着计算机的广泛应用,这类程序的种类将越来越多。

总之,软件系统是在硬件系统的基础上为有效地使用计算机而配置的。没有系统软件,现代计算机系统就无法正常地、有效地运行;没有应用软件,计算机就不能充分发挥其效能。

1.3.3 计算机系统的主要性能指标

一个计算机系统的性能由它的系统结构、指令系统、外围设备及软件的配置等多种因素所决定,应当用各项性能指标进行综合评价。

1. 字长

字长是计算机系统中重要的性能指标。要了解字长的概念,首先介绍位与字节。

位(bit)是计算机内部数据存储的最小单位,音译为"比特",习惯上用小写字母"b"表示。

字节(Byte)是最基本的存储单元,也是计算机中数据处理的基本单位,习惯上用大写字母"B"表示。计算机中以字节为单位存储和解释信息,规定一个字节由 8 个二进制位构成,即一个字节等于 8 个比特(1B=8b)。

计算机进行数据处理时,一次存取、加工和传送的数据长度称为**字**(Word),计算机的**字长**由计算机内部寄存器、ALU 和数据总线的位数决定,反映了一台计算机的计算精度,直接影响着机器的硬件规模和造价。一个字通常由一个或多个字节构成。例如,8086、80286 微机中的一个字由两个字节组成,它的字长为 16,称为 **16 位机**;80486 微机的一个字由 4 个字节组成,它的字长为 32 位,称为 **32 位机**。计算机的字长越大,其性能越优越。在完成同样精度的运算时,字长较长的 CPU 比字长较短的 CPU 运算速度快。如果两个 32 位数相加,用 8 位机需加 4 次,用 16 位机需加 2 次,而用 32 位机只需加 1 次即可。很显然,32 位机的速度要快得多。为适应不同的要求,以及协调运算精度和硬件造价间的关系,大多数计算机均支持变字长运算,即机内可实现半字长、单字长和双倍字长运算。

大多数微处理器内部的数据总线与微处理器的外部数据引脚宽度是相同的,但也有少数例外。例如,Intel 8088 微处理器内部数据总线为 16 位,而芯片外部数据引脚只有 8 位,称为"**准 16 位**"微处理器芯片;Intel 80386SX 微处理器内部数据总线为 32 位,而外部数据总线引脚为 16 位,称为"**准 32 位**"微处理器芯片。

目前主流的微型计算机处理器以 64 位为主;在单片机中,8051 是 8 位机,MSP430 是 16 位机;STM32 是 32 位机。

2. 内存容量

内存储器(简称内存)就是存储程序和数据的地方。内存容量是以字节为单位来计算的,用 B、KB、MB、GB 来度量其容量大小。例如,$1KB=2^{10}B=1024B$,$1MB=2^{20}B=1048576B$。为了便于存入和取出,每个存储单元必须有一个固定的**内存地址**。计算机系统内存容量越大,可同时运行的软件就越多,速度越快。

3. 运算速度

运算速度是计算机系统性能的综合表现，它是指处理器执行指令的速度。由于不同类型的指令执行时所需的时间长度不同，这就产生了如何计算速度的问题。目前主要有 3 种衡量运算速度的方法。

（1）MIPS（百万条指令/秒）：根据不同类型指令出现的频度，乘以不同的系数，求得统计平均值，得到平均运算速度，用 MIPS 作单位衡量。

（2）最短指令法：以执行时间最短的指令或某条特定指令为标准来计算速度，如传送指令、加法指令等。

（3）平均速度：根据不同类型指令在计算过程中出现的频率，乘以不同的系数，求得统计平均值。

在微型计算机中，一般只给出时钟频率指标，而不给出运算速度指标。

4. 时钟频率

为了保证整个计算机中各个部件高度准确地协调运行，计算机中采用统一的时钟脉冲来指挥整个机器的行动。时钟脉冲的频率又称为**主频**，是指微处理器在单位时间（秒）内发出的时钟脉冲数。计算机的操作都是分步进行的，一个时钟周期完成一个操作，因此时钟周期是衡量微型计算机速度的重要指标。一般来说，时钟频率越高，其运算速度越快。时钟频率的单位为 Hz，现多使用 MHz、GHz 为单位。

需要说明的是，一台计算机的整机性能，不是由一两个部件的指标决定的，而是取决于各个部件的综合性能指标。另外，计算机系统的扩展能力、软件配置等也直接影响系统的性能。

1.4 例 题 解 析

1. 计算机中为什么采用二进制？二进制数有什么特点？

【解析】

计算机中之所以采用二进制，是由其具有的以下 3 个特点决定的。

（1）二进制在物理上最容易实现。例如，用"1"和"0"可以表示高、低两个电位，或者表示脉冲的有无，或者表示脉冲的正、负极性等，可靠性都较高。

（2）计算机中采用二进制时，其编码、加减运算规则简单。

（3）二进制的两个符号"1"和"0"正好与逻辑数据"真"与"假"对应，为计算机实现逻辑运算带来了方便。

2. 在微型计算机中，什么是内存？什么是外存？简述其特点和区别。

【解析】

微型计算机中，内存由半导体材料构成，包括 RAM、ROM 和 Cache，当切断电源时，所存信息也随即丢失，它是一种易失性存储器。外存包括磁盘、光盘等，当切断电源时，这类存储器中存储的信息不会丢失，是非易失性存储器。

内存可以被 CPU 直接访问，程序运行之前要先调入内存。外存不能够被 CPU 直接访问，通常作为后备存储器使用。

内存通常容量小、速度快，价格较高；外存容量大，价格较低，但存取速度较慢。

另外,由于 ROM 具有非易失性的特点,在嵌入式系统中通常用作外存储器。

习 题 1

1. 将下列十进制数转换为二进制数、八进制数、十六进制数。

① 4.75   ② 2.25   ③ 1.875

2. 将下列二进制数转换成十进制数。

① 1011.011   ② 1101.01011   ③ 111.001

3. 将下列十进制数转换为 8421BCD 码。

① 2006   ② 123.456

4. 求下列带符号十进制数的 8 位二进制数的补码。

① +127   ② -1   ③ -128   ④ +1

5. 求下列带符号十进制数的 16 位二进制数的补码。

① +655   ② -1   ③ -3212   ④ +100

6. 把下列英文单词转换为 ASCII 编码的字符串。

① HELLO，WORLD!   ② Intel 8088

7. 写出回车键、空格键的 ASCII 代码及其功能。

8. 什么是逻辑电路? 什么是**组合逻辑电路**? 什么是**时序电路**?

9. 什么是寄存器? 计算机中常用的寄存器有哪些?

10. 数字计算机如何分类? 分类的依据是什么?

11. 完整的计算机系统由几部分组成?

12. 冯·诺依曼型计算机包括哪些组成部分? 试说明"存储程序控制"原理。

13. 相对于冯·诺依曼型计算机,现代计算机系统有哪些改进?

14. 计算机软件系统的作用是什么? 如何分类?

15. 衡量计算机系统的主要性能指标有哪些?

第 2 章

微型计算机系统基础

微型计算机产生于 20 世纪 70 年代初期。40 多年来,微处理器技术和性能得到了迅速的发展,特别是从 20 世纪 90 年代中期开始,更呈现出突飞猛进之势。现代微型计算机的功能已远远超过过去的大型计算机。本章主要介绍微型计算机必备的基础知识,包括指令系统微型计算机系统结构、输入输出技术、微处理器的发展等内容,最后简要介绍了嵌入式、系统的特点和发展。

2.1 指 令 系 统

2.1.1 程序设计语言

如同硬件一样,计算机软件也是在不断发展的。从使用者的角度来看,程序设计语言大致可分为机器语言、汇编语言和高级语言三大类。

1. 指令系统

通过 1.3.2 节中的"存储程序控制"原理已经知道,计算机之所以能够脱离人的直接干预,能够自动运行,是由于人把要求计算机执行的任务,用一条条命令的形式——即指令,预先存入存储器中。执行时,计算机把这些指令一条一条取出来,加以翻译和执行。这一系列命令的集合就是计算机程序。

指令就是要计算机执行某种操作的命令。**程序**是一组指令的有序集合,通过执行程序,计算机能够完成用户所要求的功能。一台 CPU 能识别的所有指令的集合称为**指令系统**。指令系统是表征一台计算机性能的重要因素,它的格式与功能不仅影响到机器的硬件结构,而且也影响到系统软件,因为指令是设计一台计算机的硬件与底层软件的接口。

计算机能直接识别的命令是**机器指令**,机器指令是用一串"0""1"表示的二进制代码。每条指令由指令操作码和操作数两部分组成。指令**操作码**规定指令的操作类型,**操作数**规定指令的操作对象。

2. 汇编语言和汇编程序

由机器指令构成的编程语言,称为**机器语言**。在早期的计算机中,人们是直接用机器语言来编写程序的,这种用机器语言编写的程序,计算机可以直接"识别"并执行,所以又称为**目标程序**。但是,直接用机器语言编写程序是一件很烦琐的工作,需要耗费大量的人力和时间,编写、阅读、查错、修改等都不方便。为了提高效率,人们想了一种办法,即用一些约定的文字、符号和数字按规定的格式来表示各种不同的指令,这就是**汇编指令**,然后再用这些指令来编写程序,这就是**汇编语言**。这种符号语言简单直观、便于记忆,比二进制数表示的机器语言方便了许多。汇编语言是一种符号语言,它使用英文缩写表示机器指令操作码(指令助记符),用人们熟悉的数码及数学符号等表示操作数、地址,便于理解和记忆。用汇编语言编写的程序,比机器语言程序易于阅读、书写、查错和修改。汇编语言只是机器语言的另一种表达形式,因此汇编指令与机器指令是一一对应的,它也是面向机器的语言。

但计算机不能直接识别这种符号语言,因此人们创造了**汇编程序**,通过它将汇编源程序自动翻译成机器语言,这个过程称为**汇编**。这样,程序员就可以使用直观的汇编语言编写汇编源程序,通过汇编程序将其翻译成机器语言(目标程序),再提交给计算机执行。

3. 算法语言

使用汇编语言编写程序比使用机器语言进了一步,但是汇编语言只是机器语言的另一种表达形式,它依然依赖于计算机的硬件结构。一方面,汇编语言采用硬件逻辑进行编程,与人类的思维习惯相差很大;另一方面,不同类型的计算机有不同的机器语言,大大限制了计算机的使用。为了进一步简化编程,使不熟悉计算机具体硬件的人也能很方便地使用计算机开发程序,人们又创造了各种高级编程语言,这些编程语言接近人们熟悉的数学语言,便于理解和维护,也称为算法语言。所谓**算法语言(高级语言)**,是指按实际需要规定好的一套基本符号,以及由这套基本符号构成程序的规则。算法语言比较接近数学语言,与具体机器无关,由于它通用性强、便于学习和掌握,因此得到了广泛的应用。有影响的算法语言如 BASIC、C、C++、Java 等。

显然,用算法语言编写的**源程序**,也不能够直接被计算机识别,必须通过编译程序或解释程序翻译为机器语言。**编译程序**可把源程序翻译成目标程序,目标程序一般不能独立运行,还需要一种称为**运行系统**的辅助程序来帮助。通常,把编译程序和运行系统合称为**编译系统**。

解释程序不是将源程序的全部语句一起翻译,而是逐条解释语句,并逐条执行。

2.1.2　处理器体系结构

1. 系列计算机

指令系统也称为**指令集体系结构**(Instruction Set Architecture,ISA),它是 CPU 物理硬件和上层软件之间的一个接口,也是编译程序开发者和 CPU 设计者之间的一个抽象层。对于 CPU 设计者来说,其设计目标就是根据 ISA 要求设计 CPU,使其能够识别和执行 ISA 要求的指令。而对编译程序开发者而言,不需要知道 CPU 的内部硬件是如何实现的,只要知道这个 CPU 能够识别和执行哪些指令,以及它们是如何编码的,就可以设计编译程序了。

不同的处理器"家族"有着不同的 ISA,它们之间互不兼容。同一个家族里也有很多不同型号的处理器,它们能够在 ISA 级别上保持兼容,这里的"家族"就是系列计算机。**系列计算机**是指具有相同的基本指令系统和基本体系结构,但具有不同组成和实现的一系列不同型号的机器。例如,Intel 公司的 x86 系列机就是一种系列个人计算机。一个系列往往有多个型号,由于推出时间不同、采用器件不同,它们在结构和性能上有所差异,但是由于同一系列的 CPU 有共同的指令集,而且新推出的机种指令系统一定包含所有旧机种的全部指令,因此旧机种上运行的各种软件可以不加任何修改便可以在新机种上运行,实现了软件兼容,大大减少了软件开发费用。

另外,一些常见的处理器"家族"中的处理器可能分别由多个不同的厂商提供,虽然每个厂商制造的处理器性能和复杂度不断提高，但是它们仍然在 ISA 级别上保持兼容。例如，Intel 公司、AMD 公司都生产 x86 架构的 CPU。

2. CISC 和 RISC

目前 CPU 指令集主要分为两大类，一类是以 Intel、AMD 为代表的复杂指令系统计算机，另一类是以 IBM、ARM、MIPS 为代表的精简指令系统计算机。

20 世纪 70 年代末期，高级语言已成为大、中、小型机的主要程序设计语言，计算机应用日益普及。计算机的设计者利用当时已经成熟的微程序技术和飞速发展的 VLSI 技术，增设了各种各样复杂的、面向高级语言的指令，使指令系统越来越庞大，大多数计算机的指令系统多达几百条。人们称这些计算机为**复杂指令系统计算机**（Complex Instruction Set Computer，CISC），CISC 考虑了所有的可能情况，具有庞大的指令系统、较多的寻址方式、复杂的指令格式，使得 CPU 结构复杂、设计成本高。如此庞大的指令系统使得计算机的研制开发周期变长，正确性难以保证，调试维护困难。但在实际应用中，那些复杂的指令很少被使用，指令集产生"巴莱多定律"（也称为"二八定律"）的现象，即最常用的简单指令仅占指令总数的 20%，但在程序中出现的频率却占 80%。大量使用频率很低的复杂指令造成了硬件资源的浪费。

基于这一发现，**精简指令集计算机**（Reduced Instruction Set Computer，RISC）被提出来，这是计算机系统架构的一次深刻革命。

RISC 体系结构的基本思路是：将那些不常用的复杂指令去除，硬件只支持常用的简单指令。通过减少指令种类、规范指令格式和简化寻址方式，以及存储器的并行处理，从而大幅度提高了处理器的总性能。一个 RISC 结构的 CPU 在一个机器周期的平均可以完成一条以上指令，甚至达到几条到十几条指令。

不同指令集决定了不同的 CPU 架构，Intel、AMD 的 CPU 是 x86 架构的，IBM、ARM、MIPS 公司的 CPU 分别为 PowerPC 架构、ARM 架构和 MIPS 架构。

不同指令集的 CPU 对应的编译器也不相同，一个用高级语言编写的源程序编译成在一种指令集的 CPU 上运行的机器代码，就不能在另外一种指令集的 CPU 上运行。相同的高级语言源程序经过不同的编译器后产生不同的机器代码，运行于各类不同指令集的 CPU 上，这就是"移植"和"跨平台"的概念。

2.2　微型计算机系统结构

2.2.1　微处理器与微型计算机

20 世纪 70 年代，随着大规模集成电路技术的发展，使得运算器、控制器可以集成在一块芯片中，从而出现了微处理器芯片，以及以微处理器为核心的微型计算机系统。微型计算机具有体积小、功耗低、质量轻、价格低、可靠性高、使用方便等一系列优点，获得了广泛的应用和迅速的发展。

微处理器（Microprocessor，μP，MP）是将运算器和控制器集成在一起的中央处理器部件。有时为了区别巨型机、大型机和服务器等的中央处理器与微处理器，把前者称为 CPU，后者称为 MPU（Microprocessing Unit）。

微型计算机(Microcomputer,μC,MC)是指以微处理器为核心,配上内存储器、输入/输出接口电路及系统总线所组成的计算机。

　　微型计算机系统(Microcomputer System,μCS,MCS)是指以微型计算机为中心,配以相应的外围设备、电源、辅助电路,以及控制微型计算机工作的系统软件所构成的计算机系统,如图 2.1 所示。

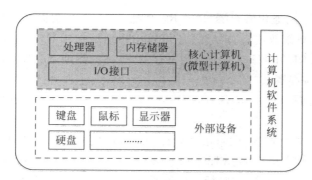

图 2.1　微型计算机系统组成

　　本章以微型计算机为主要对象,重点介绍微处理器、内存储器、输入/输出接口电路及系统总线等内容,即图 2.1 中的"核心计算机"部分。

2.2.2　微处理器中主要的寄存器

　　CPU 中通过寄存器来存放指令、数据和地址。寄存器的字长和机器字长相等。例如,16 位处理器包含 16 位的寄存器和算术逻辑部件。

　　各种 CPU 内部的寄存器会各不相同,但一般来说,在 CPU 中至少要有六类寄存器:指令寄存器、程序计数器、地址寄存器、数据寄存器、通用寄存器、程序状态字寄存器。这些寄存器用来暂存一个计算机字,其数目可以根据需要进行扩充。

　　1. 指令寄存器

　　指令寄存器(Instruction Register,IR)用来保存当前正在执行的一条指令。指令译码器(Instruction Decoder,ID)对指令寄存器的操作码进行译码,以产生指令所要求操作的控制信号,送入控制总线。

　　2. 程序计数器

　　程序计数器(Program Counter,PC)指出下一条将要执行的指令在主存储器中的地址。

　　在程序执行之前,首先必须将程序的首地址,即程序第一条指令所在主存单元的地址送入 PC,因此 PC 的内容即是从主存提取的第一条指令的地址。当执行指令时,CPU 能自动递增 PC 的内容,使其始终保存将要执行的下一条指令的主存地址,为取下一条指令做好准备。但是,当遇到转移指令时,下一条指令的地址将由转移指令的地址码字段来指定,而不是像通常的那样通过顺序递增 PC 的内容来取得。

　　3. 地址寄存器

　　地址寄存器(Address Register,AR)用来保存 CPU 当前所访问的主存单元的地址。

　　当 CPU 和主存进行信息交换,即 CPU 向主存存入数据/指令或从主存读出数据/指令时,首先通过地址寄存器将内存地址发送给地址总线,然后通过数据总线和数据寄存器完成数据的传送。

4. 数据寄存器

数据寄存器（Data Register，DR）又称数据缓冲寄存器，其主要功能是作为 CPU 和主存、外设之间信息传输的中转站，用以弥补 CPU 和主存、外设之间操作速度上的差异。

5. 通用寄存器

目前常用 CPU 中的**通用寄存器**（$R_0 \sim R_n$）多达几十个，甚至更多，它们为运算器提供一个工作区，暂时保存操作数或运算结果，还可以用作地址指示器、变址寄存器、堆栈指示器等。在某些简单的 CPU 中，只有一个通用寄存器，也称为累加寄存器（Accumulator，AC）。

6. 程序状态字寄存器

程序状态字寄存器（Program Status Word，PSW）用来保存当前各种运算状态条件，以及程序的工作方式。

运算状态条件是指由算术/逻辑指令运行的结果所建立起来的各种条件代码，如运算结果进/借位标志（C）、运算结果溢出标志（O）、运算结果为零标志（Z）、运算结果为负标志（N）、运算结果符号标志（S）等，这些标志位通常在 PSW 中各用一位触发器来保存。除此之外，程序状态字寄存器还用来保存中断和系统工作状态等信息，以便 CPU 和系统及时了解机器运行状态和程序运行状态。

以上各类寄存器中，程序计数器具有寄存和计数两种功能，可以通过 JK 触发器构成的寄存器来实现，其他寄存器可以通过钟控 D 触发器实现。

2.2.3　微型计算机中的存储器与地址分配

1. 内存组织

根据"存储程序控制"的基本思想，计算机之所以能够自动工作，是因为已经将编好的程序和原始数据事先存入存储器中，使计算机可以从存储器中逐条取出指令加以执行。这里的存储器指的是主存储器，即内存。

一般来说，微型计算机内存按字节来组织，每个字节有一个地址，如图 2.2 所示。第 1 个字节的地址是 0000H，第 2 个字节的地址是 0001H，第 3 个字节的地址是 0002H，其他依此类推，其最后一个字节的地址是 FFFFH，因此这个内存的总容量是 65 536 字节。

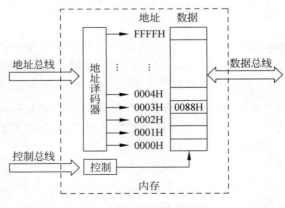

图 2.2　访问内存示意图

　　CPU 为了访问内存,需要给出一个地址,并且指明本次访问是读操作还是写操作。如果是写操作,则还要给出待写入的数据。

　　例如,CPU 从 0003H 单元读取数据的过程如下。

　　① CPU 中地址寄存器 AR 将地址 0003H 发送给地址总线。

　　② CPU 通过控制线发出内存读命令。

　　③ 内存储器芯片接收地址信号和控制信号,找到 0003H 单元,并从中读取数据 0088H。

　　④ 数据 0088H 通过数据总线送入 CPU。

写操作与读操作步骤相似。

2. 地址分配

　　通过第 1 章的学习大家知道,在现代计算机系统中,外围设备是通过 I/O 接口连接在系统总线上,与主机之间进行信息传递的。CPU 通过 I/O 接口电路中的寄存器发送命令、读取状态和传送数据。这些能够被 CPU 直接访问的寄存器称为 I/O 端口。I/O 接口中包括 3 种端口:数据端口、状态端口和控制端口。

　　与访问内存相似,当 CPU 访问 I/O 接口时,也需要给出 I/O 端口地址,因此需要对 I/O 端口编址。对 I/O 端口的编址通常有两种方法:一种是 I/O 端口和内存储器统一编址;另一种是 I/O 端口单独编址。

　　(1) 统一编址。将 I/O 端口和内存储器统一编址,即从整个内存空间中划出一个子空间给 I/O 端口,每个 I/O 端口分配一个地址,用访问内存的指令对 I/O 端口进行操作,如图 2.3(a)所示。采用这种编址方法,无须设置专门的 I/O 指令,访问外设接口和访问内存可以使用同样的指令。

　　(2) 独立编址。内存储器和 I/O 端口地址空间各自独立编址,即 I/O 端口地址空间与内存储器地址空间分开设置,互不影响。采用这种编址方式,对 I/O 端口的操作使用专门的输入/输出指令(I/O 指令),CPU 通过不同的指令来区分是访问内存还是访问 I/O 端口,产生相应的控制信号。I/O 端口单独编址如图 2.3(b)所示。

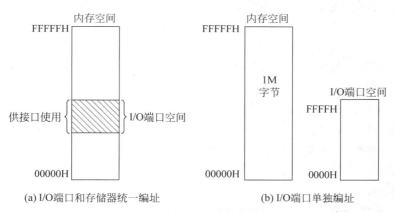

图 2.3　I/O 端口的编址示意

　　Intel 系列机普遍采用 I/O 端口单独编址方式。8086 使用 IN 和 OUT 指令完成 I/O 端口与 CPU 之间的数据传送,可支持 8 位或 16 位数据传送,以及直接或间接寻址的数据访问。80286、80386 和 80486 还提供指令 INSB、OUTSB、INSW 和 OUTSW 来完成端口与存储器之间的数据传送。

3. 堆栈

堆栈是计算机系统中的一个重要概念,也是理解微型计算机组成的一个基本概念。

在程序设计时,往往会发现一些操作要执行多次。为了简化程序,一般把这些要重复执行的操作编成相对独立的程序段,供需要时调用。将这些用来完成某种功能、相对独立的程序段称为**子程序**。

在执行程序的过程中,如果有紧急事件需要处理,计算机应暂停当前正在执行的程序,转去为紧急事件提供服务。这个服务实际上是执行一段子程序,服务完毕,再接着执行原来的程序。这个过程称为**中断**,为紧急事件提供服务的子程序称为**中断服务子程序**(或**中断处理子程序**)。

在执行子程序后,应返回**主程序**(即调用子程序的程序)继续执行。因此,调用子程序时,需要保留调用子程序的下一条指令的地址,这个地址称为**返回地址**或**断点地址**。另外,在执行主程序的过程中,可能会使用通用寄存器,而执行子程序时,通常也要用到这些通用寄存器。为了避免错误使用,在执行子程序之前,应该首先将这些通用寄存器的当前内容保存起来,称为**保护现场**;在返回主程序前再加以恢复,称为**恢复现场**。这样才不会影响主程序的正常执行。

子程序和中断的实现都需要有保存返回地址、保存断点地址、保护现场和恢复现场的存储结构,这些信息的存取有一个共同的特点,即最后存入的信息将最先被取走。**堆栈**就是用于适应这种存取方式的一种存储结构,即堆栈是按**后进先出**(Last-In,First-Out,LIFO)原则进行存取的存储结构。

2.2.4 微机系统中采用的先进技术

1. 流水线技术

为了提高微机的工作速度,将某些功能部件分离,使一些大的顺序操作分解为由不同功能部件分别完成、在时间上可以重叠的子操作,这种技术被称为**流水线技术**。例如,微处理器 Intel 8086 对"取指"和"指令译码和执行"这两个顺序操作进行了分离,分别由**总线接口单元**(Bus Interface Unit,BIU)和执行单元(Execution Unit,EU)来完成,使得它们在时间上可以重叠。即当一条指令正在 EU 内执行时,BIU 可能已经在取另一条指令了。因此,从总体上来看,加快了指令流速度,缩短了程序执行时间。

为了进一步满足普通流水线设计所不能适应的更高时钟速率的要求,高档微处理器中流水线的级数(或深度)在逐代增多。当流水线深度在 5 级以上时,通常称为**超级流水线**。显然,流水线级数越多,每级所花的时间越短,时钟周期就可以设计得越短,指令流速度也就越快,指令平均执行时间也就越短。

2. 哈佛结构

在**冯·诺依曼结构**的计算机中,指令和数据放在同一个存储器中,在流水线中可能会出现冲突。为了提高并行性,一些现代计算机将指令和数据分别放在两个独立的存储器中,每个存储器独立编址、独立访问,称为**哈佛结构**。这种方式使取指令和执行指令的操作能够完全重叠,提高了程序执行的速度。

3. Cache 技术

为了弥补 CPU 与内存在速度上的巨大差距,现代计算机都在 CPU 和主存之间设置了一个高速度、小容量的缓冲存储器 Cache。Cache 对于提高整个计算机系统的性能有着重要的意义,通过多级高速缓存,可以有效地减少 CPU 的访问时间,减轻总线的负担。Intel 80486 包含 8KB 的片内 Cache;所有的 Pentium 处理器包含两个片内一级 Cache,采用哈佛结构,一个数据 Cache,一个指令 Cache;Pentium Ⅱ 还包含一个 256KB 的二级 Cache,Pentium Ⅲ 增加了一个三级 Cache,Pentium 4 的三级 Cache 已经移入处理器芯片中。

4. 虚拟存储管理技术

虚拟存储器处于“主存-辅存”的存储层次,通过操作系统和必要的硬件,使辅存和主存构成一个有机的整体,就像一个单一的、可供 CPU 直接访问的大容量主存(虚拟存储器)。大量的程序和数据平时是存放在辅助存储器中的,等用到时才调入内存。当程序规模较大、内存容量相对不足时,操作系统分批将程序调入内存运行。这样,程序员可以用虚拟存储器提供的地址(虚拟地址)进行编程,不再受到实际主存空间大小的限制。这意味着他们可放心使用更大容量的虚拟内存,而不必过问实际内存的大小,并可得到与实际内存相似的工作速度。

5. 多核处理器结构

多核处理器结构是指制作芯片时在单个处理器内部安排两个或多个基于微处理器的执行核(Processor-based Execution Core)或计算引擎(Computational Engine)。这种多核处理器被插入一个处理器插槽,但是操作系统将其中的每一个执行核理解成单个具有所有相关执行资源的逻辑处理器。这些逻辑处理器能够独立地执行线程,因此可以做到线程级并行,从而大大提高了执行多任务的能力。

引入多核结构的一个重要原因是,改变单纯通过提高时钟频率来提高处理器性能的传统做法,因为时钟频率的提高会使处理器的功耗增加,发热量加大,风扇转速也需要随之提高,噪声也会变大。采用多核结构,每个核的时钟频率不要太高(可以比单核处理器的时钟频率低),但是由于有多个核,因此在每个时钟周期内整个处理器可以处理更多的指令,即整体性能得到提高。例如,Intel 公司的双核处理器 Core2 Duo 相对于此前的单核处理器,性能提高约 40%(另一个重要原因是采用了更为先进的制造技术,即 65nm 技术)。

多核处理器中的核还可以支持超线程,因此可以获得更强的并行处理能力。例如,双核处理器加上超线程,从软件来看系统拥有 4 个逻辑处理器。

双核的概念最早是由 IBM、HP、Sun 等公司采用 RISC 结构的高端服务器厂商提出的,但是,使之得到普及的是 Intel 公司和 AMD 公司。目前的微处理器和嵌入式芯片中,已广泛采用多核处理器结构。

除了上述新技术外,采用多机系统结构、增强图形处理能力、提高网络通信性能等方面都是当前微型计算机系统所追求的目标。

2.3　输入/输出系统

2.3.1　信息交换方式

在第 1 章介绍过,CPU 和内存构成计算机的主体,称为主机。主机以外的其他硬件设备都称为外围设备,外围设备包括输入设备、输出设备和辅助存储器。

主机和外围设备之间的信息传送控制方式，经历了由低级到高级、由简单到复杂、由集中管理到各部件分散管理的发展过程。按其发展的先后和主机与外设并行工作的程度，可以分为以下 5 种。

1. 程序查询方式

程序查询方式是早期计算机中使用的一种方式。数据在 CPU 和外围设备之间的传送完全靠计算机程序控制。在开始一次数据传送之前，CPU 首先检查外设是否"准备好"，若没有准备好，则 CPU 将重复查询其状态，直至外设准备好，才能进行数据传送。相对于 CPU 来说，外设的速度是比较低的，因此外设准备数据的时间往往是一个漫长的过程，而在这段时间里，CPU 除了循环检测外设是否已准备好之外，不能处理其他业务，只能一直等待；直到外设完成数据准备工作，CPU 才能开始进行信息交换。在 CPU 不太忙且传送速度要求不高、连接外设不多时，可以采用。在当前的实际应用中，除了单片机之外，已经很少使用程序查询方式了。

2. 中断控制方式

采用查询方式时，每次输入或输出一个数据，CPU 都要检查外设的状态。如果外设尚未准备就绪，程序便进入查询循环，使 CPU 花费大量的时间在状态查询中。为了解决这个问题，产生了由中断控制的 I/O 方式。

所谓中断控制，就是外围设备用来"主动"通知 CPU，报告它是否已进入准备就绪状态，这样 CPU 就不必花费时间进行循环测试，从而节省了 CPU 宝贵的时间。通常，当一个中断发生时，CPU 暂停它的现行程序，而转向中断处理程序，完成输入或输出数据的任务。当中断处理完毕后，CPU 又返回到它原来的程序，并从它停止的位置开始执行。

这种方式节省了 CPU 的时间，是管理 I/O 操作的一个比较有效的方法。中断方式一般适用于随机出现的服务，并且一旦提出要求，应立即执行。由于 CPU 省去了对外设状态查询和等待的时间，从而使 CPU 与外设可以并行工作，大大提高了 CPU 的效率。与程序查询方式相比，硬件结构相对复杂一些，服务开销时间较大。

3. 直接存储器存取控制方式

采用中断方式交换数据时，输入/输出操作仍需通过 CPU 执行传送指令来实现外设与内存之间的信息传送，并且中断服务的时间开销比较大，对于一些高速的外围设备，以及数据块传送的情况，仍然显得速度太慢。

直接存储器存取（Direct Memory Access，DMA）方式是一种完全由硬件执行 I/O 交换的方式。在这种方式中，DMA 控制器从 CPU 完全接管对总线的控制，数据交换不经过 CPU，而直接在内存和外围设备之间进行，以高速传送数据。这种方式主要的优点是数据传送速度很高，传送速率仅受到内存访问时间的限制。与程序中断方式相比，这种方式需要更多的硬件，适用于主存和高速外围设备之间大批量数据交换的场合。

4. 通道方式

DMA 的出现已经减轻了 CPU 对 I/O 操作的控制，使得 CPU 的效率有了显著的提高，而通道的出现则进一步提高了 CPU 的效率。这是因为 CPU 将部分权力下放给通道。通道是一个具有特殊功能的处理器，某些应用中称其为输入/输出处理器（Input/Output Processor），它分担了 CPU 的一部分功能，可以实现对外围设备的统一管理，完成外围设备与内存之间的数据传送。通道方式大大提高了 CPU 的工作效率，然而这种效率的提高是以增加更多的硬件为代价的。

5. 外围处理机方式

外围处理机(Peripheral Processor Unit,PPU)方式是通道方式的进一步发展。外围基本上独立于主机工作,它的结构更接近于一般的处理机,甚至就是微小型计算机。在一些系统中设置了多台 PPU,分别承担 I/O 控制、通信、维护诊断等任务,从某种意义上说,这种系统已经变成了分布式多机系统。

综上所述,程序查询方式和中断控制方式适用于数据传输率比较低的外部设备,而 DMA 方式、通道方式和外围处理机方式则适用于数据传输率比较高的外围设备。

2.3.2　程序中断方式

1. 中断的基本思想

中断传送方式的思想是:当 CPU 需要进行一次 I/O 操作时,就启动外设工作,这时 CPU 继续执行原来的程序,外设和 CPU 共同工作,而不是像程序查询方式那样让 CPU 原地等待。当外设的数据准备就绪或完成操作后,它就通过 I/O 接口"主动"向 CPU 发出请求中断的信号,请求 CPU 暂时中断目前正在执行的程序而进行数据交换。当 CPU 响应这个中断时,便暂停运行正在执行的程序(通常称为**主程序**),转去执行 I/O 操作程序(称为**中断服务子程序**或**中断处理子程序**),当中断服务程序结束以后,CPU 返回被暂时中止的程序继续执行。也就是说,在当前正在执行的主程序中插进了一段别的程序——中断服务子程序,通过它完成 I/O 信息交换,其中断处理示意图如图 2.4 所示。

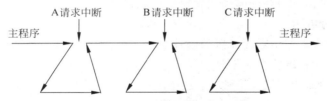

图 2.4　中断处理示意图

主程序只是在设备 A、B、C 数据准备就绪时,才去处理 A、B、C,进行数据交换。在速度较慢的外围设备准备自己的数据时,CPU 照常执行自己的主程序。在这个意义上说,CPU 和外围设备的一些操作是并行进行的,因而同串行进行的程序查询方式相比,计算机系统的效率大大提高了。

2. 中断源

能够引发中断的事件称为**中断源**。通常中断源有两类:内部中断源和外部中断源。

由处理机内部产生的中断事件称为**内部中断源**。常见的内部中断源有计算溢出、指令的单步运行、执行特定的中断指令等。

由处理机之外的外围设备产生的中断事件称为**外部中断源**。常见的外部中断源有外设的输入/输出请求、定时时间到、电源掉电、设备故障等。

3. 中断处理过程

中断的过程一般包括中断请求、中断响应、中断处理和中断返回。

（1）中断请求。由中断源通过中断请求信号线向 CPU 发出中断请求，或者 CPU 内部执行某些指令或检测出某些异常事件而引发中断请求。中断请求要求 CPU 中断当前程序的执行，转去处理临时发生的事件。

（2）中断响应。CPU 接到中断请求后，如果满足当前中断的响应条件，CPU 就暂停当前程序的执行，转去执行相应的中断处理程序。在中断响应过程中，CPU 一般需要做以下工作。

① 保护断点。所谓**断点**，是指响应中断时，被打断的程序中紧接当前指令的下一条指令的地址。只有保护了断点，才能保证中断处理程序执行完后，CPU 能够正确返回到原程序继续执行。

② 保护现场。这里所说的**现场**，是指在中断响应时，中断服务程序执行之前，CPU 内部各个寄存器（包括标志寄存器）的当前值。为了保证在中断返回后，被打断的程序仍能得到正确执行，应在中断处理程序被执行之前，将这些寄存器的值压入堆栈予以保护，以避免在中断处理程序执行中因使用这些寄存器而破坏其原有内容。

③ 识别中断源。中断源的识别就是找到中断源的服务程序入口地址的过程。通常在一个中断系统中有多个不同的中断源，中断系统应能正确识别发出请求的中断源，找到其对应的中断处理程序所在的内存地址，并转去执行。

（3）中断处理。中断处理就是执行中断服务子程序，完成中断处理。

（4）中断返回。返回被中断的程序继续执行，包括恢复现场和恢复断点两部分工作。中断处理程序执行完以后，在返回被中断的程序之前，应将 CPU 内部各寄存器的值恢复为中断前的状态，以保证返回后能继续正确地执行原程序。

4. 中断系统的功能

中断系统是指为实现中断而设置的硬件和软件集合，包括中断控制逻辑、中断管理及相应的中断指令。中断系统应具有下列功能。

（1）进入中断和退出中断，即完成上述中断响应和中断返回的过程。

（2）对某些中断进行屏蔽，并在必要时开放。不是在每一个中断源发出中断请求时，CPU 都必须立即响应，中断系统可以设置中断允许或中断屏蔽控制字，使某些中断源发出的中断请求信号被暂时屏蔽。

（3）进行优先权排序。当有多个中断源同时向 CPU 提出中断申请时，中断系统应能根据中断源任务的轻重缓急进行优先权排序，从中选出最高优先权的中断请求，让 CPU 予以响应，并进入相应的中断服务，处理完毕后，再响应低优先权的中断请求。

（4）提供中断嵌套的能力，即允许高优先级的中断请求打断低级中断处理程序的执行。在 CPU 响应某一中断源的请求进行中断处理的过程中，如果又有优先级别更高的中断源向 CPU 发出中断请求，则 CPU 应能及时响应该高级中断，转向执行其中断服务程序，待高级中断服务完毕后，再返回继续执行被打断的低级中断服务程序，这就是中断的嵌套。在中断系统中，某一中断处理程序的执行，一般只允许被高优先级的中断源打断，不允许被同级或更低级的中断源中断。

在多级中断的处理过程中，每一级中断的响应都需要进行断点和现场的保护，每一次的中断返回都要恢复断点和现场。为保证每一级中断处理程序都能得到正确执行，而不会发生紊乱，保护断点、现场与恢复断点、现场的次序必须正确，以后进先出为操作特点的堆栈结构为此提供了良好的支持。

2.4　微处理器的发展

微处理器和微型计算机的产生和发展,一方面是由于军事工业、空间技术、电子技术和工业自动化技术的迅速发展,要求生产体积小、可靠性高和功耗低的计算机,这种社会的直接需要是促进微处理器和微型计算机产生和发展的强大动力;另一方面,随着大规模集成电路技术和计算机技术的飞速发展,计算机的设计日益完善,总线结构、模块结构、堆栈结构、微处理器结构、有效的中断系统及灵活的寻址方式等功能越来越强,这些都为微处理器和微型计算机的迅速发展打下了坚实的物质基础和技术基础。

自 1971 年美国 Intel 公司研制成功世界上第一块微处理器芯片 4004 以来,Intel 公司不断地推出新型的微处理器芯片,每隔 2～4 年就更换一次,至今已经历了 5 个阶段。微型计算机的换代,通常是按照 CPU 的字长和功能来划分的。下面简要介绍 Intel 系列 x86 微处理器体系结构的演变历史。

2.4.1　Intel 微处理器

1. 早期微处理器(1971—1973 年)

第一代微处理器是 4 位和低档 8 位微处理器时代。其典型产品是 Intel 4004 微处理器、Intel 8008 微处理器。Intel 4004 是世界上第一块微处理器芯片,Intel 8008 是第一个 8 位通用微处理器。

第一代微处理器时钟频率约为 1MHz,平均指令时间为 10～20μs,字长 4 位或 8 位,指令系统简单,运算功能单一,软件主要采用机器语言或简单的汇编语言,主要应用是面向袖珍计算器、家电、交通灯控制等简单控制场合。

2. 8 位微处理器(1973—1978 年)

第二代微处理器是成熟的 8 位微处理器时代。典型产品有 Intel 8080、Intel 8085 等,与第一代微处理器相比,它们的运算速度提高 10～15 倍,时钟频率为 1～4MHz,基本指令执行时间为 1～2μs,指令系统比较完善,已具有典型的计算机系统结构及中断、DMA 等控制功能,寻址能力也有所增强。软件除采用汇编语言外,还配有 BASIC、FORTRAN、PL/M 等高级语言及其相应的解释程序和编译程序,并在后期开始配上操作系统。8 位微处理器和以它为 CPU 构成的微型机广泛应用于信息处理、工业控制、汽车、智能仪器仪表和家用电器领域。

3. 16 位微处理器(1978—1983 年)

第三代微处理器是 16 位微处理器时代,这一时期的典型产品是 Intel 8086、Intel 80286 等。它们时钟频率为 4～25MHz,平均指令时间约为 0.05μs,数据总线宽度为 16 位,地址总线为 20 位,可寻址内存空间达 1MB,运算速度比 8 位机快 2～5 倍。

Intel 8086(1978 年)具有丰富的指令系统,采用多级中断系统、微处理器并引入了段的概念。利用 16 位的段寄存器可以访问 64KB 的存储空间。8086 允许同时使用 4 个段,从而在不改变段寄存器内容的情况下访问 256KB 的空间。20 位地址可以由 16 位段寄存器和 16 位偏移量形成。

Intel 80286 微处理器（1982 年）引入了保护模式。保护模式采用描述符表对段寄存器内容进行索引。描述符提供 24 位基地址从而可访问 16MB 的物理内存,支持虚拟存储管理功能。此外,该微处理器本身含有多任务系统必需的任务转换功能、存储器管理功能和多种保护机构,支持虚拟存储体系结构,满足了多用户和多任务系统的需要。从 20 世纪 80 年代中后期到 90 年代初,Intel 80286 CPU 一直是微型计算机的主流型 CPU。

4. IA32 架构微处理器（1983—1993 年）

IA32 架构微处理器是泛指 Intel 公司的 32 位微处理器,自 1985 年 Intel 80386 微处理器诞生以来,支持该架构的处理器有多款,包括 80386、80486、Pentium、P6 系列、Pentium M、Intel Core Solo、Intel Core Duo 微处理器、双核 Intel Xeon LV 处理器、早期的 Pentium 4、Intel Xeon 处理器及超低功耗的 Intel Atom Z5xx 系列等。

Intel 80386（1985 年）是 IA32 结构家族中的第一款处理器,它内部采用流水线控制,时钟频率达到 16~40MHz,平均指令执行时间小于 $0.1\mu s$,运算速度为每秒 300 万~400 万条指令,即 3~4MIPS。它具有 32 位数据总线和 32 位地址总线,直接寻址能力高达 4GB,同时具有存储保护和虚拟存储功能,虚拟空间可达 64TB(264)。80386 具备 3 种工作模式,即实地址模式、受保护的虚拟地址模式和虚拟 8086 模式,虚拟 8086 模式提供了对 16 位微处理器的兼容,能够运行 8086/8088 指令集的程序。

Intel 80486（1989 年）引入了 5 级流水结构,增加了片内协处理器和 8KB 的片内高速缓存(即一级 Cache),支持配置二级 Cache。内部数据总线宽度有 32 位、64 位和 128 位,分别用于不同单元间的数据交换。80486 还首先采用了 RISC 技术,使 CPU 可以一个时钟周期执行一条指令。它采用突发总线(Burst BUS)技术与外部 RAM 进行高速数据交换,大大加快了数据处理速度。在相同时钟频率下,80486 微处理器的性能要比带一个浮点运算协处理器 80687 的 80386DX 微处理器的速度提高近 4 倍,80486 DX2 的时钟频率为 66MHz 时,运算速度可达 54MIPS。此外,它还提供了电源管理及省电模式。

1993 年推出的 Intel Pentium 系列微处理器包括 Pentium 586、Pentium Pro、Pentium MMX、Pentium Ⅱ、Pentium Ⅲ、Pentium 4 等,时钟频率达到 60MHz~2GHz,采用了超流水线技术、超高速缓存技术,Cache 采用哈佛结构,流水线中引入分支预测来增强循环结构的执行效率,这些新技术使得微处理器的性能进一步得到大幅的提升。Pentium 微处理器引入了 Intel MMX(多媒体扩展)技术,一条 MMX 指令能同时对多个数据进行操作;利用单指令流多数据流(SIMD)执行模式在 64 位寄存器内对压缩的整数并行计算,大大提高了整数运算的速度。

Intel P6 系列微处理器（1995—1999 年）超向量微体系结构,包括 Intel Pentium Pro、Intel Pentium Ⅱ、Intel Pentium Ⅱ Xeon、Intel Celeron、Intel Pentium Ⅲ、Intel Pentium Ⅲ Xeon。

Intel Pentium 4 系列微处理器系列（2000—2006 年）基于 Intel Net Burst 微体系结构。从该系列微处理器开始引入 IA64 体系结构。早期的 Pentium 4 是输入 IA32 结构的。

Intel Xeon 系列处理器（2001—2007 年）同样基于 Intel Net Burst 微体系结构,引入了双核甚至多核技术。Intel Xeon 5300 系列在一片物理封装内集成了 4 个处理器核。Xeon 系列微处理器主要用于多处理器服务器及高性能工作站中。

Intel Pentium M 系列微处理器（2003 年至今）属于高性能、低功耗移动微处理器系列。

　　Intel Core Duo 及 Intel Core Solo 系列微处理器(2006—2007 年)在 Pentium M 微处理器的基础上对微体系结构进行了改进,提供更加有效的功耗管理,更能延长电池寿命。

　　Intel Atom 系列微处理器(2008 年至今)采用 45nm 工艺技术,基于全新的微体系结构——Intel Atom 微体系结构。该结构针对超低功耗设备进行了优化。Atom 微体系结构采用两条顺序执行流水线,将功耗降至最低。该处理器的主要特点是:增强的 Intel SpeedStep 技术;Intel 超线程技术;深层掉电技术及动态 Cache 尺寸;支持 SSSE3 (Supplemental Streaming SIMD Extensions 3)指令;支持 Intel 虚拟技术;支持 Intel 64 位架构,其中 Z5xx 系列是 IA32 架构。

5. IA 64 位微处理器

　　在不断完善 32 位微处理器系列的同时,Intel 公司 2000 年 11 月推出了第一代 64 位微处理器 Itanium,标志着 Intel 微处理器进入 64 位时代。

2.4.2　其他微处理器

　　除了 Intel 公司外,还有其他一些优秀的微处理器制造商,如 Motorola 、Zilog、AMD 等公司。Motorola MC 6800、Zilog Z80 微处理器是第二代 8 位微处理器的典型代表;Motorola MC 68000、Zilog Z8000 是第三代 16 位微处理器的代表。

　　AMD(Advanced Micro Devices)公司是世界上排名第二的微处理器制造商。在 Intel 公司推出 Pentium 微处理器之前,其产品的技术和推出时间与 Intel 公司相比并没有明显的差别。作为第一款与 Pentium 微处理器竞争的产品,它推出了 AMD-K5,并且的确做得非常出色。1997 年 4 月,AMD 公司率先推出了性能更完善的第六代微处理器 AMD-K6,Intel 公司的 Pentium II 是在其后推出的。在后来的新技术和新产品的竞争中,两个公司都有领先的时候,也各有自己的特色。这种竞争促进了微处理器制造技术和计算机技术的发展。

　　在 AMD-K6 之后,AMD 公司微处理器的典型产品有 Athlon(中文译名"速龙",最初被称为 K7)、Athlon XP、Athlon 64、Athlon X2(双核)、Athlon 64 X2(双核)及 Sempron(闪龙)等。AMD 公司也有专门面向服务器的微处理器,如 Opteron(皓龙)、Athlon MP 等。

　　AMD 公司在微处理器方面拥有自己的专门技术,如 3D Now! 技术(支持多媒体技术)、AMD 64 技术(支持 64 位运算并加大内存寻址空间)、Cool'n' Quiet 技术(一种智能温控技术,可以在 CPU 未满负荷运行的时候降低微处理器频率及散热风扇的运转速度,以此来降低系统的功耗和风扇的噪声)、整合内存控制器(将原本内建于北桥芯片的内存控制器转移到微处理器上,这样使用的内存规格由微处理器决定,而非芯片组芯片)、HyperTransport(超传输技术,是为了提高计算机内部集成电路之间、服务器、嵌入式系统、网络、电信设备的通信速度而设计的高速、低延迟的点对点连接技术,与 PCI Express 总线有些类似,属于总线的范畴)、Enhanced Virus Protection(增强型病毒防护技术)等。

2.5　嵌入式系统

2.5.1　嵌入式系统的定义和特点

1. 嵌入式系统的定义

根据英国电气工程师协会(U. K. Institution of Electrical Engineer)的定义,嵌入式系

统是一种"完全嵌入受控器件内部,为特定应用而设计的专用计算机系统"。与大型机、台式机、笔记本等**通用计算机系统**不同,嵌入式系统通常执行的是带有特定要求的预先定义的任务。

嵌入式系统更加一般的定义,是以应用为中心、以计算机技术为基础,采用可剪裁软硬件,能够满足应用系统对功能、可靠性、实时性、成本、体积功耗等指标的严格要求的**专用计算机系统**,用于对其他设备的控制、监视或管理等功能。嵌入式系统与人们的日常生活紧密相关,任何一个普通人都可能拥有各类形形色色的嵌入式电子产品,小到 MP3、PDA 等微型数字化设备,大到信息家电、智能电器、车载 GIS 等。各种新型嵌入式设备在数量上已经远远超过了通用计算机。

嵌入式系统是先进的计算机技术、半导体技术、电子技术及各种具体应用相结合的产物,是技术密集、资金密集、高度分散、不断创新的新型集成知识系统。它起源于微型机时代,近几年网络、通信、多媒体技术的发展为嵌入式系统应用开辟了广阔的天地,使嵌入式系统成为继 PC 和 Internet 之后 IT 界新的技术热点。

2. 嵌入式系统体系结构

一般而言,嵌入式系统由嵌入式微处理器、外围硬件设备、嵌入式操作系统及用户的应用程序等 4 个部分组成,如图 2.5 所示。

3. 嵌入式系统的特点

与普通的通用计算机系统相比,嵌入式系统集软硬件于一体,通常来说它具有如下几个特点。

（1）专用性强:嵌入式系统通常都是面向某个特定应用进行定制的,所以具有非常强的专用性,如 ATM 机、汽车、冰箱和 POS 机等设备中的专用系统。

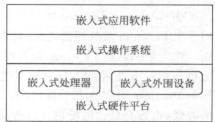

图 2.5　嵌入式系统体系结构

（2）技术融合:嵌入式系统将先进的计算机技术、通信技术、半导体技术和电子技术与各个行业的具体应用相结合,是一个技术密集、资金密集、高度分散、不断创新的知识集成系统。

（3）集成度高:嵌入式系统是根据目标应用的实际需求,来增加或减少系统中的软硬件模块,量体裁衣、去掉冗余。例如,嵌入式系统能够把通用 CPU 中许多由板卡完成的任务集成在芯片内部,从而实现小型化和低功耗。

（4）实时性好:工业等场合的控制系统常常需要对事件做出及时的响应,嵌入式系统由于具有很强的专用性,系统负担很小,通常可以达到比较完美的实时性要求。

（5）资源受限:由于嵌入式系统通常设计成只完成少数几个任务,设计时考虑到经济性,要求小型化、轻量化、低成本和低功耗,因此可用资源少、成本低,结构简单。

（6）固化代码:为了提高执行速度和系统可靠性,嵌入式系统中的软件一般都固化在非易失性存储器芯片或单片机本身中,而不是存储于磁盘中。

嵌入式系统通常来说是和通用计算机系统相对而言的,表 2.1 所示的是这两种系统的特点对比,表 2.2 所示的是它们的模块对比（包括软件和硬件）。

表 2.1　嵌入式系统和通用计算机系统的特点对比

特　　点	嵌入式系统	通用计算机系统
组成	采用 51 单片机、ARM 等继承了部分外部设备和总线的嵌入式处理器,或者使用定制的 SoC 芯片,硬件和软件耦合性较强	采用 Intel 或 AMD 的标准处理器,使用标准通用总线和外部设备,硬件和软件相对独立
外形特征	多"嵌入"到应用系统内部,用户不能直接观察到	用户可以直接观察和使用
开发方式	采用交叉开发方式,在通用计算机上开发,在嵌入式系统上运行	开发和运行都在通用计算机上进行
二次开发性	较高	较差

表 2.2　嵌入式系统和通用计算机系统的模块对比

模　　块	嵌入式系统	通用计算机系统
处理器	ARM、SoC 芯片、单片机等	Intel 或 AMD 的通用处理器
内存	集成固化的 DDR/SDRAM 芯片	可插拔的 DDR 芯片电路板
存储设备	Flash、SD 卡等	通常采用硬盘
输入设备	按键、触摸屏等定制设备	鼠标、键盘等通用设备
显示设备	LED、数码管、定制液晶屏等	显示器
发声器件	音频芯片、蜂鸣器等	声卡
接口	RS232、RS485、CAN 总线、USB 等	串口、USB 口等
其他	特定的驱动器件,如电机驱动芯片等	尾部扩展卡,如 HDMI 等
引导代码	多为 Bootloader、U-Boot	主板 BIOS 和硬盘引导区结合
操作系统	μC-OS、Linux、Vxworks、Android 等	Windows、Linux 等
驱动程序	根据硬件和操作系统自行裁剪	操作系统或厂商提供通用的
协议栈	根据需要自行定义	操作系统或第三方提供
开发环境	交叉编译环境	本机调试
仿真环境	需要 JTAG 仿真器等	直接本机调试

4. 交叉编译

平时在 PC 上进行的软件开发,一般都是采用本地编译。**本地编译**可以理解为,在当前编译平台下,编译出来的程序只能放到当前平台下运行。例如,用户在 x86 平台上编写程序,并编译成可执行程序。这种方式下,可以使用 x86 平台上的工具,开发针对 x86 平台本身的可执行程序,这个编译过程称为本地编译。

而在嵌入式开发中,一般采用交叉编译的方式。**交叉编译**可以理解为,在当前**编译平台**下,编译出来的程序能够运行在另一种体系结构的**目标平台**上,但是该编译平台本身却不能运行。例如,用户在 x86 平台上编写程序,并编译成能运行在 ARM 平台的程序,编译得到的这个程序在 x86 平台上是不能运行的。通常将这个编译平台称为**宿主机**,而目标平台称为**目标机**。

之所以要有交叉编译,主要是因为目标平台的运行速度往往比主机慢得多,许多专用的嵌入式硬件被设计为低成本和低功耗,没有太高的性能;而整个编译过程是非常消耗资源的,嵌入式系统往往没有足够的内存或磁盘空间。即使目标平台资源很充足,可以本地编译,但是第一个在目标平台上运行的本地编译器总需要通过交叉编译获得。另外,一个完整的 Linux 编译环境需要很多支持包，而交叉编译不需要花时间将各种支持包移植到目标平台上。

很多嵌入式系统本身不具备自主开发能力，即使设计完成以后，用户通常也不能对其中的程序功能进行原地修改，而只能在宿主机中进行开发和编译。

2.5.2 嵌入式系统的发展

20 世纪 70 年代发展起来的微型计算机，由于体积小、功耗低、结构简单、可靠性高、使用方便、性能价格比高等一系列优点，得到了广泛的应用和迅速的普及。微型机表现出的智能化水平引起了控制专业人士的兴趣，要求将微型机嵌入到一个对象体系中，实现对象体系的智能化控制。例如，将微型计算机经电气加固和机械加固后，配置各种外围接口电路，安装到大型舰船中构成自动驾驶仪或轮机状态监测系统。这样一来，计算机便失去了原来的形态与通用的计算机功能，成为嵌入到对象体系中、实现对象体系智能化控制的计算机，这就是早期的嵌入式计算机系统。**其本质是将一个计算机嵌入到一个对象体系中去。**

由于嵌入式计算机系统要嵌入到对象体系中，实现的是对象的智能化控制，因此，它有着与通用计算机系统完全不同的技术要求与技术发展方向。通用计算机系统的技术要求是高速、海量的数值计算；技术发展方向是总线速度的无限提升，存储容量的无限扩大。而嵌入式计算机系统的技术要求则是对象的智能化控制能力，技术发展方向是与对象系统密切相关的嵌入性能、控制能力与控制的可靠性。可见，微型计算机的体积、价位、可靠性都无法满足广大对象系统的嵌入式应用要求，因此，嵌入式系统必须与通用计算机技术分离开，独立发展单芯片化的嵌入式技术。

纵观嵌入式系统的发展历程，大致经历了以下 4 个阶段。

1. 嵌入式微处理器

嵌入式微处理器（Embedded Microprocessor Unit，EMPU）是由通用计算机中的 CPU 演变而来的。在嵌入式应用中，将微处理器装配在专门设计的电路板上，并对处理器进行裁剪，只保留与嵌入式应用紧密相关的功能部件，这样可以大幅度减小系统体积和功耗，使其以最低的资源和功耗实现嵌入式应用需求。

这一阶段嵌入式系统的主要特点是：系统结构和功能相对单一，处理效率较低，存储容量也十分有限，几乎没有用户接口；一般没有操作系统的支持，只能通过汇编语言对系统进行直接控制，运行结束后再清除内存。虽然已经初步具备了嵌入式的应用特点，但仅仅只是使用 8 位的 CPU 芯片来执行一些单线程的程序，因此严格地说还谈不上系统的概念。

2. 嵌入式微控器

随着计算机技术、微电子技术、IC 设计和 EDA 工具的发展，IC 制造商开始把嵌入式应用中所需要的微处理器、I/O 接口、串行接口，以及 RAM、ROM 等部件都集成到一片 VLSI 中，制造出面向 I/O 设计的**微控制器**（Microcontroller Unit，MCU）。

1976 年，Intel 公司推出了世界上第一个 MCS-48 单片机，同时也开创了将微处理机系统的各种 CPU 外的资源（如 ROM、RAM、定时器、并行口、串行口及其他各种功能模块）集成到 CPU 硅片上的时代。1980 年，Intel 公司对 MCS-48 单片机进行了全面完善，推出了 8 位 MCS-51 单片机，并获得巨大成功，奠定了嵌入式系统的单片机应用模式，MCS-51 的体系结构也成为单片嵌入式系统的典型结构体系。至今，MCS-51 单片机仍在大量使用。

1984 年,Intel 公司推出了 16 位 8096 系列并将其称为嵌入式微控制器,这是"嵌入式"一词第一次在微处理机领域出现。此外,为了高速、实时地处理数字信号,1982 年诞生了首枚**数字信号处理芯片**(Digital Signal Processing,DSP),DSP 是模拟信号转换为数字信号以后进行高速实时处理的专业处理器,其处理速度比当时最快的 CPU 还快 10～50 倍。另外,出现了 AVR 单片机、MSP430 单片机、DSP 和 CPLD/FPGA 在内的 8～16 位一系列处理器,ARM 处理器也崭露头角。这些微控器大多允许使用 C 语言等开发者熟悉的语言来开发。

20 世纪 80 年代开始,嵌入式系统的程序员就开始基于一些简单的操作系统开发嵌入式应用软件,大大缩短了开发周期,提高了开发效率。进入 20 世纪 90 年代后,随着硬件实时性要求的提高,嵌入式系统的软件规模也不断扩大,逐渐形成了实时多任务操作系统,并开始成为嵌入式系统的主流。这一阶段嵌入式系统的主要特点是:操作系统的实时性得到了很大改善,已经能够运行在各种不同类型的微处理器上,具有高度的模块化和扩展性。此时的嵌入式操作系统已经具备了文件和目录管理、设备管理、多任务、网络、图形用户界面(GUI)等功能,并提供了大量的应用程序接口(API),从而使得应用软件的开发变得更加简单。该阶段常用的操作系统有 WinCE、Palm、WM、Linux、VxWorks、μC/OS-II,Symbian 等。

3. ARM 时代

进入 21 世纪之后,集成电路的加工进入超深亚微米乃至纳米级别时代,而 SoC 的出现使得以往需要一块复杂的电路板上多个元件才能完成的功能能在一块集成芯片上实现,嵌入式处理器的相关技术得到了突飞猛进的发展,出现了 64 位的嵌入式处理器(如 Cortex-A50 系列),其处理器内核也已经实现了 8 核。

到目前为止,嵌入式处理器可以分为 3 个大类,即以 MTK、高通、三星为代表支持的 ARM 架构处理器、以 Intel 为代表支持的 x86 架构处理器,以及其他以 FGPA 为代表的特殊/专用处理器。

随着嵌入式处理器的发展,嵌入式系统的硬件性能得到了极大的提升,此时嵌入式操作系统也开始出现一些新的发展,Android 和 iOS 就是其中的典型代表。它们从 2007 年开始出现,目前已经占领了绝大多数嵌入式消费电子产品(主要是平板电脑、手机和数字播放器)市场;微软公司 2010 年发布的 Windows Phone 和 Windows Run Time 操作系统也占领了部分消费类电子产品市场。而在工业控制等领域上,嵌入式操作系统本着稳定可靠的原则,依然是以 Windows CE、Linux 和 VxWorks 为主。

4. 面向 Internet 阶段

目前大多数嵌入式系统还孤立于 Internet 之外,随着通信技术和网络技术的飞速发展,Internet 与信息家电、工业控制技术等的结合日益紧密,为嵌入式系统的发展带来了巨大的机遇,同时也对嵌入式系统厂商提出了新的挑战。8/16 位单片机在速度和内存容量上已经很难满足这些领域的应用需求。32 位微处理器由于速度快、资源丰富等特点成为面向高端应用的必然选择,由于其本身及应用的复杂性、可靠性等要求,"ARM/SoC 硬件系统+嵌入式操作系统+嵌入式 Web 服务器+无线网络模块"构成了可移动嵌入式系统的主流。

2.6　例题解析

1. 微处理器、微型计算机和微型计算机系统三者之间有什么不同?

【解析】

微处理器是微计算机系统的核心硬件部件,对系统的性能起决定性的影响。微型计算机包括微处理器、存储器、I/O接口电路及系统总线。微型计算机系统是在微型计算机的基础上配上相应的外部设备和各种软件,形成的一个完整的、独立的信息处理系统。

2. CISC CPU和RISC CPU各有什么特点?

【解析】

复杂指令系统计算机(Complex Instruction Set Computer,CISC)具有庞大的指令系统、较多的寻址方式、复杂的指令格式,使得CPU结构复杂、设计成本高。

精简指令集计算机(Reduced Instruction Set Computer,RISC)是一种新型的计算机体系结构设计思想,其主要特点是: 选取使用频率最高的一些简单指令,指令条数少; 指令长度固定,指令格式种类少,寻址方式种类少; 只有取数/存数指令访问存储器,其余指令的操作都在寄存器之间进行。RISC CPU中一个机器周期平均可以完成一条以上指令,甚至达到几条到十几条指令,从而大幅度地提高处理器的总性能。

3. 简述指令集体系结构、编译器和应用程序之间的关系。

【解析】

指令系统也称为指令集体系结构(Instruction Set Architecture,ISA),它是CPU物理硬件和上层软件之间的一个接口,也是编译程序开发者和CPU设计者之间的一个抽象层。

不同指令集的CPU对应的编译器也不相同,一个用高级语言编写的应用程序,可以经过不同的编译器后产生不同的机器代码,运行于各类不同指令集的CPU上。

4. 什么是单片机? 什么是嵌入式系统? 有什么联系和区别?

【解析】

单片机是只用一片集成电路做成的计算机。它不是完成某一个逻辑功能的芯片,而是采用超大规模集成电路技术,把一个完整的计算机系统集成到一个芯片上,包括中央处理器CPU、随机存储器RAM、只读存储器ROM、多种I/O端口和中断系统、定时器/计时器等功能(可能还包括显示驱动电路、脉宽调制电路、模拟多路转换器、A/D转换器等电路)等。

嵌入式系统是一种"完全嵌入受控器件内部,为特定应用而设计的专用计算机系统",是以应用为中心、以计算机技术为基础,采用可剪裁软硬件,能够满足应用系统对功能、可靠性、实时性、成本、体积功耗等指标的严格要求的专用计算机系统。嵌入式系统一般由嵌入式微控制器、外围硬件设备、嵌入式操作系统、特定的应用程序组成,单片机是一种典型的嵌入式微控制器。

习　题　2

1. 什么是指令? 什么是指令系统? 什么是程序?
2. 什么是汇编语言、汇编程序和机器语言?

3. 什么是系列计算机？

4. CPU 中通常有哪些寄存器？它们的主要功能分别是什么？

5. 计算机对 I/O 端口编址时通常采用哪两种方法？在 8086/8088 系统中，用哪种方法对 I/O 端口进行编址？

6. 什么是堆栈？设置堆栈主要是出于什么方面的需要？

7. 常用的输入输出方式有哪些？各有什么特点？

8. 什么是交叉编译？为什么要进行交叉编译？

第 3 章

80x86 微处理器

Intel 80x86 系列 CPU 在微型计算机的发展过程中具有不可替代的地位。虽然目前高档微机系统已经普及,但 8086 CPU 作为主流微型计算机的基础,能够系统、全面地反映微型计算机系统的工作原理。本章以 8086 为例,介绍了微处理器的内部结构、外部基本引脚、工作方式、总线和时序,以及 8086 的存储器组织、中断系统等内容。为学习汇编语言程序设计和接口应用技术打下基础。

3.1　Intel 8086 微处理器

Intel 8086 微处理器是由美国 Intel 公司 1978 年推出的高性能的 16 位微处理器,是第三代微处理器的典型代表。它有 20 根地址线,直接寻址能力达 1MB,具有 16 根数据总线,内部总线和 ALU 均为 16 位,可进行 8 位和 16 位操作。

Intel 8086 微处理器具有丰富的指令系统,采用多级中断技术、多重寻址方式、多重数据处理形式、段式存储器结构、硬件乘除法运算电路,增加了预取指令的队列寄存器等,一问世就显示出了强大的生命力,以它为核心组成的微机系统性能已达到当时中、高档小型计算机的水平。8086 的一个突出特点是多重处理能力,用 8086 CPU、8087 浮点运算器及 8089 I/O 处理器组成的多处理器系统,可大大提高其数据处理和输入/输出能力。另外,与 8086 配套的各种外围接口芯片非常丰富,用户可以方便地开发各种系统。

3.2　8086 的存储器组织

3.2.1　寻址空间和数据存储格式

1. 寻址空间

程序和数据存放在内存中,CPU 根据**地址**访问内存,找到需要的指令或数据。**寻址空间**就是指存储器地址允许的最大范围,即 CPU 能访问多大范围的地址。

计算机的寻址空间是由 CPU 地址总线的位数决定的。当存储器按字节编址时,若地址总线为 n 位,CPU 寻址范围是 2^n 字节。例如,8086 CPU 有地址总线 20 位,寻址能力为 $2^{20}=1MB$;80286 的地址总线为 24 位,CPU 的寻址能力为 $2^{24}=16MB$;20386 地址总线为 32 位,CPU 的寻址能力为 $2^{32}=4GB$。寻址范围的大小和内存的实际容量并不一定相等,如果地址总线位数不够,即使有很大的内存也无法完全访问。而对于当前主流的微处理器,其寻址能力已远远超过实际的内存容量。

2. 8086 存储器的组织及寻址

8086 地址总线 20 位，寻址能力为 1MB，每个字节用唯一的一个地址码标识。地址的范围为 $0 \sim 2^{20}-1$，用十进制表示为 $0 \sim 1048575$。但习惯上使用十六进制表示，即 00000H～FFFFFH。这种每个字节对应一个地址的方式称为"**按字节编址**"，如图 3.1 所示。

十六进制地址	二进制地址	存储器
00000H	0000 0000 0000 0000 0000B	
00001H	0000 0000 0000 0000 0001B	
00002H	0000 0000 0000 0000 0010B	
00003H	0000 0000 0000 0000 0011B	
⋮	⋮	⋮
⋮	⋮	
FFFFDH	1111 1111 1111 1111 1101B	
FFFFEH	1111 1111 1111 1111 1110B	
FFFFFH	1111 1111 1111 1111 1111B	

图 3.1　存储空间的字节编址

8086 系统的存储空间虽然按照字节编址，但在实际编程时，一个变量可以是字节、字或双字类型。

（1）字节数据（BYTE）。字节数据 8 位，对应的地址可以是**偶地址**（地址的最低位 $A_0=0$），也可以是**奇地址**（$A_0=1$）。当 CPU 存取字节数据时，只需给出对应的实际地址即可。

（2）字数据（WORD）。

Intel 8086 是 16 位机，字长 16 位，每个字节数据存放在两个连续的字节单元中。其中高 8 位存放在高地址字节（称为**高字节**），低 8 位存放在低地址字节（称为**低字节**），并规定将低字节的地址作为这个字的地址（**字地址**），如图 3.2 所示。若该字地址位于偶地址，即低字节地址为偶数，称为**规则字**，否则称为**非规则字**。

图 3.2　字数据

（3）双字数据（DOUBLE WORD）。

双字数据占用 4 个连续字节单元，并规定最低字节地址为双字的地址，如图 3.3 所示。

8086 系统将 1MB 的内存分为两个块，每个块的容量都是 512KB，如图 3.4 所示。其中和数据总线 $D_{15} \sim D_8$ 相连的块称为**高位字节块**，它由所有的奇地址单元组成（对应双字数据的 $D_{15} \sim D_8$、$D_{31} \sim D_{24}$ 位），也称为**奇地址块**；和数据总线 $D_7 \sim D_0$ 相连的块称为**低位字节块**，它由所有的偶地址单元组成（对应双字数据的 $D_7 \sim D_0$、$D_{23} \sim D_{16}$ 位），也称为**偶地址块**。

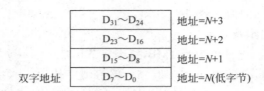

图 3.3　双字数据

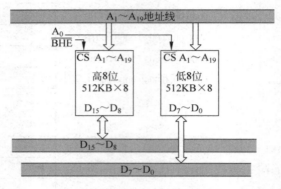

图 3.4　8086 系统的存储器结构

高位字节块利用 $\overline{BHE}$ 信号作为该块的选择信号；低位字节块利用地址线 $A_0=0$（低电平）作为该块的选择信号。对于每个块内的 512 字节，通过 $A_{19}\sim A_1$ 共 19 位地址线进行寻址。当 CPU 访问内存时，首先根据 $\overline{BHE}$ 和 A_0 信号配合判断字节所在的块，然后通过 $A_{19}\sim A_1$ 访问相应块中的存储单元，表 3.1 所示为 $\overline{BHE}$ 和 A_0 配合可能进行的操作。

表 3.1　$\overline{BHE}$ 与 A_0 的代码组合对应的存取操作

数据类型	$\overline{BHE}$	A_0	操　　作	数　　据
规则字	0	0	从偶地址开始读/写一个字	$D_{15}\sim D_0$
字节	0	1	从奇地址开始读/写一字节	$D_{15}\sim D_8$
	1	0	从偶地址开始读/写一字节	$D_7\sim D_0$
非规则字	0	1	从奇地址开始读写一个字（非规则字），第一总线周期高 8 位数据有效，第二总线周期低 8 位数据有效	$D_{15}\sim D_8$
	1	0		$D_7\sim D_0$
	1	1	无效	

当 $\overline{BHE}=0$、$A_0=0$ 时，高位字节块和低位字节块同时有效，8086 CPU 通过 $A_{19}\sim A_1$ 同时在两个块中各寻址一字节，高位字节块中的数据经数据线的高 8 位（$D_{15}\sim D_8$）传送，低位字节块中的数据经数据线的低 8 位（$D_7\sim D_0$）传送，完成一个规则字的存取操作。

当 $\overline{BHE}=0$、$A_0=1$ 时，高位字节块有效，通过 $A_{19}\sim A_1$ 在该块中寻址一字节，并经数据线的高 8 位（$D_{15}\sim D_8$）传送。

当 $\overline{BHE}=1$、$A_0=0$ 时，低位字节块有效，通过 $A_{19}\sim A_1$ 在该块中寻址一字节，并经数据线的低 8 位（$D_7\sim D_0$）传送。

而对于非规则字的存取操作，则需要两个总线周期才能完成：在第一个总线周期中，$\overline{BHE}=0$、$A_0=1$，存取高 8 位数据；在第二个总线周期中，$\overline{BHE}=1$、$A_0=0$，存储器地址加

1,访问低 8 位数据。

这里存取操作所需的 $\overline{\text{BHE}}$ 及 A_0 信号是由字操作指令给出的。

3.2.2　存储器的分段结构和物理地址的形成

1. 存储器的分段结构

8086 CPU 的 20 位地址线,可直接寻址 1MB 存储器物理空间,其地址范围为 00000H~FFFFFH,与存储单元一一对应的 20 位地址,称为存储单元的**物理地址**。

但 8086CPU 内部寄存器均为 16 位,8086 指令中的地址码也只有 16 位,那么,利用 16 位的寄存器如何表示 20 位地址呢? 为了解决这个问题,8086 存储器采用分段管理,将 1MB 的存储空间分成若干个逻辑段,每个逻辑段长度≤64KB,并且规定段起始地址的低 4 位必须为 0。将段起始地址的高 16 位称为该段的**段地址**(或**段基地址**),段内存储单元相对于段起始地址偏移量称为当前段内的**偏移地址**(Offset Address),由于一个段最大可以包含 64KB,因此偏移地址是 16 位的。这样,任何一个内存单元的地址都可以用段地址和偏移地址来表示,其格式为:

> 段地址:偏移地址

这种地址表示的方式称为**逻辑地址**。例如,逻辑地址 7018:FE7F 表示段地址为 7018,偏移地址为 FE7F。可见,通过对内存的分段,将 20 位的物理地址,用 1 个 16 位的段地址和 1 个 16 位的偏移地址组成的逻辑地址表示,解决了 16 位 CPU 寻址 1MB 存储空间的问题。另外,内存分段也为程序的浮动分配创造了条件。

2. 物理地址的形成

根据逻辑地址,可以求出它对应的物理地址:

> 物理地址=段地址×10H+偏移地址

例如,逻辑地址 7018:FE7F 表示的物理地址是 7018H×10H+FE7FH=7FFFFH。

物理地址的计算过程也可以表示为:

> 物理地址=段地址×16+偏移地址

8086CPU 由一个专门的 20 位地址加法器实现逻辑地址到物理地址的变换。当 CPU 寻址某个存储单元时,首先将段地址左移 4 位,再与 16 位偏移地址相加,从而形成 20 位的物理地址,如图 3.5 所示。

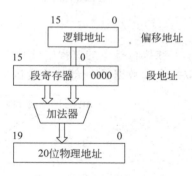

图 3.5　物理地址形成过程

3. 按信息特征分段存储

在存储器中存储的信息可分为程序指令、数据和计算机系统的状态等信息。为了寻址及操作的方便,8086 系统中,存储器空间根据信息特征分段存储。一般可将存储器划分为程序段、数据段、堆栈段和附加段。**程序段**中存储程序的指令代码;**数据段**和**附加段**中存储数据、中间结果和最后结果;**堆栈段**存储压入堆栈的数据或状态信息。在取指令时,CPU 自动选择代码段寄存器(CS);堆栈操作时,CPU 自动选择堆栈段寄存器(SS);每当存取操作数时,CPU 会自动选择数据段寄存器或附加段寄存器(ES)。

3.3　8086 微处理器的内部结构

3.3.1　8086 CPU 的内部结构

CPU 的任务是执行存放在存储器中的指令序列，即取指令和执行指令。

8086 CPU 内部由两大功能部件组成：**总线接口部件**（Bus Interface Unit，BIU）和**执行部件**（Execute Unit，EU），其结构框图如图 3.6 所示。

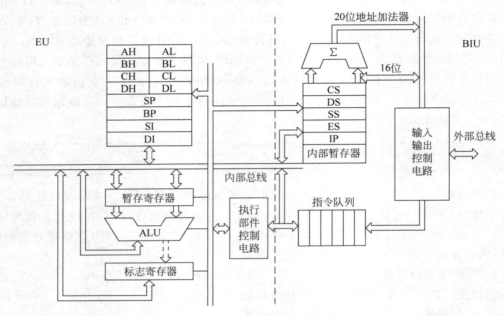

图 3.6　Intel 8086 CPU 逻辑结构框图

在执行指令的过程中，BIU 和 EU 是既分工又合作的两个独立部件。BIU 部件负责存取指令和数据，EU 部件负责执行指令，它们的操作是并行的，如图 3.7 所示。

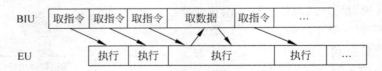

图 3.7　Intel 8086 执行指令过程

BIU 和 EU 是各自独立工作的，在 EU 执行指令的同时，BIU 可预取下面一条或几条指令。也就是说，一条指令在 EU 中执行的同时，BIU 就可以提前取出下一条（或多条）指令，放在指令队列中排队。当 CPU 执行完当前指令后，就可立即执行存放在指令队列中的下一条指令，而无须先取指令。EU 和 BIU 的并行操作提高了 CPU 和总线的利用率，加快了程序的运行速度。

BIU 和 EU 的操作遵循下列原则。

（1）每当 8086 CPU 指令队列中有两个空字节时，BIU 就会自动寻找空闲的总线周期进行预取指令操作,直到指令队列填满为止。

(2) 当指令队列缓冲器中存有一条以上的指令时,EU 就立即开始执行。

(3) 每当 EU 执行一条转移、调用或返回指令后,BIU 清空指令队列,并从转移后的当前地址取出指令送 EU 执行,实现程序段的转移;然后在新地址基础上再做预取指令操作。

1. 总线接口部件

总线接口部件 BIU 完成 CPU 与主存储器或 I/O 端口间的信息传送,它的主要功能如下。

(1) 预取指令序列。BIU 会自动进行预取指令操作,并将从存储器中取出的指令按先后次序存入指令缓冲寄存器,以便 EU 按顺序执行这些指令。

(2) 存取数据。在指令执行期间,BIU 配合 EU,从指定的内存单元或 I/O 端口中取出数据传送给执行单元,或者把执行单元的处理结果传送到指定的内存单元或 I/O 端口中。

(3) 将访问主存的逻辑地址转换为实际的物理地址。

8086 的 BIU 由一个 20 位地址加法器、4 个 16 位段寄存器、一个 16 位指令指针 IP、一个 6 字节的指令队列缓冲器,以及总线控制逻辑电路等组成。

(1) 地址加法器和段寄存器。地址加法器将 16 位的段寄存器内容左移 4 位,与 16 位偏移地址相加,形成 20 位的物理地址。

(2) 指令指针 IP。16 位指令指针 IP 用来存放下一条将要执行的指令在代码段中的偏移地址。

(3) 指令队列缓冲器。指令队列寄存器用来缓存 BIU 取出待执行的指令。该队列寄存器按"先进先出"的方式工作。

(4) 总线控制逻辑。总线控制逻辑将 8086 CPU 的内部总线和系统总线相连,是 8086 CPU 与内存单元或 I/O 端口进行数据交换的必经之路。它包括 16 条数据总线、20 条地址总线和若干条控制总线,CPU 通过这些总线与外部取得联系,从而构成各种规模的 8086 微型计算机系统。

2. 执行部件

执行部件(EU)负责进行所有指令的解释和执行,同时管理 EU 中相关的寄存器。它的主要功能如下。

(1) 从指令队列中取出指令代码,由 EU 控制器进行译码,然后控制各部件完成指令规定的操作。

(2) 对操作数进行算术和逻辑运算,并将运算结果的特征状态存放在标志寄存器中。

(3) 当需要与主存储器或 I/O 端口传送数据时,EU 向 BIU 发出命令,并提供要访问的内存地址或 I/O 端口地址及传送的数据。

EU 由一个 16 位的算术逻辑运算单元(ALU)、8 个 16 位通用寄存器、一个 16 位标志寄存器 FLAGS、一个数据暂存寄存器和 EU 控制电路组成。

(1) 算术逻辑运算单元。算术逻辑运算单元是一个 16 位的运算器,可用于 8 位、16 位二进制算术和逻辑运算,也可计算内存地址的 16 位偏移量。

(2) 通用寄存器组。通用寄存器组包括 4 个 16 位的数据寄存器 AX、BX、CX、DX 和 4 个 16 位指针与变址寄存器 SP、BP 与 SI、DI。

(3) 标志寄存器。标志寄存器是一个 16 位的寄存器,用来反映 CPU 运算的状态特征和存放某些控制标志。

(4) 数据暂存寄存器。数据暂存寄存器协助 ALU 完成运算,暂存参加运算的数据。

(5) EU 控制电路。EU 控制电路负责从 BIU 的指令队列缓冲器中取指令,并对指令译码,根据指令的要求向 EU 内部各部件发出控制命令,以完成各条指令规定的功能。

执行单元中的各部件通过 16 位的内部总线连接在一起,在内部实现快速数据传输。值得注意的是,这个内部总线与 CPU 外接的总线之间是隔离的,即这两个总线可以同时工作而互不干扰。EU 从 BIU 的指令队列缓冲器中取出指令并执行,由 BIU 通过外部总线从存储器中取得指令。

在指令执行过程中可能需要从存储器中存取数据,这时,EU 单元将 16 位有效地址提供给 BIU,在 BIU 中转换为 20 位的物理地址,送到外部总线进行寻址。

3.3.2　8086 CPU 的寄存器结构

8086 微处理器内部共有 14 个 16 位寄存器。这 14 个寄存器按其用途可分为数据寄存器、段寄存器、地址指针与变址寄存器、控制寄存器。

8086 CPU 内部寄存器如图 3.8 所示。

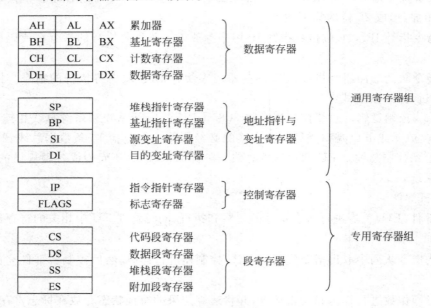

图 3.8　8086 CPU 内部寄存器

1. 数据寄存器

数据寄存器用来暂时存放计算过程中所用到的操作数、结果或其他信息,包括累加器 AX、基址寄存器 BX、计数寄存器 CX 和数据寄存器 DX。这 4 个寄存器都是 16 位的,它们都可以以字(16 位)或字节(8 位)形式访问。例如,对于 AX 寄存器,可以分别访问高字节 AH 或低字节 AL 寄存器。因此,它们既可作为 4 个 16 位数据寄存器使用(AX、BX、CX、DX),也可作为 8 个 8 位数据寄存器使用(AH、AL、BH、BL、CH、CL、DH、DL)。

AX、BX、CX、DX 还可以用于各自的专用目的。

AX(Accumulator):主要作为累加器使用,它是算术运算的主要寄存器。另外,所有的

I/O 指令都使用这一寄存器与外部设备传送信息。

BX(Base)：在计算存储器地址时，它经常用作基址寄存器。

CX(Count)：在循环(Loop)和串处理指令中，用作隐含的寄存器。

DX(Data)：一般在做双字长运算时把 DX 和 AX 组合在一起存放一个双字长数，DX 用来存放高位字。此外，对于某些 I/O 操作，DX 可用来存放 I/O 的端口地址。

2. 段寄存器

在 8086 系统中，存储器是分段管理的，访问存储器的地址码由段地址和段内偏移地址两部分组成。段寄存器用来存放段地址，包括 4 个 16 位寄存器：代码段寄存器 CS、数据段寄存器 DS、堆栈段寄存器 SS 和附加段寄存器 ES。

（1）代码段寄存器 CS(Code Segment)：存放当前正在运行的程序所在段的段地址，段内的偏移地址则由 IP 提供。

（2）数据段寄存器 DS(Data Segment)：存放当前程序使用的数据所在段的段地址。

（3）堆栈段寄存器 SS(Stack Segment)：存放当前堆栈段的段地址。堆栈是在存储器中开辟的、按照"后进先出"原则组织的一个特殊区域。主要用于子程序调用时保护现场和保存断点。

（4）附加段寄存器 ES(Extra Segment)：存放当前程序使用附加段的段地址，附加段是一个附加的数据段，在执行串操作指令时，作为目的串地址使用。

3. 地址指针与变址寄存器

地址指针与变址寄存器包括 4 个 16 位寄存器：堆栈指针寄存器 SP、基址指针寄存器 BP、源变址寄存器 SI 和目的变址寄存器 DI。它们一般用来存放主存地址的段内偏移地址，用于形成 20 位物理地址。另外，它们也可以和数据寄存器一样在运算过程中存放操作数，但只能以字(16 位)为单位使用。

（1）堆栈指针寄存器 SP(Stack Pointer)：指出在堆栈段中栈顶的偏移地址。

（2）基址指针寄存器 BP(Base Pointer)：指出要处理的数据在堆栈段中的起始地址，特别值得注意的是，凡包含 BP 的寻址方式中，如无特别说明，其段地址由堆栈段寄存器 SS 提供。也就是说，该寻址方式是对堆栈区的存储单元寻址的。

（3）变址寄存器 SI(Source Index)和 DI(Destination Index)：在某些间接寻址方式中，用来存放段内偏移量的全部或一部分。在字符串操作指令中，SI 用作源变址寄存器，DI 用作目的变址寄存器。

4. 控制寄存器

控制寄存器包括指令指针寄存器 IP 和标志寄存器 FLAGS。

（1）指令指针寄存器 IP(Instruction Pointer)：用来存放下一条将要执行的指令在代码段中的偏移地址，程序员不可以直接使用，但程序控制类指令会用到。它具有自动加 1 功能，每当执行一次取指令操作，它将自动加 1，总是指向下一条要取的指令在现行代码段中的偏移地址。它和 CS 相结合，形成指向指令存放单元的物理地址。注意每取一个字节后 IP 内容加 1，但取一个字后 IP 内容加 2。

（2）标志寄存器 FLAGS：存放该处理器的程序状态字。这是一个 16 位的寄存器，但实际上 8086 只用到 9 位，其中 6 位为状态标志位，3 位为控制标志位，如图 3.9 所示。

D_{15}	D_{14}	D_{13}	D_{12}	D_{11}	D_{10}	D_9	D_8	D_7	D_6	D_5	D_4	D_3	D_2	D_1	D_0
				OF	DF	IF	TF	SF	ZF		AF		PF		CF

图 3.9 8086 CPU 的标志寄存器

状态标志反映了当前运算和操作结果的状态条件,可作为程序控制转移与否的依据。它们分别是 CF、PF、AF、ZF、SF 和 OF。

CF(Carry Flag):进位标志位。算术运算指令执行后,若运算结果的最高位(字节运算时为 D_7 位,字运算时为 D_{15} 位)产生进位或借位,则 CF=1;否则 CF=0。

PF(Parity Flag):奇偶标志位。反映运算结果中 1 的个数是偶数还是奇数。运算指令执行后,若运算结果的低 8 位中含有偶数个 1,则 PF=1;否则 PF=0。

AF(Auxiliary carry Flag):辅助进位标志位。算术运算指令执行后,若运算结果的低 4 位向高 4 位(即 D_3 位向 D_4 位)产生进位或借位,则 AF=1;否则 AF=0。

ZF(Zero Flag):零标志位。若指令运算结果为 0,则 ZF=1;否则 ZF=0。

SF(Sign Flag):符号标志位。它与运算结果的最高位相同。若字节运算时 D_7 位为 1 或字运算时 D_{15} 位为 1,则 SF=1;否则 SF=0。用补码运算时,它能反映结果的符号特征。

OF(Overflow Flag):溢出标志位。当补码运算有溢出时(字节运算时为 $-128 \sim +127$,字运算时为 $-32768 \sim +32767$),则 OF=1;否则 OF=0。

控制标志位则可以由指令进行置位和复位,用来控制 CPU 的操作,它包括 DF、IF、TF。

DF(Direction Flag):方向标志位。用于串操作指令,指定字符串处理时的方向。设置 DF=0 时,每执行一次串操作指令,地址指针内容将自动递增;设置 DF=1 时,地址指针内容将自动递减。可用指令设置或清除 DF 位。

IF(Interrupt Enable Flag):中断允许标志位。用来控制 8086 是否允许接收外部中断请求。设置 IF=1 时,允许响应可屏蔽中断请求;设置 IF=0 时,禁止响应可屏蔽中断请求。可用指令设置或清除 IF 位。注意,IF 的状态不影响非屏蔽中断请求(NMI)和 CPU 内部中断请求。

TF(Trap Flag):单步标志位(或跟踪标志位)。它是为调试程序而设定的陷阱控制位。设置 TF=1 时,使 CPU 进入单步执行指令工作方式,此时 CPU 每执行完一条指令就自动产生一次内部中断;当该位复位后,CPU 恢复正常工作。可用指令设置或清除 TF 位。

【例 3.1】 设(AX)=0010 0011 0100 1101B,(DX)=0101 0010 0000 1001B,试指出两数相加后,6 位标志位的状态。

解 用补码公式对两数进行运算,并按定义对结果进行判别。

计算机中存储的 1 是补码,两数相加过程为:

$$
\begin{array}{r}
\mathbf{0}\ 010\ 0011\ 0100\ 1101 \\
+\quad \mathbf{0}\ 101\ 0010\ 0000\ 1001 \\
\hline
\mathbf{0}\ 111\ 0101\ 0101\ 0110
\end{array}
$$

根据两数相加结果,可得如下结论。

① 结果非零,故 ZF=0。

② 低 8 位中共有 4 个 1(偶数个),故 PF=1。

③ 根据符号位,可知 SF=0。

④ 运算结束后,向更高位无进位,故 CF=0。

⑤ 运算结果无溢出,故 OF=0。

⑥ D_3 位向 D_4 位产生进位,故 AF=1。

3.4 8086 总线的工作周期

指令的执行是在统一的时钟脉冲 CLK 的控制下,按节拍逐步进行的,一个时钟脉冲时间称为一个**时钟周期**(Clock Cycle),也称为一个 T 周期。时钟周期由计算机的主频决定,是 CPU 的定时基准。例如,8086 的主频为 5MHz,一个时钟周期为 200ns。

8086 CPU 与外部交换信息总是通过总线进行的。CPU 通过总线对存储器或外设 I/O接口进行一次访问所需要的时间称为**总线周期**(Bus Cycle)。一个基本的总线周期由 4 个时钟周期组成,分别称为 T_1、T_2、T_3 和 T_4。

一个总线周期完成一次数据传输,至少要有传送地址和传送数据两个过程。在第一个时钟周期 T_1 期间由 CPU 输出地址,在随后的 3 个时钟周期(T_2、T_3 和 T_4)期间用以传送数据。换言之,数据传送必须在 $T_2 \sim T_4$ 这 3 个周期内完成,否则在 T_4 周期后,总线将进行另一次操作,开始下一个总线周期。

在实际应用中,当一些慢速设备在 3 个 T 周期内无法完成数据读/写时,在 T_4 后总线就不能为它们所用,这会造成系统读/写出错。为此,在总线周期中允许插入等待周期 T_W。当被选中进行数据读/写的存储器或外设无法在 3 个 T 周期内完成数据读/写时,就由其发出一个请求延长总线周期的信号到 8086 CPU 的 READY 引脚,8086 CPU 收到该请求后,就在 T_3 与 T_4 之间插入等待周期 T_W,加入 T_W 的个数与外部请求信号的持续时间长短有关,T_W 也以时钟周期 T 为单位,在 T_W 期间,总线上的状态一直保持不变。

如果在一个总线周期后不立即执行下一个总线周期,即总线上无数据传输操作,系统总线处于空闲状态,则这时执行**空闲周期** T_i,T_i 也以时钟周期 T 为单位,两个总线周期之间插入几个 T_i 与 8086 CPU 执行的指令有关。例如,在执行一条乘法指令时,需用 124 个时钟周期,而其中可能使用总线的时间极少,而且预取队列的充填也不用太多的时间,加入的 T_i 可能达到 100 多个。

总线周期时序如图 3.10 所示。

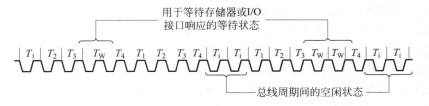

图 3.10 总线周期时序

一条指令从开始取指令到最后执行完毕所需的时间称为一个**指令周期**。不同的指令因其操作性质不同,执行时间的长短可能不同,所以指令周期也就不同。一个指令周期由一个或若干个总线周期组成。

CPU 执行某一个程序之前,先要把编译后的目标程序放到主存储器的某个区域。在启动执行后,CPU 就发出读指令的命令,根据代码段寄存器 CS 和指令指针 IP 生成 20 位物理地址并将其输出到地址总线上,在存储器中读取相应的存储单元,把它送至 CPU 的指令寄存器中;CPU 对读出指令经过译码器分析之后,发出一系列控制信号,执行指令规定的全部操作,控制各种信息在系统各部件之间传送。每条指令的执行由取指令、译码和执行等操作组成。

3.5　8086 中断系统

8086 中断系统可以直接识别和处理 256 个不同的中断源。这 256 个中断源都有唯一的一个中断识别号,又称中断类型码(0~255),与之对应。

3.5.1　8086 中断类型

根据中断的产生原因,8086 中断系统将 256 个中断源分为两大类:硬件中断与软件中断。

1. 硬件中断

中断起初是作为 CPU 与外围设备交换信息的一种同步控制方式而出现的,这类中断常称为硬件中断。**硬件中断**又称**外部中断**,它是由处理器外部的硬件、外围设备的请求而引起的中断。8086 有两条硬件中断请求信号线:NMI(非屏蔽中断)和 INTR(可屏蔽中断),外围设备是通过中断请求线向 CPU 提出中断请求的。

(1) 可屏蔽中断。由 INTR 线上的中断请求信号引起的中断称为**可屏蔽中断**。可屏蔽中断 INTR 受中断允许触发器状态的影响,这种请求可以用 CPU 指令 CLI 来屏蔽(使 IF=0),也可以用指令 STI 允许(使 IF=1)。出现在 INTR 线上的中断请求信号(即有效的高电平)必须保持到当前执行的指令结束为止。

CPU 在当前指令周期的最后一个 T 状态采样中断请求线 INTR,若发现有可屏蔽中断请求,且中断是开放的(IF=1),则 CPU 转入中断响应周期。8086 进入两个连续的中断响应周期,每个响应周期都是由 4 个 T 状态组成,而且都发出有效的中断响应信号。请求中断的中断源必须在第 2 个中断响应周期的 T_3 状态前,将其中断类型号送至 CPU 的数据总线。CPU 在 T_4 状态的前沿采样数据总线,获取中断类型号。CPU 根据中断类型号获取对应的中断服务程序入口地址,从而转去执行相应的服务程序。在一个系统中,产生可屏蔽中断的中断源可以有多个,为了协助 CPU 按中断优先权高低处理多个中断源,系统中常采用专门的中断控制器 8259 配合工作,实现多个中断源的管理。中断类型号在 08H~0FH 和070H~077H 之间的中断属于这一级中断。

(2) 非屏蔽中断。由 NMI 线上的中断请求信号引起的中断称为**非屏蔽中断**。非屏蔽中断的中断类型码为 2。非屏蔽中断 NMI 具有比可屏蔽中断 INTR 更高的优先权。当INTR、NMI 线上同时发生中断申请时,CPU 将首先响应 NMI 中断。非屏蔽中断的特点是不受中断允许触发器 IF 状态的影响,即不能被 CPU 用指令 CLI 来屏蔽。

当 NMI 线上出现一个由低到高的上跳边沿触发的中断请求信号后(持续时间需大于两个时钟周期),不管中断允许标志位 IF 的状态如何,都会在当前指令执行完以后,立即转入中断处理——转去执行中断类型号为 2 的非屏蔽中断的中断服务程序。

非屏蔽中断常用于紧急情况的故障处理。8086 使用 NMI 中断服务程序对 RAM 奇偶校验错、I/O 通道校验错或协处理器 8087 运算错进行处理。

2. 软件中断

随着计算机技术的发展和应用需求的提高,中断的概念也随之拓宽。除了传统的硬件中断外,又产生了软件中断的概念,在高档微处理器中则进一步丰富了软件中断的种类,延伸了其内涵,把许多在执行指令过程中产生错误的事件也纳入中断处理的范围。

软件中断是由处理器内部事件产生的中断,又称**内部中断**。它主要由指令驱动或由指令通过 CPU 状态间接驱动来引起中断。

软件中断有以下几种类型。

(1) 除法错中断。中断类型码为 0。当执行 DIV、IDIV 指令时,若用零作除数,或者商超过了寄存器所能表达的范围,则无条件产生该中断。

(2) 单步中断。中断类型码为 1。这是在调试程序过程中为单步运行程序提供的中断形式。当设定标志寄存器中陷阱标志 $TF=1$ 时,CPU 每执行完一条指令后就产生该中断。若 $TF=0$,则处理器按正常方式连续执行指令。

在 8086 指令系统中没有能直接设置或改变 TF 的命令。若要设置或改变 TF 状态,则可以使用 PUSHF 指令把 16 位标志寄存器压入堆栈,并设法把栈顶 16 位字的第 8 位变为所要的状态(其他位不变),然后用 POPF 把栈顶字弹出到标志寄存器中。

(3) 断点中断。中断类型码为 3。这是在调试程序过程中为设置程序断点而提供的中断形式。设置断点或执行 INT 3 指令可产生该中断。

(4) 溢出中断。中断类型码为 4。在算术运算程序中,若在算术运算之后加入一条 INTO 指令,则 INTO 指令将测试溢出标志 OF。当 $OF=1$(表示算术运算有溢出)时,该中断发生。

(5) 中断指令 INT n 引起的中断。用户可用中断指令 INT n 产生指定类型 n 的任何中断。当执行这条指令时,CPU 立即产生中断类型号为 n 的中断响应。

DOS 操作系统和基本输入/输出系统 BIOS 提供了大量的软件中断来实现系统功能的调用。用户在程序设计中可以利用 INT n 指令直接引用这些系统功能。

3. 中断优先权

在以下中断中,8086 规定中断优先权从高到低的顺序为①＞②＞③＞④。

① 除法错、溢出中断指令 INTO、中断指令 INT n。

② 非屏蔽中断 NMI。

③ 可屏蔽中断 INTR。

④ 单步中断。

3.5.2　中断向量与中断向量表

为了区分各中断源,不同的中断源都有唯一标识的**中断类型码**(也称为中断向量号或中断矢量号)。由中断类型码来查找中断入口地址进而转向中断服务程序的方法,称为**向量中断**。每个中断类型码对应一个**中断向量**,即用来提供中断入口地址的一个地址指针。8086 CPU 的中断系统就是采用这种向量中断来实现中断源识别的。

每一个中断服务程序都有其唯一确定的入口地址,包括中断服务程序的段地址 CS 和偏移地址 IP，共 4B。把系统中每一个中断源的中断服务程序入口地址集中起来，按中断类型码的顺序存放在某一连续排列的存储区域内，这个存放中断入口地址的存储区就称为**中断向量表**。8086 系统的中断向量表如图 3.11 所示。

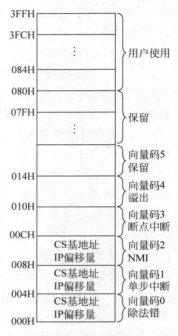

8086 微机系统可提供 256 个不同类别的中断，由于每个中断入口地址需占用 4B 的地址空间，故其中断向量表需占用 $256 \times 4 = 1$KB 的地址空间。8086 微机系统在其内存的最低端开辟了 1KB 的存储区（即地址为 00000H～003FFH）作为中断向量表。微机系统初始化时，系统顺序将各中断源（0～255）的中断服务程序入口地址填写在该表中。其中，中断类型码为 n 的中断向量为 0000：4n，即对应的中断入口地址放在起始地址为 0000：4n 的连续 4B 的地址空间中，高地址的两字节存放中断服务程序入口地址的偏移地址（IP），低地址的两字节存放中断服务程序入口地址的段基址（CS）。这样，在响应中断时，CPU 就可以根据所得到的中断类型码 n，查找中断向量表，在从地址 0000：4n 开始的连续 4B 单元中获取中断源 n 的中断服务程序首地址。

图 3.11　8086 系统的中断向量表

中断向量表建立了不同的中断源与其相应的中断服务程序首地址之间的联系，它使 CPU 在响应中断时可以依据中断类型码自动转向中断服务程序，是 8086 中断系统中特有的、不可缺少的组成部分。

3.5.3　8086 中断处理过程

不同类型的中断，其中断响应过程也不完全相同。下面分别描述可屏蔽中断、非屏蔽中断及软件中断的中断过程，以及中断类型码的形成。

1. 可屏蔽中断的中断过程

（1）中断源通过中断控制器 8259 向 CPU 发出中断请求信号。当有一个或多个外设向中断控制器 8259 发出中断请求时，8259 即通过 INTR 信号线向 8086 CPU 发出一个高电平的中断请求信号。

（2）CPU 在每一个指令周期的最后一个时钟周期采样 INTR 信号线，若发现该信号线为高电平，即有中断源向 CPU 发中断请求，则 CPU 首先检测 IF 标志位的值，如果 IF＝1，表示 CPU 允许中断，在无非屏蔽中断请求的条件下，CPU 开始响应中断；否则，CPU 忽略该级中断请求，继续执行原程序或响应更高优先级的中断请求服务。

（3）当 CPU 响应可屏蔽级的中断请求时，首先通过 $\overline{\text{INTA}}$ 信号线向 8259 连续发出两个负脉冲的中断响应信号。CPU 的第 1 个中断响应信号用来通知 8259，CPU 准备响应中断，要求 8259 准备好中断类型码；当 8259 接收到 CPU 发来的第 2 个中断响应信号以后，立即将准备好的中断类型码通过数据线送至 CPU 的内部数据寄存器中，以便据此找到相应的中断入口地址。

（4）CPU 暂停执行当前程序，而转去执行相应的中断处理程序。在这个过程中，CPU 依次做如下处理。

① 将标志寄存器 FR 的当前值压栈保存。

② 将标志寄存器中的中断允许标志位 IF 和单步标志位 TF 的值清零。将 IF 标志位清零是为了能够在中断响应过程中暂时屏蔽来自同级的其他中断源的请求；将 TF 标志位清零是为了避免以单步方式执行中断服务程序。

③ 保护断点，即将寄存器 CS 和 IP 的值压栈保存，以便在中断处理程序执行完以后，能够正确地返回到原程序中继续执行。

④ 根据得到的中断类型号，从中断向量表中找到相应的中断入口地址，将其段地址和段内偏移地址分别装入代码段寄存器 CS 和指令指针寄存器 IP 中，从而使 CPU 转去执行相应的中断服务程序。

⑤ CPU 执行中断服务程序。8086 中断系统中，在执行中断处理的具体内容前，首先将中断服务过程中用到的各个寄存器的当前值压入堆栈进行保护，以免在中断服务过程中改变了这些寄存器的值，而导致中断处理程序执行完后，不能正确返回源程序继续执行，这个过程称为**保护现场**。而在执行完中断处理的具体内容以后，再使用出栈指令，将先前保护的寄存器重新恢复为中断前的值，这就是**恢复现场**的工作。另外，在保护现场后，中断服务程序往往设置一条开中断指令，令 IF 标志位的值为 1，使在中断服务结束后，允许同级其他中断源的中断请求进入。

⑥ 返回断点，继续执行被中断的程序。中断服务程序执行的最后一条指令是 IRET 指令（中断返回指令），该指令将保存在堆栈中的断点值和标志寄存器 FR 的值弹出，重新装入 CS、IP 和标志寄存器中，从而完成恢复断点的工作。

2. 非屏蔽中断和软件中断的执行过程

非屏蔽中断和软件中断的中断响应、中断处理及中断返回等过程，与可屏蔽中断基本相同，仅在中断请求和中断响应的条件上有所区别。

非屏蔽中断通常是由系统板上的一些硬件故障引起的中断。首先，硬件通过 NMI 信号线向 CPU 发出高电平的中断请求信号。CPU 在每一个指令周期的最后一个时钟周期采样 NMI 信号线，若发现该信号线为高电平，即有非屏蔽中断（系统中的 2 号中断）请求发生，CPU 立即予以响应，而不受中断允许标志位 IF 的屏蔽。同时，非屏蔽级的中断类型号是系统事先约定好的，可以在 CPU 响应该级中断时，直接从 2×4 开始的连续 4B 单元中获取中断入口地址。随后的中断处理与中断返回过程，与可屏蔽中断的第（4）步～第（6）步相同。

软件中断的中断过程更为简单，当 CPU 执行 INT n 指令时，即可产生软件中断，CPU 根据指令提供的中断类型码，从中断矢量表中获取对应的中断入口地址，继而转至中断服务程序。随后的过程与可屏蔽中断的第（4）步～第（6）步基本相同，此处不再赘述。

图 3.12 所示为 8086 系统的中断响应流程。

3. 中断类型码的形成

由前述可知，各类中断的中断类型码是在中断响应阶段获得的，但 CPU 获取中断类型码的方法因中断源的不同而有所不同，具体有以下几种。

（1）对各种内部中断（如被零除、溢出等），类型码是 CPU 根据异常类型（即系统内部事先定义的类型）在内部自动形成的。

（2）对软件中断指令 INT n，类型码由指令本身给出，也是在内部自动形成的。

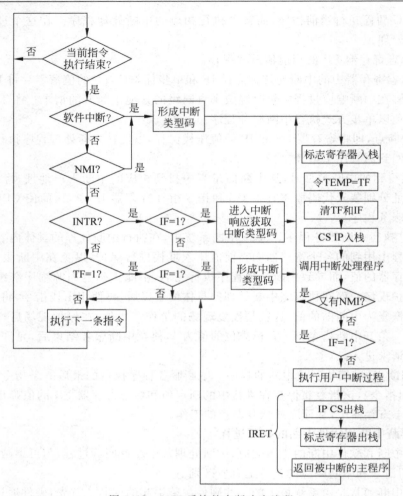

图 3.12　8086 系统的中断响应流程

（3）对 NMI，类型码被指定为 2。因为它由系统内部事先定义，也不需要外部提供，所以本质上也是内部形成的。

（4）对 INTR，类型码在 CPU 的两个中断响应周期中由中断源通过中断控制器（如 8259A）提供。

3.6　8086 微处理器外部基本引脚与工作模式

3.6.1　8086 系统总线结构

为提高系统性能、耐用性及适应性，8086 CPU 设计为可工作在两种模式下，即最小模式和最大模式。**最小模式**用于由 8086 单一微处理器构成的小型系统；**最大模式**用于实现**多处理机系统**，其中，8086 CPU 被称为**主处理器**，其他处理器被称为**协处理器**，如浮点运算协处理器 8087、通道控制器 8089。

为了减少芯片引脚个数，部分 8086 CPU 的外部引脚采用了复用技术。复用引脚分为**按时序复用**和**按模式复用**两种情况。对按时序复用的引脚，当 CPU 工作在不同的 T 周期时,这些引脚传送不同的信息;对按模式复用的引脚,则当 CPU 处于不同的工作模式时,这些引脚具有不同的功能含义。

8086 采用双列直插式(Double In line Package,DIP)封装,具有 40 条引脚,使用＋5V 电源供电。时钟频率有 3 种:5MHz(8086)、8MHz(8086-1)和 10MHz(8086-2)。其引脚信号如图 3.13 所示,括号内为最大模式时的引脚名称。

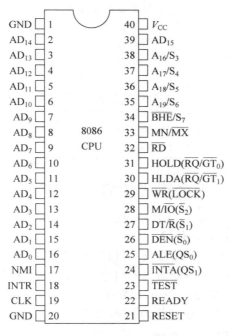

图 3.13　8086 CPU 引脚信号图

8086 CPU 的 40 条引脚信号按功能可分为四部分:地址总线、数据总线、控制总线及其他(时钟与电源)。它的引脚信号定义如表 3.2 所示。

表 3.2　8086 引脚信号定义

信　　号	名　　称	功　　能	引　脚　号	类　　型
公用信号	$AD_{15} \sim AD_0$	地址/数据总线	39,2～16	双向、三态
	$A_{19}/S_6 \sim A_{16}/S_3$	地址/状态总线	35～38	输出、三态
	$\overline{BHE}/S_7$	总线高允许/状态	34	输出、三态
	$MN/\overline{MX}$	最小/最大模式控制	33	输入
	$\overline{RD}$	读控制	32	输出、三态
	$\overline{TEST}$	等待测试控制	23	输入
	READY	等待状态控制	22	输入
	RESET	系统复位	21	输入
	NMI	不可屏蔽中断请求	17	输入
	INTR	可屏蔽中断请求	18	输入
	CLK	系统时钟	19	输入
	V_{CC}	＋15V 电源	40	输入
	GND	接地	1,20	

续表

信　　号	名　　称	功　　能	引　脚　号	类　　型
最小模式信号 ($MN/\overline{MX}=V_{cc}$)	HOLD	保持请求	31	输入
	HLDA	保持响应	30	输出
	$\overline{WR}$	写控制	29	输出、三态
	$M/\overline{IO}$	存储器输入输出控制	28	输出、三态
	$DT/\overline{R}$	数据发送/接收	27	输出、三态
	$\overline{DEN}$	数据允许	26	输出、三态
	ALE	地址锁存允许	25	输出
	$\overline{INTA}$	中断响应	24	输出
最大模式信号 ($MN/\overline{MX}=GND$)	$\overline{RQ}/\overline{GT}_{1,0}$	请求/允许总线访问控制	30,31	双向
	$\overline{LOCK}$	总线优先权锁定控制	29	输出、三态
	$\overline{S_0}$、$\overline{S_1}$、$\overline{S_2}$	总线周期状态	28~26	输出、三态
	QS_1、QS_0	指令队列状态	24,25	输出

3.6.2　两种模式下公用的引脚信号

下面首先介绍两种模式下功能含义相同的引脚。

1. 地址总线、数据总线、状态信号

数据总线用来在 CPU 与内存储器或 I/O 设备之间交换信息,为双向、三态信号。地址总线由 CPU 发出,用来确定 CPU 要访问的内存单元或 I/O 端口的地址信号,为输出、三态信号。8086 CPU 有 20 根地址总线和 16 根数据总线。在总线周期中,由于地址信息和数据信息在时间上不重叠,因此部分地址线与数据线共用一组引脚。状态信号用来指示 CPU 的状态信息,其中 $S_6 \sim S_3$ 和地址总线的高 4 位分时复用,S_7 与 $\overline{BHE}$ 分时复用。

(1) $AD_{15} \sim AD_0$(输入/输出,三态):分时复用地址/数据总线。$AD_{15} \sim AD_0$ 这 16 根信号线是分时复用的双重功能总线,数据总线 $D_{15} \sim D_0$ 与地址总线的低 16 位 $A_{15} \sim A_0$ 复用。在每个总线周期的第一个时钟周期 T_1 中,$AD_{15} \sim AD_0$ 用作地址总线的低 16 位 $A_{15} \sim A_0$,给出内存单元或 I/O 端口的地址;在总线周期的其余时间(T_2、T_3、T_W 和 T_4 状态),$AD_{15} \sim AD_0$ 作为数据总线 $D_{15} \sim D_0$ 使用。

(2) $A_{19}/S_6 \sim A_{16}/S_3$(输出,三态):分时复用的地址/状态复用信号。在每个总线周期的第一个时钟周期 T_1 中,$A_{19}/S_6 \sim A_{16}/S_3$ 用作地址总线的高 4 位 $A_{19} \sim A_{16}$,在访问存储器时作为高 4 位地址,在访问 I/O 接口时,这 4 位置"0"(低电平)。在总线周期的其余时间(T_2、T_3、T_W 和 T_4 状态),这 4 条信号线指示 CPU 的状态信息 $S_6 \sim S_3$。其中,S_6 恒为低电平,表明 8086 CPU 当前正与总线相连;S_5 反映标志寄存器中中断允许标志 IF 的当前值;而 S_4 和 S_3 组合起来指示当前正在使用的是哪个段寄存器,其编码如表 3.3 所示。

表 3.3　S_4、S_3 代码组合与当前段寄存器的关系

S_4	S_3	当前使用的段寄存器
0	0	附加段寄存器 ES
0	1	堆栈段寄存器 SS
1	0	存储器寻址时,使用代码段寄存器 CS;对 I/O 端口或中断向量寻址时,不需要用段寄存器
1	1	数据段寄存器 DS

（3）$\overline{\text{BHE}}/S_7$（输出，三态）：高 8 位数据总线允许/状态信号。它也是一个分时复用引脚。在总线周期的 T_1 状态，作为高 8 位数据总线允许信号，低电平有效。当 $\overline{\text{BHE}}=0$ 时，表示高 8 位数据总线 $AD_{15}\sim AD_8$ 上的数据有效；当 $\overline{\text{BHE}}=1$ 时，表示高 8 位数据总线 $AD_{15}\sim AD_8$ 上的数据无效，当前仅在数据总线 $AD_7\sim AD_0$ 上传送 8 位数据。而在 T_2、T_3、T_w、T_4 状态，此引脚输出状态信息 S_7，在 8086 微处理机系统中，S_7 没有定义。

$\overline{\text{BHE}}$ 和 AD_0 相配合访问存储器见表 3.1（3.2.1 节）。

2. 控制总线

控制总线共有 16 根引脚。其中引脚 24～31 在两种工作模式下定义的功能有所不同，这将在后面讨论，下面仅介绍两种工作模式下公用的 8 根引脚。

（1）$\overline{\text{RD}}$（输出、三态）：读信号，低电平有效。$\overline{\text{RD}}=0$ 时，表明 CPU 要进行一次内存或 I/O 端口的读操作，具体是对内存还是 I/O 端口进行读操作，决定于 $M/\overline{\text{IO}}$ 信号。

（2）READY（输入）：准备就绪信号。是来自存储器或 I/O 端口的应答，高电平有效。当 READY＝1 时，表示内存或 I/O 端口准备就绪，马上可进行一次数据传输。CPU 在每个总线周期的 T_3 时钟周期开始处对 READY 信号采样，若检测到 READY 信号为低电平，则在 T_3 后插入一个 T_w 等待周期。在 T_w 时钟周期，CPU 再对 READY 信号采样，若仍为低电平，就继续插入 T_w 等待周期，直到 READY 信号变为高电平，才进入 T_4 时钟周期，完成数据传送。

（3）$\overline{\text{TEST}}$（输入）：测试信号，低电平有效。用来支持构成多处理器系统，实现 8086 CPU 与协处理器之间同步协调的功能，只有当 CPU 执行 WAIT 指令时才使用，是 WAIT 指令结束与否的条件。当 CPU 执行 WAIT 指令时，CPU 每隔 5 个时钟周期就对此引脚进行测试。若测试到该引脚为高电平，则 CPU 处于空转状态进行等待；若测试为低电平，则 CPU 结束等待状态，继续执行下一条指令。

（4）INTR（输入）：可屏蔽中断请求信号，高电平有效。当 INTR 为高电平时，表示外部有中断请求。CPU 在每条指令的最后时刻检测 INTR 引脚，若为高电平，且当前 CPU 允许中断（中断允许标志 IF＝1），那么，CPU 就会在结束当前执行的指令后，响应中断请求，进入中断处理子程序。

（5）NMI（输入）：非屏蔽中断请求信号，上升沿有效。当 NMI 引脚输入一个由低到高的上升沿时，CPU 就会在结束当前执行的指令后，进入非屏蔽中断处理子程序。

（6）RESET（输入）：系统复位信号，高电平有效信号（至少保持 4 个时钟周期）。在 RESET 信号来到后，CPU 结束当前操作，并将处理器中的寄存器 FLAGS、IP、DS、SS、ES 及指令队列清零，将 CS 设置为 0FFFFH。当复位信号变为低电平时，CPU 从 FFFF0H 开始执行程序，实现系统的重启动过程。系统加电或操作员按下 RESET 键后会产生 RESET 信号。

（7）$MN/\overline{MX}$（输入）：工作模式控制信号。决定 CPU 工作在最小模式或最大模式。此引脚接＋5V 电源时，CPU 处于最小模式，接地时，CPU 处于最大模式。

3. 其他信号

（1）CLK（输入）：时钟信号。为处理器提供基本的定时脉冲和内部的工作频率。8086 CPU 要求时钟信号的占空比（正脉冲与整个周期的比值）为 33％，即 1/3 周期高电平，2/3

周期低电平。

(2) V_{CC}(输入)：电源。要求接正电压($+5\pm0.5$V)。

(3) GND(输入)：地线。8086 CPU 有两条接地线。

3.6.3　最小模式

8086 CPU 的 MN/$\overline{\text{MX}}$引脚接$+5$V 电源时,CPU 处于最小模式,最小模式用于由 8086 单一微处理器构成的小型系统。

总线是计算机各种功能部件之间传送信息的公共通路,连接到总线上的功能模块有主动和被动两种方式。**主设备**可以启动一个总线周期,而**从设备**只能响应主设备的请求。某一时刻总线上只能有一个主设备占用总线。CPU 在不同的时间可以用作主设备,也可用作从设备;而存储器则只能用作从设备。

在最小模式中,作为单处理器的 8086 通常控制着系统总线,但也允许系统中的其他设备占用总线。直接内存访问(DMA)是一种完全由硬件执行 I/O 交换的工作方式。在这种方式中,DMA 控制器从 CPU 完全接管对总线的控制,数据交换不经过 CPU,而直接在内存和 I/O 设备之间进行,一般用于高速传送成组数据。DMA 控制器在传送数据时,需要使用总线,这时 DMA 控制器向 8086 发送一个总线请求信号,在 CPU 允许并响应的情况下,DMA 控制器获得总线控制权,使用完后,又将总线控制权交还给 CPU。

1. 最小模式下的典型配置

当 8086 CPU 的 MN/$\overline{\text{MX}}$引脚接$+5$V 电源时,8086 CPU 工作于最小模式,用于构成小型的单处理机系统,8086 CPU 在最小模式下的典型配置如图 3.14 所示。

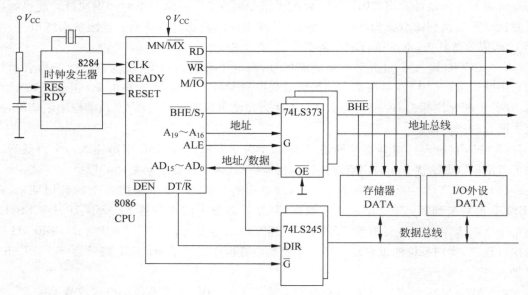

图 3.14　最小模式下的 8086 系统配置

8086 的最小模式具有以下几个特点。

(1) MN/$\overline{\text{MX}}$引脚接$+5$V 电源,决定了 CPU 工作在最小模式下。

(2) 使用一片 8284,作为时钟信号发生器。

（3）使用 3 片 74LS373 或 Intel 8282，作为地址锁存器（总线锁存器）。

（4）当系统中所连的存储器和外设端口较多时，需要增强数据总线的驱动能力，用两片 74LS245 或 8286/8287 作为总线收发器（数据收发器）。

1）时钟发生器

8284 是用于 8086 系统的时钟发生器芯片，它为 8086 及其他外设芯片提供恒定的时钟信号，对准备信号（READY）及复位信号（RESET）进行同步。外界控制信号 RDY 及 $\overline{\text{RES}}$ 信号可以在任何时刻到来，8284 能把它们同步在时钟下降沿时输出 READY 及 RESET 信号到 8086 CPU。

8284 由时钟信号发生器、复位生成电路和就绪控制电路三部分组成，其引脚图如图 3.15 所示。

时钟信号发生器产生恒定的时钟信号，复位信号发生电路产生系统复位信号 RESET，就绪信号控制电路用于对存储器或 I/O 接口产生的准备好信号 READY 进行同步。

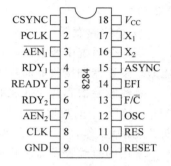

图 3.15　8284 的引脚图

8284 的典型连接如图 3.16 所示。振荡源一般采用晶体振荡器，在 X_1 与 X_2 引脚间接上晶体，由晶体振荡器产生时钟信号。另外也可以由 EFI 引脚加入的外接脉冲发生器作为振荡源，产生时钟信号。此时 8284 的 F/$\overline{\text{C}}$ 引脚应接高电平。8284 输出的时钟频率为振荡源频率的 1/3。

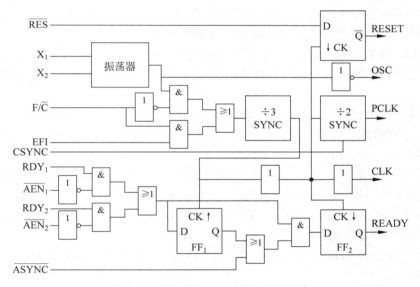

图 3.16　典型的 8284 时钟电路的连接

2）地址锁存器

8086 CPU 的地址/数据总线是复用的，$\overline{\text{BHE}}$ 和 S_7 也是复用的，在总线周期的 T_1 时钟周期传送地址信息和 $\overline{\text{BHE}}$ 信号，而在其他时钟周期传送数据、状态信息。为避免丢失地址信息和 $\overline{\text{BHE}}$ 信号，需在它们失效前将其锁存至地址锁存器，为地址总线提供存储器或 I/O 接口地址。当 ALE 信号有效时，表示地址线上的地址信息有效，在 ALE 信号下降沿把地址信息和$\overline{\text{BHE}}$信号锁存在地址锁存器。在总线周期的其余时间（T_2、T_3、T_w 和 T_4 状态），复用的地址/数据总线作为数据总线使用，实现 CPU 对锁存器和 I/O 设备的读/写操作。

常用的地址锁存器芯片有 74LS373、74LS273、Intel 8282 和 Intel 8283 等。系统配置图中的 3 片 74LS373 芯片用来锁存地址/数据总线 $AD_{15} \sim AD_0$ 中的地址信息、地址/状态总线 $A_{19} \sim A_{16}/S_6 \sim S_3$ 中的地址信息及 $\overline{\text{BHE}}/S_7$ 中的$\overline{\text{BHE}}$信息。其中每片 74LS373 芯片锁存 8 位信息。

3）总线收发器

当一个系统中所含的外设接口较多时，数据总线上需要有发送器和接收器来增加驱动能力。发送器和接收器简称为总线收发器或总线驱动器。

总线收发器芯片 74LS245 是 8 位的。所以在 8086 系统中，需要用两片 74LS245 对 $AD_{15} \sim AD_0$ 中的数据信息进行缓冲和驱动。注意该芯片在 8086 总线周期的第二个时钟周期 T_2 开始工作，因为 T_1 周期时 $AD_{15} \sim AD_0$ 上输出的是地址信息。

常用的总线收发器芯片有 74LS245、Intel 8286 和 Intel 8287 等。

2. 最小模式下的引脚信号

8086 CPU 的 24～31 根引脚为按模式复用引脚，当 CPU 工作在最小模式或最大模式时，这些引脚具有不同的功能含义。

（1）$\overline{\text{INTA}}$（输出）：中断响应信号，低电平有效。此引脚是 CPU 发向中断控制器的中断响应信号。在两个连续的总线周期输出两个低电平信号，第一个低电平用来通知外设 CPU，准备响应它的中断请求，在第二个低电平期间，外设通过数据总线送入它的中断类型码，并由 CPU 读取，以便取得相应中断服务程序的入口地址。

（2）ALE（输出）：地址锁存允许信号，高电平有效。当 ALE 信号有效时，表示地址线上的地址信息有效，利用它的下降沿把地址信息和$\overline{\text{BHE}}$信号锁存在地址锁存器中。ALE 不能浮空。

（3）$\overline{\text{DEN}}$（输出、三态）：数据允许信号，低电平有效。当$\overline{\text{DEN}}$信号有效时，表示 CPU 准备好接收和发送数据。在最小模式中，$\overline{\text{DEN}}$信号就是总线收发器的选通信号，总线收发器将$\overline{\text{DEN}}$作为输出允许信号。

（4）DT/$\overline{\text{R}}$（输出、三态）：数据发送/接收信号。表示 CPU 是接收数据（低电平），还是发送数据（高电平），用于控制总线收发器数据传送的方向。

（5）M/$\overline{\text{IO}}$（输出、三态）：存储器/输入、输出控制信号。用于区分是访问存储器（高电平），还是访问 I/O 端口（低电平）。

（6）$\overline{\text{WR}}$（输出）：写信号，低电平有效。当$\overline{\text{WR}}=0$ 时，表明 CPU 正在执行向存储器或 I/O 端口的输出操作。

（7）HOLD（输入）：总线请求信号，高电平有效。此引脚是系统中其他总线主设备向 CPU 提出总线请求的输入信号。CPU 让出总线控制权直到这个信号撤销后才恢复对总线的控制权。

（8）HLDA（输出）：总线响应信号，高电平有效。它是 CPU 对系统中其他总线主控设备请求总线使用权的应答信号。当 CPU 让出总线使用权时，就发出这个信号，并使 CPU 所有具有三态的引脚处于高阻状态，与外部隔离。

在最小模式下，8086 CPU 直接产生全部总线控制信号（DT/$\overline{\text{R}}$、$\overline{\text{DEN}}$、ALE、M/$\overline{\text{IO}}$）和命

令输出信号($\overline{\text{RD}}$、$\overline{\text{WR}}$或$\overline{\text{INTA}}$),并提供请求访问总线的逻辑信号 HLDA。当总线主控设备(如 DMA 控制器 Intel 8257/Intel 8237)请求总线控制权时,它向 8086 发送一个总线请求信号 HOLD,如果 8086 CPU 响应 HOLD 请求,则 8086 CPU 输出响应信号 HLDA,通知 DMA 控制器可以使用系统总线,同时使 8086 CPU 的地址总线、数据总线、$\overline{\text{BHE}}$信号,以及有关的总线控制信号和命令输出信号处于高阻状态。此外,地址锁存器和数据收发器的输出也处于高阻状态。这样,8086 CPU 不再控制总线,一直保持到 HOLD 信号变为无效,8086 CPU 重新获得总线控制权为止。DMA 控制器接收到来自 CPU 的响应信号后,掌握系统总线控制权,进行数据传送。当 DMA 控制器完成传送任务时,撤销发向 CPU 的总线请求信号,CPU 重新获得对系统总线的控制权。

3.6.4　最大模式

在最小模式中,虽然可以通过 DMA 控制器实现外部设备与存储器之间的直接数据传输,提高了整个系统的能力,但 DMA 控制器却不能执行指令,其能力是相当有限的。假如系统中有两个或多个同时执行指令的处理器,构成**多处理器系统**,就可以有效地提高整个系统的性能。增加的处理器可以是 8086 处理器,也可以是**协处理器**。协处理器只是协助主处理器完成某些辅助工作。和 8086 配套使用的协处理器有两个:一个是用于数值计算的协处理器 8087,通过硬件实现高精度整数浮点运算;另一个是专用于输入/输出操作的协处理器 8089,8089 有一套专门用于输入/输出操作的指令系统,可以直接为输入/输出设备服务。增加协处理器后,使得浮点运算和输入/输出操作不再占用 8086 CPU 的时间,从而大大提高了系统的运行效率。

在处理多处理器系统时,除了解决对存储器和 I/O 设备的控制、中断管理、DMA 传送时总线控制权的问题外,还必须解决多处理器对系统总线的争用问题,以及处理器之间的通信问题。因为多个处理器通过公共系统总线共享存储器和 I/O 设备,所以必须增加相应的逻辑电路,以确保每次只有一个处理器取回执行结果,必须提供一种明确的方法来解决两个处理器之间的通信。8086 CPU 的最大工作模式就是专门为实现多处理器系统而设计的。在这种方式下,8086 CPU 不直接提供用于存储器或 I/O 接口访问的读/写命令等控制信号,而是由总线控制器 8288 产生总线命令和控制信号,对存储器和 I/O 端口进行读/写控制。

1. 最大模式下的典型配置

当 8086 CPU 的 MN/$\overline{\text{MX}}$引脚接地时,8086 CPU 工作于最大模式,用于构成多处理机系统,图 3.17 所示为最大模式下 8086 系统配置。可以看出,同最小模式下 8086 系统配置相比较,最大模式系统增加了一片专用的总线控制器 8288。

8086 的最大模式具有以下几个特点。

(1) MN/$\overline{\text{MX}}$端接地,决定了 CPU 工作在最大模式下。

(2) 使用一片 8284,作为系统时钟。

(3) 使用三片 8282 或 74LS373,作为地址锁存器。

(4) 使用两片 8286/8287,作为总线收发器。

(5) 使用一片 8288,作为总线控制器。

(6) 使用一片 8259,对多个中断源进行中断优先级的管理。

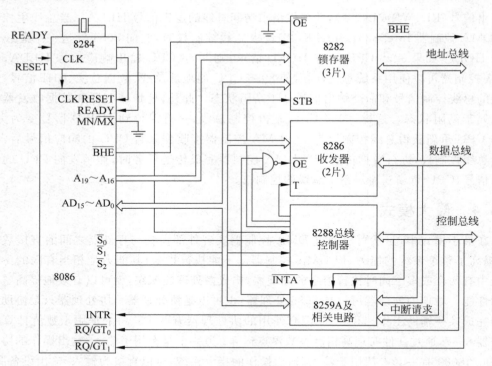

图 3.17　最大模式下的 8086 系统配置

1）总线控制器

最大模式系统中，一般包含两个或多个处理器，这就需要解决主处理器和协处理器之间的协调工作，以及对系统总线的共享控制问题，8288 总线控制器就起了这个作用。它根据 8086 在执行指令时提供的总线周期状态信号 $\overline{S_2}$、$\overline{S_1}$、$\overline{S_0}$ 来建立控制时序，与输入控制信号 IOB、$\overline{AEN}$、CEN 和 CLK 相配合，产生读/写控制命令。通过 8288 可以提供灵活多变的系统配置，以实现最佳的系统性能。

8288 由状态译码器、命令信号发生器、控制信号发生器及控制逻辑组成，其内部结构和引脚信号如图 3.18 所示。

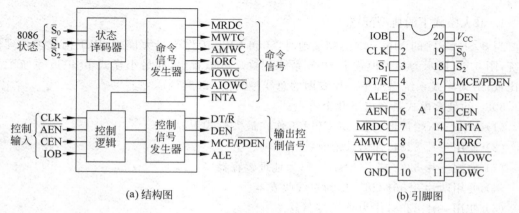

　　　　(a) 结构图　　　　　　　　　　　　　　　(b) 引脚图

图 3.18　8288 结构框图与引脚

8288 接收 8086 的总线周期状态信号 $\overline{S}_2$、$\overline{S}_1$、$\overline{S}_0$，确定当前总线周期的操作类型，译码产生相应的存储器读/写命令、I/O 端口读/写命令及中断响应信号。$\overline{S}_2$、$\overline{S}_1$、$\overline{S}_0$ 的代码组合对应的总线操作类型如表 3.4 所示。

表 3.4 $\overline{S}_2$、$\overline{S}_1$、$\overline{S}_0$ 译码表

总线状态信号			CPU 状态	8288 命令输出
$\overline{S}_2$	$\overline{S}_1$	$\overline{S}_0$		
0	0	0	中断状态	$\overline{INTA}$
0	0	1	读 I/O 端口	$\overline{IORC}$
0	1	0	写 I/O 端口，超前写 I/O 端口	$\overline{IOWC}$，$\overline{AIOWC}$
0	1	1	暂停	无
1	0	0	取指令	$\overline{MRDC}$
1	0	1	读存储器（数据）	$\overline{MRDC}$
1	1	0	写存储器，超前写存储器	$\overline{MWTC}$，$\overline{AMWC}$
1	1	1	无效	无

8288 总线控制器产生的总线控制命令如下。

(1) $\overline{IORC}$、$\overline{IOWC}$：I/O 读、写命令。

(2) $\overline{MRDC}$、$\overline{MWTC}$：存储器读、写命令。

(3) $\overline{AIOWC}$ 和 $\overline{AMWC}$：超前命令。这两个超前命令比 $\overline{IOWC}$ 和 $\overline{MWTC}$ 出现时间早一个时钟周期，在需要提前发出写命令的场合，可以选用这两个超前信号，从而能够在一定程度上避免微处理器进入等待状态。

(4) $\overline{INTA}$：中断相应命令。

(5) ALE：地址锁存允许信号。用于将地址选通到地址锁存器，高电平有效，在下跳沿锁存。

(6) DEN：数据使能信号。DEN 为高电平时，接通数据收发器。

(7) DT/$\overline{R}$：数据发送/接收信号。用来控制数据收发器的传送方向，DT/$\overline{R}$=1 为发送状态；DT/$\overline{R}$=0 为接收状态。

(8) MCE/$\overline{PDEN}$：主设备使能/外设数据允许命令。这是一条双重功能的控制线，当 8288 工作于系统总线方式时，用作主控级联允许信号 MCE，在中断响应周期的 T_1 状态时有效，控制主 8159A 向从 8259A 输出级联地址；当 8288 工作于 I/O 总线方式时，用作外设数据允许信号 $\overline{PDEN}$，控制外围设备通过 I/O 总线传送数据。

8288 的工作受输入控制信号的控制，这些信号是 IOB、$\overline{AEN}$、CEN 和 CLK。

(1) IOB：输入/输出总线方式。8288 既可控制系统总线，又可以控制 I/O 总线。当 IOB=0 时，8288 处于**系统总线方式**；当 IOB=1 时，8288 处于 I/O **总线工作方式**，8288 仅用来控制 I/O 总线。

(2) $\overline{AEN}$：地址使能。由总线仲裁器 8289 输入，是支持多总线结构的同步控制信号。当 $\overline{AEN}$=1 时，8288 各种命令无效，呈高阻态；当 $\overline{AEN}$=0 时，在系统总线方式下，至少在 $\overline{AEN}$ 有效后 115ns，8288 才能输出命令，这段时间进行总线切换；在 I/O 总线方式下，$\overline{AEN}$ 不起作用，不影响 I/O 命令的发出。

(3) CEN：命令使能。当有多片 8288 协同工作时起片选作用。当 CEN=1 时，允许该

8288 发出全部控制命令;当 CEN＝0 时,禁止该 8288 发出总线控制信号,同时使 DEN、$\overline{PDEN}$呈高阻状态。

(4) CLK:时钟信号。8288 产生命令和控制信号输出时,由 CLK 决定它们的定时关系。通常由微机的系统时钟提供。

2) 时钟发生器、地址锁存器和总线收发器

由图 3.17 可知,在最大配置中,这 3 种部件的工作与最小配置相同。

3) 需要说明的问题

(1) 8086 CPU 在最小模式下的 HOLD 和 HLDA 引脚在最大模式下成为$\overline{RQ}/\overline{GT}_0$和$\overline{RQ}/\overline{GT}_1$信号线,这两条引脚通常同 8087(协处理器)或 8089(I/O 处理器)相连接,用于 8086 同协处理器之间传送总线请求与总线应答信号。

(2) 当系统为具有两个以上主 CPU 的多处理器系统时,必须配备总线仲裁器 8289,与 8288 相配合确定总线使用权的分配,从而保证系统中的各个处理器同步地进行工作,实现总线共享。

(3) 在最大模式的系统中,一般还有中断优先级管理部件 8259A,用于对多个中断源进行中断优先级的管理。但如果中断源不多,则也可以不用中断优先级管理部件。

2. 最大模式下的引脚信号

最大模式下 24～31 引脚的功能含义如下。

(1) $\overline{S}_2$、$\overline{S}_1$、$\overline{S}_0$(输出,三态):总线周期状态信号。这三位的组合表示当前总线周期的操作类型。总线控制器 8288 接收这 3 位状态信息,译码产生相应的存储器读/写命令、I/O 端口读/写命令及中断响应信号,如表 3.4 所示。

当 $\overline{S}_2$、$\overline{S}_1$、$\overline{S}_0$ 中的任意一个为低电平时,都对应某一种总线操作,此时称为**有源状态**。而当一个总线周期即将结束(T_3 期间或 T_W 周期),另一个总线周期尚未开始,并且 READY 信号也为高电平时,$\overline{S}_2$、$\overline{S}_1$、$\overline{S}_0$ 都变为高电平,此时称为**无源状态**。在前一个总线周期的 T_4 时钟周期时,只要 $\overline{S}_2$、$\overline{S}_1$、$\overline{S}_0$ 中有一个变为低电平,就意味着即将开始一个新的总线周期。而在 T_3 或 T_W 期间返回无效状态,则表示一个总线周期的结束。在 DMA(直接存储器存取)方式下,$\overline{S}_2$、$\overline{S}_1$、$\overline{S}_0$ 处于高阻状态。

(2) QS_1、QS_0(输出):指令队列状态信号。用于指示 8086 内部 BIU 中指令队列的状态,以便外部协处理器跟踪 8086 CPU 内部指令序列。QS_1 和 QS_0 表示的状态如表 3.5 所示。

表 3.5　QS_1、QS_0 组合与指令队列的状态

QS_1	QS_0	队列状态信号的含义
0	0	无操作,未从队列中取指令
0	1	从队列中取当前指令的第一字节
1	0	队列空,由于执行转移指令,队列重新装填
1	1	从队列中取出指令的后继字节

外部逻辑通过监视总线状态和队列状态,可以模拟 CPU 的指令执行过程,并确定当前正在执行哪一条指令。有了这种功能,8086 才能告诉协处理器何时准备执行指令。

(3) $\overline{RQ}/\overline{GT}_0$、$\overline{RQ}/\overline{GT}_1$(双向):总线请求信号/总线请求响应信号,低电平有效。这两

个信号是为多处理机应用而设计的,用于对总线控制权的请求和应答,其特点是请求和允许功能用一根信号线来实现,每一个引脚都可代替最小模式下 HOLD/HLDA 两个引脚的功能。这两个引脚可同时接两个协处理器,$\overline{RQ}/\overline{GT_0}$ 的优先级高于 $\overline{RQ}/\overline{GT_1}$。

总线访问的请求/允许时序分为 3 个阶段:请求、允许和释放。首先是协处理器向 8086 输出 $\overline{RQ}$ 请求使用总线,然后在 8086 CPU 的 T_4 或下一个总线周期的 T_1 期间,CPU 输出一个宽度为一个时钟周期的脉冲信号 $\overline{GT_0}$ 给请求总线的协处理器,作为总线响应信号;从下一个时钟周期开始,CPU 释放总线。当协处理器使用总线结束时,再给出一个宽度为一个时钟周期的脉冲信号 $\overline{RQ}$ 给 CPU,表示总线使用结束,从下一个时钟周期开始,CPU 又控制总线。

（4）$\overline{LOCK}$（输出、三态）:总线封锁信号,低电平有效。$\overline{LOCK}$ 信号用来封锁外部处理器的总线请求。当 $\overline{LOCK}=0$ 时,表明 CPU 不允许其他总线主控设备占用总线。$\overline{LOCK}$ 信号通过指令在程序中设置。若一条指令加上前缀 LOCK,则 8086 在执行该指令期间,$\overline{LOCK}$ 引脚输出低电平并保持到该指令执行结束,以保证该指令在执行期间不会被外部处理器的总线请求所打断。

3.7　8086 微处理器的时序

所谓时序,顾名思义,就是时间的先后顺序。系统为完成某一项操作,必将涉及一系列部件的协调动作,并且每一部件动作的时间长短也有严格的限制,这就必须采用一定的方法对它们进行定时控制,这就是下面所要讨论的时序问题。前面已经介绍过,在微机系统中通常有三级时序,分别为时钟周期、总线周期和指令周期。

3.7.1　系统的复位与启动

8086 CPU 的 RESET 引脚用来启动或重启动系统。当 8086 在 RESET 引脚上检测到一个脉冲的上升沿时,它将停止正在进行的所有操作,处于初始化状态,直到 RESET 信号变低。因此,通过在 CPU 的 RESET 引脚上加正脉冲,可完成系统的启动和重启动。8086 CPU 要求加在 RESET 引脚上的复位正脉冲信号宽度至少为 4 个时钟周期,如果是初次加电启动,则要求宽度不少于 $50\mu s$。复位操作时序如图 3.19 所示。

图 3.19 中的 RESET 输入是引脚信号,CPU 内部是用时钟脉冲 CLK 来同步外部的复位信号的。当外部的复位信号到来时,经 8284 同步,在 RESET 输入信号到来后的 CLK 第一个上升沿形成内部 RESET 信号送给 CPU,CPU 就进入内部 RESET 过程。到本次时钟周期的下降沿,所有的三态输出线都被设置为无效状态,再到下一个时钟周期的上升沿,所有的三态输出线都被设置为高阻状态,直到 RESET 信号回复低电平。三态输出线包括 $AD_{15} \sim AD_0$、$A_{19}/S_6 \sim A_{16}/S_3$、$\overline{BHE}/S_7$、$M/\overline{IO}(\overline{S_2})$、$DT/\overline{R}(\overline{S_1})$、$\overline{DEN}(\overline{S_0})$、$\overline{WR}(\overline{LOCK})$、$\overline{RD}$ 和 $\overline{INTA}$。其他输出线只被设置为无效,而不设置高阻,包括最

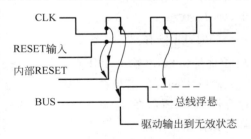

图 3.19　复位操作时序

小模式时的 ALE、HLDA 及最大模式时的 $\overline{RQ}/\overline{GT_1}$、$\overline{RQ}/\overline{GT_0}$、$QS_1$、$QS_0$。

8086 CPU 复位时，结束原有的操作和状态，维持在复位状态，各内部寄存器及指令队列被设置为初始值，如表 3.6 所示。

表 3.6　复位时 CPU 的初始化状态

寄存器	内容	寄存器	内容
标志寄存器	清零	堆栈段寄存器 SS	0000H
指令指针寄存器 IP	0000H	ES 附加	0000H
代码段寄存器 CS	FFFFH	指令队列	空
数据段寄存器 DS	0000H	其他寄存器	0000H

由表 3.6 可以看出，CPU 复位时，代码段寄存器 CS 被初始化为 FFFFH，而指令指针寄存器被初始化为 0000H。因此，当 CPU 复位完成，再重新启动时，就会从主存地址为 FFFF0H 的位置开始执行指令。通常在这个地址单元存放着一条无条件转移指令，将程序转移到系统程序的入口处。这样，一旦系统复位或重新启动，就会重新引导系统程序。

复位信号 RESET 从高到低的跳变会触发 CPU 内部的一个复位逻辑电路，经过 7 个时钟周期后，CPU 就被重新启动而恢复正常工作。

3.7.2　最小模式系统总线周期时序

1. 读/写总线周期

读/写总线周期指 CPU 通过外部总线完成从存储器或外设端口读/写一次数据所需要的时钟周期数。

8086 CPU 读/写总线周期时序如图 3.20(a)和图 3.20(b)所示。

各状态所完成的操作描述如下。

(1) T_1 状态。$M/\overline{IO}$ 信号在 T_1 状态变为有效。若为高电平，则表明是从存储器读取；若为低电平，则表明是从 I/O 端口读取。并且这个有效电平一直持续到本次总线周期结束，即 T_4 状态。

同时，CPU 在 T_1 状态通过 $A_{19}/S_6 \sim A_{16}/S_3$ 和 $AD_{15} \sim AD_0$ 发出访问外设或存储器的 20 位地址信息，并输出 $\overline{BHE}$ 有效信号，表示高 8 位数据线上的信息可以使用。

总线上的地址信息在 T_1 状态结束之前必须进行锁存，地址锁存器将 ALE 作为它的锁存允许信号，所以在 T_1 状态，CPU 发出一个 ALE 正脉冲信号，地址锁存器利用 ALE 的下降沿锁存地址信息。

如果系统中接有数据总线收发器，就要用到 $DT/\overline{R}$ 和 $\overline{DEN}$ 控制信号，$\overline{DEN}$ 用来选通收发器，$DT/\overline{R}$ 用来决定收发器的数据传送方向。在 T_1 状态，$DT/\overline{R}$ 变为低电平有效，表明本次总线周期让数据总线收发器接收数据；否则，由数据总线收发器发送数据。

(2) T_2 状态。总线上撤销地址信息 $A_{19}/S_6 \sim A_{16}/S_3$，引脚输出状态信息 $S_6 \sim S_3$。$AD_{15} \sim AD_0$ 呈高阻状态，为传送数据做准备。

若进行读操作，则 CPU 在 T_2 状态输出 $\overline{RD}$ 低电平有效信号，否则，进行写操作，CPU 在 T_2 状态输出 $\overline{WR}$ 低电平有效信号，并立即往数据总线 $AD_{15} \sim AD_0$ 上发出向外设或存储器写

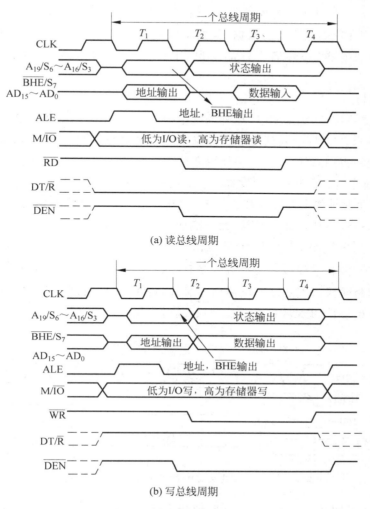

(a) 读总线周期

(b) 写总线周期

图 3.20 最小模式系统总线读/写操作时序

入的数据。

$\overline{\text{DEN}}$ 信号也在 T_2 状态变为低电平有效状态,选通总线收发器工作。

（3）T_3 状态。CPU 继续提供状态信息,并维持 $\overline{\text{RD}}$ 或 $\overline{\text{WR}}$、M/$\overline{\text{IO}}$、DT/$\overline{\text{R}}$ 及 $\overline{\text{DEN}}$ 为有效电平。如果外设或存储器速度较快,则应在 T_3 状态往数据总线 $AD_{15} \sim AD_0$ 上送入 CPU 读取的数据信息。

（4）T_W 状态。如果所用外设或存储器速度较慢,不能配合 CPU 的工作,就需要在 T_3 和 T_4 之间插入一个或几个 T_W 等待状态。系统中的 READY 电路在 T_3 状态后生成 READY 信号,并经 8284 系统时钟电路同步后加到 CPU 的 READY 引脚上,CPU 在 T_3 状态开始时采样 READY 信号,若为低电平,则表明外设或存储器没有准备好,那么,就在 T_3 后插入 T_W 状态,而且在每个 T_W 状态的上升沿,CPU 都将检测 READY 信号,直至检测到 READY 高电平信号后,才结束 T_W 状态。在最后一个 T_W 状态中,CPU 读取的数据信息已经稳定在数据总线上。

（5）T_4 状态。若为读总线周期，则在 T_4 状态和前一个状态交界的下降沿处，CPU 读入已经稳定出现在数据总线上的数据，各控制信号和状态信号变为无效，$\overline{DEN}$ 信号进入高电平，关闭总线收发器 8288；若为写周期，则 CPU 认为外设或存储器已取走了数据，从而撤销数据信息。

2. 总线保持

在最小模式系统中，如果 CPU 以外的其他模块（如 DMA 控制器）需要占用总线，就会向 CPU 提出请求。CPU 接收到请求后，如同意让出总线使用权，就会向请求模块发出响应信号，由请求模块占用总线，请求模块使用完总线后再将总线控制权还给 CPU，这一过程称为**总线保持**。8086 CPU 为此专门设置了一组控制线 HOLD 和 HLDA。

CPU 在每个时钟的上升沿处都会检测 HOLD 信号。如果检测到高电平，就表明有模块提出总线保持请求，如果此时 CPU 允许响应，就会在本次总线周期的 T_4 周期或空闲周期 T_1 的下一个时钟周期发出 HLDA 响应信号，并使所有三态输出线都变为高阻状态（包括地址/数据线、地址/状态线及控制线 $\overline{RD}$、$\overline{WR}$、$\overline{INTA}$、$M/\overline{IO}$、$\overline{DEN}$、$DT/\overline{R}$），让出总线控制权，进入总线保持阶段。直到该模块使用完总线，使 HOLD 恢复低电平状态，CPU 随之将 HLDA 也变为低电平，才又收回总线控制权，其时序如图 3.21 所示。

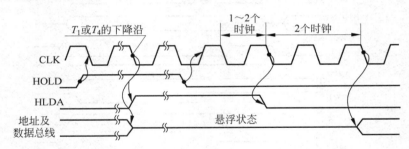

图 3.21　最小模式系统中总线保持请求与响应时序

在总线保持期间，CPU 继续执行已取到指令队列中的指令（与 DMA 并行操作），直到指令需要使用总线或指令队列为空为止。

关于中断响应周期将在第 7 章介绍。

3.7.3　最大模式系统总线周期时序

在最大模式系统中，8086 CPU 所有的对总线进行读/写操作的控制信号和命令信号都由总线控制器 8288 提供。

1. 读总线周期

最大模式系统读总线周期时序如图 3.22 所示。

在读总线周期中，8288 提供的总线操作命令信号有 ALE（地址锁存允许）、$DT/\overline{R}$（数据发送/接收）、$\overline{DEN}$（数据使能）、$\overline{MRDC}$（读存储器）、$\overline{IORC}$（读 I/O 端口）等。8288 对存储器和 I/O 端口的数据读取用两个不同的命令加以区别，不同于最小工作模式的用 $M/\overline{IO}$ 的不同状态区分。

各个时钟周期所完成的操作描述如下。

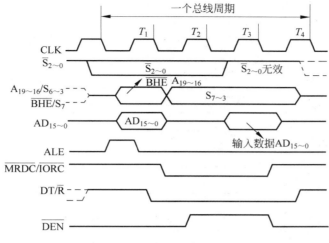

图 3.22　最大模式系统读总线周期时序

（1）T_1 状态。CPU 送出 20 位地址信息，从引脚送出 $\overline{BHE}$ 低电平有效信号。8288 送出 ALE 地址锁存允许的正脉冲信号；提供给数据总线收发器方向控制信号 $DT/\overline{R}$，使其为低电平有效。

（2）T_2 状态。CPU 撤销地址信息，使地址/数据线成为高阻状态，为数据传输做准备，而 $\overline{BHE}/S_7$ 和地址/状态线送出总线状态信息 $S_7 \sim S_3$，并将该状态信息保持到 T_4 状态。8288 在 T_2 状态期间送出存储器或 I/O 端口读命令 $\overline{MRDC}/\overline{IORC}$，使其变为低电平有效，并且 8288 还在 T_2 上升沿给数据总线收发器发出高电平有效的选通信号 $\overline{DEN}$，允许数据通过总线收发器。

（3）T_3 状态。如果所访问的存储器或外设的存取速度较快，能在时序上满足基本总线周期的时序要求，就不必在 T_3 状态后插入 T_W 等待状态。这时总线状态信息 $\overline{S_2}$、$\overline{S_1}$、$\overline{S_0}$ 都转变为高电平，进入无源状态，并将这个无源状态从 T_3 状态一直持续到 T_4 状态。一旦进入无源状态，就意味着不久就可以启动下一个新的总线周期。若存储器或外设存取速度较慢，不能满足定时要求，则与最小模式系统一样，需要在 T_3 与 T_4 之间插入一个或几个 T_W 状态。

（4）T_4 状态。总线上的数据信息消失，状态信号 $S_7 \sim S_3$ 变为高阻。$\overline{S_2}$、$\overline{S_1}$、$\overline{S_0}$ 则按下一个总线周期的操作类型，产生相应的电平变化。

2. 写总线周期

最大模式系统写总线周期时序如图 3.23 所示。

在写总线周期中，8288 提供的总线操作命令信号有 ALE（地址锁存允许）、$DT/\overline{R}$（数据发送/接收）、$\overline{DEN}$（数据使能）、$\overline{MWTC}$（写存储器）、$\overline{IOWC}$（写 I/O 端口）。8288 提供的存储器写命令和 I/O 端口写命令比 8086 CPU 的 $\overline{WR}$ 命令晚一个时钟周期，因为要保证 CPU 输出的数据稳定出现在数据总线上后，8288 才可以发出存储器或 I/O 端口写命令。当 $\overline{MWTC}$ 或 $\overline{IOWC}$ 不能满足定时要求时，可使用 8288 提供的另两个超前写命令 $\overline{AMWC}$（超前写存储器）和 $\overline{AIOWC}$（超前 I/O 写端口），它们比 $\overline{MWTC}$ 和 $\overline{IOWC}$ 提前一个时钟周期。但当

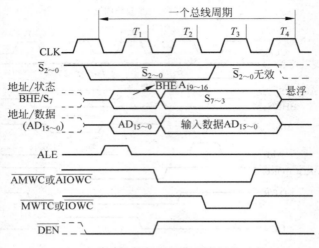

图 3.23　最大模式系统写总线周期时序

$\overline{AMWC}$或$\overline{AIOWC}$出现时,不能保证总线上出现稳定数据信息。其操作过程与读总线周期相似,这里就不再赘述。

3. 总线保持

8086、8087 和 8089 都设有两个双重功能引脚$\overline{RQ}/\overline{GT_1}$ 和$\overline{RQ}/\overline{GT_0}$,其中的任一个都既可用来传送总线保持请求,也可发送总线保持响应信号和总线释放脉冲。但$\overline{RQ}/\overline{GT_0}$的优先级高于$\overline{RQ}/\overline{GT_1}$。

CPU 在每个时钟周期的上升沿检测$\overline{RQ}/\overline{GT_1}$ 和$\overline{RQ}/\overline{GT_0}$引脚,若采样到其中一个有$\overline{RQ}$低电平有效信号,就表明有处理器提出总线保持请求。若 CPU 满足响应条件,就会在本次总线周期的 T_4 状态或空闲周期 T_1 的下降沿利用同一引脚发出授予信号,从而使$\overline{GT}$低电平有效,并使系统总线处于高阻状态,CPU 让出总线控制权,处于保持状态。同样,交出总线使用权的 CPU 仍将继续执行指令队列中已经预取的指令,直至遇到存取总线的指令或指令队列为空为止。请求使用总线的处理器使用完总线后,又利用同一$\overline{RQ}/\overline{GT}$引脚向CPU 发出负脉冲(释放脉冲),将总线控制权交还给 CPU。CPU 检测到释放脉冲后,又可控制对总线的操作。其中,从总线请求产生($\overline{RQ}$有效)到获得总线授予信号($\overline{GT}$有效)之间的时间延迟范围可以是 3～39 个时钟周期。最大模式系统中总线保持与响应时序如图 3.24所示。

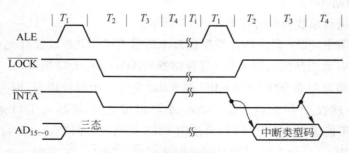

图 3.24　最大模式系统总线保持与响应时序

3.8　例 题 解 析

1. 8086 CPU 在内部结构上由哪几部分组成？其功能是什么？

【解析】

8086 的内部结构分为两部分：总线接口部件 BIU 和执行部件 EU。总线接口部件 BIU 负责控制存储器与 I/O 端口的信息读写，包括指令获取与排队、操作数存取等；执行部件 EU 负责从指令队列中取出指令，完成指令译码与指令的执行。

2. 8086 的 BIU 由哪几部分组成？其功能是什么？

【解析】

8086 的总线接口部件主要由四部分组成：4 个段寄存器 CS/DS/ES/SS，用于保存各段地址；一个 16 位的指令指针寄存器 IP，用于保存当前指令的偏移地址；一个 20 位地址加法器，用于形成 20 位物理地址；指令流字节队列，用于保存指令；存储器接口，用于内总线与外总线的连接。

3. 8086 的 EU 由哪几部分组成？各有什么功能？

【解析】

8086 的 EU 主要由四部分组成：控制器、算术逻辑单元、标志寄存器、通用寄存器组。

（1）控制器：从指令流顺序取指令、进行指令译码、完成指令的执行等。

（2）算术逻辑单元 ALU：根据控制器完成 8/16 位二进制算数与逻辑运算。

（3）标志寄存器：使用 9 位，标志分两类。其中状态标志 6 位，存放算数逻辑单元 ALU 运算结果特征；控制标志 3 位，控制 8086 的 3 种特定操作。

（4）通用寄存器组：用于暂存数据或指针的寄存器阵列。

4. 说明标志位中溢出位与进位标志位的区别。

【解析】

进位标志位 CF 是指两个操作数在进行算术运算后，最高位（8 位操作为 D_7 位，16 位操作为 D_{15} 位）是否出现进位或借位的情况，有进位或借位，CF 置"1"，否则置"0"。

溢出位 OF 是反映带符号数（以二进制补码表示）运算结果是否超过机器所能表示的数值范围的情况。8086 中的数据用补码表示，对于 8 位的字节运算，数值范围为 $-128\sim +127$；对于 16 位的字运算，数值范围为 $-32\,768\sim +32\,767$。若超过上述范围，则称为"溢出"，OF 置"1"。

溢出和进位是两个不同的概念，某些运算结果，有"溢出"不一定有"进位"，反之，有"进位"也不一定有"溢出"。

5. 存储器物理地址为 400A5H～400AAH 的单元中，有 6 字节的数据分别为 11H、22H、33H、44H、55H、66H，若当前（DS）=4002H，请说明它们的偏移地址值。如果要从存储器中读出这些数据，需要访问几次存储器，各读出哪些数据？

【解析】

这个题目考查重点是规则字和非规则字的应用。

由于：

物理地址＝400A5H＝段地址×16＋偏移地址＝40020H＋偏移地址

偏移地址＝400A5－40020＝85H

若以最少访问次数而言,可以如下操作:从奇地址400A5H中读出一个字节11H;从偶地址开始400A6H、400A7H两个单元读出一个字3322H;从偶地址400A8H、400A9H两个单元读出一个字5544H;从偶地址400AAH中读出一个字节66H。最少读4次。

6. 8086被复位以后,有关寄存器的状态是什么? 微处理器从何处开始执行程序?

【解析】

标志寄存器、IP、DS、SS、ES和指令队列置0,CS置全1(FFFFH)。处理器从FFFF0H存储单元取指令并开始执行。

7. 8086为什么采用地址/数据引线复用技术?

【解析】

考虑到芯片成本和体积,8086采用40根引线的封装结构。由于40根引线无法直接引出8086的全部20位地址、16位数据、诸多控制信号和状态信号,因此采用地址/数据线复用引线方法解决这一矛盾。从逻辑角度来看,地址与数据信号不会同时出现,二者可以分时复用同一组引线。

8. 8086 CPU形成总线数据时,为什么要对部分地址线进行锁存? 用什么信号控制锁存?

【解析】

为了确保CPU对存储器和I/O端口的正常读/写操作,要求地址和数据同时出现在地址总线和数据总线上。但8086 CPU中$AD_0 \sim AD_{15}$总线是地址/数据分时复用的,即在总线周期的T_1状态传送出地址信息,T_3状态传送数据;因此借由8086 CPU送出的ALE高电平锁存信号,将在T_1状态传送出的地址信息存于锁存器中。

9. 8086构成系统时存储器分为哪两个存储体? 它们如何与地址、数据总线连接?

【解析】

8086构成系统分为偶地址存储体和奇地址存储体。

偶地址存储体:连接$D_7 \sim D_0$,$A_0 = 0$时选通;

奇地址存储体:连接$D_{15} \sim D_8$,$\overline{BHE} = 0$,$A_0 = 1$时选通。

10. 8086 CPU读/写总线周期各包含多少个时钟周期? 什么情况下需要插入T_W等待周期? 应插入多少个T_W,取决于什么因素? 什么情况下会出现空闲状态T_i?

【解析】

8086 CPU读/写总线周期包含4个时钟周期。

当CPU与慢速的存储器或外设I/O端口交换信息时,系统中就要用一个电路来产生READY信号,并传递给CPU的READY引脚。CPU在T_3状态的下降沿对READY信号进行采样。如果READY信号是无效信号,那么,就会在T_3之后插入等待状态T_W。插入T_W的个数取决于CPU接收到高电平READY信号的时间。CPU在不执行总线周期时,总线接口部件就不和总线打交道,此时,进入总线空闲周期,出现空闲状态T_i。

11. 图3.25所示为8086最小模式下总线操作时序图,结合该图说明ALE、$M/\overline{IO}$、$DT/\overline{R}$、$\overline{RD}$、READY信号的功能。

【解析】

ALE为外部地址锁存器的选通脉冲,在T_1期间输出;$M/\overline{IO}$确定总线操作的对象是存

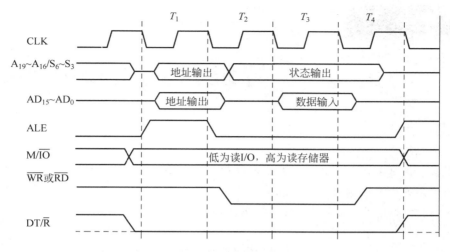

图 3.25　8086 最小模式下总线操作时序图

储器还是 I/O 接口电路,在 T_1 输出;DT/$\overline{R}$ 为数据发送/接收信号,用于控制总线收发器数据传送的方向,在 T_1 输出;$\overline{RD}$ 为读命令信号,在 T_2 输出;READY 信号为存储器或 I/O 接口"准备好"信号,在 T_3 期间给出,否则 8086 要在 T_3 与 T_4 间插入 T_W 等待状态。

习　题　3

1. 8086 CPU 在内部结构上由哪几部分组成? 各部分的功能是什么?

2. 简述 8086 CPU 的寄存器组织。

3. 8086 CPU 状态标志和控制标志有何不同? 程序中是怎样利用这两类标志的? 8086 的状态标志和控制标志分别有哪些?

4. 将 1001 1100 和 1110 0101 相加后,标志寄存器中 CF、PF、AF、ZF、SF、OF 各为何值?

5. 什么是存储器的物理地址和逻辑地址? 在 8086 系统中,如何由逻辑地址计算物理地址?

6. 段寄存器 CS=1200H,指令指针寄存器 IP=4000H,此时,指令的物理地址是多少? 指向这一物理地址的 CS 值和 IP 值是唯一的吗?

7. 在 8086 系统中,逻辑地址 FFFF:0001、00A2:37F 和 B800:173F 的物理地址分别是多少?

8. 在 8086 系统中,从物理地址 388H 开始顺序存放下列 3 个双字节的数据 651AH、D761H 和 007BH,请问物理地址 388H、389H、38AH、38BH、38CH 和 38DH 6 个单元中分别是什么数据?

9. 8086 微处理器有哪几种工作模式? 各有什么特点?

10. 简述 8086 引脚信号中 M/$\overline{IO}$,DT/$\overline{R}$、$\overline{RD}$、$\overline{WR}$、ALE、$\overline{DEN}$ 和 $\overline{BHE}$ 的作用。

11. 简述最小模式下,8086 读总线周期和写总线周期各引脚上的信号动态变化过程。并说出 8086 的读周期时序与写周期时序的区别有哪些?

第 4 章

寻址方式与指令系统

指令系统是计算机处理器能直接执行的指令的集合,指令系统中主要指令的功能、格式及使用的方法是学习汇编语言的基础。本章主要介绍 8086 CPU 汇编语言格式、寻址方式,以及 8086 指令系统中的主要指令及其使用方法。

4.1 指令系统概述

4.1.1 指令的基本概念

程序是能够完成一个完整任务的一系列有序指令的集合。**指令**是指示计算机进行某种操作的命令,是用户使用与控制计算机运行的最小功能单位。指令与计算机的硬件结构直接相关,不同的 CPU 能够执行的指令种类、数量都不同。一台计算机所能执行的全部指令的集合,称为该计算机的**指令系统**。每种计算机都有自己固有的指令系统,基本指令系统相同、基本体系结构相同的一系列计算机,称为**系列计算机**,如 x86、ARM、MIPS 系列计算机等。同一系列的计算机的指令系统是向上兼容的。

计算机能够直接理解和执行的指令是用二进制编码来表示的,称为**机器指令**或**指令字**。由于二进制编码不易理解,也不便于记忆和书写,因此,人们就用**助记符**来代替二进制指令,这就形成了**汇编指令**。汇编指令中的助记符通常用英文单词的缩写来表示,如加法用 ADD、减法用 SUB、传送用 MOV 等。例如,Intel 8086 CPU 中的 SUB 指令的各种形式如表 4.1 所示。

表 4.1 SUB 指令

机器指令(二进制)	十六进制	汇编指令	功　能
01001011	4BH	DEC BX	将寄存器 BX 的内容减 1

在表 4.1 所示的汇编指令中,DEC 是指令助记符,BX 是操作数。这样用助记符和操作数来表示的指令直观、方便,又好理解。这些符号化的指令使得书写程序和修改程序变得简单方便了,但计算机不能直接识别和执行,因此在把它交付给计算机执行之前,必须通过**汇编程序**翻译成计算机能够识别的机器指令。汇编指令与机器指令是一一对应的。为便于学习和理解,本书中引用的例子全部使用汇编语言指令形式书写。

4.1.2 指令格式

机器指令通常由操作码(Operation)字段和操作数(Operand)字段组成,如图 4.1 所示。

操作码	操作数	…	操作数

图 4.1　指令格式

操作码部分规定指令所执行的操作；**操作数**部分也称为**地址码**,这部分可能直接给出参与运算的操作数,也可能是描述操作数地址的信息。

一个指令字中包含二进制代码的位数,称为**指令字长度**,而机器字长是指计算机能直接处理的二进制数据的位数,它决定了计算机的运算精度。指令字长度等于机器字长的指令,称为**单字长指令**;指令字长度等于半个机器字长度的指令,称为**半字长指令**;指令字长度等于两个机器字长度的指令,称为双字长指令。在一个指令系统中,如果各种指令字长度是相等的,称为**等长指令字结构**;如果各种指令字长度随指令功能而异,有的指令是单字长指令,有的指令是双字长指令,就称为**变字长指令字结构**。Intel 8086 的指令采用变字长格式,指令由 1~6 字节组成:第 1 字节至少包含操作码,大多数指令的第 2 字节表示寻址方式,第 3~6 字节表示一个或两个操作数。

4.1.3　8086 汇编语言格式

Intel 8086 CPU 指令系统有 100 多条指令,每条指令最多由四部分组成:标号、操作码、操作数和注释。

8086 指令的一般格式为:

标号:操作码　操作数;注释

其中,标号和注释都是可选项。**标号**表示该指令在代码段中的偏移地址;**注释**对该指令进行说明,不参加指令的执行。

根据指令中所含操作数的个数,8086 指令可划分为双操作数指令、单操作数指令和无操作数指令。

1. 双操作数指令

大多数指令需要两个操作数,分别称为**源操作数**和**目标操作数**,指令运算结果存入目标操作数的地址中,操作数中原有数据被取代。

格式为:

操作码 DST,SRC

其中,DST 为目标操作数;SRC 为源操作数。

例如:

ADD AX,BX; 加法指令,是双操作数指令,AX + BX→AX

需要特别提出的是,8086 系统规定,对于双操作数指令,必须有一个操作数存放于寄存器中,不能两个操作数同为存储器操作数。这个规定适合于串操作指令外的所有双操作数指令。

2. 单操作数指令

指令中只给出一个操作数。有些指令只需要一个操作数，如自增指令 INC；有些指令中隐含了一个操作数，如乘法指令 MUL。指令中给出的单操作数通常作为目标操作数，运算后存放运算结果，另一操作数由指令隐含指定，在运算前提供。

格式为：

```
操作码 DST
```

例如：

```
INC AX            ;增 1 指令,是单操作数指令,AX + 1→AX
MUL
```

3. 无操作数指令

指令中不给出操作数的地址。有些指令不需要操作数，如停机指令 HLT；有些指令隐含了操作数，如标志寄存器传送指令 LAHF 和 SAHF、换码指令 XLAT。

格式为：

```
操作码
```

例如：

```
HLT               ;停机指令,是无操作数指令
XLTA
```

4.2　8086 寻址方式

程序执行过程中，程序中的指令和数据都存储在内存储器中。程序执行时，处理器首先根据指令地址访问相应的内存单元，取出指令代码，CPU 再根据指令代码中的操作数字段，取出操作数，去执行响应的操作。形成指令地址或操作数地址的方式，称为**寻址方式**。8086 CPU 的寻址分为两类，即**指令寻址方式**和**数据寻址方式**。

4.2.1　数据寻址方式

数据寻址方式就是形成操作数地址的方法。计算机中操作数的位置有以下几种情况：

（1）操作数包含在指令中。这样的数称为**立即数**，相应的寻址方式称为**立即寻址**方式。

（2）操作数在 CPU 内部的某个寄存器中。相应的寻址方式称为**寄存器寻址**方式。

（3）操作数在内存储器中，指令中给出操作数在内存储器中的地址信息。在这种情况下，需要计算操作数在内存中的物理地址才能对它进行存取操作。相应的寻址方式称为**存储器寻址**方式。

（4）操作数在 I/O 端口寄存器中。对于端口地址的不同给出方式，就形成不同的端口

寻址方式,称为 I/O 端口寻址方式。

1. 立即寻址

指令的操作数(地址码)字段直接给出操作数本身,这种寻址方式称为**立即寻址**方式,这个操作数称为**立即数**。其汇编语言格式为:

> 数字表达式

这个数字表达式的值可以是一个 8 位无符号整数,也可以是一个 16 位无符号整数。例如:

```
MOV AX,251          ; 将十进制数 251 送入寄存器 AX,251 是立即数
MOV AL,'5'          ; 将'5'的 ASCII 码送入寄存器 AL,'5' 是立即数
MOV AL,0E8H         ; 将 8 位二进制数 0E8H 送入寄存器 AL,0E8H 是立即数
MOV AX,2346H        ; 将 16 位二进制数 2346H 送入寄存器 AX,2346H 是立即数
```

立即寻址方式主要用来给寄存器或存储单元赋值,因此这种寻址方式不能用于单操作数指令;在双操作数指令中,立即数也只能用于源操作数,不能用于目标操作数。

立即寻址方式的指令寻址过程如图 4.2 所示。

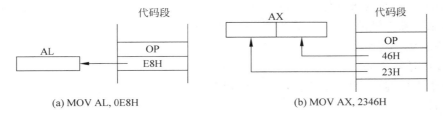

(a) MOV AL, 0E8H   (b) MOV AX, 2346H

图 4.2　MOV 指令立即寻址

由于立即寻址方式中操作数直接从指令中取得,因此指令执行速度快。

在立即寻址方式中,操作数是指令的一部分,不能修改,因此,立即寻址方式只能适用于操作数固定的情况,而很多情况下,指令所处理的数据都是在不断变化的,这就需要引入其他寻址方式。

2. 寄存器寻址

操作数在 CPU 内部的通用寄存器中,指令中指定寄存器名(机器指令中为寄存器的二进制编号),这种寻址方式称为**寄存器寻址**。其汇编语言格式为:

> 寄存器名

其中源和目的操作数可以使用以下寄存器,使用哪个寄存器取决于正在执行的指令。

(1) 16 位通用寄存器:AX、BX、CX、DX、SI、DI、BX、BP。

(2) 8 位通用寄存器:AH、AL、BH、BL、CH、CL、DH、DL。

(3) 段寄存器:CS、DS、SS、ES。

(4) FLAGS 标志寄存器。

例如：

```
MOV AX,CX                          ; 将16位寄存器CX中的内容送入寄存器AX
MOV DL,BL                          ; 将8位寄存器BL中的内容送入寄存器DL
```

其中，AX、CX、DL、BL 就是寄存器寻址方式。

寄存器寻址方式的指令寻址过程如图 4.3 所示。

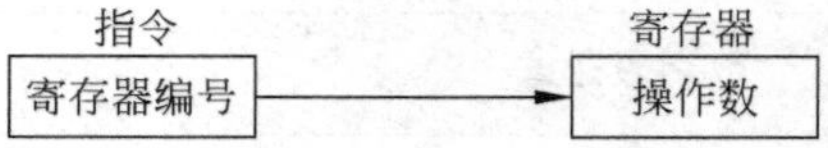

这种寻址方式的优点是：寄存器数量一般在几个到几十个，因此所需地址码较短，从而缩短了指令长度，节省了程序存储空间；另一方面，从寄存器里取数比从存储器里取数的速度快得多，从而提高了指令执行速度。

图 4.3　寄存器寻址示意图

但是，CPU 内部寄存器数量有限，因此，在程序中所需变量较多的情况下，需要将操作数存放在内存储器中。

3. 存储器寻址

当操作数存放在内存储器中时，操作数的物理地址可由逻辑地址计算出来，即物理地址＝段地址×10H＋段内偏移地址。其中段地址由段寄存器给出，而偏移地址则要从指令地址码部分计算求得，这个偏移地址称为**有效地址**（Effective Address，EA），相应地，指令地址码字段给出的地址，称为**形式地址**或**位移量**（DISP）。存储器寻址方式，就是通过形式地址计算出操作数有效地址的过程，包括直接寻址、寄存器间接寻址、寄存器相对寻址、基址加变址寻址、相对基址加变址寻址。

1）直接寻址

操作数在内存中，操作数的有效地址由指令地址码字段直接给出，这种方式称为**直接寻址方式**。即：

```
EA = DISP
```

其汇编语言格式可以表示为以下几种。

```
地址表达式
[地址表达式]
[数字表达式]
```

假设在数据段定义了一字节数组，它的首地址在数据段中的偏移地址为 1000H，用标号 TABLE 表示，则以下 3 条指令是等效的。

```
MOV AL,TABLE
MOV AL,[TABLE]
MOV AL,[1000H]
```

其中，"TABLE""[TABLE]""[1000H]"都是直接寻址方式。

以下 3 条指令也是等效的。

```
MOV AL,TABLE + 2
MOV AL,[TABLE + 2]
MOV AL,[1000H + 2]
```

直接寻址方式默认的段寄存器是 DS。当 CPU 执行含有直接寻址方式的指令时，取出指令地址码字段的值，作为操作数的偏移地址，取出 DS 寄存器的值作为操作数的段地址，从而计算出操作数的 20 位物理地址，继而访问存储器得到操作数，如图 4.4 所示。

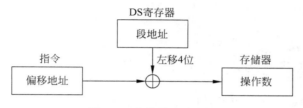

图 4.4　直接寻址示意图

假设 DS＝3000H，(31000H)＝12H，(31001H)＝34H，则指令

```
MOV AX,[1000H]                ; 物理地址 = DS×10H + 1000H = 31000H
```

寻址过程如图 4.5 所示。

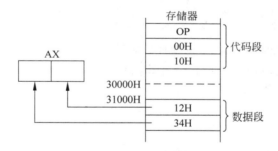

图 4.5　MOV 指令直接寻址

指令执行结束后，AX＝3412H。

如果要访问其他段中的数据，则必须在指令中用**段跨越前缀**指出段寄存器名，其汇编格式可以为以下 4 种形式之一。

```
段寄存器名:地址表达式
段寄存器名:[地址表达式]
段寄存器名:数字表达式
段寄存器名:[数字表达式]
```

例如，假设 TABLE 是在附加数据段定义的一字节数组的首地址标号，其偏移地址为 1000H，则以下 4 条指令是等效的。

```
MOV AL,ES: TABLE
MOV AL,ES: [TABLE]
MOV AL,ES: 1000H
MOV AL,ES: [1000H]
```

表示将该字节数组中的第 1 个数组元素送入 AL 寄存器中。

以下 4 条指令也是等效的。

```
MOV AL,ES: TABLE + 2
MOV AL,ES: [TABLE + 2]
MOV AL,ES: 1000H + 2
MOV AL,ES: [1000H + 2]
```

表示将该字节数组的第 3 个数组元素送入 AL 寄存器中。

直接寻址方式简单、直观，指令执行速度快，适用于处理单个变量。

2）寄存器间接寻址

当采用**寄存器间接寻址**方式时，操作数在内存中，操作数的有效地址被放在一个寄存器中，该寄存器由指令地址码字段指定，可以使用基址寄存器 BX、BP 或变址寄存器 SI、DI，即 EA＝[BX]/[BP]/[SI]/[DI]。其汇编语言格式为：

```
［基址寄存器名或变址寄存器名］
```

执行这种寻址方式的指令时，依据地址码字段的值访问指定寄存器，将其中的值作为操作数的偏移地址。根据段地址和偏移量计算操作数的 20 位物理地址，继而访问得到操作数。具体过程如图 4.6 所示。

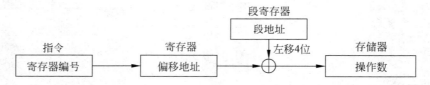

图 4.6　寄存器间接寻址示意图

如果指令中指定的寄存器是 BX、SI、DI，则操作数默认在数据段中，取 DS 寄存器的值作为操作数的段地址值；如果指令中指定的寄存器是 BP，则操作数默认在堆栈段中，取 SS 寄存器的值作为操作数的段地址值；另外，这种寻址方式也允许指定段跨越前缀来取得其他段中的数据。

例如：

```
MOV AX,[BX]             ; 物理地址 = DS × 10H + BX
MOV AL,[BP]             ; 物理地址 = SS × 10H + BP
MOV AX, ES: [DI]        ; 物理地址 = ES × 10H + DI
```

假设 DS＝3000H，BX＝1010H，(31010H)＝12H，(31011H)＝24H，则指令

```
MOV AX,[BX]          ; 物理地址 = DS × 10H + BX = 30000H + 1010H = 31010H
```

寻址过程如图 4.7 所示。

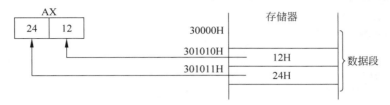

图 4.7　MOV 指令寄存器间接寻址

指令执行结束后，AX=2412H。

寄存器间接寻址方式一般用于访问表格或字符串，执行完一条指令后，通过修改 SI、DI、BX 或 BP 的内容就可以访问到表格的下一数据项的存储单元。

3）寄存器相对寻址

当采用**寄存器相对寻址**方式时，操作数在内存中，操作数的有效地址为基址或变址寄存器与一个位移量之和（或差）。其中的寄存器和位移量均在指令地址码字段指定，即 EA=[BX]/[BP]/[SI]/[DI]+DISP。其汇编指令格式可表示为以下两种形式之一。

```
位移量[基址寄存器名或变址寄存器名]
位移量 ± 基址寄存器名或变址寄存器名
```

执行寄存器相对寻址方式的指令时，依据地址码字段的编号访问指定寄存器的值，将其与位移量相加（或相减），和（或差）作为操作数的偏移地址，计算得到操作数的 20 位物理地址，继而访问到操作数。

具体过程如图 4.8 所示。

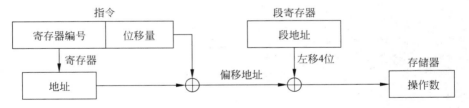

图 4.8　寄存器相对寻址示意图

如果指令中指定的寄存器是 BX、SI、DI，则操作数默认在数据段中，取 DS 寄存器的值作为操作数的段基地址；如果指令中指定的寄存器是 BP，则操作数默认在堆栈段中，取 SS 寄存器的值作为操作数的段基地址。

例如：

```
MOV AX,20H[SI]        ; 物理地址 = DS × 10H + SI + 20H(8 位位移量)
MOV CL,[BP + 2000H]   ; 物理地址 = SS × 10H + BP + 2000H(16 位位移量)
MOV AX,STR[BX]
```

假设 TABLE 是数据段中定义的一个变量名,它在数据段中的偏移地址为 0100H。若 DS=2000H,SI=00A0H,(201A0H)=12H,(201A1H)=34H,则指令

```
MOV AX,TABLE[SI]          ; 物理地址 = DS × 10H + SI = 20000H + 0100H + 00A0H = 201A0H
```

寻址过程如图 4.9 所示。

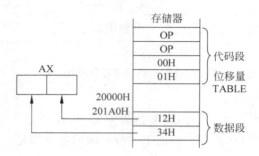

图 4.9　MOV 指令寄存器相对寻址

指令执行结束后,AX=3412H。

当然,也可用段跨越前缀重新指定段寄存器,例如:

```
MOV   AL,ES: TABLE[SI]          ; 物理地址 = ES × 10H + TABLE + SI
```

这种寻址方式可用于表格或数组数据的访问操作。使用时将表格或数组首址作为位移量,用寄存器记录下标,通过修改 SI、DI、BX 或 BP 的内容,就可以访问不同的数组元素。

4) 基址加变址寻址

当采用**基址加变址寻址**方式时,操作数在内存中,操作数的有效地址是两个指定寄存器的值之和,即 EA=[BX]/[BP]+[SI]/[DI]。其汇编语言格式可表示为以下两种形式之一。

```
[基址寄存器名][变址寄存器名]
[基址寄存器名 + 变址寄存器名]
```

例如:

```
MOV AX,[BX][SI]          ; 物理地址 = DS × 10H + BX + SI
MOV AX,[BX + SI]         ; 物理地址 = DS × 10H + BX + SI
```

其中,"[BX][SI]""[BX+SI]"都是基址加变址寻址方式。

当机器执行这种寻址方式的指令时,依据地址码字段的值访问指定基址寄存器和变址寄存器的值,将其相加之和作为操作数的有效地址。具体过程如图 4.10 所示。

例如:

```
MOV   AX,[BX][SI]
```

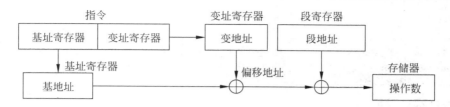

图 4.10　基址加变址寻址示意图

假设 DS＝2000H，BX＝0500H，SI＝0010H，(20510H)＝12H，(20511H)＝34H，则指令

```
MOV AX,[BX + SI]     ; 物理地址 = DS×10H + BX + SI = 20000H + 0500H + 0010H = 20510H
```

寻址过程如图 4.11 所示。

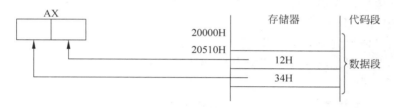

图 4.11　基址加变址寻址操作示意图

指令执行结束后，AX＝3412H。

当然，也可用段跨越前缀重新指定段寄存器，例如：

```
MOV   AL,ES:[BX][SI]          ; 物理地址 = ES×10H + BX + SI
MOV   AL,ES:[BX + SI]         ; 物理地址 = ES×10H + BX + SI
```

这种寻址方式也可用于表格或数组数据的访问。将表格或数组首地址存入基址寄存器，通过修改变址寄存器内容可访问到表格或数组的任一数据项的存储单元。由于这种寻址方式两个寄存器内容都可修改，因此它比寄存器相对寻址更灵活。

5）相对基址加变址寻址

采用**相对基址加变址寻址**方式时，操作数在存储器中，存储单元的有效地址为一个基址寄存器、一个变址寄存器的内容及指令中指定的 8 位或 16 位位移量的和，即 EA＝[BX]/[BP]＋[SI]/[DI]＋DISP。其汇编语言形式可以为以下两种形式之一。

```
位移量[基址寄存器][变址寄存器]
[基址寄存器 + 变址寄存器 + 位移量]
```

以下 3 条指令是等价的：

```
MOV AL,TABLE[BX][SI]
MOV AL,TABLE[BX + SI]
MOV AL,[TABLE + BX + SI]
```

例如：

```
MOV AX,[BX + DI + 20H]          ;物理地址 = DS × 10H + BX + DI + 20H
MOV AX,ES: 1000H[BP][SI]        ;物理地址 = ES × 10H + BP + SI + 1000H
```

4. I/O 端口寻址

在 8086 指令系统中，输入/输出指令对 I/O 端口的寻址可采用直接或间接方式。

1）I/O 直接端口寻址

端口地址以 8 位立即数方式在指令中直接给出，它所寻址的端口号范围为 0～255。

例如，指令

```
IN AL,n
```

是将 8 位立即数 n 作为端口号寻址，将该端口地址中的字节操作数输入到 AL 寄存器。

2）间接端口寻址

间接端口寻址类似于寄存器间接寻址，16 位的 I/O 端口地址在 DX 寄存器中，即通过 DX 间接寻址，故可寻址的端口号范围为 0～65535。

例如，指令

```
OUT DX, AL
```

是将 AL 的字节内容输出到由 DX 指定的端口中。

4.2.2　指令寻址方式

指令寻址方式是指确定下一条将要执行指令地址的方法，有**顺序寻址方式**和**跳转寻址方式**两种。

由于指令地址在内存中顺序安排，当执行一段程序时，通常是一条接一条地顺序进行。这种顺序执行的过程，称为指令的**顺序寻址方式**。8086 中程序指令在代码段中，由 CS 寄存器指定段地址，IP 寄存器指定偏移地址，逻辑地址 CS：IP 所形成的物理地址就是指令地址，CPU 每取一个指令字节，IP 自动＋1，实现指令的顺序寻址。

当程序执行的顺序发生转移时，指令的地址就采取**跳转寻址**方式。所谓跳转，是指将要执行的下一条指令的地址不是由当前 IP＋1 顺序给出，而是由当前正在执行的指令给出。程序跳转后，从新的指令地址开始顺序执行。因此，CS、IP 寄存器的内容也相应改变，跟踪新的指令地址。

跳转寻址方式由程序控制类指令实现，如转移指令、子程序调用指令等。程序控制类指令使程序转移到目标地址，从目标地址开始执行程序。目标地址既可以和程序控制指令在同一个逻辑段内，也可以在不同的逻辑段内。在同一个逻辑段内的转移，称为**段内转移**；在不同逻辑段的转移，称为**段间转移**。无论是段内转移还是段间转移，都有两种寻址方式：直接寻址和间接寻址。

1. 段内直接寻址

在段内直接寻址方式中，程序控制指令中直接指明了目标地址，且指令与目标地址在同一个代码段中,即只改变 IP 寄存器的值而不改变 CS 寄存器的值。其汇编格式有如下 3 种形式。

> 指令名 SHORT 目标地址标号
> 指令名 NEAR PTR 目标地址标号
> 指令名 目标地址标号

　　汇编段内直接指令寻址方式时,汇编程序计算转移目标地址标号与 IP 寄存器当前值(本条指令的下一条指令的地址)的差值,将其补码作为位移量,写入指令的地址码字段。位移量可以是一个带符号的 8 位数或 16 位数,当位移量为负时,表示向后转移;当位移量为正时,表示向前转移。在汇编格式中,如果符号地址前加 SHORT,则表示位移量被强制为 8 位,跳转范围为 $-128 \sim +127$,称为**短转移**;如果符号地址前加 NEAR PTR,则表示位移量被强制为 16 位,跳转范围为 $-32768 \sim +32767$,即允许转移到当前代码段内的任何位置,称为**近转移**;若什么都没加,默认为 16 位。

　　当执行这种寻址方式的转移指令时,机器取出位移量,与当前(IP)相加,将其和送入 IP 寄存器中,CS 寄存器内容保持不变,从而实现指令的转移,如图 4.12 所示。

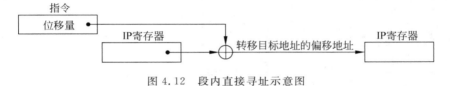

图 4.12　段内直接寻址示意图

　　在这种寻址方式中,位移量不会随程序加载到不同的内存区域而改变,不管程序加载到哪段内存区域,都能够正确转移到目标地址。因此,使用这种转移指令可实现**程序重定位**。

　　需要注意的是,条件转移指令的位移量只能是 8 位,而无条件转移指令的位移量可以是 8 位,也可以是 16 位。

2. 段间直接寻址

　　在段间直接寻址方式中,要转向的目标地址与程序控制指令处于不同的代码段,指令中直接给出目标地址,此转移地址用地址标号或数值地址表示。其汇编格式有以下两种形式。

> 指令名 FAR PTR 目标地址标号
> 指令名 段地址:段偏移地址

　　段间直接指令不仅改变 IP 寄存器的值,而且改变 CS 寄存器的值。

　　汇编这种指令寻址方式时,汇编程序将转移目标地址标号所在段的段地址及段内偏移地址值写入指令的地址码字段。

　　当执行段间直接寻址方式的转移指令时,机器取指令操作码之后的第 1 个字送入 IP 寄存器中,取操作码之后的第 2 个字送入 CS 寄存器中,从而实现转移,如图 4.13 所示。

3. 段内间接寻址

　　在段内间接寻址方式中,指令中给出的不是转移目标地址本身,而是存放目标地址的单

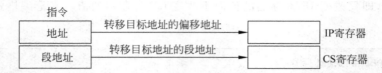

图 4.13　段间直接寻址示意图

元。由于是段内转移,指令与目标地址在同一个代码段中,存放目标地址的单元只需 16 位,用来存放目标地址的段内偏移地址,既可以是一个 16 位的寄存器,也可以是内存单元中的一个字,其寻址方式可以是除立即数外的任何一种形式。其汇编格式为:

> 指令名 16 位寄存器名
> 指令名 WORD PTR 存储器寻址方式
> 指令名 存储器寻址方式

汇编段内间接指令寻址方式时,汇编程序按格式中规定的寻址方式填写地址码字段。当执行这种寻址方式的转移指令时,机器按照指令中规定的寻址方式寻址到一个字,然后把它送入 IP 寄存器中,CS 寄存器的内容不变,从而实现转移,如图 4.14 所示。

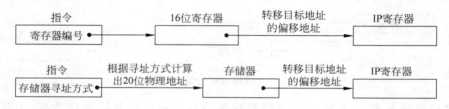

图 4.14　段内间接寻址示意图

4. 段间间接寻址

在段间间接寻址方式中,指令与转向的目标地址在不同的代码段,转移的目标地址放在存储器中,可以使用任何一种存储器寻址方式。在段间间接转移中,不仅改变 IP 寄存器的值,而且改变 CS 寄存器的值,因此存放转向地址的单元必须是一个双字类型的变量,用来分别存放转向地址的偏移地址和段地址。

其汇编格式为:

> 指令名 DWORD PTR 存储器寻址方式

汇编这种指令寻址方式时,汇编程序按格式中规定的寻址方式填写地址码字段。当执行这种寻址方式的转移指令时,机器按照指令中规定的寻址方式寻址到存储器中相继的两个字,把第 1 个字送入 IP 寄存器中,把第 2 个字送入 CS 寄存器中,从而实现转移,如图 4.15 所示。

在微机指令系统中,转移类和子程序调用类指令通常使用上述寻址方式,使程序从当前执行的位置跳转到指令寻址方式指定的位置继续运行,或者是从指定的位置调用一个子程序。

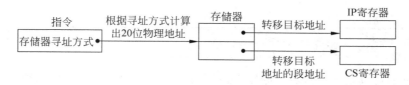

图 4.15　段间间接寻址示意图

4.3　8086 指令系统

Intel 8086 CPU 提供 133 条基本指令,按功能又可分为 7 类:数据传送指令、算术运算指令、逻辑运算指令、移位指令、串操作指令、程序控制指令和处理器控制指令。下面将分类介绍这些指令。

4.3.1　数据传送指令

数据传送指令的功能是将数据、地址或立即数传送到寄存器或存储单元中。这类指令包括通用数据传送指令、堆栈操作指令、地址传送指令、标志寄存器传送指令、数据交换指令、换码指令、输入/输出指令,如表 4.2 所示。

表 4.2　数据传送类指令

指令类别	汇编格式	功能说明
通用数据传送指令	MOV DST,SRC	DST←SRC
堆栈操作指令	PUSH SRC	SP←SP−2,(SP+1:SP)←SRC
	POP DST	DST←(SP+1:SP),SP←SP+2
地址传送指令	LEA REG,SRC	REG←SRC 的有效地址
	LDS REG,SRC	REG←SRC,DS←SRC+2
	LES REG,SRC	REG←SRC,ES←SRC+2
标志寄存器传送指令	LAHF	AH←FLAGS 低 8 位
	SAHF	FLAGS 低 8 位←AH
	PUSHF	SP←SP−2,(SP+1:SP)←FLAGS
	POPF	DST←(SP+1:SP),SP←SP+2
数据交换指令	XCHG DST,SRC	DST↔SRC
换码指令	XLAT	AL←(BX+AL)
输入/输出指令	IN DST,SRC	
	OUT DST,SRC	

1. 通用数据传送指令

通用数据传送指令 MOV 是形式最简单、用得最多的指令,它不仅可以实现 CPU 内部寄存器之间的数据传送、寄存器和内存之间的数据传送,还可以把一个立即数传送给 CPU 的内部寄存器或内存单元。

格式：

```
MOV  DST,SRC              ; DST←SRC
```

其中，DST 可以是寄存器或存储器，SRC 可以是寄存器、存储器或立即数。

说明：

① 指令中两个操作数不能同为存储器操作数。

② CS 不能作为目标操作数。

③ 段寄存器之间不能互相传送。

④ 立即数不能直接送入段寄存器。

⑤ MOV 指令不影响标志位。

下面举例说明 MOV 指令的应用。

（1）立即数传送给通用寄存器或存储器。

```
MOV AL,12H              ; 8 位数据传送,将 12H 传送到寄存器 AL 中
MOV AX,3456H            ; 16 位数据传送,将 3456H 传送到寄存器 AX 中
```

（2）通用寄存器之间相互传送。

```
MOV AX,BX              ; 16 位数据传送,将 BX 中的数据传送到寄存器 AX 中
MOV CL,BH              ; 8 位数据传送,将 BH 中的数据传送到寄存器 CL 中
```

（3）通用寄存器和存储器之间相互传送。

```
MOV AX,[BX]            ; 16 位数据传送,将 BX 指定的连续 2 字节中的数据传送到 AX 中
MOV[SI],DH            ; 8 位数据传送,将 DH 中的数据传送到由 SI 指定的内存单元中
```

其中，指令中的[BX]、[SI]为寄存器间接寻址方式，分别表示以 BX、SI 中的值为有效地址的内存单元。

（4）段寄存器与通用寄存器、存储器之间的相互传送。

```
MOV DS,AX
MOV BX,ES
MOV ES,[SI]
MOV[DI],SS
```

虽然 MOV 指令不能直接实现两个存储单元之间的数据传送，但可以借助 CPU 内部的通用寄存器，通过两条指令来完成两个存储单元之间的数据传送。

2. 堆栈操作指令

（1）堆栈。**堆栈**是由若干个连续存储单元组成的一段存储区域，按照“后进先出”或“先进后出”的原则存取信息。在微型计算机中，可以把内存储器的一个区域作为堆栈，该内存区域按照“后进先出”的原则，入栈、出栈操作只能在**栈顶**进行，由**堆栈指针**始终指向堆栈的

顶部。当有数据压入或弹出时,修改堆栈指针,以保证它始终指向当前的栈顶位置。在信息的存取过程中,栈顶是不断移动的,而堆栈区的另一端则是固定不变的,称其为**栈底**。

8086 中规定堆栈设置在堆栈段 SS 内,SP 作为堆栈指针,堆栈必须按字操作。堆栈初始化后,SP 指向堆栈中栈底+1 单元的偏移地址。例如,把内存中某段的偏移地址为 0000~00FFH 的一个存储区作为堆栈,那么堆栈指针 SP 的初始值为 0100H,如图 4.16(a)所示。

此时,若向堆栈中存入信息,则首先将 SP 内容减 2,即 SP=00FEH,然后,将 16 位信息送入 SP 所指单元。例如,将一个 16 位信息 0102H 送入堆栈后,堆栈示意图如图 4.16(b)所示。

继续向堆栈中送入 0304H、0506H、0708H 后,SP 将指向 00F8H,如图 4.16(c)所示。现在,若需从堆栈中取出信息,则首先取出的是 SP 所指向的 00F8H 单元中的信息,即0708H,并且 SP 内容加 2,使 SP 指向 00FAH,如图 4.16(d)所示。

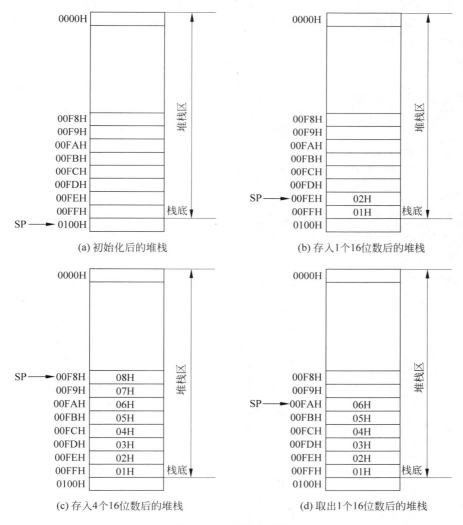

图 4.16　堆栈示意图

可见，通过堆栈指针来管理堆栈的读、写地址，保证了它的信息存取按"后进先出"的规则进行。

在程序设计中，堆栈是一种十分有用的结构。在子程序调用和中断处理过程中，需要用堆栈保存返回地址和断点地址，即当前 CS 和 IP 的值；在进入子程序和中断处理后，还需要保存通用寄存器的值；子程序和中断处理程序将要返回时，则要恢复通用寄存器的值；子程序和中断处理程序返回时，要恢复返回地址或断点地址。这些功能都要通过堆栈指令来实现。

（2）堆栈操作指令。8086 指令系统提供了专用的堆栈操作指令 PUSH 和 POP。其中，PUSH 是进栈操作指令，POP 是出栈操作指令。在程序中使用堆栈操作指令时，应预置堆栈段寄存器 SS、堆栈指针 SP 的值，使 SP 的内容为当前堆栈的栈顶。

执行进栈指令 PUSH 时，先将当前堆栈指针 SP−2→SP，然后把源操作数送至 SP 所指堆栈顶部的一个字单元（两个连续字节单元）中；出栈指令 POP 把当前 SP 指向的堆栈顶部的一个字单元（两个连续字节单元）送至指定的目标操作数，然后修改栈顶指针 SP＋2→SP，使堆栈指针指向新的栈顶。

格式：

```
PUSH SRC        ; 进栈指令,SP←SP - 2,(SP + 1: SP)←SRC
POP  DST        ; 出栈指令,DST←(SP + 1: SP),SP←SP + 2
```

其中，SRC 可以是 CPU 内部的通用寄存器、段寄存器或存储器操作数；DST 可以是 CPU 内部的通用寄存器、除 CS 之外的段寄存器或存储器操作数。

例如：

```
MOV AX,1234H
PUSH AX
```

设执行前 SS＝2000H，SP＝00FEH，指令执行过程如图 4.17 所示。执行后 SS＝2000H，(SP)＝00FCH。

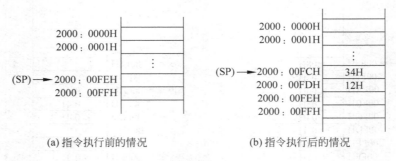

(a) 指令执行前的情况   (b) 指令执行后的情况

图 4.17 压栈操作示意图

说明：

① PUSH、POP 指令不能使用立即寻址方式，POP 指令不能使用 CS 寄存器。

② 堆栈中数据的压入、弹出必须以字为单位进行，每次 PUSH 操作栈顶向低地址移动

两字节,而每次 POP 操作栈顶向高地址移动两字节。

③ 这两条堆栈指令不影响标志位。

在程序设计时,PUSH、POP 必须配对使用,以保证 SP 指针不被破坏。这样才能保证在程序执行期间,堆栈不会发生溢出。

3. 地址传送指令

地址传送指令是一类专用于传送地址码的指令,将内存操作数的逻辑地址(段地址或偏移地址)传送至指定寄存器中,共包括 3 条指令:LEA、LDS 和 LES。

(1)取有效地址指令 LEA。取有效地址指令 LEA 把源操作数的有效地址(即 16 位的偏移地址)送入指定的寄存器中。

格式:

```
LEA REG,SRC                    ; REG←SRC 的有效地址
```

其中,目标操作数 REG 是一个 16 位的通用寄存器。

说明:

① REG 不能是段寄存器。

② 这条指令不影响标志位。

例如:

```
mov byte ptr[2345], 12
LEA BX,[2345]                  ; 将 2345 单元的偏移地址送入 BX,指令执行后,BX 中为 2345
MOV AX,[2345]                  ; 将 2345 单元的内容送入 AX,指令执行后,AX 中为 12
LEA AX,[BP + SI]               ; 指令执行后,AX 中为(BP + SI)的值
```

LEA 指令常用在初始化程序段中建立操作数的地址指针,或者用来建立串操作指令所需要的寄存器指针,使某个通用寄存器成为地址指针。

(2)取逻辑地址指令 LDS/LES。一个内存单元的逻辑地址由 4 字节组成,包括 16 位段地址和 16 位偏移地址。LDS/LES 指令根据源操作数指定的内存单元,将连续 4 字节中的数据分别送入 DS(或 ES)和指定的寄存器中。

格式:

```
LDS REG,SRC                    ; REG←SRC,DS←SRC + 2
LES REG,SRC                    ; REG←SRC,ES←SRC + 2
```

其中,目标操作数 REG 是一个 16 位的通用寄存器。

LDS 指令将源操作数 SRC 指定的 4 个连续字节中的内容作为地址,送入指定的寄存器中。其中,前两字节作为偏移地址传送到 REG 中;后两字节作为段地址传送到 DS 中。LES 与 LDS 相似,但将段地址送到 ES 中。

例如:

```
LDS BX,[1230H]
```

将地址为 1230H 和 1231H 的内存单元中的 16 位数据作为偏移地址,送入 BX 寄存器;将地址为 1232H 和 1233H 的内存单元中的 16 位数据作为段值,送入 DS 寄存器。

说明:

① LDS 和 LES 指令中的 REG 不允许是段寄存器。

② LDS 和 LES 指令均不影响标志位。

4. 标志寄存器传送指令

(1) 读取标志指令 LAHF。读取标志指令 LAHF 将标志寄存器 FLAGS 中的低 8 位传送至 AH 中。FLAGS 的低 8 位包括标志位 SF、ZF、AF、PF 和 CF,如图 4.18 所示。

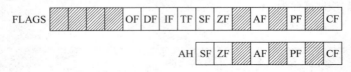

图 4.18   LAHF 指令操作格式

(2) 设置标志寄存器指令 SAHF。设置标志寄存器指令 SAHF 与 LAHF 正好相反,它把 AH 中的数据传送至标志寄存器 FLAGS 的低 8 位。SAHF 指令可能会改变 SF、ZF、AF、PF 和 CF 标志位,但不影响位于高字节的 OF、DF、IF 和 TF 标志位。

LAHF 和 SAHF 指令均是无操作数指令,隐含的操作数为 AH。

(3) 标志寄存器的进栈/出栈指令 PUSHF/POPF。

① PUSHF 是标志寄存器进栈指令。PUSHF 指令把标志寄存器(包括 9 个标志位)推入当前堆栈的顶部,同时修改堆栈指针,即 SP−2→SP。这条指令不影响标志位。

② POPF 是标志寄存器出栈指令。POPF 指令把当前堆栈指针所指的字传送给标志寄存器,同时修改堆栈指针,即 SP+2→SP。这条指令执行后,标志位的状态就取决于原来栈顶的内容。

③ PUSHF 和 POPF 指令均是无操作数指令。

5. 数据交换指令

数据交换指令 XCHG 可以把源操作数和目标操作数交换,允许在寄存器之间、寄存器和存储单元之间完成一个字或字节的交换。

格式:

```
XCHG DST,SRC              ; DST↔SRC
```

其中,DST、SRC 可以是通用寄存器或存储器。

说明:

① DST、SRC 不允许是段寄存器、立即数和 IP 寄存器。

② DST 和 SRC 中,必须有一个是寄存器寻址方式,即两个存储单元之间不能直接互换数据。

③ XCHG 指令不影响标志位。

例如:

```
XCHG BX,[BP + SI]
```

假设该指令执行前,BX=1234H,BP=0100H,SI=0020H,SS=1F00H,(1F120H)=0000H,源操作数物理地址=1F00H:0120H=1F120H,交换前源操作数为0000H,目标操作数为1234H,则指令执行后,BX=0000H,(1F120H)=1234H。

6. 换码指令

换码指令 XLAT 又称为字节翻译指令或查表指令。该指令通过查表的方式,用表格中的一个值(称为换码字节)来置换 AL 中的内容。该指令是无操作数指令,隐含了两个默认的寄存器 AL 和 BX,其有效地址 EA=BX+AL,执行的操作是 AL←[BX+AL]。

使用换码指令之前,应先建立代码转换表,并设置寄存器 BX、AL 的值,具体步骤如下:

(1) 在数据段建立代码转换表,并将该表首地址的偏移地址存入 BX 寄存器。

(2) 将待转换的数据在表中对应的位移量存入 AL 寄存器。

(3) 执行 XLAT 指令,将[BX+AL]内存单元中的一个字节送入 AL 中。

XLAT 往往用于代码转换,如把字符的扫描码转换为 ASCII 码,或者把十六进制数 0~F 转换为 7 段数码管显示代码。

说明:

① (AL)是一个 8 位无符号数,所以表格中最多只能存放 256 个代码。

② XLAT 指令的执行结果不影响标志位。

例如,若已将十六进制数 0~9、A~F 的 ASCII 码依次放入以 1000H 为起始地址的代码转换表中,执行以下程序段:

```
MOV BX,1000H        ; 将代码转换表首地址 1000H 送入 BX
MOV AL,4            ; 待转换的十六进制数为 4
XLAT               ; AL←[1004H]
```

XLAT 指令执行后,表中取得"4"对应的 ASCII 码 34H,替代原来 AL 中的 4。

7. 输入/输出指令

作为 I/O 端口地址和存储器分离的地址空间系统,80x86 有专门的 I/O 指令用于与端口进行通信。8086 的 I/O 指令是 IN 指令和 OUT 指令,这两条指令既可以传送字节也可以传送字,并且都有直接端口寻址和间接端口寻址两种方式。指令格式为:

```
IN DST,SRC
OUT DST,SRC
```

例如:

```
IN AL,PORT       ; AL←PORT              ; 直接端口寻址方式
IN AX,PORT       ; AX←PORT + 1,PORT
IN AL,DX         ; AL←(DX)              ; 间接端口寻址方式
IN AX,DX         ; AX←(DX + 1,DX)
OUT PORT,AL      ; PORT←AL              ; 直接端口寻址方式
```

```
OUT PORT,AX          ; PORT + 1,PORT←AX
OUT DX,AL            ; (DX)←AL                    ;间接端口寻址方式
OUT DX,AX            ; (DX + 1,DX)←AX
```

以上 IN 和 OUT 指令的前两种方式是直接端口寻址方式,端口地址 PORT 是一个 8 位的立即数,其范围为 0～255。两组指令中的后两种格式是间接端口寻址方式,端口地址在 DX 中,其范围为 0～65 535,这种方式通过对 DX 寄存器的增量可以处理几个连续端口地址的输入/输出。

需要注意的是,指令中使用的数据寄存器必须是 AL 或 AX；间接寻址的寄存器必须是 DX。

4.3.2 算术运算指令

8086 指令系统中,具有完备的加、减、乘、除运算指令,可以对二进制数和 BCD 码进行运算,参加运算的数可以是字节或字,也可以是带符号数或不带符号数。

1. 加法与减法指令

加法与减法指令的汇编格式及功能说明如表 4.3 所示。该类指令规定目标操作数可以是通用寄存器或存储器操作数,源操作数除了可以是通用寄存器或存储器操作数外,还可以是立即数。

表 4.3　加法与减法运算指令

指 令 类 别	汇 编 格 式	功 能 说 明
不带进位加法指令	ADD DST,SRC	DST←SRC＋DST
带进位加法指令	ADC DST,SRC	DST←SRC＋DST＋CF
自增指令	INC DST	DST←DST＋1
不带借位减法指令	SUB DST,SRC	DST←DST－SRC
带借位减法指令	SBB DST,SRC	DST←DST－SRC－CF
自减指令	DEC DST	DST←DST－1
取负指令	NEG DST	DST←0－DST
比较指令	CMP DST,SRC	DST－SRC 并设置标志位

（1）不带进位加法指令 ADD。不带进位加法指令 ADD 完成两个操作数求和运算,并把结果送到目标操作数中。ADD 指令的操作数都是带符号数。

格式：

```
ADD DST,SRC                  ; DST←SRC + DST
```

例如：

```
ADD AL,BL         ; AL + BL→AL
ADD AX,[BX + SI]  ;DS段中有效地址为BX+SL单元中的字,与AX寄存器中的数相加,结果存入AX中
```

ADD 指令影响 CF、OF、AF、SF、ZF 和 PF 标志位。例如：

```
MOV AL,46H              ; AL = 46H
ADD AL,0C5H             ; AL + 0C5H→AL
```

指令执行过程如下：

十六进制　　　　　　　二进制　　　　　　　　十进制

$$(AL) = \quad 4\,6 \qquad\qquad 0\,1\,0\,0\,0\,1\,1\,0 \qquad\qquad +\,7\,0$$

$$+ \qquad\quad 0\,C\,5 \quad\rightarrow\quad \underline{1\,1\,0\,0\,0\,1\,0\,1} \quad\rightarrow\quad \underline{-\,5\,9}$$

$$\overline{\qquad\quad 1\,0\,B} \qquad\qquad \boxed{1}\,0\,0\,0\,0\,1\,0\,1\,1 \qquad\qquad +\,1\,1$$

指令执行后，对标志位的影响为：

SF＝0，CF＝1，ZF＝0，AF＝0，OF＝0，PF＝0

对于 SF、AF、ZF、CF 和 PF 的设置比较容易判别。OF 是根据源操作数的符号及运算结果符号位的变化来设置的，如果参加运算的两个数符号相同，而结果符号相反，则 OF 置1，否则 OF 置0；也可以根据 1.1.3 节介绍的补码运算判断溢出方法，使用双符号法或单符号法进行判断，将两个符号位相异或，或者将最高位进位值与次高位进位值相异或，结果就是 OF 的值。

（2）带进位加法指令 ADC。带进位加法指令 ADC 与 ADD 指令类似，只是在两个操作数相加时，还要把进位标志 CF 加上去。ADC 指令的操作数都是带符号数。

格式：

```
ADC   DST,SRC              ; DST←SRC + DST + CF
```

例如：

```
ADC   AX,BX                ; AX = AX + BX + CF
```

带进位加法指令主要用来实现多字节、多精度加法，因为它能加上低位来的进位。

例如，有两个 4 字节数，分别存放在自 0100H 和 0200H 开始的存储单元中，其低位字位于低地址处。求这两个数之和，结果存放在自 0300H 开始的单元中。相应的程序段为：

```
MOV AX,[0100H]
ADD AX,[0200H]          ; 低 16 位相加
MOV[0300H],AX           ; 低 16 位之和存入 0300H,0301H 单元
MOV AX,[0100H] + 2      ; 装入高 16 位
ADC AX,[0200H] + 2      ; 高 16 位求和,考虑 16 位的进位
MOV[0300H] + 2,AX       ; 将 16 位之和存入 0302H,0303H 单元
```

ADC 指令对标志位的影响与加法指令 ADD 相同。

（3）自增指令 INC。自增指令 INC 将操作数 DST 加1，结果再送回 DST。

格式：

```
INC   DST                  ; DST←DST + 1
```

INC 指令影响 OF、AF、SF、ZF 和 PF 等标志位，但不影响进位标志 CF。

例如：

```
INC  SI                    ; 将 SI 内容加 1,结果送回 SI
```

（4）不带借位减法指令 SUB。

SUB 指令求源操作数与目标操作数之差，结果送到目标操作数中。SUB 指令的操作数都是带符号数。

格式：

```
SUB  DST,SRC               ; DST←DST－SRC
```

例如：

```
SUB AX,CX                  ; AX － CX→ AX
SUB[BX＋10H],1234H         ; 立即数与内存单元中的字相减,内容存入内存单元中
```

SUB 指令影响 CF、OF、AF、SF、ZF 和 PF 等标志位。

例如：

```
MOV DL,41H
SUB DL,5AH
```

减法指令执行过程如下。

十六进制	二进制	补码运算	十进制
4 1 H	0100 0001	0 1 0 0 0 0 0 1	6 5
－ 5 A H	－ 0101 1010	＋ 1 0 1 0 0 1 1 0	－ 9 0
		1 1 1 0 0 1 1 1	－ 2 5

指令执行后 DL＝0E7H，SF＝1，ZF＝0，CF＝1，OF＝0，AF＝1，PF＝1。

对 CF 的设置方法是：将参加运算的数看作无符号数，如果被减数小于减数，则 CF＝1，否则 CF＝0；或者对实际进行的补码加法运算过程中产生的最高位进位取反。对 AF 的设置方法与此类似。对 OF 的设置方法是：将参加运算的数看作带符号数，那么只有当相减的两个数符号相反时，才可能产生溢出。所以如果两个数符号相反，而结果与减数符号相同，则 OF＝1，否则 OF＝0；也可以使用双符号法或单符号法进行判断，将实际进行的补码加法运算过程中的最高位进位值与次高位进位值相异或，或者将两个符号位相异或，结果就是 OF 的值。

（5）带借位减法指令 SBB。带借位减法指令 SBB 与 SUB 指令类似，只是在两个操作数相减时，还要再减去借位标志 CF，结果送到目标操作数中。SBB 指令的操作数都是带符号数。

格式：

```
SBB DST,SRC            ; DST←DST − SRC − CF
```

SBB 指令对状态标志位的影响与 SUB 指令相同。它的用法与 ADC 指令相似,主要用来做多字节、多精度减法,因为它能够减去低位产生的借位。

(6) 自减指令 DEC。自减指令 DEC 将目标操作数 DST 减 1,并将结果再送回 DST。

格式:

```
DEC DST                ; DST←DST − 1
```

例如:

```
DEC[BX + SI]           ; DS 段有效地址为 BX + SI 的存储单元内容减 1
```

DEC 指令影响 OF、AF、SF、ZF 和 PF 标志位,但不影响进位标志 CF。

(7) 取负指令 NEG。取负指令 NEG 对指令中给出的操作数 DST 求相反数,再将结果送回 DST。因为对一个数取相反数相当于用 0 减去这个数,所以 NEG 指令执行的也是减法操作。

格式:

```
NEG DST                ; DST←0 − DST
```

由于计算机中的数均是以二进制补码的形式存储的,若操作数的原值为正数,那么执行 NEG 指令后,其值变为该数所对应的负数的补码;而若操作数的原值为负数(补码表示),那么执行该指令后,其值变为该数所对应的正数的补码(正数的补码是它本身)。也就是说,无论操作数 DST 是正数还是负数,执行完该指令后,都相当于对 DST 按位取反,末位加 1。因此,这条指令也称为求补指令。

例如:

```
NEG AL
```

若(AL)=03H,则 CPU 执行完该指令后,(AL)=0FDH。

NEG 指令影响 CF、OF、AF、SF、ZF 和 PF 标志位。

(8) 比较指令 CMP。比较指令 CMP 与 SUB 指令相似,也执行减法操作。与减法指令不同的是,相减的结果并不送回目标操作数,因而指令执行后,仅仅改变了标志寄存器的内容,两操作数的值保持不变。CMP 指令的操作数可以是带符号数,也可以是无符号数。

格式:

```
CMP DST,SRC            ; DST − SRC 并设置标志位
```

在比较指令执行之后,根据 ZF、CF、SF 和 OF 这 4 个标志位可以判断两数的大小。

例如，执行指令

```
CMP AX,BX
```

当 AX 和 BX 两数相等、不等，且分别为无符号数和带符号数的情况有以下几种。

① 两数相等。

若 AX＝BX，则 AX－BX＝0，即 ZF＝1。

因此，ZF＝1 是判断两数相等的充要条件。

② AX 和 BX 不等，且均为无符号数。

两数为无符号数，其运算对 SF 标志无影响。若 CF＝0，表明两数相减未产生借位，则 AX＞BX；反之，若 CF＝1，表明相减之后有借位，则 AX＜BX。

因此，对于无符号数可以根据 CF 标志来判断两数的大小。

③ AX 和 BX 不等，且为同号的带符号数。

两数符号相同，即同为正数或同为负数，则两数相减不会产生溢出，即 OF＝0。若 AX＞BX，结果为正数，则 SF＝0；若 AX＜BX，结果为负数，则 SF＝1。于是可得：

当 OF＝0 时，若 SF＝0，则 AX＞BX；若 SF＝1，则 AX＜BX。

④ AX 和 BX 不等，且为异号的带符号数。

当两数符号不同时，其中一个为正数，另一个为负数。若两数相减没有溢出，即 OF＝0，则仍可根据 SF 标志来判断两数的大小，结论与③相同。

若两数相减产生溢出，则两数相减会影响符号位。

例如，126－（－3）＝126＋3＝0111 1110＋0000 0011＝1000 0001。大减小，符号位变负。

　　　　　－126－3＝－126＋（－3）＝1000 0010＋1111 1101＝0111 1111。小减大，符号位变正。

于是可得：

当 OF＝1 时，若 SF＝1，则 AX＞BX；若 SF＝0，则 AX＜BX。

综合③、④可得出如下结论：两个带符号数相减，当 OF、SF 相同时，AX＞BX；OF、SF 相反时，AX＜BX。即当 OF⊙SF＝0 时，AX＞BX；当 OF⊙SF＝1 时，AX＜BX。

在分支程序设计中，常用 CMP 指令来产生条件，其后往往跟着一条条件转移指令，由 CMP 指令为条件转移指令提供控制转移的依据。

2. 乘法指令与除法指令

8086 提供的乘法与除法指令及其功能如表 4.4 所示。

表 4.4　乘法与除法运算指令

指 令 类 型	汇 编 格 式	功 能 说 明
带符号乘法运算指令	IMUL SRC	字节运算：AX←AL×SRC 字运算：DX：AX←AX×SRC
无符号乘法运算指令	MUL SRC	同 IMUL，但不带符号
带符号除法运算指令	IDIV SRC	字节运算：AL←AX/SRC 的商 AH←AX/SRC 的余数 字运算：AX←DX：AX/SRC 的商 DX←DX：AX/SRC 的余数
无符号除法运算指令	DIV SRC	同 IDIV，但不带符号

（1）乘法运算指令 IMUL/MUL。乘法指令 IMUL/MUL 可以完成带符号/不带符号的乘法运算。

格式：

```
MUL/IMUL SRC
```

说明：

① MUL 指令和 IMUL 指令只提供一个源操作数，可以是除立即数外的任何寻址方式，另一操作数隐含为累加器 AL 或 AX。两个 8 位数相乘结果存于 AX 中，两个 16 位数相乘结果存于 DX、AX 中，DX 存放高 16 位，AX 存放低 16 位，如图 4.19 所示。

（a）8 位乘法　　　　　　　　　　（b）16 位乘法

图 4.19　乘法指令操作示意图

② MUL 和 IMUL 指令分别用于无符号数和带符号数的相乘运算。例如，(11111111B)×(11111111B)，若看作无符号数，则使用 MUL 指令，执行的结果为 $255 \times 255 = 65\,025$；若看作带符号数，则使用 IMUL 指令，执行的结果为 $(-1) \times (-1) = 1$。

③ 对除 CF 和 OF 以外的标志位无定义（即指令执行后，标志位的状态不确定）。对于 MUL 指令，若乘积的结果高半部分为 0（字节相乘后 AH＝0，或者字相乘后 DX＝0），则 OF＝CF＝0，否则 OF＝CF＝1。对于 IMUL 指令，若乘积的结果高半部分有有效数字（不是符号扩展），则 CF＝OF＝1，否则 CF＝OF＝0。

例如，设 AL＝0FC，CL＝10H，执行"MUL CL"命令后，AX＝0FC0H，CF＝OF＝1；执行"IMUL CL"命令后，(AX)＝0FFC0H，CF＝OF＝0。

（2）除法运算指令。同乘法运算指令一样，8086 提供了对无符号数和带符号数的除法运算指令。

① 无符号数除法指令 DIV。DIV 指令专用于对无符号数的除法，既可进行字节除法，又可进行字除法。

格式：

```
DIV SRC
```

其中，源操作数可以是寄存器或存储器操作数。DIV 指令对所有标志位均无定义。

② 带符号数除法指令 IDIV。IDIV 指令的使用格式、指令功能及对标志位的影响情况与 DIV 指令都一样。唯一区别是，IDIV 指令只用于带符号数的除法，并规定余数符号与被除数符号相同。8 位和 16 位除法过程如图 4.20 所示。

除法指令执行后，若商超出了表示范围，即字节除法超出了 AL 范围，字除法超出了

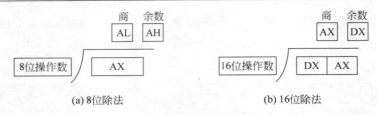

图 4.20　除法指令操作示意图

AX 范围,就会引起 0 类型中断,在 0 类型中断处理程序中,对溢出进行处理。

3. 符号扩展指令

在算术运算中,有时会遇到两个长度不等的数进行加、减运算,此时,应将长度短的数的位数扩展,使两数的长度一致,只有这样,才能保证参加运算的两个操作数的类型是一致的。对于无符号数来说,只要将其高位补"0"就可以;对于带符号数来说,当被扩展数是正数时高位应补"0",为负数时高位应补"1"。

8086 CPU 提供两条符号扩展指令 CBW 和 CWD,它们都是无操作数指令,并且不影响标志位。对于不带符号数,符号扩展指令直接将 AH 或 DX 清零;而对于带符号数,经过扩展以后,数的大小不变,仅将符号位扩展。

(1) 字节扩展指令 CBW。

将 AL 中的符号位扩展到 AH 中,将一个字节扩展成一个字。

如果 AL 的最高位是 0,则扩展以后 AH=0;如果 AL 的最高位是 1,则扩展以后 AH=0FFH。

(2) 字扩展指令 CWD。

将 AX 中的符号位扩展到 DX 中,将一个字扩展成双字。

如果 AX 的最高位是 0,则扩展以后 DX=0;如果 AX 的最高位是 1,则扩展以后 DX=0FFFFH。

4. 十进制算术运算指令

在实际应用中,人们习惯使用十进制数,需要计算机处理的原始数据大部分是十进制数据。人们希望计算机能够接收这些十进制数,并将处理结果以十进制形式输出。在 1.1.4 节中,大家已经知道,在计算机中,可以通过 BCD 码表示十进制数。8086 CPU 实现十进制运算的方法是仍然将这些十进制数(BCD 码)看作二进制数,使用二进制加、减、乘、除指令进行运算,不过在运算之后(或之前)用调整指令进行调整,从而得到十进制(BCD 码)的结果。因此,8086 提供了 6 条 BCD 码调整指令:DAA、DAS、AAA、AAS、AAM、AAD,如表 4.5 所示,它们都是无操作数指令。

表 4.5　BCD 调整指令

汇编格式	功能说明	汇编格式	功能说明
DAA	压缩 BCD 码加法调整指令	AAS	非压缩 BCD 码减法调整指令
DAS	压缩 BCD 码减法调整指令	AAM	非压缩 BCD 码乘法调整指令
AAA	非压缩 BCD 码加法调整指令	AAD	非压缩 BCD 码除法调整指令

下面以加法运算为例,介绍 BCD 码调整指令的原理。例如,十进制运算 9+4=13,当操作数"9"和"4"用非压缩的 BCD 码表示时,若按二进制加法规则进行运算,则结果为:

$$
\begin{array}{r}
0\,0001001 \\
+\ \ \ 00000100 \\
\hline
0\,0001101 \quad\text{（0DH）}
\end{array}
$$

结果不符合十进制要求,原因就在于 BCD 码将 4 位二进制码看作一个整体,表示一位十进制,按十进制运算规则应是逢 10 进 1,运算结果＞9 就应该产生向更高位的进位;而这 4 位二进制数在计算过程中仍然遵循二进制的运算规则,它们向更高位进位的规则是逢 16 进 1,所以,虽然结果＞9,却没有产生进位。因此需要对运算结果进行调整,方法就是给运算结果再加 06H,迫使它产生进位。结果为:

$$
\begin{array}{r}
0\,0001101 \\
+\ \ \ 00000110 \quad\text{（＋6 校正）}\\
\hline
0\,0010011 \quad\text{（13）结果正确}
\end{array}
$$

显然,当运算结果≤9,则不用加 06H 进行调整。

同理,对于压缩 BCD 码,应分别对高位部分和低位部分进行调整。

例如,51＋72＝123,高位相加＞9,按二进制运算后,应加 60H 调整。

(1) 压缩 BCD 码调整指令。

① 加法调整指令 DAA。DAA 指令要求执行前,必须执行 ADD 或 ADC 加法指令,将两个压缩 BCD 码相加的结果存入 AL 寄存器中。

调整方法:若 AL 低 4 位＞9 或 AF＝1,则 AL 寄存器内容加 06H,且将 AF 置 1;若 AL 高 4 位＞9 或 CF＝1,则 AL 寄存器内容加 60H,且将 CF 置 1。

影响的标志位:AF、CF、PF、SF、ZF,对 OF 无定义。

例如:

```
MOV  AL,28H      ; AL←28
ADD  AL,38H      ; AL←AL + 38,AL = 60H,CF = 0,AF = 1
DAA              ; 因 AF = 1,做加 6 调整,AL = 66,AF = 1,CF = 0
```

② 减法调整指令 DAS。DAS 指令要求执行前,必须执行 SUB 或 SBB 指令,并将两个压缩 BCD 码相减的结果存入 AL 寄存器中。

调整方法:若 AL 低 4 位＞9 或 AF＝1,则 AL 寄存器内容减 06H,且将 AF 置 1;若 AL 高 4 位＞9 或 CF＝1,则 AL 寄存器内容减 60H,且将 CF 置 1。

影响的标志位:AF、CF、PF、SF、ZF,对 OF 无定义。

(2) 非压缩 BCD 码调整指令。

① 加法调整指令 AAA。AAA 指令要求执行前,必须执行 ADD 或 ADC 加法指令,将两个非压缩 BCD 码相加,并将结果存入 AL 寄存器中。

调整方法:若 AL 低 4 位≤9,且 AF＝0,则清除 AL 高 4 位,CF←AF;若 AL 低 4 位＞9 或 AF＝1,则将 AL 寄存器内容加 6,AH 寄存器内容加 1,AF 置 1,清除 AL 高 4 位,CF←AF。

影响的标志位:AF、CF,对其他状态标志无定义。

例如,若指令执行前 AX＝0535H,BL＝39H。

```
ADD AL,BL        ; AX = 056EH,AF = 1
AAA              ; AX = 0604H,CF = AF = 1
```

② 减法调整指令 AAS。AAS 指令要求执行前,必须执行 SUB 或 SBB 指令。减法指令将两个非压缩 BCD 码相减,并将结果存入 AL 寄存器中。

调整方法:若 AL 低 4 位≤9,且 AF＝0,则清除 AL 高 4 位,CF←AF;若 AL 低 4 位＞9 或 AF＝1,则将 AL 寄存器内容减 6,AH 寄存器内容减 1,AF 置 1,清除 AL 高 4 位, CF←AF。

影响的标志位:AF、CF,对其他状态标志无定义。

③ 乘法调整指令 AAM。AAM 指令要求执行前,必须执行 MUL 乘法指令,MUL 指令将两个非压缩 BCD 码(此时要求非压缩 BCD 码高 4 位为 0)相乘,并把结果存入 AL 寄存器中。

调整方法:把 AL 中的积调整为非压缩 BCD 码形式送入 AX 寄存器中。具体为: (AL/0AH)的商→AH 寄存器;(AL/0AH)的余数→AL 寄存器。

影响的标志位:SF、ZF、PF,对 OF、AF、CF 无定义。

④ 除法调整指令 AAD。与其他调整指令不同,AAD 指令的调整工作在除法指令执行之前进行。它针对的情况是:如果被除数是存放在 AX 寄存器中的非压缩 BCD 码表示的两位十进制数,AH 中存放十位,AL 中存放个位,且它们的高 4 位都为 0,除数是非压缩 BCD 码表示的一位十进制数,且高 4 位为 0,则 AAD 指令将 AX 寄存器中的被除数调整为二进制数,并存放在 AL 寄存器中,以便能用 DIV 指令实现两个非压缩的十进制数的除法运算。

方法:AL←AH×10＋AL

　　　AH←0

影响的标志位:SF、ZF、PF,对 AF、CF、OF 无定义。

例如:

```
MOV BL,5
MOV AX,0308H
AAD                    ; AL←3×10＋8＝26H,AH←0
DIV BL                 ; 26H/05H,商＝07H→AL,余数＝03H→AH
```

4.3.3　逻辑运算指令

逻辑运算指令同前面介绍的算术运算指令的主要差别在于:按位运算,且不考虑位之间的进位和借位,以及运算结果的溢出。逻辑运算指令的格式及功能说明如表 4.6 所示。

表 4.6　逻辑运算指令

汇编格式	功能说明
AND DST,SRC	逻辑与,DST←DST∧SRC
OR　DST,SRC	逻辑或,DST←DST∨SRC
XOR DST,SRC	逻辑异或,DST←DST⊕SRC
TEST DST,SRC	逻辑测试,DST∧SRC 置各标志位
NOT DST	逻辑非,DST 中各位取反

　　表 4.6 中的指令都规定源操作数 SRC 可以是立即数、通用寄存器或存储器操作数,目标操作数 DST 可以是通用寄存器或存储器操作数,但不可以是立即数。它们都可以进行字节或字的按位逻辑运算。NOT 指令不影响标志位,其余 4 条指令都使 CF 和 OF 为 0,对 AF 无定义,按运算结果设置 SF、PF、ZF。TEST 指令与 AND 指令的运算功能完全相同,差别仅在于不将结果送回目的,而是通过逻辑与运算影响标志位。

　　例如:

```
AND AL,0FH
OR BX,[SI + 20H]
XOR[BX],AL
NOT CX
TEST AL,0FFH
```

　　在某些场合,经常要用到逻辑运算指令的位操作能力,以实现特定的功能。

　　AND 指令可以使某些位清 0,某些位不变。例如:

```
AND AL,0FH            ; 使 AL 的高 4 位清 0,低 4 位保持不变
```

　　若指令执行前 AL＝37H,则上述指令执行后 AL＝07H。

　　OR 指令可以使某些位置 1,某些位不变。例如:

```
OR AL,80H            ; 使 AL 的最高位置 1,其余位保持不变
```

　　若指令执行前 AL＝56H,则上述指令执行后 AL＝0D6H。

　　XOR 指令可以使某些位不变,某些位求反,还能对寄存器清零。例如:

```
XOR AL,0F0H          ; 使 AL 的高 4 位求反,而低 4 位不变
XOR AX,AX            ; 使 AX = 0,CF = OF = 0
```

　　若指令执行前 AL＝78H,则上述指令执行后 AL＝88H。

　　TEST 指令可以用来判断某位是否为 0 或为 1。例如,要测试 AL 寄存器内容的最低位是否为 0,只需执行指令:

```
TEST AL,01H
```

　　若执行后,ZF＝1,则表明最低位为 0,否则不为 0。如果要测试某位是否为 1,只需将操作数用 NOT 指令取反,再执行以上操作就可以了。

4.3.4　移位指令

　　移位指令包括移位指令和循环移位指令,可以实现字节或字移位,如表 4.7 所示。

表 4.7　移位指令

指令类型	指令功能	汇编格式	说　明
移位指令	算术左移/逻辑左移	SAL/SHL DST,COUNT	
	算术右移	SAR DST,COUNT	
	逻辑右移	SHR DST,COUNT	
循环移位指令	循环左移	ROL DST,COUNT	
	循环右移	ROR DST,COUNT	
	带进位的循环左移	RCL DST,COUNT	
	带进位的循环右移	RCR DST,COUNT	

其中,目标操作数 DST 可以是通用寄存器或存储器操作数,COUNT 为移位次数,如果移位次数是一次,则可以直接出现在指令中；如果移位次数大于一次,则由 CL 寄存器间接给出。

说明:

(1) 移位指令影响标志位 CF、PF、SF、ZF、OF。OF 的设置方法是: 如果移位后最高位发生了变化,则 OF=1,否则 OF=0。其余标志位根据移位后的值来确定,对 AF 无定义。

(2) 循环移位指令只影响标志位 CF 和 OF,不影响其他标志位。CF 根据移位后的值来设置,OF 的设置方法是: 如果移位前后最高位的值发生了变化,则 OF=1,否则 OF=0。

(3) SAL 指令和 SHL 指令是一条机器指令的两种汇编指令表示。

(4) 对于 SAL/SHL 指令,若目标操作数为无符号数,且移位后值小于 255(字节移位)或小于 65535(字移位),则左移一位,相当于数值乘以 2；若目标操作数是带符号数,移位后不溢出,则执行一次 SAL 指令相当于带符号数乘以 2。

(5) SAR 指令可用于用补码表示的带符号数的除 2 运算。

(6) SHR 指令可用于无符号数的除 2 运算。

例如:

```
;移位指令示例
MOV AH,3FH               ;AH←3FH
```

```
        SAL AH, 1                    ; AH = 7EH, CF = 0, OF = 0
        MOV AL, 88H                  ; AL←88H
        SAR AL, 1                    ; AL = 0C4H
        MOV CL, 2
        MOV AL, 08H
        SHR AL, CL                   ; AL = 02H
        ; 循环移位指令示例
        MOV AL, 46H
        MOV CL, 2
        ROL AL, CL                   ; AL = 19H, CF = 1, OF = 0
```

4.3.5　串操作指令

串(String)是指含有字母、数字的一系列字节或字数据,组成数据串的字节或字称为**数据串元素**。例如,字符串"abcdef"是一个字节串数据,串中每一个字符的 ASCII 码就是构成该数据串的元素。串操作是指对数据串中所有的元素进行相同功能的操作、处理,包括统计、搜索、插入、删除、替换和传送等。

为了提高对串的处理效率,8086 指令系统中专门提供了一组串操作指令,并且设计了 3 个重复前缀,极大地方便了程序设计。

串操作指令既可以按字节操作,也可以按字操作,且源串和目的串均为隐含寻址方式。所有串操作指令隐含地使用了相同的寄存器、标志位和符号,约定如下:

(1) 源串存放在数据段,地址由 DS：SI 确定;目的串存放在附加段,地址由 ES：DI 确定。

(2) 串操作指令不加重复前缀,串操作只执行一次。如果要重复执行串操作指令,就要在串操作指令前加重复前缀,并用 CX 存放重复的次数,每重复执行一次,CX 内容减 1;当 CX 内容为 0 时,串操作停止。

(3) 每条串操作指令后,SI 或 DI 的内容会自动修改,其修改方向受标志位 DF 控制。当 DF=1 时,SI 或 DI 以递减方式修正;当 DF=0 时,SI 或 DI 以递增方式修正。

由于串操作指令对源、目的串的寻址并不在指令中指出,并且指令中要根据方向标志寄存器 DF 的值来修改 SI、DI 的值,对于带重复前缀的串操作指令,还要根据 CX 的值决定串操作的重复次数,因此在执行串指令时,应做以下的准备工作或预置。

(1) 把源串的首地址/末地址送入 SI 寄存器。

(2) 把附加段中目的串的首地址/末地址送入 DI 寄存器。

(3) 将重复次数(串长度)送入 CX 寄存器。

(4) 设置方向标志 DF。无操作数指令 CLD 可使 DF=0,STD 可使 DF=1。

(5) 对于 STOS 类和 SCAS 类指令,还应给 AX/AL 预置初值。

1. 基本串操作指令

8086 提供了 5 条串操作指令,如表 4.8 所示。

表4.8　串操作指令

指令类型	汇编格式	功能说明
串传送指令	MOVSB	字节传送 [ES：DI]←[DS：SI]，SI←SI±1，DI←DI±1
	MOVSW	字传送 [ES：DI]←[DS：SI]，SI←SI±2，DI←DI±2
串比较指令	CMPSB	字节比较 [DS：DI]−[ES：SI]，SI←SI±1，DI←DI±1
	CMPSW	字比较 [DS：DI]−[ES：SI]，SI←SI±2，DI←DI±2
串搜索指令	SCASB	字节搜索 AL−[ES：DI]，设置标志位，DI←DI±1
	SCASW	字搜索 AX−[ES：DI]，设置标志位，DI←DI±2
取串指令	LODSB	字节操作 AL←[DS：SI]，SI←SI±1
	LODSW	字操作 AX←[DS：SI]，SI←SI±2
存串指令	STOSB	字节操作 [ES：DI]←AL，DI←DI±1
	STOSW	字操作 [ES：DI]←AX，DI←DI±2

（1）串传送指令 MOVSB/MOVSW。

格式：

```
MOVSB
MOVSW
```

串传送指令将 DS：SI 所指的一个字节或字传送给 ES：DI 指向的一个存储单元中，同时修改指针 SI 和 DI。指令执行后对标志位无影响。

（2）串比较指令 CMPSB/CMPSW。

格式：

```
CMPSB
CMPSW
```

串比较指令的功能是比较源串与目的串中的一个字节或字，根据比较结果设置标志位。比较方法是将源串中的字节或字减去目的串的字节或字，但不保留相减的结果，只是根据减法运算结果影响状态标志位来反映源串与目的串的大小，同时修改指向源串和目的串的地址指针 SI 和 DI。串比较指令影响的标志位有 SF、AF、CF、OF、PF、ZF。

（3）串搜索指令 SCASB/SCASW。

格式：

```
SCASB
SCASW
```

　　串搜索指令将累加器 AX/AL 的内容与目的串比较,并根据比较结果设置标志位,不改变累加器及目的串的值,同时修改指针 DI。其影响的标志位有 SF、AF、CF、OF、PF、ZF。

　　(4) 取串指令 LODSB/LODSW。

　　格式:

```
LODSB
LODSW
```

　　取串指令从 DS: SI 指示的源串中取一个字节或字送到累加器 AL/AX 中,同时修改地址指针 SI。取串指令执行后不影响标志位。

　　(5) 存串指令 STOSB/STOSW。

　　格式:

```
STOSB
STOSW
```

　　存串指令将累加器 AX/AL 的内容送至 ES: DI 所指的字或字节,同时修改地址指针 DI。指令执行后不影响标志位。

2. 重复前缀指令

　　串操作指令与普通指令相比,只是多了一个自动修改地址指针的功能,加入重复前缀才能使串操作指令重复执行,重复次数由 CX 的值决定。重复前缀有 3 种形式,它们的助记符格式及功能说明如表 4.9 所示。

表 4.9　重复前缀

汇 编 格 式	功 能 说 明
REP	当 CX≠0 时,重复执行 MOVS、STOS 和 LODS 指令,CX−1→CX
REPE/REPZ	当 CX≠0 且 ZF＝1 时,重复执行 CMPS、SCAS 指令,CX−1→CX
REPNE/REPNZ	当 CX≠0 且 ZF＝0 时,重复执行 CMPS、SCAS 指令,CX−1→CX

　　(1) 无条件重复前缀指令 REP。当 CX≠0 时,重复执行 REP 后的串操作指令,并使得 CX←CX−1,直到 CX＝0 时退出。用于 MOVS、STOS 和 LODS 类指令前。

　　格式:

```
REP
```

　　REP 与 MOVS 结合使用,可完成一串数据的传送;与 STOS 结合使用,可在内存中建立一个内容相同的串;而与 LODS 结合使用,可重复从存储器中取出数据到累加器中,累加器中保存最后一次取出的数据。

例如,将 DS 段中长度为 10H 的字符串 STR1 传送到附加段首址为 STR2 的缓冲区中,可用如下的程序段实现。

```
LEA   SI,STR1
LEA   DI,STR2
MOV   CX,10H
REP   MOVSB
```

(2) 相等重复前缀指令 REPE/REPZ。当 CX≠0 且 ZF=1 时,重复执行该指令前缀后的串操作指令,直到 CX=0 时退出。用于 CMPS 和 SCAS 类指令前。

格式:

```
REPE/REPZ
```

REPE/REPZ 与 CMPS 结合使用,可以用来判断两个串是否相同。例如,比较两个长度为 20H 的字符串 ARY1、ARY2 是否相同,如果相同,则给 BL 送 0,否则送 0FFH。可用如下的程序段实现。

```
        LEA   SI,ARY1
        LEA   DI,ARY2
        MOV   CX,20H
        CLD
        MOV   BL,0FFH
        REPE  CMPSB
        JNZ   NEQU
        MOV   BL,0
NEQU:   HLT
```

(3) REPNE/REPNZ 前缀。当 CX≠0 且 ZF=0 时,重复执行该指令前缀后的串操作指令,直到 CX=0 时退出。用于 CMPS 和 SCAS 类指令前。

格式:

```
REPNE/REPNZ 基本串指令
```

REPNE/REPNZ 与 SCAS 结合使用,可以用来在串中查找关键字。例如,查找长度为 10H 的 STRIN 字符串中是否有字符'A',如果有,则将第一次出现'A'的位置信息送给 DX 寄存器,否则 DX 置入 0FFFH。可用如下的程序段实现。

```
        LEA   DI,STRIN
        MOV   AL,'A'
        MOV   CX,10H
        MOV   DX,0FFFFH
        CLD
        REPNE SCASB
        JNZ   NFOUND
```

```
        DEC  DI
        MOV  DX,DI
NFOUND: HLT
```

4.3.6　程序控制指令

程序控制指令可以改变程序的执行顺序,引起程序的转移,执行结果不影响标志位。这类指令包括转移指令、子程序调用指令及中断指令。

1. 转移指令

转移指令包括无条件转移指令、条件转移指令和重复控制指令。

(1) 无条件转移指令 JMP。JMP 指令使程序无条件地转移到目标地址,从目标地址开始执行程序。目标地址既可以和程序控制指令在同一个代码段内,也可以在不同的代码段内。JMP 指令支持段内直接转移、段内间接转移、段间直接转移、段间间接转移 4 种指令寻址方式,如表 4.10 所示。

表 4.10　JMP 指令的 4 种方式

寻址方式	汇编格式	功能说明
段内直接转移	JMP SHORT OPR	(IP)←(IP)+8 位位移量,段内直接短转移
	JMP NEAR PTR OPR	(IP)←(IP)+16 位位移量,段内直接近转移
段内间接转移	JMP OPR1	(IP)←(EA) OPR1 为 16 位寄存器名或存储器寻址方式 EA 为由 OPR1 指定的有效地址
段间直接转移	JMP FAR PTR OPR	(IP)←目标地址的偏移地址 (CS)←目标地址的段地址
段间间接转移	JMP DWORD PTR OPR	(IP)←(EA),EA 为由 OPR 指定的有效地址 (CS)←(EA+2)

表 4.10 中,OPR 为转移的目标地址。它可以是语句的标号或语句标号加常量表达式。例如,可设置如下段间远转移指令:

```
CODE1 SEGMENT
        ⋮
      JMP FAR PTR NEXTC
        ⋮
CODE1 ENDS

CODE2 SEGMENT
        ⋮
NEXTC: ADD AL,BL
        ⋮
CODE2 ENDS
```

转移过程如图 4.21 所示。

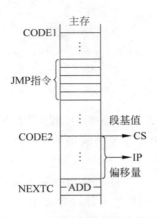

图 4.21　段间直接远转移举例

（2）条件转移指令。条件转移指令能够对一个或几个状态标志位进行测试，判定是否满足转移条件，如果条件满足，就转移到指令指出的目的地去执行指令，否则顺序执行程序。通常是根据上一条指令执行时所设置的状态标志位来形成转移与否的条件。

条件转移指令的格式及转移条件与标志位的关系如表 4.11 所示。

表 4.11　条件转移指令的格式和条件

分　类	汇编格式	条件说明
简单条件转移指令	JC OPR	CF=1，有进位/有借位转移
	JNC OPR	CF=0，无进位/无借位转移
	JS OPR	SF=1，是负数转移
	JNS OPR	SF=0，是正数转移
	JO OPR	OF=1，有溢出转移
	JNO OPR	OF=0，无溢出转移
	JZ/JE OPR	ZF=1，相等/为 0 转移
	JNZ/JNE OPR	ZF=0，不相等/不为 0 转移
	JP/JPE OPR	PF=1，有偶数个 1 转移
	JNP/JPO OPR	PF=0，有奇数个 1 转移
无符号数条件转移指令	JA/JNBE OPR	CF=0 且 ZF=0，高于/不低于或等于转移
	JAE/JNB OPR	CF=0 或 ZF=1，高于等于/不低于转移
	JB/JNAE OPR	CF=1 且 ZF=0，低于/不高于或等于转移
	JBE/JNA OPR	CF=1 或 ZF=1，低于等于/不高于转移
带符号数条件转移指令	JG/JNLE OPR	SF=OF 且 ZF=0，大于/不小于或等于转移
	JGE/JNL OPR	SF=OF 或 ZF=1，大于或等于/不小于转移
	JL/JNGE OPR	SF≠OF 且 ZF=0，小于/不大于或等于转移
	JLE/JNG OPR	SF≠OF 或 ZF=1，小于或等于/不大于转移

条件转移指令都是具有 SHORT 属性的段内相对转移，转移地址的形成是在当前至 IP的基础上再加上一个 8 位的位移量，转移范围为 −128～+127。通常在指令中直接给出目标地址所在的标号。根据控制转移判断的条件，条件转移指令大致可分为以下 3 类。

① 简单条件转移指令。根据单个标志位的状态判定转移条件,共有 10 条。

② 无符号数条件转移指令。根据无符号数比较运算的结果对标志位的影响情况进行判断并实现转移的指令。

③ 带符号数条件转移指令。8086 CPU 提供了 4 条针对带符号数比较运算结果对标志位的影响情况进行判断并实现转移的指令。

(3) 循环控制指令。

循环控制指令位于循环程序的首部或尾部,控制程序的走向,实现循环过程。循环控制指令都是具有 SHORT 属性的段内相对转移。

8086 CPU 提供 4 条循环控制指令,如表 4.12 所示。

表 4.12 循环控制指令

汇编格式	功能说明
LOOP OPR	(CX)←(CX)−1,(CX)≠0 时,转到 OPR
LOOPZ/LOOPE OPR	(CX)←(CX)−1,(CX)≠0 且 ZF=1 时,转到 OPR
LOOPNZ/LOOPNE OPR	(CX)←(CX)−1,(CX)≠0 且 ZF=0 时,转到 OPR
JCXZ OPR	(CX)=0 时转到 OPR

其中,OPR 是地址标号。这里需要说明,循环控制指令中对 CX 寄存器的修改不影响状态标志位 ZF。

LOOPE 和 LOOPZ、LOOPNE 和 LOOPNZ 是同一条机器指令的两种不同助记符,它们不仅使程序能够循环执行,还提供了提前结束循环的手段。

例如,若要在一串字符中查找第一个非空格字符,就可以使用 LOOPE/LOOPZ 指令。它控制程序段重复查找,如果字符等于空格(ZF=1),就继续查找,直到 CX=0。在查找过程中,一旦找到第一个非空格字符使 ZF=0,就立即结束循环。程序段如下:

```
        MOV  CX,L            ; CX←字符串长度
        MOV  AL,20H          ; AL←空格字符的 ASCII 码
        MOV  SI,−1           ; 设地址指针
AGAIN:  INC  SI              ; 修改地址指针
        CMP  AL,STR[SI]      ; 与字符串比较
        LOOPE  AGAIN
        JNE  YES             ; 找到非空格字符则转移
        ⋮
```

2. 子程序调用和返回

为便于模块化设计和程序共享,在程序设计时,通常将具有独立功能的部分程序段编写成**子程序**(或称为过程),供其他程序在需要时进行调用。调用子程序的程序称为**主程序**,也称父程序或调用程序。主程序在调用子程序时,将控制转移到子程序去执行,子程序执行完后,再回到主程序调用语句的下一条语句接着执行。

8086 CPU 为子程序的调用、返回提供了两条指令:CALL 指令和 RET 指令,如表 4.13 所示。

表 4.13　子程序调用与返回指令

汇编格式	功能说明	操作	
CALL NEAR PTR OPR CALL OPR	段内直接调用	$(SP) \leftarrow (SP) - 2$ $((SP)+1:(SP)) \leftarrow (IP)$ $(IP) \leftarrow (IP) + 16$ 位位移量	；修改栈顶指针 ；保护断点(IP) ；CS 不变
CALL OPR CALL WORD PTR OPR	段内间接调用	$(SP) \leftarrow (SP) - 2$ $((SP)+1:(SP)) \leftarrow (IP)$ $(IP) \leftarrow (EA)$	；修改栈顶指针 ；保护断点(IP) ；CS 不变
CALL FAR PTR OPR	段间直接调用	$(SP) \leftarrow (SP) - 2$ $((SP)+1:(SP)) \leftarrow (CS)$ $(SP) \leftarrow (SP) - 2$ $((SP)+1:(SP)) \leftarrow (IP)$ $(IP) \leftarrow OPR$ 偏移地址 $(CS) \leftarrow OPR$ 段地址	；修改栈顶指针 ；保护断点(CS) ；修改栈顶指针 ；保护断点(IP) ；修改 IP ；修改 CS
CALL DWORD PTR OPR	段间间接调用	$(SP) \leftarrow (SP) - 2$ $((SP)+1:(SP)) \leftarrow (CS)$ $(SP) \leftarrow (SP) - 2$ $((SP)+1:(SP)) \leftarrow (IP)$ $(IP) \leftarrow ((EA))$ $(CS) \leftarrow ((EA+2))$	；修改栈顶指针 ；保护断点(CS) ；修改栈顶指针 ；保护返回地址的 IP ；修改 IP ；修改 CS
RET RETF	段内/段间子程序返回		
RET n RETF n	带偏移量 n 的段内/段间子程序返回		

(1) 调用指令 CALL。CALL 指令实现对子程序的调用。CALL 指令使 CPU 暂停执行主程序,转去执行子程序。被调用的子程序执行完后,再返回到主程序中继续执行。在主程序执行调用语句时,当前的 CS、IP 指示的指令地址称为**断点**,即子程序执行结束后主程序继续执行的位置。

被调用的子程序可以和主程序在同一个代码段中,也可以在不同的代码段中,因此有**段内调用**和**段间调用**两种方式。8086 指令系统中把处于当前代码段的过程称为**近过程**,用 NEAR 表示,而把其他代码段的过程称为**远过程**,用 FAR 表示。

调用子程序时,将断点压入堆栈加以保存,然后将 CS、IP 重新赋值,指向子程序;待子程序执行完后,再从堆栈中弹出断点信息,返回主程序。CALL 指令和 RET 指令分别提供了**断点保护**和**断点恢复**的功能。段内调用不改变代码段寄存器 CS 的值,只改变指令指针 IP,所以断点只包括 IP 的值。段间调用因为在不同的代码段,既要改变代码段寄存器 CS,又要改变指令指针 IP,所以断点包括 CS 及 IP 4 字节的信息。无论是段内调用还是段间调用,都有直接和间接两种寻址方式。

① 段内直接调用。

格式:

```
CALL NEAR PTR OPR
```

其中,NEAR PTR 可以省略。OPR 为子程序名,它指出子程序的入口地址。当执行这条指令时,将当前 IP 的值加上 16 位的位移量,形成新的 IP。其中 16 位位移量为当前 IP 与子程序入口地址之间的差值,在汇编时由汇编程序计算得到。

例如:

```
CALL PROCB
```

其中,PROCB 为子程序的名称。

② 段内间接调用。

格式 1:

```
CALL OPR                    ; OPR 为 16 位寄存器名
```

格式 2:

```
CALL WORD PTR OPR           ; OPR 为存储器寻址方式
```

其中,OPR 可以是一个 16 位的寄存器,也可以是内存单元中的一个地址,其中存放了子程序入口地址。当执行这条指令时,首先根据指令中规定的寻址方式找到子程序入口地址,然后将它作为偏移地址送入 IP。表 4.13 中的 EA 为这个子程序入口地址的有效地址,即 EA 对应单元中存放的是子程序入口处的 16 位偏移地址。

例如:

```
CALL BX
CALL 20H[BX][SI]
```

③ 段间直接调用。

格式:

```
CALL FAR PTR OPR
```

其中,OPR 为过程名,代表子程序的入口地址,其寻址方式为直接寻址,即指令中直接给出子程序入口地址的段地址和偏移地址。执行这条指令时,将子程序的入口地址分别送给 CS、IP。

例如:

```
CALL FAR PTR PROCA
```

④ 段间间接调用。

格式:

```
CALL DWORD PTR OPR
```

其中,OPR 为存储器寻址方式。它指出存放子程序入口地址的首地址。这条指令执行时,首先根据指令中规定的寻址方式找到子程序入口地址的首地址,读取连续4字节单元的内容,并将前2字节内容送给IP,后2字节内容送给CS。表4.13中的EA即为这个程序入口地址的首地址。

（2）返回指令。有如下两种格式的返回指令：

```
RET/RETF                    ;段内/段间子程序返回指令
RET n/RETF n                ;带偏移量 n 的段内/段间子程序返回指令
```

返回指令从堆栈中弹出断点,恢复原来的CS和IP,返回到主程序继续往下执行。返回指令通常是子程序执行的最后一条指令。针对段内调用和段间调用,每种格式的返回指令都相应地有段内返回和段间返回。段内返回指令从栈顶弹出两字节送给IP；段间返回指令从栈顶弹出4字节分别送给IP、CS,并相应地修改SP的值。它们完成不同的功能,汇编形成不同的机器代码,但汇编指令使用的格式都是一样的。

带偏移量的返回指令中,参数 n 是一个常数或表达式。若为表达式,则计算后形成不带符号的16位位移量。带偏移量的返回指令能在断点出栈后,再将SP加上这个位移量。如果主程序在调用子程序时,需要给子程序传递一些参数,则可在转到子程序前将这些参数压入堆栈,供子程序使用。子程序返回后,这些参数不再有用,这时使用带偏移量的返回指令,可使SP指向参数入栈前的单元。

调用指令和返回指令不影响状态标志位。

3. 中断和中断返回指令

中断指令包括INT软中断指令、溢出中断指令INTO及中断返回指令IRET。有关这些指令的使用格式及指令功能等,将在后面章节中进行介绍,在此不再赘述。

4.3.7 处理器控制指令

处理器控制指令用于控制CPU的动作,包括设置或清除某些标志位,实现对CPU的管理等。

1. 标志位处理指令

标志位处理指令可以设置或清除某个指定的标志位,而不影响其他标志位。它们都是无操作数指令,指令汇编格式及功能如表4.14所示。

2. 其他处理器控制指令

其他处理器控制指令如表4.15所示,这些指令的共同特点是执行结果不影响标志位。

表 4.14 标志位处理指令

汇编格式	功 能 说 明
CLC	进位位清0指令,(CF)←0
STC	进位位置1指令,(CF)←1
CMC	进位位取反指令,(CF)←(CF)取反
CLD	方向标志清0指令,(DF)←0
STD	方向标志置1指令,(DF)←1
CLI	中断标志清0指令,(IF)←0
STI	中断标志置1指令,(IF)←1

表 4.15 其他处理器控制指令

汇编格式	功 能 说 明
HLT	暂停
WAIT	等待
LOCK	总线锁定前置
NOP	空操作
ESC DATA,SRC	外部设备换码

（1）停机指令 HLT。HLT 指令使 CPU 进入暂停状态。只有当下面 3 种情况之一发生时，CPU 才退出暂停状态。

① CPU 的复位输入端 RESET 线上有复位信号。

② 非屏蔽中断请求输入端 NMI 线上出现请求信号。

③ 可屏蔽中断输入端 INTR 线上出现请求信号且标志寄存器的中断标志 IF＝1。

（2）等待指令 WAIT。执行 WAIT 指令时，测试 CPU 的 TEST 引脚电平，决定是否进入等待状态，即 TEST 线为高电平时，CPU 就进入等待状态，且每隔 3 个时钟周期对 TEST 引脚进行一次测试，直到 TEST 引脚变为低电平，CPU 才结束等待状态。

（3）总线封锁前缀指令 LOCK。LOCK 是一条前缀指令，可放在任何指令的前面，使相应指令执行时，总线被锁定，不允许其他主设备使用总线。直至此指令执行完毕后，CPU 才响应其他设备的总线请求。

（4）空操作指令 NOP。CPU 执行 NOP 指令时不完成任何具体功能也不影响标志位，只占用机器的 3 个时钟周期。空操作指令通常用于延时程序。

（5）交权指令 ESC。ESC 指令主要用于 CPU 与外部处理器（如协处理器 8087）配合工作，指示协处理器完成外部操作码指定的功能。

格式：

```
ESC DATA,SRC
```

其中，DATA 是一个外部操作码（6 位），控制协处理器完成某种指定的操作。

4.4　例题解析

1. 指出下列指令的错误。

（1）MOV AH,BX　　　　　　　（2）MOV[SI],[BX]

（3）MOV AX,[SI][DI]　　　　　（4）MOV AX,[BX][BP]

（5）MOV[BX], ES：AX　　　　（6）MOV BYTE PTR[BX],1000

（7）MOV AX,OFFSET [SI]　　　（8）MOV CS,AX

【解析】

（1）源、目的操作数字长不一致。

（2）源、目的操作数不能同时为存储器寻址方式。

（3）基址变址方式不能有 SI 和 DI 的组合。

（4）基址变址方式不能有 BX 和 BP 的组合。

（5）在 8086 寻址方式中，AX 不能作为基址寄存器使用，而且源、目的操作数不能同时为存储器寻址方式。

（6）1000 超出一个字节能够表示的数的范围。

（7）OFFSET 只用于简单变量，应去掉。

（8）CS 不能作为目的寄存器。

2. 假设（CS）＝3000H,（DS）＝4000H,（ES）＝2000H,（SS）＝5000H,（AX）＝2060H,

(BX)＝3000H,(CX)＝5,(DX)＝0,(SI)＝2060H,(DI)＝3000H,(43000H)＝0A006H,
(23000H)＝0B116H,(33000H)＝0F802H,(25060)＝00B0H,(SP)＝0FFFEH,(CF)＝1,
(DF)＝1,请写出下列各条指令单独执行完后,有关寄存器及存储单元的内容,若影响条件
码,请给出条件码 SF、ZF、OF、CF 的值。

(1) SBB AX,BX　　　　　(2) CMP AX,WORD PTR[SI＋0FA0H]

(3) MUL BYTE PTR[BX]　　(4) AAM

(5) DIV BH　　　　　　　(6) SAR AX,CL

(7) XOR AX,0FFE7H　　　　(8) REP STOSB

(9) JMP WORD PYR[BX]　　(10) XCHG AX,ES:[BX＋SI]

【解析】

(1) (AX)＝0F05FH,(SF)＝1,(ZF)＝0,(OF)＝0,(CF)＝1。

(2) (SF)＝1,(ZF)＝0,(OF)＝1,(CF)＝1。

(3) (AX)＝0240H,(OF)＝1,(CF)＝1。

(4) (AX)＝0906H,(SF)＝0,(ZF)＝0。

(5) (AX)＝20ACH。

(6) (AX)＝0103H,(CF)＝0。

(7) (AX)＝0DF87H,(CF)＝0,(OF)＝0,(SF)＝1,(ZF)＝0。

(8) (23000H)~(23004H)＝60H,不影响标志位。

(9) (IP)＝0A006H,不影响标志位。

(10) (AX)＝00B0H,(25060)＝2060H,不影响标志位。

3. 试分析下面的程序段完成什么操作。

```
MOV    CL,04
SHL    DX,CL
MOV    BL,AH
SHL    AX,CL
SHR    BL,CL
OR     DL,BL
```

【解析】

该程序段是在做一道乘法:(DX:AX)×16,即将双字 DX:AX 左移 4 位;乘积高位送
入 DX,低位存入 AX,不计高位 DX×16 的溢出值。

4. 用其他指令完成和下列指令一样的功能。

(1) REP MOVSB　　　　(2) REP LODSB

(3) REP STOSB　　　　(4) REP SCASB

【解析】

MOVSB 把 DS:SI 指向的存储单元中的一个字节装入 ES:DI 指向的存储单元中,然后
根据 DF 标志分别增减 SI 和 DI;LODSB 把 DS:SI 指向的存储单元中的数据装入 AL,然后
根据 DF 标志增减 SI;STOSB 把 AL 中的数据装入 ES:DI 指向的存储单元,然后根据 DF
标志增减 DI;SCASB 把 AL 中的数据与 ES:DI 指向的存储单元中的数据相减,影响标志位,

然后根据 DF 标志分别增减 SI 和 DI。

REP 重复其后的串操作指令。重复前先判断 CX 是否为 0，为 0 就结束重复，否则 CX 减 1，重复其后的串操作指令。因此等价的指令序列如下：

（1）
```
LOOP1：
        MOV    AL,BYTE PTR [SI]
        MOV    ES：BYTE PTR [DI],AL
        INC    SI  （或 DEC SI）
        INC    DI  （或 DEC DI）
        LOOP   LOOP1
```

（2）
```
LOOP1：
        MOV    AL,BYTE PTR [SI]
        INC    SI  （或 DEC SI）
        LOOP   LOOP1
```

（3）
```
LOOP1：
        MOV    ES：BYTE PTR [DI],AL
        INC    DI  （或 DEC DI）
        LOOP   LOOP1
```

（4）
```
LOOP1：
        CMP    AL,ES：BYTE PTR [DI]
        JE     EXIT
        INC    DI  （或 DEC DI）
        LOOP   LOOP1
    EXIT：
```

5. 编写程序段，比较两个 5 字节的字符串 OLDS 和 NEWS，如果 OLDS 字符串与 NEWS 不同，则执行 NEW_LESS，否则顺序执行程序。

【解析】

首先取得源字符串的首地址送 SI，目标字符串的首地址送 DI，给 CX 送串的长度 5。假设地址变化的方向是增址变化，利用 CMPSB 进行串的比较，相等重复串比较，不相等则转移到 NEW_LESS。程序段为：

```
LEA     SI,OLDS
LEA     DI,NEWS
MOV     CX,5
CLD
REPZ    CMPSB
JNZ     NEW_LESS
```

6. 假定 AX 和 BX 中的内容为带符号数，CX 和 DX 中的内容为无符号数，请用比较指令和条件转移指令实现以下判断。

（1）若 DX 的值超过 CX 的值，则转去执行 EXCEED。

（2）若 BX 的值大于 AX 的值，则转去执行 EXCEED。

（3）CX 中的值为 0 吗？若是则转去执行 ZERO。

（4）BX 的值与 AX 的值相减会产生溢出吗？若溢出则转 OVERFLOW。

（5）若 BX 的值小于 AX 的值，则转去执行 EQ_SMA。

（6）若 DX 的值低于 CX 的值，则转去执行 EQ_SMA。

【解析】

```
（1）  CMP   DX,CX
      JA    EXCEED
（2）  CMP   BX,AX
      JG    EXCEED
（3）  CMP   CX,0
      JE    ZERO
（4）  SUB   BX,AX
      JO    OVERFLOW
（5）  CMP   BX,AX
      JL    EQ_SMA
（6）  CMP   DX,CX
      JB    EQ_SMA
```

习 题 4

1. 假定 (DS)=2000H，(ES)=2100H，(SS)=1500H，(SI)=00A0H，(BX)=0100H，(BP)=0010H，数据变量 VAL 的偏移地址为 0050H，请指出下列指令源操作数是什么寻址方式，其物理地址是多少。

（1）MOV AX,0ABH　　　　（2）MOV AX,[100H]

（3）MOV AX,VAL　　　　　（4）MOV BX,[SI]

（5）MOV AL,VAL[BX]　　　（6）MOV CL,[BX][SI]

（7）MOV VAL[SI],BX　　　（8）MOV [BP][SI],100

2. 已知 (SS)=0FFA0H，(SP)=00B0H，先执行两条把 8057H 和 0F79H 分别进栈的 PUSH 指令，再执行一条 POP 指令，试画出堆栈区和 SP 内容变化的过程示意图。（标出存储单元的地址）

3. 设有关寄存器及存储单元的内容如下：

(DS)=2000H，(BX)=0100H，(AX)=1200H，(SI)=0002H，(20100H)=12H，(20101H)=34H，(20102H)=56H，(20103H)=78H，(21200H)=2AH，(21201H)=4CH，(21202H)=0B7H，(21203H)=65H。

试说明下列各条指令单独执行后相关寄存器或存储单元的内容。

（1）MOV AX,1800H　　　　（2）MOV AX,BX

（3）MOV BX,[1200H]　　　（4）MOV DX,1100[BX]

（5）MOV [BX][SI],AL　　　（6）MOV AX,1100[BX][SI]

4. 写出实现下列计算的指令序列。（假定 X、Y、Z、W、R 都为字变量）

（1）Z=W+(Z+X)　　　　　（2）Z=W−(X+6)−(R+9)

5. 若在数据段中从字节变量 TABLE 相应的单元开始存放了 0～15 的平方值，试写出包含 XLAT 指令的指令序列查找 N(0～15)中的某个数的平方。（设 N 的值存放在 CL 中）

6. 写出实现下列计算的指令序列。(假定 X、Y、Z、W、R 都为字变量)

(1) $Z=(W \times X)/(R+6)$　　(2) $Z=((W-X)/5 \times Y) \times 2$

7. 假定(DX)＝1100100110111001B,CL＝3,CF＝1,试确定下列各条指令单独执行后 DX 的值。

(1) SHR DX,1　　　　　　　(2) SHL DL,1

(3) SAL DH,1　　　　　　　(4) SAR DX,CL

(5) ROR DX,CL　　　　　　(6) ROL DL,CL

(7) RCR DL,1　　　　　　　(8) RCL DX,CL

8. 已知程序段为:

```
MOV   AX,1234H
MOV   CL,4
ROL   AX,CL
DEC   AX
MOV   CX,4
MUL   CX
INT   20H
```

试问:

(1) 每条指令执行后,AX 寄存器的内容是什么?

(2) 每条指令执行后,CF、SF 及 ZF 的值分别是什么?

(3) 程序运行结束时,AX 及 DX 寄存器的值各为多少?

9. 试分析下列程序段:

```
ADD   AX,BX
JNC   L2
SUB   AX,BX
JNC   L3
JMP   SHORTL5
```

如果 AX、BX 的内容给定如下:

　　　　AX　　　　　BX

(1) 14C6H　　　80DCH

(2) B568H　　　54B7H

问上述情况下执行后,该程序将转向何处?

第 5 章

汇编语言程序设计

　　汇编语言是计算机系统底层机器语言的符号表示形式,它用助记符代替二进制的指令代码,用标号或符号代表地址、常量或变量,克服了机器语言不容易记忆、不方便使用的缺点。汇编语言能够利用 CPU 的指令系统及相应的寻址方式,编写出占用内存少、运行速度快的程序,还能直接利用计算机硬件提供的寄存器、标志和中断,对寄存器、内存及 I/O 端口进行各种操作,是直接操作硬件的、效率最高的语言。

　　本章介绍汇编语言程序设计步骤、基本语法、伪指令语句、宏指令、系统功能调用等,并通过程序实例介绍分支、循环、子程序等常用的汇编语言结构,最后介绍汇编语言程序的上机步骤和调试程序 DEBUG 的使用方法。

5.1　汇编语言程序基本格式

5.1.1　汇编语言源程序和汇编程序

　　通过 2.1.1 节大家知道,用汇编语言编写的汇编语言源程序,计算机无法直接识别和执行,需要通过**汇编程序**翻译成**目标程序**。

　　汇编后形成的目标程序虽然是二进制代码,但还不能直接上机运行,必须经过**连接程序**连接,将库文件或其他目标文件连接到一起形成**可执行文件**后,才能送入计算机执行。汇编语言程序从建立到汇编、连接形成可执行程序的整个过程如图 5.1 所示。

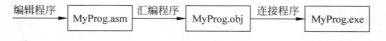

图 5.1　汇编语言程序的建立及汇编过程

　　汇编程序是较早也较成熟的一种系统软件,它的主要功能是将汇编语言源程序转换为目标程序,同时还具有以下的一些功能:检查源程序中的语法错误,并给出出错信息;进行数制转换、计算表达式;分配内存空间;展开宏指令等。目前使用的汇编程序主要是宏汇编程序(Microsoft Macro Assembler,MASM)。

5.1.2　汇编语言的特点

　　汇编语言远不如高级语言方便、实用,而且编写同样的程序,使用汇编语言比使用高级语言花费的时间更多,调试和维护更困难。既然如此,为什么还要使用汇编语言呢? 主要有两个原因:性能和对计算机的完全控制。使用汇编语言编写的程序有如下特点。

（1）执行速度快。

（2）程序短小。

（3）可以直接控制硬件。

（4）可以方便编译。

（5）辅助计算机工作者掌握计算机体系结构。

5.1.3　一般汇编语言程序的结构形式

与内存分段结构相对应，汇编语言源程序采用分段结构，一般一个完整的源程序由 3 个程序段组成，即代码段、数据段、堆栈段。每一个段都以 SEGMENT 开始，以 ENDS 结束，二者之间为语句体，整个源程序以 END 结束。汇编语言程序的一般结构形式为：

```
NAME1    SEGMENT        ; 段的起始
         语句 1         ;    ⎫
         语句 2         ;    ⎬ n 条语句序列构成的语句体
         ⋮                   ⎭
         语句 n         ;
NAME1    ENDS           ; 段的结束
NAME2    SEGMENT        ; 段的起始
         语句 1         ;    ⎫
         语句 2         ;    ⎬ m 条语句序列构成的语句体
         ⋮                   ⎭
         语句 m         ;
NAME2    ENDS           ; 段的结束
         END            ; 源程序结束
```

每一段的语句体由语句序列组成，8086 汇编语言语句分为如下 3 类。

（1）指令语句：8086 指令系统的指令形式，与机器指令一一对应。

（2）伪指令语句：又称管理语句。在汇编语言源程序的汇编过程中起主要作用，它是对汇编程序的命令语句，一般没有相应的目标代码。

（3）宏指令语句：是宏汇编程序能识别的、预先定义的指令代码序列。一旦定义以后，宏指令就像一条指令一样，可以在源程序中被引用，其效果等同于引入一段代码序列。

每个语句最多由 4 个域组成，一般格式如下。

```
指令语句：
[标号：]　操作符　操作数　[；注释]
伪指令语句：
[名字]　伪指令符　参数　[；注释]
```

其中，标号（或名字）和注释是可选的，操作数或参数的有无及个数根据具体的指令或伪指令而异。

【例 5.1】　一个简单的程序示例。

```
DATA    SEGMENT                        ; 数据段开始
        NUM1    DB      1AH,24H        ; 定义原始数据
        NUM2    DW      0              ; 保存结果单元
DATA    ENDS                           ; 数据段结束
STACK1  SEGMENT      STACK             ; 堆栈段开始
        SKTOP   DB      40 DUP(0)      ; 定义堆栈空间
STACK1  ENDS                           ; 堆栈段结束
CODE    SEGMENT                        ; 代码段开始
        ASSUME     CS: CODE, DS: DATA  ; 段指定
        ASSUME     SS: STACK1
START:  MOV        AX,DATA             ; 初始化数据段基址
        MOV        DS,AX
        MOV        AL,NUM1             ; 取第一个数据
        ADD        AL,NUM1 + 1         ; 与第二个数据相加
        MOV        BYTE PTR NUM2,AL    ; 保存结果
        MOV        AH,4CH              ; 程序结束退出
        INT        21H
CODE    ENDS                           ; 代码段结束
        END        START               ; 源程序结束
```

以上是一个完整的汇编程序，其中涉及的语法、伪指令和系统功能调用等内容，将在下面详细介绍。

5.2　汇编语言中的数据

5.2.1　常量

常量（Constant）是指在程序运行过程中不变的量，8086 汇编语言允许的常量如下。

1. 数值常量

汇编语言中的数值常量可以是二进制、八进制、十进制或十六进制数。

（1）二进制数：由 0 和 1 组成的数字序列，以字母 B 结尾，如 00101100B。

（2）八进制数：由数字 0～7 组成的数字序列，以字母 O 或 Q 结尾，如 1777O 或 1777Q。

（3）十进制数：由 0～9 组成的数字序列，以字母 D 结尾，如 178D。一般情况下，基数默认为十进制数，因此可以省略后缀 D。

（4）十六进制数：由 0～9 及 A～F 组成的数字序列，以字母 H 结尾。这个数的第一个字符必须是 0～9，如果第一个字符是 A～F，则应在其前面加上数字 0，以避免和标示符混淆，如 0FFFFH。

2. 字符串常量

包含在单引号中的若干个字符形成字符串常量，字符串在计算机中存储的是相应字符的 ASCII 码。例如，'A' 的值是 41H，'AB' 的值是 4142H 等。

3. 符号常量

常量用符号名来代替就是符号常量。

例如：

```
COUNT EQU 3
COUNT = 3
```

定义了一个符号常量 COUNT，与数值常量 3 等价。

5.2.2　变量

变量(Variable)是存放在内存中某个存储区域中的数据,这些数据在程序运行期间随时可以修改。为了便于对变量的访问,它常常以变量名的形式出现在程序中。变量名是内存中一个数据区域的名称,即数据内存地址的符号表示,可以在数据段、附加数据段或堆栈段中定义。

1. 变量的定义

定义变量就是给变量分配存储单元,并且给这个单元赋予一个变量名。

定义变量是使用数据定义伪指令来实现的,其格式为:

[变量名] 伪指令 表达式 [,表达式 …]

(1) 这些伪指令可以把其后的数据存入指定的存储单元,并初始化数据,或者只分配存储空间而并不初始化数据。

其中,变量名字段是可有可无的,它是内存单元地址的符号表示,其作用与指令语句前的标号相同,但它的后面没有冒号。程序汇编时,将第一字节的偏移地址赋给变量名。

伪指令字段说明所定义的数据类型,常用的数据定义伪指令有以下几种。

① DB 伪指令:用来定义字节,其后的每个操作数都占有一字节(8 位)。

② DW 伪指令:用来定义字,其后的每个操作数占有一字(16 位,其低位字节在第一个字节地址中,高位字节在第二个字节地址中)。

③ DD 伪指令:用来定义双字,其后的每个操作数占有两字(32 位)。

④ DF 伪指令:用来定义 6 字节的字,其后的每个操作数占有 48 位,可存储由 16 位段地址及 32 位偏移地址组成的远地址指针。这一伪指令只能用于 386 及其后继机型中。

⑤ DQ 伪指令:用来定义 4 字,其后的每个操作数占有 4 字(64 位),可用来存放双精度浮点数。

⑥ DT 伪指令:用来定义 10 字节,其后的每个操作数占有 10 字节,形成压缩的 BCD 码。

(2) 表达式是给变量预置的初值,可以是下述情况之一。

① 数值表达式:数值允许用二进制、八进制、十进制、十六进制形式书写。

② ?:表示不预置确定的初值。

③ 字符串表达式:用引号括起来的不超过 255 个字符或其他 ASCII 码符号。DB 伪指令将按顺序为字符串中每一个字符或符号分配一字节单元,存放它们的 ASCII 编码,但除 DB 以外的数据定义伪指令只允许定义最多两个字符的字符串,且按逆序存放在低地址开始的单元。

④ 带 DUP 操作符的表达式：DUP 是定义重复数据操作符，它的使用格式为：

```
N    DUP    (EXP)
```

其中，N 为重复次数，EXP 为表达式。

例如：

```
DATA1    DB    25,25H,10011010B          ; 数值表达式
DATA2    DB    ?,?                        ; ?表达式
DATA3    DB    2 DUP(2 DUP(4),15)         ; DUP 表达式
DATA4    DB    'AB','CD'                  ; 字符串表达式
DATA5    DW    ?,?, - 32768               ; 字类型
DATA6    DD    80000000H,36H              ; 双字类型
```

上述语句汇编后的内存分配情况如图 5.2 所示。

DATA1	19H		DATA4	41H		DATA6	00H
	25H			42H			00H
	9AH			43H			00H
DATA2	?			44H			80H
	?		DATA5	?			36H
DATA3	04H			?			00H
	04H			?			00H
	0FH			?			00H
	04H			00H			
	04H			80H			
	0FH						

图 5.2　数据在内存中的分配情况

2. 变量的属性

经过定义的变量有 3 种属性：段属性、偏移属性、类型属性。

（1）段属性（SEGMENT）：变量所在段的起始地址（16 位），此值必须在一个段寄存器中。

（2）偏移属性（OFFSET）：该变量与段的起始地址之间相距的字节数。对于 16 位段，是 16 位无符号数；对于 32 位段，则是 32 位无符号数。在当前段内给出变量的偏移值等于当前地址计数器的值，当前地址计数器的值可以用 $ 来表示。

（3）类型属性（TYPE）：定义该变量的字节数，如 BYTE（DB，1 字节长）、WORD（DW，2 字节长）、DWORD（DD，4 字节长）、FWORD（DF，6 字节长）、QWORD（DQ，8 字节长）、TBYTE（DT，10 字节长）。

可以通过取值运算符 SEG、OFFSET 和 TPYE 取得变量的属性，详见 5.3 节。

3. 变量的使用

（1）变量名作为存储单元的直接地址：变量名用直接寻址时，变量的类型必须与指令的要求相符合。

例如：假设已定义字节变量 AB,字变量 AW,用变量名直接寻址形式为：

```
MOV    AH,AB
MOV    AX, AW
```

（2）用合成运算符 PTR 可以临时改变变量类型。

例如：假设已定义字节变量 AB,字变量 AW,在如下指令序列中,

```
MOV    CX, WORD PTR AB
MOV    CL, BYTE PTR AW
```

临时把 AB 变为字类型,AW 变为字节类型,但段和偏移属性不变。

（3）变量名作为相对寻址中的偏移量。

例如,假设已定义字节变量 AB,字变量 AW,在如下指令序列中：

```
MOV    AX, AB[SI]
MOV    AX, AW[ BX][ SI]
```

AB、AW 分别表示它们的偏移量而不是它们所表示的数据,常用于数组或表格操作,AB[SI]就表示 AB 数组中第 SI 个元素。

（4）变量名仅对应数据区第一个数据项。

例如：

```
WORD    DW 20 DUP( ?)
MOV    AX, WORD              ; 第一个元素送 AX
MOV    AX, WORD + 38          ; 第 20 个元素送 AX
```

5.2.3　标号

标号（Label）是某条指令所在内存单元地址的符号表示,经常在转移指令或子程序调用指令的地址码字段出现,用于表示转向的目标地址。

例如：

```
LOP1:    指令
           ⋮
         LOOP LOP1
           ⋮
         JNE NEXT
NEXT:    指令
           ⋮
```

标号在代码段中定义,后面跟着冒号,它也可以用 LABEL 或 EQU 伪操作来定义。此外,它还可以作为过程名来定义。

对于汇编程序来说,标号与变量是类似的,都是存储单元地址的符号表示。只是标号对应的存储单元中存放的是指令;而变量所对应的存储单元中存放的是数据。所以,标号也有 3 种属性:段属性、偏移属性和类型属性。

(1) 段属性:定义标号的程序段的起始地址,标号的段地址总是在 CS 寄存器中。

(2) 偏移属性:标号与所在段的段起始地址之间的字节数。对于 16 位段,是 16 位无符号数;对于 32 位段,则是 32 位无符号数。

(3) 类型属性:用来指出该标号是在本段内引用的,还是在其他段中引用的。如果是在本段内引用的,则称为 NEAR。对于 16 位段,指针长度为 2B;对于 32 位段,指针长度为 4B。若在段外引用,则称为 FAR。对于 16 位段,指针长度为 4B(段地址 2B,偏移地址 2B);对于 32 位段,指针长度为 6B(段地址 2B,偏移地址 4B)。

在同一个程序中,同样的标号或变量的定义只允许出现一次,否则汇编程序会指示出错。

5.3　运算符与表达式

8086 汇编语言定义了多种类型的运算符,运算符与操作数组成表达式,表达式经汇编后形成新的操作数。表达式分为数值表达式和地址表达式。数值表达式的运算结果是一个数;地址表达式的运算结果是一个存储单元的地址。

1. 算术运算符

算术运算符有 +(加)、-(减)、*(乘)、/(除)、MOD(取模)。

算术运算符可以用于数值表达式和地址表达式中,用于地址表达式中要注意地址表达式的物理意义。例如,同一段中的两个地址相减,其值为两个地址之间字节单元的个数;一个地址加上一个整数,其值为另一个单元的地址;一个地址减去一个整数,其值为另一个单元的地址,以上这些运算都是有意义的。而两个地址相加、相乘、相除则是没有意义的。

例如,下面的两条指令分别包含了算术表达式和地址表达式。

```
MOV AL,4 * 8 + 5              ;数值表达式
MOV SI,OFFSET BUF + 12        ;地址表达式
```

2. 逻辑运算符

逻辑运算符有 AND(与)、OR(或)、XOR(异或)、NOT(非)。

逻辑运算符只能用于数值表达式中,不能用于地址表达式中。逻辑运算符和逻辑运算指令是有区别的。逻辑运算符的功能在汇编阶段完成,而逻辑运算指令的功能在程序执行阶段完成。

在汇编阶段,以下两条指令是等价的。

```
AND AL,78H AND 0FH
AND AL,08H
```

3. 关系运算符

关系运算符有 EQ(相等)、LT(小于)、LE(小于或等于)、GT(大于)、GE(大于或等于)、NE(不等于)。

关系运算符要有两个运算对象。两个运算对象要么都是数值,要么都是同一个段内的地址。关系运算的结果为数值,当关系成立时,结果为 0FFFFH;当关系不成立时,结果为 0000H。

例如,以下两条指令的结果是等价的。

```
MOV BX,32 EQ 45
MOV BX,0
```

以下两条指令的结果也是等价的。

```
MOV BX,56 GT 30
MOV BX,0FFFFH
```

4. 取值运算符

取值运算符(又称分析运算符)可以从变量和标号中分析出它们的段地址、偏移地址、变量的类型、元素的个数和占用内存的大小等。8086 提供的取值运算符有 SEG、OFFSET、TYPE、LENGTH、SIZE。

SEG:返回变量和标号的段地址。

OFFSET:返回变量和标号在段内的地址偏移量。

TYPE:返回变量和标号的类型,用一个数字表示。TYPE 返回值与变量和标号、类型的对应关系如表 5.1 所示。

LENGTH:如果一个变量已经用重复操作符 DUP 说明其变量的个数,则 LENGTH 运算符可返回该变量所包含的数据个数。

SIZE:返回变量所占用内存的字节数。它等于 LENGTH 与 TYPE 的乘积。

表 5.1　TYPE 返回值与变量和标号、类型的对应关系

类　　型		返 回 数 值
变量	字节数据	1
	字数据	2
	双字数据	4
标号	NEAR 指令单元	−1
	FAR 指令单元	−2

例如:

```
SCORE DW 30 DUP(0)
```

定义了一个变量 SCORE,则 TYPE SCORE 为 2,LENGTH SCORE 为 30,而 SIZE SCORE 为 60。

5. 合成运算符

合成运算符也称为修改属性运算符,它能修改变量或标号原有的类型属性并赋予其新的类型。合成运算符包括 PTR 和 THIS 运算符。

（1）PTR 运算符。

格式：

```
类型 PTR 表达式
```

其中,类型可以是 BYTE、WORD、DWORD、NEAR、FAR,表达式是被修改的变量或标号。

例如,NUM 被语句

```
NUM DB   1,3,5,7
```

定义为字节类型,若要将 NUM 开始两字节的数据装入 AX,则指令：

```
MOV AX,NUM
```

是非法的,应修改为：

```
MOV AX,WORD PTR NUM
```

因为在这个指令中 WORD PTR NUM 将 NUM 一次性地修改为字型。若先用赋值语句：

```
DNUM EQU WORD PTR NUM
```

则上面的传送指令可写为：

```
MOV AX,DNUM
```

虽然上述的赋值语句重新定义了一个符号名 DNUM,但并未给 DNUM 分配新的内存,DNUM 仍指向 NUM 所指的单元,它们有相同的内存空间,即二者具有相同的段属性和偏移属性。它们的区别仅在于类型的不同,NUM 为字节型,而 DNUM 为字型。

（2）THIS 运算符。THIS 的功能与 PTR 相同,只是格式不同。THIS 语句中建立一个新的符号名并指定它有 THIS 后的类型,而新符号名指向下一语句的原符号名的内存地址。

格式：

```
新符号名 EQU THIS 类型
原符号名 类型 参数,…
```

例如,前面用 PTR 修改 NUM 类型可用下面的 THIS 语句代替:

```
DNUM EQU THIS WORD
NUM DB 1,3,5,7
```

其中,DNUM 是字型并指向 NUM 所指的内存单元,DNUM 的存取以字为单位,而 NUM 仍是字节类型。

5.4 伪 指 令

除汇编指令外,汇编语言程序的语句还可以由伪指令和宏指令组成。

伪指令是构成汇编语言源程序的一种重要语句。它不像机器指令那样是在程序运行期间执行的,而是在汇编期间由汇编程序处理的操作。伪指令在汇编期间告诉汇编程序如何为数据项分配内存空间、如何设置逻辑段、段寄存器和各逻辑段的对应关系及源程序到哪里结束等信息,以便指导汇编程序分配内存、汇编源程序、指定段寄存器。在最后形成的目标代码及可执行程序中,伪指令已经不存在。也就是说,伪指令不产生相应的机器代码。

MASM 有 60 多种伪指令,本节介绍一些常用的伪指令。不同版本的汇编程序支持不同的伪指令。

1. 符号定义伪指令

符号定义伪指令用来给一个符号重新命名,或者定义新的类型属性等。

(1) 赋值伪指令 EQU。EQU 伪指令给表达式赋予一个标识符,此后,程序中凡是用到该表达式的地方,就都可以用这个标识符来代替了。这里的表达式可以是常数、符号、数值表达式、地址表达式,甚至可以是指令助记符。

格式:

```
符号名 EQU 表达式
```

EQU 的引入提高了程序的可读性,也使其更加易于修改。例如:

```
CONSTANT   EQU   256           ; 将数 256 赋给符号名 CONSTANT
DATA       EQU   HEIGHT + 12   ; HEIGHT 为标号,将地址表达式赋给符号名 DATA
ALPHA      EQU   7
BETA       EQU   ALPHA - 2     ; 把 7 - 2 = 5 赋给符号名 BETA
B          EQU   [BP + 8]      ; 变址引用赋给符号名 B
P8         EQU   DS:[BP + 8]   ; 加段前缀的变址引用赋给符号名 P8
```

在 EQU 语句中,如果出现变量或标号,则在该语句前应该先给出它们的定义。例如,若有以下伪指令语句:

```
BETA    EQU    ALPHA - 2
```

则在该语句之前必须有 ALPHA 的定义,否则汇编程序将指示出错。

另外,EQU 语句在使用 PURGE 语句解除之前,不允许重新定义。

　　(2) 等号伪指令＝。与 EQU 相类似,等号伪指令也可以用作赋值操作。它们之间的区别是:EQU 伪指令定义的标识符是不允许重复定义的,而等号伪指令则允许重复定义。

　　例如:

```
EMP = 6
```

或

```
EMP . EQU  6
```

　　它们都可以使数 6 赋以符号名 EMP,然而不允许二者同时使用。但是

```
     ⋮
EMP = 7
     ⋮
EMP = EMP + 1
     ⋮
```

　　在程序中是允许使用的,因为等号伪指令允许重复定义。在这种情况下,在第一个语句后的指令中,EMP 的值为 7,而在第二个语句后的指令中,EMP 的值为 8。

　　(3) 类型定义伪指令 LABEL。LABEL 伪指令可以指定变量或标号所对应存储单元的类型。其中变量的类型值可以是 BYTE、WORD、DWORD,标号的类型值可以是 NEAR 和/或 AR。

　　格式:

```
变量 LABEL 类型
标号 LABEL 类型
```

　　变量或标号的段属性和偏移属性由下一条语句决定。例如:

```
DATW   LABEL WORD
DATB   DB    20 DUP(0)
```

　　这个 20 字节元素的数组被赋予两个不同类型的数组名,即 DATW 是 DATB 的别名,这两个变量具有同样段属性和偏移属性,只是类型不同,DATW 为字类型,DATB 为字节类型。换言之,同一数组定义了两种不同的类型,在接受不同数据类型访问时,可以指定相应的标号。例如:

```
MOV   AX,DATW
MOV   AL,DATB
```

如接收一个字类型数据访问时,使用 DATW,接收一个字节类型数据访问时,使用 DATB。否则会因为数据类型不匹配,编译器编译时将出现异常。

下面是 LABEL 伪指令定义标号的例子:

```
FLPT    LABEL FAR
NLPT:   MOV AX,BX
```

"MOV AX,BX"指令有两个标号,即近类型的 NLPT 和远类型的 FLPT,既可以在段内引用这条指令,也可以用标号 FLPT 实现段间引用。

(4) 解除定义伪指令 PURGE。使用 EQU 伪指令定义过的符号,若以后不再使用了,可以使用 PURGE 语句来解除定义。

格式:

```
PURGE 符号 1,符号 2,…,符号 N
```

解除符号定义后,可用 EQU 语句重新定义。例如:

```
Y1      EQU     7       ; 定义 Y1 的值为 7
PURGE   Y1              ; 解除 Y1 的定义
Y1      EQU     36      ; 重新定义 Y1 的值为 36
```

2. 数据定义伪指令

数据定义伪指令用来定义变量、为变量分配存储单元并赋初值等,这在 5.2.2 节已经进行了介绍。

3. 段定义伪指令

80x86 的内存是分段的,程序必须按段来组织和利用存储器。一个程序允许使用代码段、数据段、堆栈段和附加段 4 个段,程序的不同部分应放在确定的段中。例如,程序中可执行的代码放在代码段中,程序使用的数据放在数据段中。

段定义伪指令就是为程序的分段而设置的。

(1) 段定义伪指令 SEGMENT 和 ENDS。

格式:

```
段名   SEGMENT   [定位类型][组合类型]['类别']
  ⋮
段名   ENDS
```

其中,段名由用户自己定义;定位类型、组合类型、类别分别确定段名的属性。这三部分不是必需的,可视需要选取。

① 定位类型。定位类型用于指定段的起始地址在内存中所取的位置,它可以是 PARA、PAGE、WORD 和 BYTE 4 种类型。

PARA(节):是默认类型,表示段起始边界地址的低 4 位为 0,即段的起始地址总是 16

的倍数。

PAGE（页）：表示段起始边界地址的低 8 位为 0，即段的起始地址总是 256 的倍数。

WORD（字）：表示段从一个字边界地址开始，即段地址必须是偶数。当多个目标程序段要连接在同一个物理段时，各源程序的段首说明中选用 WORD，以节省内存。

BYTE（字节）：表示段可以从任何地址开始。

② 组合类型。组合类型用于告诉链接程序该段与其他段的链接关系。一个程序的源程序可以分为若干部分编写，每个部分中都可能有代码段、数据段等。源程序经汇编后还需链接才能成为可执行的程序，链接时需要将分散在不同部分而又有共同特征的段进行组合，如将某些代码段组合在一起构成统一的代码段等，组合类型用于确定源程序中各段的链接关系。

组合类型有 NONE、PUBLIC、COMMON、MEMORY、AT、STACK 等多种类型。例如，NONE 类型表示该段与其他段无任何关系，各自有自己的段基址，是默认的设置；PUBLIC 表示该段与其他同名、同类别段链接成一个物理段时，所有这些段有一个共同的段基地址。

③ 类别。程序在链接时只将同类别的段链接并放在一个连续的存储区构成段组，类别就是给这个段组命名的。类别可以是任何合法的名称，必须用单引号括起来，如 'CODE'、'STACK' 等。

（2）段寄存器指派伪指令 ASSUME。

段定义伪指令定义了不同的段，但它并没有说明所定义的段中，哪个是代码段、哪个是数据段、哪个是堆栈段等。ASSUME 伪指令就是用来指定程序中定义的段分别是什么段、对应哪个段寄存器，以便在执行指令时，能够正确地计算物理地址。也就是说，它明确了源程序中的逻辑段和内存中的物理段之间的对应关系。

格式：

```
ASSUME 段寄存器: 段名[,段寄存器: 段名,…]
```

其中，段名必须是由 SEGMENT 定义过的，段寄存器则是 CS、DS、SS 和 ES。由于不同的段可以彼此分离、重叠或完全重叠，因此，不同的段名既可以指派不同的段寄存器，也可以指派同一个段寄存器。应当注意，ASSUME 伪指令只是定义段名与段寄存器的对应关系，并不能将段地址装入段寄存器中。因此，DS、ES 和 SS 中的段地址还要在程序中通过 MOV 指令装入，代码段 CS 寄存器的初值由系统自动装入。程序代码为：

```
MOV AX,DATA
MOV DS,AX
```

4. 过程定义伪指令（PROC 和 ENDP）

过程也称为**子程序**，它是实现程序模块化设计的重要方法。过程作为一个独立存在的模块，能完成特定的任务。过程定义语句可以把程序分成模块，以便编写、阅读、调试和修改和组合。过程定义语句的格式为：

```
过程名　PROC [NEAR/FAR]
　⋮
过程名　ENDP
```

过程名是过程的标识符,也是过程的入口地址,它具有段属性和偏移属性。过程名是由用户自己定义的合法的名称。过程的属性有近调用(NEAR)和远调用(FAR)。若过程和调用过程的程序在同一段内,则属于近调用,该过程具有 NEAR 属性;若二者不在同一段内,则属于远调用,它具有 FAR 属性。

在一个过程中至少应有一条 RET 指令,以使程序能够正常返回。

5. 程序标题伪指令(TITLE)

TITLE 伪指令指定一个标题,以便能在列表文件每一页的第一行打印出这个标题,放置在程序的开始处。

格式:

```
TITLE 文本
```

其中,文本是用户给出的字符串,要求长度不超过 6 个字符。

6. 地址计数器与对准伪指令

(1) 取当前地址伪指令 $。在汇编程序对源程序的汇编过程中,汇编程序使用一个地址计数器来保存当前正在被汇编的指令或数据的地址。$ 伪指令就是用来取这个当前汇编地址计数器中的值,它也被称为地址运算符、地址计数器。当编译完成后,代码中的"$"被一个实际的地址值取代了。

$用在指令中时,它表示当前指令的首地址。当开始汇编或在每一段开始时,$ 初始化为零,以后在汇编过程中,每处理一条指令,$ 就增加一个值,这个增量是该指令的字节数。

例如,指令

```
JNE $ + 6
```

的转向地址是 JNE 指令的首地址加上 6。

$用在数据段时,它表示当前变量的位置,即地址计数器的当前值。例如:

```
ARRAY DW   1,2,$ + 4,3,4,$ + 4
```

若汇编时 ARRAY 分配的偏移地址为 0074,则汇编后的存储区如图 5.3 所示。

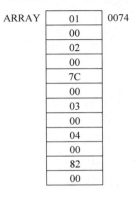

图 5.3　汇编结果

注意,ARRAY 数组中的两个($ +4)得到的结果是不同的,这是由于 $ 的值是在不断变化的。

(2)移动地址指针伪指令 ORG。伪指令 ORG 可以设置当前汇编地址计数器中的值。
格式:

```
ORG 常量表达式
```

其中,常量表达式给出了地址指针相对于当前指针的偏移量。当 ORG 指定了新的地址指针之后,其后的程序和数据就从此指针指示的起始地址开始存放。

例如,在代码段开始有语句为:

```
ORG 100H
```

则从此语句起,其后的指令或数据从当前段的 100H 处开始存放。

ORG 也可以指定数据的地址,例如:

```
VECTORS SEGMENT
    ORG 10
VECT1   DW 47A5H
    ORG 20
VECT2   DW 0C596H
VECTORS ENDS
```

VECT1 的偏移地址值为 0AH,而 VECT2 的偏移地址值为 14H。

在 ORG 语句中若使用含有 $ 的表达式,例如:

```
ORG $ + 8
```

表示地址指针从当前地址跳过 8 字节,即建立了一个 8 字节的未初始化的数据缓冲区。若程序中需要访问该缓冲区,则可用 LABEL 伪指令来定义该缓冲区。

```
BUFFER LABEL BYTE
ORG $ + 8
```

其功能和

```
BUFFER DB 8   DUP(?)
```

是一样的。

(3)EVEN 伪指令。EVEN 伪指令使下一个变量或指令开始于偶数字节地址。一个字的地址最好从偶地址开始。对于字数组,为保证其从偶地址开始,可以在其前用 EVEN 伪指令。例如:

```
DATA_SEGMENT
    ⋮
        EVEN
    WORD_ARRAY    DW    100DUP(?)
    ⋮
DATA_SEGENDS
```

（4）ALIGN 伪指令。ALIGN 伪指令使下一个变量或指令开始于指定的位置。
格式：

```
ALIGN   BOUNDARY
```

其中，BOUNDARY 必须是 2 的幂。

例如，为保证双字数组边界从 4 的倍数开始，则可以使用如下语句。

```
.DATA
    ⋮
ALIGN  4
ARRAY DB 100 DUP(?)
    ⋮
```

显然，"ALIGN 4"可以保证下一个数据和指令是从偶地址开始，其功能和"EVEN"是等价的。

7. 基数控制伪指令（.RADIX）

汇编程序默认的数为十进制数，.RADIX 伪指令可以把默认的基数改变为 2～16 的任何基数。其格式为：

```
.RADIX   表达式
```

其中，表达式用来表示基数值（用十进制数表示）。

例如：

```
MOV BX,0FFH
MOV BX,178
```

与

```
.RADIX 16
MOV BX,OFF
MOV BX,178D
```

是等价的。

在用.RADIX 16 把基数定为十六进制后，十进制数后面都应跟字母 D。在这种情况下,如果某个十六进制数的末字符为 D,则其后应跟字母 H,以免与十进制数发生混淆。

5.5　系统功能调用

为了减少程序设计的复杂度,微机系统提供了一些**系统功能子程序**,用户通过调用这些系统功能子程序,可以方便地实现对底层硬件接口的操作,从而提高汇编语言源程序的设计效率。

微机系统提供两组功能程序:一组固化在基本 I/O 系统 BIOS(Basic Input and Output System)内;另一组在 DOS(Disk Operating System)系统内。这些功能程序其实是由几十个内部子程序组成的,它们能完成对 I/O 设备、文件、作业、目录等的管理和操作。程序员不必了解所使用设备的物理特性、接口方式及内存分配等,不必编写烦琐的控制程序,在程序需要的地方,可直接调用,实现相应功能。

使用这些系统功能子程序编写的程序简单、清晰,可读性好,而且代码紧凑,调试方便。

5.5.1　系统功能调用方法

为了调用这些功能子程序,操作系统提供了一个调用接口,通过软中断指令来实现。
格式:

```
INT n
```

其中,n 是中断类型码。当 $n=5\sim1FH$ 时,调用 BIOS 中的服务程序,称为**系统中断调用**;当 $n=20\sim3FH$ 时,调用 DOS 中的服务程序,称为**功能调用**。每一个不同的中断类型码,又包含若干个子功能。为区分这些子功能,系统给每一个子功能一个功能号,要求在调用前将这个功能号送入 AH 寄存器。对于需要使用入口参数的功能调用,还要事先设置入口参数。它们的调用方法如下。

(1) 送功能号给 AH 或 AX 寄存器。

(2) 设置入口参数。

(3) INT n。

每执行一条软中断指令,就调用一个相应的中断服务程序。

5.5.2　BIOS 调用

BIOS 是固化在 ROM 中的一组 I/O 服务程序,除系统测试程序、初始化引导程序及部分中断矢量装入程序外,还为用户提供了常用设备的输入/输出程序,如键盘输入、打印机及显示器输出等。表 5.2 所示为部分常用的 BIOS 功能调用的简要说明。

表 5.2　部分常用的 BIOS 功能调用

软中断指令	功　　能	软中断指令	功　　能
INT 00H	除法出错	INT 0DH	硬盘中断
INT 01H	单步中断	INT 0EH	软盘中断
INT 02H	非屏蔽中断	INT 10H	显示器中断

软中断指令	功　　能	软中断指令	功　　能
INT 03H	断点中断	INT 12H	内存大小检查
INT 04H	溢出中断	INT 15H	盒式磁带机 I/O
INT 09H	键盘中断	INT 16H	键盘输入
INT 0BH	异步通信串行口 1 中断	INT 17H	打印机输出
INT 0CH	异步通信串行口 2 中断	INT 1AH	时钟

5.5.3　DOS 系统功能调用

DOS 系统功能调用和 BIOS 调用有些功能是类似的,相比较而言,DOS 系统功能调用还增加了许多必要的检测,因此比 BIOS 调用方便、操作简易、对硬件的依赖性少。

其中,

```
INT 21H
```

是一个具有调用多种功能服务程序的软中断指令,称为 DOS 系统功能调用。它内部又包含 80 多个子功能,大致可以分为设备管理、目录管理、文件管理和其他功能。用户可根据功能号区分调用。下面对几个常用的系统功能调用进行简单介绍。

1. 带显示的单字符键盘输入(01H 号功能)

此功能程序等待键盘输入,若有字符键按下,将输入字符的 ASCII 码送入 AL 寄存器,并在屏幕上显示。如果按下的键是 Ctrl＋C 组合键,则停止程序运行;如果按下的键是 Tab 键,则屏幕上的光标自动移至下一个制表位。

入口参数:无

出口参数:AL＝输入字符的 ASCII 码

格式:

```
MOV AH,01H
INT 21H
```

2. 输出单字符(02H 号功能)

在屏幕上显示输出 DL 寄存器中的字符。如果 DL 中是 Backspace 键编码,则光标向左移动一个位置,并使该位置显示空格;如果是其他字符,则显示该字符。

入口参数:DL＝输出字符

出口参数:无

格式:

```
MOV DL,'A'          ;A 字符的 ASCII 码置入 DL 中
MOV AH,2
INT 21H
```

3. 不带显示的单字符键盘输入（07H 号、08H 号功能）

07H 号和 08H 号与 01H 号功能类似，区别仅仅是输入的字符不在屏幕上显示。其中，07H 号功能调用对 Ctrl＋C 组合键和 Tab 键无反应。

入口参数：无

出口参数：AL＝输入字符

格式：

```
MOV   AH: 07H
INT   21H
```

或

```
MOV   AH,08H
INT   21H
```

4. 字符串输出（09H 号功能）

09H 号功能是在屏幕上显示输出字符串。它要求事先将要显示的字符串的段地址和段内偏移地址送入 DS 和 DX 寄存器，并且该字符串应以 '＄' 结尾。

入口参数：DS＝字符串所在段的段基值

　　　　　DX＝字符串的段内偏移量

出口参数：无

格式：

```
MOV   DX,字符串偏移量
MOV   AH,09H
INT   21H
```

例如：

```
STRING DB 'A EXAMPLE'0DH,0AH,'＄'
   ⋮
MOV      DX,OFFSET STRING
MOV      AH,09H
INT      21H
```

5. 字符串输入（0AH 号功能）

从键盘输入一串字符到内存缓冲区，输入的字符串以 Enter 键结束。内存缓冲区的第一个字节内容由用户设置，设置为所能接收的最大字符个数（1～255）；第二个字节预留，由系统填充实际输入的字符个数（Enter 键除外）；从第三个字节开始，存放从键盘输入的字符。若输入的字符个数大于所能接收的最大字符个数，则系统发出响铃提示，多余的字符被略去；若输入的字符个数小于所能接收的最大字符个数，则空出的位置补零。

入口参数：DS：DX＝缓冲区首址

〔DS：DX〕＝缓冲区最大字符个数

出口参数：〔DS：DX＋1〕＝实际输入的字符个数

　　　　　　〔DS：DX＋2〕单元开始存放实际输入的字符

格式：

```
MOV   DX,缓冲区偏移量
MOV   DS,缓冲区段基址
MOV   AH,0AH
INT   21H
```

例如：

```
BUFDB 30,?,30 DUP(?)
  ⋮
MOV   DX,OFFSET BUF
MOV   DS,SEG   BUF
MOV   AH,0AH
INT   21H
```

6. 返回操作系统（4CH 号功能）

4CH 号功能是将控制返回操作系统。

入口参数：AL＝返回码

出口参数：

格式：

```
MOV   AH,4CH
INT   21H
```

5.6　宏　指　令

为了简化程序的设计,可以将汇编语言源程序中多次重复使用的程序段用宏指令来代替,即**宏定义**。**宏指令**是指程序员事先定义的特定的"指令",这种"指令"是一组重复出现的程序指令块的缩写和替代。宏指令定义以后,凡在宏指令出现的位置,宏汇编程序总是自动地把它们替换为对应的程序指令块,这个引用过程称为**宏调用**。汇编程序在汇编时遇到宏调用语句时,将把宏调用语句展开,即将宏定义的代码段插入到宏调用语句的位置取而代之,这个过程称为**宏展开**。因此,宏的操作必定经过 3 个步骤：宏定义、宏调用和宏展开。

使用宏指令的优点是：简化源程序的编写,传递参数特别灵活,功能更强。

1. 宏定义

宏指令是源程序中的一段具有独立功能的程序代码。它只要在源程序中定义一次,就可以多次调用,调用时只要使用一个宏指令语句就可以了。宏指令定义由开始伪指令MACRO、宏指令体、宏指令定义结束伪指令 ENDM 组成。其格式为：

```
宏指令名    MACRO[形式参数1,形式参数2,…,形式参数N]
    ⋮          ; 宏指令体(宏体)
       ENDM
```

其中,宏指令名是宏定义为宏体程序指令块规定的名称,既可以是任一合法的名称,也可以是系统保留字(如指令助记符、伪指令运算符等),当宏指令名是某个系统保留字时,该系统保留字就被赋予新的含义,从而失去原有的意义。MACRO 语句到 ENDM 语句之间的所有汇编语句构成**宏指令体**,简称**宏体**,宏体中使用的形式参数必须在 MACRO 语句中列出。

形式参数是宏体内某些位置上可以变化的符号,可以默认,也可以有一个或多个。宏指令定义一般放在源程序的开头,以避免不应发生的错误。

宏指令必须先定义后调用。宏指令可以重新定义,也可以嵌套定义。嵌套定义是指在宏指令体内还可以再定义宏指令或调用另一宏指令。

【例 5.2】 定义一条从键盘输入一个字符的宏指令 INPUT。

```
INPUT   MACRO
     MOV   AH,01H
     INT   21H
     ENDM
```

采用宏指令语句 INPUT 编程,类似于高级语言语句。

【例 5.3】 定义一条换行宏指令 LF。

```
LF  MACRO
     MOV   DL,10
     MOV   AH,02H
     INT   21H
     ENDM
```

【例 5.4】 定义一条回车宏指令 CR。

```
CR  MACRO
     MOV   DL,13
     MOV   AH,02H
     INT   21H
     ENDM
```

2. 宏调用

宏指令一旦定义后,就可以用宏指令名来调用了,宏调用的格式为:

```
宏指令名    [实际参数1,实际参数2,…,实际参数N]
```

其中,实际参数的类型和顺序要与形式参数的类型和顺序保持一致,宏调用时将一一对应地替换宏指令体中的形式参数。宏指令调用时,实际参数的数目并不一定要和形式参数的数目一致,当实参个数多于形参的个数时,将忽略多余的实参;当实参个数少于形参个数时,多余的形参用空串代替。

【例 5.5】 定义一条 INOUT 宏指令,通过调用它,既可以输入一串字符,也可以显示一串提示字符。

宏定义:

```
INOUT   MACRO   X,Y
        MOV     AH,X          ; X 为功能号
        LEA     DX,Y          ; Y 为偏移量
        INT     21H
        ENDM
```

宏调用:

```
DATAS   SEGMENT
        INPUT  DB 'PLEASE INPUT ANY CHARACTERS: ',' $ '
        KEYBUF   DB 10,11 DUP(?),13,10,' $ '
DATAS   ENDS
CODES   SEGMENT
START:  ⋮
        INOUT   09H,INPUT      ; 宏调用,09H 号功能,显示字符串的
        LF                     ; 调用例 5.2 宏指令,换行
        CR                     ; 调用例 5.3 宏指令,回车
        INOUT   0AH,KEYBUF     ; 宏调用,0AH 号功能,接收键盘输入字符串
        INOUT   09H,KEYBUF + 2 ; 宏调用,09H 号功能,显示输入的字符串
        ⋮
CODES   ENDS
    END  START
```

3. 宏展开

宏汇编程序遇到宏定义时并不对它进行汇编,只有在程序中宏调用时,汇编程序才把对应的宏指令体调出进行汇编处理(语法检查和代码块的插入),这个过程称为**宏展开**(或**宏扩展**)。宏指令调用后,在宏指令调用处将产生用实参替换形参的宏体指令语句。

在 MASM 汇编生成列表文件(.lst)的每行中间用符号"+"作为标志,表明本行语句为宏指令展开生成的语句。例如,上述 INOUT 宏指令调用后,宏展开后的语句为:

```
+    MOV   AH,9
+    LEA   DX,INPUT
+    INT   21H
+    MOV   DL,10
+    MOV   AH,2
+    INT   21H
+    MOV   DL,13
+    MOV   AH,2
```

```
+    INT   21H
+    MOV   AH,10
+    LEA   DX,KEYBUF
+    INT   21H
+    MOV   AH,9
+    LEA   DX,KEYBUF + 2
+    INT   21H
```

这里，实际参数以整体去替换形式参数的整体（即对应符号的整体代替）。如果只希望以数值代替形式参数，则可使用特殊宏计算符号"&"和"％"。

5.7 汇编语言程序设计举例

5.7.1 程序基本结构

1966 年，Bohra 和 Jacopini 提出了以下 3 种基本结构，用这 3 种基本结构表示一个良好算法的基本单元。

1. 顺序结构

如图 5.4 所示，虚线框内是一个**顺序结构**。其中，A 和 B 两个框是顺序执行的，即在执行完 A 框所指定的操作后，必然接着执行 B 框所指定的操作。顺序结构是最简单的一种基本结构。

2. 选择结构

选择结构又称分支结构，如图 5.5 所示。虚线框内是一个选择结构，此结构中必包含一个判断框。根据给定的条件 P 是否成立而选择执行 A 框或 B 框。注意，无论 P 条件是否成立，都只能执行 A 框或 B 框之一，不可能既执行 A 框又执行 B 框。无论走哪一条路径，在执行完 A 框或 B 框之后，都经过 b 点，然后脱离本选择结构。A 框和 B 框中可以有一个是空的，即不执行任何操作。

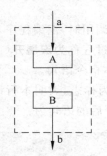

图 5.4　顺序结构图

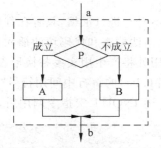
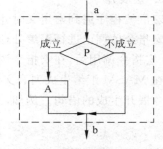

图 5.5　选择结构图

3. 循环结构

循环结构又称重复结构，即反复执行某一部分的操作。循环结构分为当型（WHILE 型）循环结构和直到型（UNTIL 型）循环结构两种。

5.7.2 顺序结构程序设计

顺序结构程序是最简单的程序,在顺序结构程序中,完全按照指令先后顺序逐条执行。这在程序段中是大量存在的,但作为完整的程序则很少见,一般作为程序的部分使用。

【例 5.6】 编程序计算。

例如:SUM$=3*(X+Y)+(Y+Z)/(Y-Z)$,其中,X、Y、Z 都是 16 位无符号数,要求结果存入 SUM 单元。假设运算过程中,中间结果都不超出 16 位二进制数的范围。程序片段为:

```
MOV    AX, X              ; 取 X
ADD    AX, Y              ; AX←X + Y,乘法操作数 1
MOV    CX, 3              ; 乘法操作数 2
MUL    CX                 ; DX: AX←3 * (X + Y)
MOV    CX, AX             ; CX←3 * (X + Y)保存
MOV    AX, Y              ; 取 Y
ADD    AX, Z              ; AX←Y + Z,被除数
XOR    DX, DX             ; DX←0
MOV    BX, Y              ; 取 Y
SUB    BX, Z              ; BX←Y - Z,除数
DIV    BX                 ; AX←(Y + Z)/(Y - Z)的商
ADD    AX, CX             ; AX←3 * (X + Y) + (Y + Z)/(Y - Z),两项之和
MOV    SUM, AX            ; 存结果
```

【例 5.7】 将两个字节数据相加,存放到一个结果单元中,并显示十六进制结果。

```
DATA    SEGMENT
        AD1DB   4CH           ; 定义第 1 个加数
        AD2DB   25H           ; 定义第 2 个加数
        SUM  DB  ?            ; 定义结果单元
DATA    ENDS
CODE    SEGMENT
        ASSUME CS:   CODE, DS: DATA
START:  MOV    AX, DATA
        MOV    DS, AX
        MOV    AL, AD1        ; AL←AD1
        ADD    AL, AD2        ; AL←AD1 + AD2
        MOV    SUM, AL        ; 将结果存放在 SUM 单元
        MOV    BL, AL         ; 显示十六进制结果
        MOV    CL, 4          ; 取二进制高 4 位
        SHR    AL, CL
        AND    AL, 0FH
        ADD    AL, 30H        ; 高位十六进制 ASCII 码值
        MOV    DL, AL         ; 输出高位
        MOV    AH, 2
        INT    21H
        MOV    AL, BL         ; 取二进制低 4 位
        AND    AL, 0FH
```

```
        ADD    AL,30H            ; 低位十六进制 ASCII 码
        MOV    DL,AL            ; 输出低位
        MOV    AH,2
        INT    21H
        MOV    AH,4CH           ; 返回 DOS
        INT    21H
 CODE   ENDS
        END    START
```

　　本程序采用了 DOS 中断调用的 4CH 号功能来退出程序段运行,返回 DOS 现场。这是一种常用的执行程序返回 DOS 现场的方法。

5.7.3　分支结构程序设计

1. 分支程序的结构形式

　　分支程序结构可以有两种形式,如图 5.6 所示。

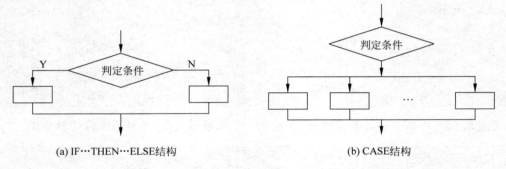

(a) IF…THEN…ELSE结构　　　　　　　(b) CASE结构

图 5.6　分支程序的结构形式

　　它们分别相当于高级语言中的 IF…THEN…ELSE 语句和 CASE 语句,适用于要求根据不同条件做不同处理的情况。IF…THEN…ELSE 语句可以引出两个分支;CASE 语句则可以引出多个分支。无论哪一种形式,它们的共同特点是:运行方向是向前的,在某一种特定条件下,只能执行多个分支中的一个分支。

2. 分支程序设计方法

　　程序的分支一般用条件转移指令来产生,利用转移指令不影响条件码的特性,连续地使用条件转移指令可以使程序产生多个不同的分支,如例 5.8 所示。

　　【例 5.8】　编制程序实现符号函数。

$$Y = \begin{cases} 1 & X > 0 \\ 0 & X = 0 \quad (-128 \leqslant X \leqslant +127) \\ -1 & X < 0 \end{cases}$$

　　程序中要求对 X 的值加以判断,根据 X 的不同值,给 Y 单元赋予不同的值。程序流程图如图 5.7 所示。

　　程序部分代码如下:

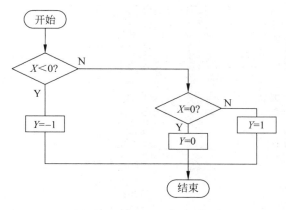

图 5.7　例 5.8 程序流程图

```
        CMP    X,0
        JL     PNUM         ; X < 0 转移到 PNUM
        JZ     ZERO         ; X = 0 转移到 ZERO
        MOV    Y,1          ; X > 0 时,给 Y 单元赋值 1
        JMP    EXIT         ; 跳转到程序结束位置,结束程序
PNUM:   MOV    Y, - 1       ; X < 0 时,给 Y 单元赋值 - 1
        JMP    EXIT         ; 跳转到程序结束位置,结束程序
ZERO:   MOV    Y,0          ; X = 0 时,给 Y 单元赋值 0
EXIT:   ⋮                  ; 程序结束的代码
```

3. 跳跃表法

分支程序的两种结构形式都可以用上面所述的方法来实现。此外,在实现 CASE 结构时,还可以使用跳跃表法,使程序能够根据不同的条件转移到多个程序分支中,下面举例说明。

【例 5.9】　试根据 AL 寄存器中哪一位为 1(从低位到高位)把程序转移到 8 个不同的程序分支中。

下面列出了用变址寻址方式实现跳跃表法的程序。

```
DATA    SEGMENT
DATATAB      DW ROUTINE_1
        DW ROUTINE_2
        DW ROUTINE_3
        DW ROUTINE_4
        DW ROUTINE_5
        DW ROUTINE_6
        DW ROUTINE_7
        DW ROUTINE_8
DATA    ENDS
CODE    SEGMENT
```

```
MAIN    PROCFAR
        ASSUMECS: CODE, DS: DATA
START: PUSH    DS
        SUB     BX, BX
        PUSH    BX
        MOV     BX, DATA
        MOV     DS, BX
        CMP     AL, 0
        JE      CONT
        MOV     SI, 0
    LP: SHR     AL, 1
        JNB     NOT_YET
        JMP     DATATAB[SI]
NOT_YET: ADD    SI, TYPE  BRANCH  TABLE
        JMP     LP
    CONT:
  ⋮

ROUTINE_1:   ⋮
ROUTINE_2:   ⋮
  ⋮
    RET
    MAIN  ENDP
    CODE  ENDS
    END     START
```

跳跃表法是一种很有用的分支程序设计方法。此外，还可以使用寄存器间接和基址变址寻址方式来达到同一目的。以上实现分支程序的方法并无实质的区别，只是其中关键的 JMP 指令所用的寻址方式不同而已。

5.7.4　循环结构程序设计

1. 循环程序结构

如果程序中有需要多次重复执行的程序段，则往往将它们设计为循环结构，这样不但使程序结构清晰，而且减少源程序的书写，节省占用的内存空间。

循环程序结构可以总结为两种结构形式：一种是 WHILE…DO 结构形式；另一种是 DO…UNTIL 结构形式，如图 5.8 所示。

（1）WHILE…DO 结构。

WHILE…DO 结构把对循环控制条件的判断放在循环的入口，先判断条件，满足条件就执行循环体，否则就退出循环。

（2）DO…UNTIL 结构。

DO…UNTIL 结构则先执行循环体，然后再判断控制条件，不满足条件则继续执行循环操作，一旦满足条件则退出循环。

这两种结构可以根据具体情况选择使用。如果循环次数等于 0，则应选择 WHILE… DO 结构，否则使用 DO…UNTIL 结构。

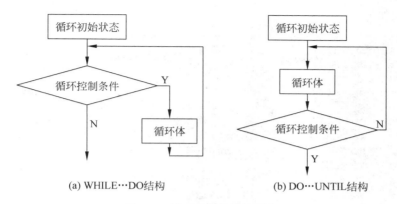

图 5.8　循环程序的结构形式

循环程序都可由如下三部分组成。

① 循环初始状态设置。它为循环做好必要的准备工作,以保证循环在正确的初始条件下开始工作。这部分完成的工作主要是设置循环次数、给地址指针赋初值、累加器清零、进位标志清零等。

② 循环工作部分。循环工作部分即需要重复执行的程序段,这部分是循环的主体。它是针对具体问题而设计的程序段,从初始状态开始,动态地执行相同的操作。

③ 循环修改部分。它与循环工作部分协调配合,通过修改或恢复计数器、寄存器、操作数地址指针等,保证每一次循环时,参加执行的信息能发生有规律的变化。

循环工作部分和循环修改部分合称循环体。

2. 循环控制方法

每个循环程序必须选择一个循环控制条件来控制循环的运行和结束,而合理地选择该控制条件就成为循环程序设计的关键。有时,循环次数是已知的,此时可以用循环次数作为循环的控制条件,通过使用 LOOP 指令能够很容易地实现这种循环程序;某些情况下,虽然循环次数是已知的,但有可能通过其他特征或条件来提前结束循环,可以使用 LOOPZ 和 LOOPNZ 指令实现这种循环程序设计。然而,有时循环次数是未知的,那就需要根据具体情况找出控制循环结束的条件。循环控制条件的选择是很灵活的,有时可供选择的方案不止一种,此时就应分析比较,选择一种效率最高的方案来实现。

控制循环的执行并判断是否结束循环的方法主要有 3 种:计数控制、条件控制和逻辑尺控制。

1)计数控制

计数控制是一种最常用的循环控制方法,适用于事先已知循环次数的情况。既可用循环指令 LOOP 实现,也可用条件转移指令实现。

【例 5.10】　在首地址为 BUFF 的内存缓冲区中,存放着 20H 个带符号的字数据。要求找出其中的最小值,并将最小值存入 MIN 单元。

对于这个问题,要找最小值,就要逐个比较这 20H 个数据,所以可用循环结构程序重复比较过程。比较的方法是:可以先假定第一个数据就是最小值(当前最小值),然后和其余数据比较,如果比当前最小值大,则不处理;否则将该数据置换为当前最小值,直至所有的数据都比较完。显然,这个循环的循环次数是 1FH。

程序片段如下：

```
        LEA    SI,BUFF            ; 设地址指针
        MOV    CX,20H             ; CX←循环次数
        MOV    AX,[SI]            ; AX←第一个数据
        INC    SI
        INC    SI                 ; SI 指向第二个数
        DEC    CX                 ; 修改循环次数计数器
AGAIN:  CMP    AX,[SI]
        JLE    NEXT               ; 小于或等于时转移
        MOV    AX,[SI]
NEXT:   INC    SI
        INC    SI                 ; 修改地址指针指向下一个数
        LOOP   AGAIN
        MOV    MIN,AX
```

2）条件控制

条件控制适用于事先不知道循环次数的情况，但可以用给定的某种条件来判断是否结束循环。

【例 5.11】 编程统计 AX 寄存器中 1 的个数，并将结果存入 SUM 单元。

要统计二进制数中 1 的个数，最方便的方法是将这个数的各位依次移入 CF 标志，通过检测 CF 的值来判断该位是否为 1，以此统计所含 1 的个数。这是一个重复计数的过程，可以用循环程序实现。对循环的控制，可以用计数方法，共检测 16 次；还可以通过判断移位后二进制数是否变为 0 作为循环结束的条件。当二进制数的后几位全部为 0 时，用这种方法可以提前结束循环，提高程序的运行效率。程序流程图如图 5.9 所示。

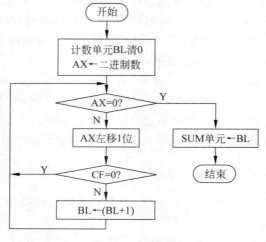

图 5.9　例 5.11 程序流程图

程序片段如下：

```
        MOV  BL,0             ; 计数单元 BL 清 0
AGAIN:  OR  AX,AX             ; 测试 AX 是否为 0
```

```
          JZ    EXIT              ; 若 AX = 0,则转移到结束点
          SHL   AX,1              ; 将 AX 最高位移至 CF
          JNC   NEXT              ; CF = 0,转去 AGAIN 继续
          INC   BL                ; CF≠0,BL 加 1
NEXT:     JMP   AGAIN
EXIT:     MOV   SUM,BL
```

3) 逻辑尺控制

有时候,循环体内的处理任务在每次循环执行时并无规律,但确实需要连续运行。此时,可以给各处理操作标以不同的特征位,所有特征位组合在一起,就形成了一个逻辑尺。

【例 5.12】　在数据段中有两个数组 X 和 Y,每个数组含有 10 个双字节数据元素。现将两个数组的对应元素进行下列计算,形成一个新的数组 M。假定数组的对应元素计算后,结果不产生溢出。

$$M1 = X1 + Y1 \quad M2 = X2 + Y2 \quad M3 = X3 - Y3$$
$$M4 = X4 + Y4 \quad M5 = X5 - Y5 \quad M6 = X6 - Y6$$
$$M7 = X7 - Y7 \quad M8 = X8 + Y8 \quad M9 = X9 + Y9$$
$$M10 = X10 - Y10$$

很显然,这个问题可以用循环实现,而且循环次数确定为 10 次。但每次循环的操作是进行加还是减,无规律可循。为此,可以为每一次操作设置一个特征位,即 0 表示加,1 表示减,构成一个 16 位的逻辑尺,存放于 DX 寄存器中。本例逻辑尺为:

$$0010111001000000$$

从左到右依次为数组元素 1~10 的特征位。每次将逻辑尺左移 1 位,根据移入 CF 的特征位,判断本次循环体所进行的操作。程序流程图如图 5.10 所示。

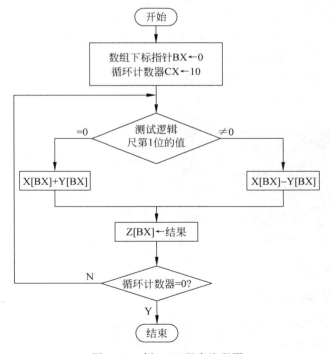

图 5.10　例 5.12 程序流程图

程序片段如下:

```
        MOV    BX,0              ; 设数组下标指针
        MOV    CX,10             ; 设循环计数器
AGAIN: MOV     AX,X[BX]
        SHL    DX,1
        JC     SUBB             ; 若当前特征位为1,则做减法; 否则做加法
        ADD    AX,Y[BX]
        JMP    NEXT
SUBB:  SUB     AX,Y[BX]
NEXT:  MOV     M[BX],AX         ; 送结果
        INC    BX
        INC    BX
        LOOP   AGAIN
```

3. 双重循环程序设计

【例 5.13】 编制程序实现延时 1ms。

延时程序就是让计算机执行一些空操作或无用操作,来占用 CPU 的时间,从而达到延时的目的。延时程序通常用循环程序实现。程序片段如下:

```
        MOV  CX,374
DELAY1: PUSHF            ; 10T
        POPF             ; 8T
        LOOP  DELAY1     ; 3.4T
```

上面程序段的循环体和循环控制部分由指令 PUSHF、POPF 和 LOOP 构成。这 3 条指令执行所花费的时钟周期个数和为 $10+8+3.4=21.4$。如果 CPU 的主频为 8MHz,那么它的时钟周期为 $0.125\mu s$;如果要实现延时 1ms,则该循环体重复执行的次数为:

$$循环次数 = 1ms/(0.125\mu s \times 21.4) \approx 374$$

如果要延时 100ms,那么只需将这个程序再执行 100 次,从而构成一个双重循环。其程序片段如下:

```
SOFTDLY PROC MOV    BL,100           ; 4T
DELAY2:       MOV    CX,374           ; 4T
DELAY1:       PUSHF                   ; 10T,标志寄存器进栈,内层循环,循环 374 次
              POPF                    ; 8T
              LOOP   DELAY1           ; 3.4T
              DEC    BL               ; 2T
SOFTDLY PROC  JNZ    DELAY2           ; 8T,外层循环,循环 100 次
```

显然,该程序的准确延时时间 $=4T+100(4T+21.4T\times374+2T+8T)=100.22ms$。

5.7.5 子程序设计

如果在一个程序的多个位置,或者在多个程序的多个位置中用到了同一段程序,则可将这段程序抽取出来,单独存放在某一区域,每当需要执行这段程序时,就用调用指令转到这

段程序,执行完毕再返回原来的程序。抽取出来的这段程序称为**子程序**或**过程**,而调用它的程序称为**主程序**或**调用程序**。主程序向子程序的转移过程称为**子程序调用**或**过程调用**。

使用子程序是程序设计的一种重要方法。子程序的引入使程序功能的层次性更加分明,增强了程序的可读性,为较大软件设计的分工合作提供了方便。

1. 子程序的定义

子程序的定义由过程定义伪指令 PROC/ENDP 实现,其格式为:

```
过程名    PROC[NEAR/FAR]
          语句 1    ; ⎫
          语句 2    ; ⎬  n条语句序列构成的过程体
          ⋮        ⋮ ⎪
          语句 n    ; ⎭
          RET
过程名    ENDP
```

所定义的子程序可以和主程序在同一个代码段内,也可以在不同的代码段内。

说明:

① 过程名(子程序名)用以标识不同的过程,是一个用户自定义的标识符号。

② PROC 与 ENDP 相当于一对括号,将子程序的处理过程(过程体)括在其中。过程体是一段相对独立的程序,是完成子程序功能的主体。过程的最后一条指令必须是 RET(返回指令)。

③ NEAR 或 FAR 是子程序属性的说明参数。NEAR 属性的子程序只允许段内调用,这时,子程序的定义必须和调用它的主程序在同一代码段内;FAR 属性的过程允许段间调用,即允许其他段的程序调用。过程的属性决定了调用指令 CALL 和返回指令 RET 的操作。

2. 子程序的调用和返回

子程序的调用和返回由 CALL 指令和 RET 指令实现。从不同的角度,可对子程序的调用进行以下分类。

(1)段内调用与段间调用。段内调用中,在子程序和调用返回过程中,转移地址和返回地址不涉及 CS 的变化,只通过 IP 内容的变化实现程序的转移和返回。

段间调用中,由 CS 和 IP 的变化共同决定程序的转移和返回。

显然,当主程序和子程序处于同一代码段时,可以把子程序定义为 NEAR 属性或 FAR 属性;而当主程序与子程序不在同一代码段时,子程序必须被定义为 FAR 属性。

(2)直接调用与间接调用。当调用指令使用过程名调用某过程时,调用时通过把该过程的指令入口地址送入 CS 和 IP(段内调用仅修改 IP)来实现的,这个调用过程称为直接调用。

当调用指令是通过某个寄存器或存储器单元指出被调用子程序的入口地址时,这个调用过程称为间接调用。间接调用可分为寄存器间接调用和存储器间接调用。

在实际使用时,直接调用因方便清楚而使用较多。无论采用哪种调用方式,为了能保证子程序执行完后顺利地返回主程序,CALL 指令在将控制转移到子程序之前,都将自动保护返回地址。**返回地址**也称为**断点**,是 CALL 指令下一条指令的第一个字节地址(段内调用仅保存 IP,段间调用保存 CS 和 IP),然后才转入子程序执行。待执行完子程序后,RET 指令负责把保护的返回地址(即断点)恢复到 CS 和 IP 中(段内调用仅需恢复 IP),继续执行主程序。断点的保护和返回是通过堆栈指令 PUSH 和 POP 实现的。

子程序示例如下:

```
CODE1   SEGMENT
           ⋮
        CALL PROC1
AAA:
           ⋮
        PROC1   PROC
           ⋮
            RET
        PROC1   ENDP
        PROC2   PROC   FAR
           ⋮
            RET
        PROC2   ENDP
CODE1   ENDS
CODE2   SEGMENT
           ⋮
        CALL   PROC2
BBB:
           ⋮
CODE2   ENDS
```

在以上程序段中,CALL PROC1 是段内调用,CALL PROC2 是段间调用。AAA 和 BBB 是两个返回地址。子程序 PROC1 返回后,从 AAA 处开始执行;子程序 PROC2 返回后,从 BBB 处开始执行。

3. 编写子程序时的注意事项

由于子程序可在程序的不同位置或在不同的程序中被多次调用,因此对于子程序的设计提出了很高的要求,如通用性强、独立性好、程序目标代码短、占用内存空间少、执行速度快、结构清晰,以及有详细的功能、参数说明等。在设计子程序时,需要注意以下几点:

(1) 参数传递。为了使子程序具有较强的通用性,子程序所处理的数据往往并不是常量,而是约定在某数据区的地址单元处。主程序每次调用子程序时,必须对约定地址单元中的数据进行处理。这些数据被称为**参数**,主、子程序间的数据传递就称为**参数传递**。其中,主程序传递给子程序的参数称为子程序的**入口参数**,子程序返回给主程序的参数称为**出口参数**。

主程序和子程序间的参数传递通常使用的方法有通用寄存器传递、存储单元传递、地址表传递和堆栈传递。每种传递方法都有自己的优缺点,要根据不同的问题选择适合的传递方法。具体传递方法的设计将在后面举例讨论。

(2) 信息保护。为了保证由子程序返回主程序后程序执行的正确性,通常要将子程序中用到的寄存器压入堆栈保护,子程序执行完成后再恢复出来。将寄存器压入堆栈保护的过程称为**保护现场**,将寄存器从堆栈中弹出恢复的过程称为**恢复现场**。保护和恢复现场的工作既可以在调用程序中进行,也可以在子程序中进行。

（3）子程序的说明。为了方便各类用户对子程序的调用，一个子程序应该有清晰的文本说明，以提供给用户足够的使用信息。通常子程序的文本说明包括以下一些内容。

① 子程序名。

② 子程序功能、技术指标。

③ 子程序的入口、出口参数。

④ 子程序使用到的寄存器和存储单元。

⑤ 是否又调用其他子程序。

⑥ 子程序的调用形式。

4. 子程序举例

【例 5.14】 两个 16 位十进制数以压缩 BCD 码的形式存放在内存中，求它们的和。

可以通过 8 次字节数相加，每次相加后再进行十进制调整来实现。

（1）用寄存器和存储器传递参数。如果子程序和主程序在同一个模块内，那么在主程序数据段中所定义的变量，子程序可以直接使用。程序如下：

```
DATA    SEGMENT
        DAT1    DB 34H,67H,98H,86H,02H,41H,59H,23H    ; 低位在前
        DAT2    DB 33H,76H,89H,90H,05H,07H,65H,12H    ; 低位在前
        SUM     DB 10 DUP(0)
DATA    ENDS
STACK SEGMENT  PARA  STACK
        DW   20H DUP(0)
STACK ENDS
CODE    SEGMENT
        ASSUME  CS: CODE,DS: DATA,SS: STACK
START: MOV    AX,DATA
        MOV    DS,AX
        MOV    CX,8                          ; 设子程序入口参数
        CALL   ADDP                          ; 调用加法子程序
        MOV    AH,4CH                        ; 返回 DOS
        INT    21H
ADDP    PROC                                 ; 加法子程序,完成两位十进制数相加
        PUSH   AX                            ; 保护现场
        PUSH   BX
        CLC                                  ; 清除进位标志
        MOV    BX,0
AGAIN: MOV    AL,DAT1[BX]                    ; 相加
        ADC    AL,DAT2[BX]
        DAA                                  ; 十进制调整
        MOV    SUM[BX],AL                    ; 存结果
        INC    BX                            ; 修改下标
        LOOP   AGAIN                         ; 循环执行 8 次
        ADC    SUM[BX],0
        POP    BX                            ; 恢复现场
        POP    AX
        RET                                  ; 返回主程序
ADDP    ENDP
CODE    ENDS
        END    START
```

例 5.14 采用了寄存器和存储单元两种方法传递参数。

入口参数：CX 中置入组合 BCD 码的字节个数；DAT1 和 DAT2 数据区中存放 BCD 码表示的被加数和加数，低位在前，高位在后。

出口参数：运算结果在以变量 SUM 为首地址的数据区中。

（2）用地址表传递参数。用地址表传递的是参数的地址。在转向子程序前，将参数的地址放入一个表中，将表的首地址作为入口参数传递给子程序，由子程序根据参数表中的地址取出对应参数。对于本例的多位十进制数求和的问题，用地址表传递参数的程序如下：

```
DATA    SEGMENT
        DAT1 DB 34H,67H,98H,86H,02H,41H,59H,23H      ;低位在前
        DAT2 DB 33H,76H,89H,90H,05H,07H,65H,12H      ;低位在前
        SUM DB 10 DUP(0)
        TABLE DW 4 DUP(0)
DATA    ENDS
CODE    SEGMENT
        ASSUME CS: CODE,DS: DATA
START:  MOV    AX,DATA
        MOV    DS,AX
        MOV    TABLE,OFFSET DAT1
        MOV    TABLE[2],OFFSET DAT2
        MOV    TABLE[4],OFFSET SUM                   ;建立地址表
        MOV    BX,OFFSET TABLE                       ;BX←地址表首址
        CALL   ADDP                                  ;调用加法子程序
        MOV    AH,4CH                                ;返回 DOS
        INT    21H
        ADDP   PROC                                  ;加法子程序
        MOV    CX,8                                  ;CX←字节个数
        MOV    SI,[BX]                               ;SI←被加数首地址
        MOV    DI,[BX+2]                             ;DI←加数首地址
        MOV    AX,[BX+4]                             ;AX←和数首地址
        MOV    BX,AX                                 ;BX←和数首地址
        CLC                                          ;清空进位标志
AGAIN:  MOV    AL,[SI]                               ;两数相加
        ADC    AL,[DI]
        DAA                                          ;十进制调整
        MOV    [BX],AL                               ;存储和数
        INC    SI                                    ;修改地址指针
        INC    DI
        INC    BX
        LOOP   AGAIN                                 ;循环执行8次
        ADC    [BX],0
        RET                                          ;返回主程序
ADDP    ENDP
CODE    ENDS
        END    START
```

（3）用堆栈传递参数。用堆栈传递参数是一种常用的传递参数的方法。转向子程序前，将子程序所用的参数压入堆栈，进入子程序，由子程序从堆栈中取出所用的参数。对于

这种参数传递方法,在子程序中经常使用带参数的返回指令 RET n,它可以在恢复断点后,再将堆栈指针 SP 加 n,从而跳过参数区,使栈顶恢复到调用子程序前的位置。在子程序中,堆栈中的参数访问可以使用基址寄存器 BP。

用堆栈传递参数的多位十进制数加法的程序段代码如下。其数据段定义与第一种方法相同。

```
        ⋮                       ; 传递的参数压栈
        MOV     AX, OFFSET SUM  ; 和数首地址
        PUSH    AX
        MOV     AX, OFFSET DAT2 ; 加数首地址
        PUSH    AX
        MOV     AX, OFFSET DAT1 ; 被加数首地址
        PUSH    AX
        CALL    ADDP            ; 调用子程序
        MOV     AH, 4CH         ; 返回 DOS
        INT     21H
ADDP    PROC
        PUSH    BP              ; 保护现场
        MOV     BP, SP          ; 设置访问参数的指针 BP,指向栈顶
        MOV     CX, 8
        MOV     SI, [BP + 4]    ; SI←取被加数地址
        MOV     DI, [BP + 6]    ; DI←取加数地址
        MOV     BX, [BP + 8]    ; BX←取和数地址
        ⋮
        POP     BP              ; 恢复现场
        RET     6               ; 返回并修改 SP
ADDP    ENDP
        ⋮
```

主程序在转入子程序执行之前,将被加数首地址、加数首地址、和数首地址压入堆栈。子程序利用 BP 指针取出这些参数。在子程序执行完后,又通过带参数的返回指令跳过参数区,使 SP 恢复到调用子程序之前的值。子程序调用过程中,堆栈的变化情况如图 5.11 所示。

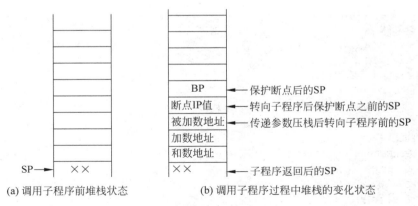

(a) 调用子程序前堆栈状态　　　　　(b) 调用子程序过程中堆栈的变化状态

图 5.11　堆栈传递参数示意图

（4）子程序的嵌套和递归调用。

在一个子程序中又调用其他的子程序,这种情况称为子程序的**嵌套**。只要堆栈允许,嵌套的层次就可以不加限制。图 5.12 所示为一个两层的子程序嵌套调用示意图。

在子程序嵌套调用时,每一个子程序执行完后都要返回上一级调用程序,所以对于堆栈的使用要格外小心,以防出现不能正确返回的错误。

图 5.12　子程序嵌套调用示意图

所谓子程序的**递归**调用,就是指在子程序嵌套调用时,调用的子程序就是它本身。递归子程序和数学上递归函数的定义相对应,必须有一个结束的条件。在递归的过程中,每一次调用所用到的调用参数和运行结果都不相同,必须将本次调用的这些信息存放在堆栈中,这些信息称为一帧,下一次的调用必须保证这帧信息不被破坏。当递归满足结束条件时,开始逐级返回,每返回一级,就从堆栈中弹出一帧信息,计算一次中间结果。在递归结束后,堆栈恢复原状。

子程序的递归调用会用到大量的堆栈单元,因此要特别注意堆栈的溢出。在编制程序时,可以采取一些保护措施。

在实际应用中,程序结构往往不是单一的结构,而是多种结构的复合,应根据具体情况和要求做出合理的设计。

5.7.6　实用程序设计举例

1. 数值运算程序设计示例

数值运算程序就是利用加、减、乘、除及十进制调整指令对数值进行运算,是较为基础的一类程序设计。

【例 5.15】　假设有两个 3 位十进制数,以非压缩 BCD 码的形式表示,分别存放在 SUB1 和 SUB2 单元中。试编程序求两个数相减的绝对值,将结果存于 RESULT 单元,低位在高地址,高位在低地址,同时在屏幕上显示运算结果。

程序设计时,可将两个数按从高位到低位的顺序比较,判断出大小,设置被减数和减数指针,然后做二进制减法,十进制调整。程序如下:

```
DATA    SEGMENT                          ; 数据段
        SUB1    DB 2,4,7
        SUB2    DB 3,6,5
        RESUL     DB 3 DUP(0)
DATA    ENDS
STACK SEGMENT PARA STACK                 ; 堆栈段
        DW 20H DUP(?)
STACK ENDS
CODE    SEGMENT                          ; 代码段
        ASSUME CS: CODE,DS: DATA
BEGIN:MOV    AX,DATA
        MOV    DS,AX
```

```
        LEA    SI,SUB1 + 2            ; 设被减数指针
        LEA    DI,SUB2 + 2            ; 设减数指针
        MOV    BX,0
        MOV    CX,3                   ; 循环次数计数器
CMPE:   MOV    AL,SUB1[BX]            ; 从高位到低位逐位比较
        SUB    AL,SUB2[BX]
        JE     EQUE                   ; 相等,继续比较
        JNC    GTEAT                  ; 如 SUB1 < SUB2,交换指针
        XCHG   SI,DI
        JMP    GREAT
EQUE:   INC    BX
        LOOP   CMPE                   ; 循环执行
GREAT:  LEA    BX,RESUL + 2           ; 设结果低位指针
        MOV    CX,3                   ; 设置循环次数
        CLC                           ; 清除进位标志
        MOV    AL,[SI]                ; 两数相减
        SBB    AL,[DI]
        AAS                           ; 十进制调整
        MOV    [BX],AL
        DEC    SI                     ; 修改指针
        DEC    DI
        DEC    BX
        LOOP   SUBT
        LEA    BX,RESUL               ; BX 指向结果高位
        MOV    CX,3                   ; 设置循环次数
DISP:   MOV    DL,[BX]
        OR     DL,30H                 ; 转换为 ASCII 码
        MOV    AH,2                   ; 2 号功能调用,显示结果
        INT    21H
        LOOP   DISP
        MOV    AH,4CH                 ; 返回 DOS
        INT    21H
CODE    ENDS
        END    BEGIN
```

本程序完成多位十进制数减法,若要完成多字节二进制减法,则不必进行十进制调整。

2. 表/串处理程序设计示例

对表/串的处理是程序设计中经常遇到的另一类问题。表/串是一组顺序存放的元素集合,其元素类型可以是数值型、字符型或具有某种意义的信息代码。对表/串的处理通常有传送、查找、删除、插入、排序、检索等,可以充分利用串操作类指令。

1) 表的搜索、插入、删除、统计

表是一组连续存放的元素集合,对表的操作通常要求不破坏表原来各元素间的位置关系。要删除一个元素,首先要找到这个元素,然后将后续元素向前移动一个位置,覆盖掉这个元素。而要向表中插入一个元素,首先要将插入点以后的所有元素向后移动一个位置,留出空位,然后方可插入元素。在统计一个表的元素时,要事先给表的结束位置加一个结束标志,才可以进行统计。

【例 5.16】 STRA 缓冲区中存放有 100 个字符数据，按要求对它们进行下列处理。

① 删除 STRA 中所有的"E"字母。

② 统计 STRA 中删除后的字符个数送入 LENG 单元。

③ 从键盘读入一个字符，插入 STRA 串第一个字母 B 后。

④ 显示 STRA 中的字符串。

这个问题相对复杂一些，但层次比较清晰，可以将每个处理部分设计为一个或多个子程序，由主程序调用。另外，在插入和删除子程序中都要进行串的移动，所以另外设计一个移动串子程序 TRAS 供删除和插入子程序调用。各子程序共享数据段，可以对 STRA 缓冲区进行访问。各子程序的调用关系如图 5.13 所示。

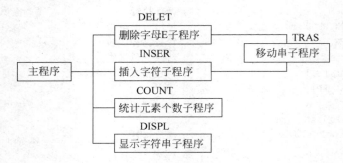

图 5.13 例 5.16 程序层次结构图

下面说明各子程序功能及入口、出口参数。

子程序 DELET，入口参数：DI 指向 STRA 首址，CX＝串长度。

子程序 COUNT，入口参数：SI 指向 STRA 首址；出口参数：LENG＝串长度。

子程序 INSER，入口参数：AL＝待插入字符，DI 指向 STRA 首址。

子程序 DISPL，入口参数：DX 指向 STRA 首址。

子程序 TRAS，入口参数：SI 指向源串首/末址，DI 指向目的串首/末址，CX＝移动次数，设置好方向标志 DF 的值。

另外，所有的子程序都利用数据段存储单元传递参数。

源程序如下：

```
DATA    SEGMENT
        BUF    DB 10 DUP('HB,5; 8VOML')
        LENG   DB ?
DATA ENDS
STACK   SEGMENT PARA STACK
        DW 50 DUP(0)
STACK ENDS
CODE SEGMENT
        ASSUME CS: CODE,DS: DATA,ES: DATA
START: MOV AX,DATA
        MOV DS,AX
        MOV ES,AX
        LEA DI,STRA
```

```
            MOV CX,100
            CALL DELET
            LEA SI,STRA
            CALL COUNT
            MOV AH,1
            INT 21H                 ; 键盘送入单字符到 AL
            MOV CL,LENG
            MOV CH,0                 ; CX←串长度
            INC CX                  ; 长度加 1,包含 ' $ '符在内
            LEA DI,STRA
            CALL INSER
            LEA DX,STRA
            CALL DISPL
            MOV AH,4CH
            INT 21H
DELET PROC
            PUSH AX
            MOV AL,'E'
            CLD
LP:         REPNE SCASB             ; 扫描字符串
            JNZ DONE                ; 若没有字母 E,则转移
            MOV SI,DI               ; 设置移动的源串首址
            DEC DI                  ; 设置移动的目的串首址
            CALL TRAS               ; 删除
            JMP LP                  ; 继续扫描
DONE:       MOV BYTE PTR [DI],'$'   ; 在删除后串尾送入结束标志
            POP AX
            RET
DELET       ENDP
COUNT       PROC
            MOV DL,0                ; 累加单元清 0
COT:        CMP BYTE PTR [SI],'$'   ; 是串尾?
            JE EXIT                 ; 是则退出
            INC SI
            INC DL                  ; 累计个数
            JMP COT
EXIT:       MOV LENG,DL             ; 送回个数到 LENG 单元
            RET
COUNT       ENDP
INSER       PROC
            PUSH AX
            MOV AL,'B'
            CLD
            REPNE SCASB             ; 扫描字符串,确定是否有字母 B
            JNZ STOP                ; 没有就结束
            PUSH DI                 ; 保护 B 字母下一个字符位置
            ADD DI,CX               ; DI 指向移动串的末址
            MOV SI,DI
            DEC SI                  ; SI 指向移动串的末址
            STD
```

```
                CALL TRAS           ;移动
                POP DI              ;恢复B字母下一个字符位置
                POP AX              ;恢复AL中的内容
                MOV [DI],AL         ;插入
        STOP:   RET
        INSER   ENDP
        DISPL   PROC
                PUSH DX             ;保护要显示的串首址
                MOV DL,0DH
                MOV AH,2
                INT 21H             ;显示回车
                MOV DL,0AH
                MOV AH,2
                INT 21H             ;显示换行
                POP DX              ;恢复要显示的串首址
                MOV AH,9
                INT 21H
        DISPL   ENDP
        TRAS    PROC
                PUSH SI
                PUSH DI
                PUSH CX
                REP MOVSB
                POP CX
                POP DI
                POP CX
                RET
        TRAS    ENDP
        CODE    ENDS
                END START
```

在删除子程序中，字母E可能存在多个，所以要多次扫描、多次删除。一次扫描后，若找到了字母E，那么执行重复串扫描指令后，CX的内容正好就是要向前移动的字符个数。DI指向E下边的一个字符，可以作为移动时源串的首址，DI减1的内容就可以作为移动时目的串的首址。然后调用移动子程序TRAS移动字符串，实现删除。TRAS子程序将CX、DI、SI的值加以保护，所以移动后不改变CX、DI、SI的值，从TRAS子程序返回后可直接进行下一次扫描。删除了所有的字母E后，串长度发生了变化，为了能够统计出串的长度，在DELET子程序的最后，给串加了一个结束标志"$"。

插入子程序与删除子程序有些类似，都要先扫描，然后进行移动。有所不同的是串移动的方向，删除子程序删除时向前移动字符串，而插入子程序插入前要向后移动字符串，所以要将DF设置为1，SI、DI修改为移动串的末址。

2) 排序与检索

对表的处理中，非常重要的一种就是排序。排序的算法有很多种，各有优缺点，在这里给大家介绍一种广泛使用的排序算法——冒泡排序。

【**例 5.17**】　假设有一个首地址为 ARRAY 的 N 字节数组,编程序将它们按从大到小的顺序排列。

算法思想:从第一个数开始,依次对相邻的两个数比较,若顺序符合要求,则不处理;若顺序不符合要求,则交换两个数的位置。重复这个过程,共比较 $(N-1)$ 次,比较完所有的元素,称为一轮比较。一轮比较后,已经将最小的数放在了最后,第二轮比较只需要比较前边的 $(N-1)$ 个元素,共比较 $(N-2)$ 次,比较完后,又将数组中的次小数排在了倒数第二个位置,然后,再进行下一轮的比较,这样依次类推,总共进行 $(N-1)$ 轮的比较,就可以完成排序。

本程序可以用双重循环实现,外循环控制比较的轮数,循环次数为 $(N-1)$;内循环控制相邻元素的比较、交换,第 i 轮比较时的内循环次数为 $(N-i)$。

但在多数情况下,数组往往不需做完 $(N-1)$ 轮比较,就可能已经完成排序。为了提高程序效率,可以设置一个交换标志位。每次进入外循环时,将标志位设为 1,若内循环中有交换发生,就将标志位设为 0。内循环结束时检测标志位的值,若为 0,就再一次进入外循环;若为 1,则表明前一轮比较没有交换发生,已经完成排序,从而立即结束外循环。

程序流程如图 5.14 所示。

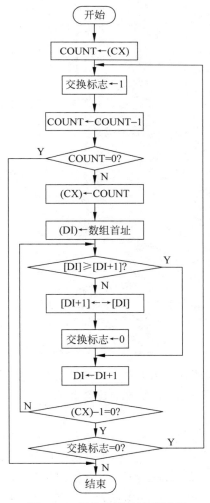

图 5.14　冒泡排序法程序流程

源程序如下:

```
        DATA    SEGMENT
                ARRAY DB  'ERDFHABKLMNDOEF'
                N EQU $ - ARRAY                     ; 取表长度
                ENDA   DB  '$'                      ; 设表结束标志
                COUNT  DB ?                         ; 记录比较轮数
        DATA    ENDS
        STACK   SEGMENT PARA STACK
                DW 20H DUP(0)
        STACK   ENDS
        CODE    SEGMENT
                ASSUME CS: CODE, DS: DATA
        START: MOV AX, DATA
                MOV DS, AX
                MOV AL, N
                MOV COUNT, AL                       ; COUNT←表长度 N
        REPEAT: MOV BX, 1                           ; 设交换标志 BX = 1
                DEC COUNT                           ; 设比较轮数 COUNT - 1
                JZ EXIT                             ; 若为 0 则退出
                MOV CH, 0
                MOV CL, COUNT                       ; 设内循环次数
                LEA DI, ARRAY                       ; DI←表首址
        AGAIN: MOV AL, [DI]
                CMP AL, [DI + 1]                    ; [DI]与[DI + 1]比较
                JAE NEXT                            ; 若大于或等于则转移
                XCHG [DI + 1], AL
                MOV [DI], AL                        ; 交换[DI],[DI + 1]
                MOV BX, 0                           ; 设交换标志 BX = 0
        NEXT:  INC DI                               ; 修改 DI
                LOOP AGAIN                          ; 若 CX - 1≠0 则继续比较
                CMP BX, 0                           ; 交换标志(BX) = 0?
                JE REPEAT                           ; 若为 0 则进行下一轮比较
        EXIT:  LEA DX, ARRAY
                MOV AH, 09H
                INT 21H                             ; 显示有序的表
                MOV AH, 4CH
                INT 21H
        CODE    ENDS
                END START
```

在这个程序中,外循环有两种退出方法:一种是测试交换标志 BX 的值,若为 1,就结束外循环;另一种是对 COUNT 单元中存放的比较轮数进行测试,每比较一轮,COUNT 减 1,若减为 0,则结束外循环。

3. 代码转换程序设计示例

代码转换是在程序设计中经常遇到的一类问题。例如,从键盘输入的数据都是 ASCII 码的形式,计算机进行处理时,必须将它们转换为二进制数值;要显示输出的数据必须先转换为 ASCII 码;用户输入的十进制数据,要转换为二进制处理;处理后的数据,要转换为十

进制输出,等等。

代码转换通常有两种方法:对于没有规律的转换代码,可通过查表来实现;对于有规律的转换代码,可根据它们的转换规则进行处理,实现转换。

1) 二进制码和 ASCII 码之间的相互转换

实际上,二进制数据通常都以十六进制的形式表示,所以这里主要讨论十六进制码和 ASCII 码之间的相互转换。

十六进制数据的 16 个符号 0~9、A~F(a~f),对应的 ASCII 码为 30H~39H、41H~46H(61H~66H)。对于 0~9 的数,要转换为 ASCII 码,只要加(逻辑"或")30H 就可以了;而对于 A~F(a~f)的数,则要加(逻辑"或")37H(57H)。

【例 5.18】　将以 BUF 为首址的存储单元中的字数据显示输出,每两个字之间用空格分隔。

要显示输出,必须首先将数据转换为 ASCII 码。每个字的转换通过循环左移指令,依次将字的高位十六进制数移入低位来进行转换。依次类推,循环执行 4 次,即可实现一个字的转换。多个字的转换可以用双重循环实现,外循环用于控制待转换的字数,内循环控制每个字需要转换的次数。字符显示可用 2 号功能调用。

程序如下:

```
DATA    SEGMENT
        BUF DW 347AH,7CBAH,0D698H
        COUNT EQU $ - BUF
DATA    ENDS
CODE    SEGMENT
        ASSUME CS: CODE,DS: DATA
START:  MOV AX,DATA
        MOV DS,AX
        LEA SI,BUF              ; SI←BUF 首址
        MOV DH,COUNT/2         ; DH←字的个数
LP1:    MOV CX,4               ; CX←每个字需要转换的次数
        MOV BX,[SI]           ; BX←取一个字
NUM:    PUSH CX
        MOV CL,4
        ROL BX,CL             ; BX 循环左移 4 次,高 4 位移入低 4 位
        MOV DL,BL
        AND DL,0FH            ; DL←分离字的低 4 位
        ADD DL,30H            ; DL + 30H
        CMP DL,3AH            ; 判断是否在 A~F
        JB NEXT              ; 若小于,则在 0~9,转移
        ADD DL,07H           ; 在 A~F,再加 7
NEXT:   MOV AH,2
        INT 21H              ; 显示
        POP CX
        LOOP NUM             ; 若 4 位没有转换完,则继续
        MOV DL,' '
```

```
        MOV AH,2
        INT 21H                      ; 显示空格
        ADD SI,2                     ; 修改 SI,指向下一个字
        DEC DH
    JNZ LP1                          ; 若 DH-1≠0,则继续
        MOV AH,4CH
        INT 21H
CODE ENDS
    END START
```

使用 PUSH CX 和 POP CX 指令的原因是：内循环用 CX 作计数器，而循环移位指令要求将移位位数置入 CL 寄存器，这样会改变循环计数器的值，使之不能正常退出。所以应在 CL 移位位数前，将 CX 压栈保护，而在修改内循环计数前，应恢复 CX。

2) 十进制数转换为二进制数

【例 5.19】 将键盘输入的十进制数转换为二进制数，十进制数串以回车符结束，要求转换后的二进制数存入 DX 寄存器（假设不超过 65535）。

首先要将键盘输入的 ASCII 码形式的十进制数符转换为 BCD 码。若输入的十进制数是 $D_4 D_3 D_2 D_1 D_0$，则可用下述公式将它转换为二进制值。

$$(D_4 D_3 D_2 D_1 D_0) = ((((0 \times 10 + D_4) \times 10 + D_3) \times 10 + D_2) \times 10 + D_1) \times 10 + D_0$$

由展开式可见，整个转换过程是：从待转换数码的高位开始，重复执行中间结果乘 10 再加以待转换数码的过程。

程序如下：

```
    DATA    SEGMENT
            STRING DB 'INPUT A DECIMAL NUMBER BETWEEN 0-65535',0DH,0AH,'$'
    DATA    ENDS
    CODE    SEGMENT
            ASSUME CS: CODE,DS: DATA
    BEGIN: MOV AX,DATA
            MOV DS,AX
            LEA DX,STRING
            MOV AH,9
            INT 21H                  ; 显示提示信息
            XOR DX,DX                ; DX 清 0
    NEXT:   MOV AH,1
            INT 21H                  ; 等待从键盘输入字符
            CMP AL,0DH
            JE DONE                  ; 若为回车符,则结束
            SUB AL,30H
            MOV AH,0                 ; AX←转为 BCD 码
            SAL DX,1
            MOV BX,DX
```

```
            SAL DX,1
            SAL DX,1
            ADD DX,BX               ; DX 乘 10
            ADD DX,AX               ; DX 加输入数字
            JMP NEXT
    DONE:       MOV AH,4CH
            INT 21H
    CODE        ENDS
            END BEGIN
```

程序中 DX 乘 10 部分由移位和加法指令实现。

3）二进制数转换为十进制数

【例 5.20】　将一个 16 位二进制数转换为十进制数，形成的十进制数以非组合 BCD 码的形式表示。

与十进制转换为二进制相似，若 16 位二进制数是 $B_{15}B_{14}\cdots B_1B_0$，那么可以用下述公式实现转换。

$$(B_{15}B_{14}\cdots B_1B_0)=(\cdots((0\times2+B_{15})\times2+B_{14})\times2+\cdots+B_1)\times2+B_0$$

从待转换数码的高位开始，重复执行中间结果乘 2 再加以待转换数码的过程，并在每一步的乘或加运算操作后，用十进制调整指令调整，那么，最后的运算结果一定是十进制数，并且结果不超过 5 位。

下面分别用子程序实现中间结果乘 2 运算和相加运算，运算的中间和最后结果都存放在 DECIM 单元，DECIM 初始化为全 0。

程序如下：

```
    DATA    SEGMENT
            BIN DB 5634H
            DECIM DB 5 DUP(0)
    DATA    ENDS
    CODE    SEGMENT
            ASSUME CS: CODE,DS: DATA
    START: MOV AX,DATA
            MOV DS,AX
            MOV DX,BIN
            MOV CX,16               ; 设乘、加次数
    AGAIN: CALL MU
            SAL DX,1               ; 将 DX 的最高位移入 CF
            CALL AD
            LOOP AGAIN
            MOV AH,4CH
            INT 21H
    ; 采用自身相加的方法实现中间结果乘 2 的运算操作,与调用程序共享 DECIM 存储单元
    MU      PROC
            PUSH DI
            PUAH AX                 ; 保护现场
```

```
              LEA DI,DECIM + 4              ; DI 指向已转换十进制数的最低位
              MOV AH,5                      ; 自身相加 5 次
              CLC
       LP1:   MOV AL,[DI]
              ADC AL,AL                     ; 带进位加
              AAA                           ; 十进制调整
              MOV [DI],AL                   ; 存结果
              DEC DI                        ; 指向高一位
              DEC AH
              JNZ LP1                       ; 若 5 次不够,重复
              POP AX
              POP DI                        ; 恢复现场
              RET
       MU     ENDP
; 实现将 MU 子程序执行的结果与待转换的数码相加,与调用程序共享 DECIM 单元
; 入口参数: 待加的数码事先存入标志寄存器的 CF 中
       AD     PROC
              PUSH AX
              PUSH DI                       ; 保护现场
              LEA DI,DECIM + 4              ; DI 指向已转换十进制数的最低位
              MOV AH,5                      ; 加 5 次进位
       LP2:   MOV AL,[DI]
              ADC AL,0                      ; 加进位
              AAA                           ; 十进制调整
              MOV[DI],AL                    ; 存结果
              DEC DI                        ; 指向高一位
              DEC AH                        ; 若不够 5 次,重复
              JNZ LP2
              POP DI
              POP AX                        ; 恢复现场
              RET
              AD ENDP
              CODE ENDS
              END START
```

对于二进制转换为十进制的问题,还可以用除法的方法实现,即将 16 位二进制数除以10,所得余数为十进制数的个位;再将所得商除以 10,得到的余数为十进制数的十位,以此类推,最后一次除法中所得的余数便是万位,总共需做 5 次除法运算。

下面给出除法实现的二进制数转换为十进制数的代码,其数据段的定义与上一例相同。

```
       CODE   SEGMENT
              ASSUME CS: CODE,DS: DATA
       START: MOV AX,DATA
              MOV DS,AX
              MOV BX,10
              MOV CX,5
              LEA DI,DECIM + 4
```

```
          MOV AX,BIN
AGAIN: XOR DX,DX
          DIV BX
          DEC DI
          LOOP AGAIN
          MOV AH,4CH
          INT 21H
CODE   ENDS
```

二进制数转换为十进制数还可以通过循环减法来实现：二进制数减去 10000，若够减，则万位累加 1，重复减，直至不够减为止，然后恢复余数，将余下的数减去 1000，以此类推，最后减 10 运算的余数，即为个位数。这种实现方法虽然思想简单，但程序实现效率不高。读者可自己编程序实现。

5.8 汇编语言程序上机过程

从建立汇编语言的源程序到生成可执行的程序文件要经历建立源文件、汇编和链接 3 个阶段。

1. 汇编程序

汇编语言源文件是使用符号语言编写的文本文件，不能被机器识别，必须将其翻译成机器语言，这个过程称为汇编。能把用户编写的汇编语言源程序翻译成机器语言程序的程序系统，称为**汇编程序**。

汇编程序的主要功能是汇编和链接。汇编将源程序翻译并把它转换为用二进制代码表示的**目标文件**（OBJ 文件）。在汇编的过程中，首先对源程序进行语法检查，若存在错误，则给出错误提示，无错误的源程序即可转换为目标文件。

目标文件还要经过链接才能成为可以运行的可执行文件。链接能把多个目标文件、库文件链接成一个统一的模块，在此过程中还要为代码分配内存，形成**可执行文件**，可执行文件能由操作系统将其装入内存并运行。

汇编程序有多种，常用的是 Microsoft 公司的 ASM 和 MASM。其中，ASM 能够完成源文件的错误检查并给出错误提示、数制转换、表达式计算、翻译和内存的分配等汇编的基本功能，因此又称为**基本汇编**。而 MASM 除具有基本汇编功能外，还允许使用宏指令、结构和记录等高级汇编功能，因此 MASM 又称为**宏汇编**。本节主要介绍基本汇编程序的主要语句和基本汇编程序的使用方法。

编写能在计算机上运行的程序，应经历如下步骤。

（1）利用文本文件编辑工具编辑源文件（.asm）。

（2）用汇编程序将源文件（.asm）转换为目标文件（.obj）。

（3）用链接程序将目标文件（.obj）转换为可执行文件（.exe）。

此后，就可以在 DOS 下执行以 .exe 为扩展名的程序了。

2. 建立并编辑源程序

汇编语言的源程序是文本文件，任何文本文件编辑工具都可以用来编写源程序，如 MS

DOS 自带的文本编辑程序 EDIT 等。应当注意,汇编语言源程序文件的扩展名为.asm。

3. 汇编形成目标文件

汇编语言源程序文件(.asm)经 MASM 汇编后可产生 3 个文件:目标文件、列表文件和索引文件。目标文件的扩展名为.obj,在此文件中,操作码已被转换为机器码,但其中的地址还不是能将机器码装入内存的地址,而是一个相对的浮动地址;列表文件的扩展名为.lst,它是一个源程序和汇编后的目标程序列表,可供编程者参考;交叉索引文件的扩展名为.crf,其中列出了源程序中的符号和变量的定义、引用的情况。在汇编过程中,汇编程序会对是否建立这些文件,以及它们的文件名进行提问,以便用户选择。

在 DOS 状态下,使用 MASM 命令汇编源程序。例如,对 abc.asm 文件进行汇编的 DOS 命令如下:

```
C: > MASM abc ↙
```

此后屏幕的显示与操作如下:

```
Microsoft(R) Macro Assemble Version   5.00
Copyright(C) Microsoft Corp 1981 - 1985,1987.All right reserved.
Object filename [ABC.OBJ]:
Source Listing [NUL.LST]: abc
Cross - reference [NUL.CRF]: abc
51256 + 390090 Bytes Symbol Space free
0 Warning Errors
0 Severe Errors
C: >
```

在 MASM 命令执行后,首先显示版本号,然后出现第一个提示,询问要建立的目标程序的文件名,若 MASM 之后输入了文件名,则将输入的文件名加上扩展名.obj 作为默认的文件名显示在方括号中,如不修改目标文件名则直接按回车键。若要修改,则输入新的文件名并按回车键。之后出现第二、三个提示,询问是否建立列表文件和交叉索引文件,若建立,则输入文件名,否则直接按回车键。在回答完第三个提示之后,汇编开始。在汇编过程中若发现源程序有语法错误,则显示出有错误语句的行号和错误的原因,以及错误的总数。此时,可根据错误提示,分析错误原因,并对源程序进行修改。修改后重新汇编,直到没有错误为止。汇编错误提示有两类:警告错误(Warning Errors)和严重错误(Severe Errors)。警告错误指示源程序存在的一般性错误,这类错误存在时,虽然可以继续汇编并生成目标文件,但以后的程序运行将可能出现错误。严重错误的存在将使汇编无法正确进行。当没有任何错误存在时,汇编才算结束。

4. 链接形成可执行文件

链接有两个作用:一是将多个目标文件、库文件等多个模块链接成统一的程序;二是将目标文件中的浮动地址转换为能将程序装入内存的地址。

链接使用 LINK.exe 程序文件,在 DOS 状态下,输入命令 LINK,即:

```
C: >LINK abc ↙
```

之后显示的版本号和依次给出的 3 个提示如下：

```
Microsoft(R) Overlay Linker Version 3.60
Copyright(C) MicrosoftCorp 1983 - 1987.Allrightsreserved.
RunFile [ABC.EXE]:
ListFile [NUL.MAP]: abc
Libraries [.LIB]:
```

　　在 LINK 命令之后可直接给出要连接的目标文件名，否则将提示用户输入它。若有多个文件要链接，则应输入所有链接的目标文件名并用"＋"将其连接。第一个提示询问链接生成可执行文件的文件名，若采用方括号内给出的默认文件名，则直接按回车键即可。第二个和第三个提示询问是否建立内存分配图文件和是否需要链接库文件，若需要则输入文件名，否则直接按回车键。在上述操作完成之后开始链接，若链接过程有错误，则显示错误信息，修改程序后，再重新汇编、链接，直到没有错误为止。若链接程序给出"No STACK segment"一般性的警告错误，并不影响程序的运行。

　　链接后建立的可执行文件(.exe)可以在 DOS 状态下运行。内存分配文件(.map)提供链接过程中内存地址分配的信息。

5. 运行程序

　　源程序经汇编、链接后，生成可执行文件(.exe)，就可以在 DOS 状态下直接输入文件名运行了。例如：

```
C: > abc。
```

　　在 DOS 下运行程序文件时，DOS 的外壳 COMMAND.com 将 EXE 文件装入内存，并将控制权交给调入程序后，程序就开始运行。COMMAND 在装入 EXE 文件之前，先从可用内存的起点建立一个长度为 100H 字节的程序段前缀 PSP，并自动设置 DS 和 ES 使其指向程序段前缀的段址。程序段前缀的结构如下：

```
00H～01H   INT  20H 指令
02H～03H   内存的总容量(以 16 字节为单位)
04H～08H   FAR  JUMP  DOS 子程序的调度程序
09H～0CH   程序结束地址
0DH～10H   Ctrl + Break 退出地址
11H～14H   标准错误出口地址
5CH～6BH   FCB1
6CH～7BH   FCB2(若 FCB1 被打开,则 FCB2 被 FCB1 覆盖)
80H～FFH   隐含的磁盘传输区(DTA)
```

　　程序段前缀是被调入程序与 DOS 的接口，其中设有程序正常和非正常退出时应指向的地址及其他信息。程序段前缀开始的中断指令 INT 20H 能使当前程序返回操作系统。为此在程序的模块中设置了标准顺序，它首先将指向 INT 20H 的 DS：0H 压入堆栈，而后 RET 执行远调用将原来的 DS：0H 弹出并赋予 CS：IP，于是程序指针指向指令 INT 20H，程序就能正常地退回 DOS 了。

扩展名为. com 的文件也是 DOS 下的可执行文件,它与 EXE 文件有不同的结构。
COM 文件的源程序格式如下:

```
; 源程序的 NAME 或 TITLE
; 源文件的注释部分
; 表达式赋值语句(EQU)部分
PROGRAM SEGMENT              ; 定义代码段开始
    ORG 100H                ; 地址指针指向偏移地址 100H 处
    ASSUME  CS: PROGRAM, DS: PROGRAM, SS: PROGRAM, ES: PROGRAM
    MAIN  PROC   NEAR        ; 主程序开始,近调用
                            ; 程序的主体部分
        MOV    AX, 4C00H    ; 返回 DOS
        INT 21H
    MAIN  ENDP              ; 主程序结束
                            ; 数据定义部分
PROGRAM  ENDS               ; 代码段结束
    END  MAIN               ; 结束汇编
```

从上面的结构可以看出,COM 文件具有两个特点:①COM 文件的 4 个段是重叠在一起的同一个段;②COM 文件在装入内存时也产生一个程序段前缀。与 EXE 文件不同的是程序段前缀是文件的一部分,被放在文件前面的 100H 字节中。

COM 文件被装入后,CS、DS、ES、SS 都设置为指向程序段前缀的段地址,IP 固定为 100H,整个程序只占一个物理段(64KB),SP 指向这个物理段的末尾,并在栈顶存放了两字节 00H。对所有的过程都定义为近调用 NEAR 型。如果编写的程序符合 COM 文件的规定,经汇编、链接后生成的 EXE 文件就可以直接转换为 COM 文件。

5.9　调试程序 DEBUG 的使用

MS DOS 附带的 DEBUG. com 的调试程序是一个功能较强的调试工具。它不仅可以直接装入、启动运行汇编语言程序,还可以跟踪程序的运行过程,直接修改目标程序、检查和修改内存单元和寄存器,实现在运行中对程序的调试。

1. 调试程序 DEBUG 的调用

在 DOS 提示符下(假设在 C 盘有 DEBUG. com),输入如下命令:

```
C > DEBUG↙
```

屏幕出现 DEBUG 调试程序的提示符"-",此时可输入 DEBUG 命令。调试程序启动后,CPU 各寄存器和标志位设置为以下状态。

(1) 段寄存器(CS、DS、ES、SS)置于自由存储空间的底部,也就是 DEBUG 程序装入以后的第一个段。

(2) 指令指针(IP)置为 0100H。

(3) 堆栈指针(SP)置于段的结尾处或装入程序的临时底部,取决于哪一个更低。

(4) 通用寄存器(AX、BX、CX、DX、BP、SI、DI)置为 0。

（5）所有标志位都处于复位状态。

若在调用 DEBUG 时包含一个要调试的程序文件名，则 DEBUG 把段寄存器、堆栈指针置为程序中规定的值。对 EXE 文件，IP 置为 0000H；对 COM 文件，则 IP 置为 0100H。BX 和 CX 中包含文件长度，CX 为长度的低字节，BX 为长度的高字节。

2．DEBUG 的主要命令

DEBUG 的命令都是一个英文字母，它反映该命令的功能，命令字符后面有一个或多个参数，参数之间用空格或逗号分隔。所有数据都是十六进制，不必写 H。可以用 Ctrl＋Break 组合键来停止一个命令的执行，返回 DEBUG 提示符。Ctrl＋NumLock 组合键可以暂停屏幕上卷，而按其他键继续。

（1）内存显示命令 D(Dump)。

格式：

```
－D［地址］
－D［地址范围］
```

功能：显示指定内存单元内容。

① 若命令中有指定地址，则从指定地址开始显示 8 行，每行 16 字节。地址中若无段地址，则默认段地址为 DS。

② 若命令中没有指定地址，则从上一个 D 命令所显示的最后一个单元的下一个单元开始显示。若以前没有用过 D 命令，则从 0100H 开始显示。

③ 地址范围包含起始地址和结束地址，中间用空格分开。若起始地址中未包含段地址，则默认的段地址为 DS，结束地址只允许为偏移量。

例如：

```
－D  100          （显示从 DS：100H 到 DS：017FH 的内容，共 128 字节内容）
－D  100  200     （显示从 DS：100H 到 DS：200H 的内容）
```

DEBUG 把输入的数字均看成十六进制数，所以若输入十进制数，则其后应加以说明，如 100D。

（2）内存修改命令 E(Enter)。

格式：

```
E＜地址＞＜字节表＞
E＜地址＞
```

功能：用＜字节表＞内容去修改指定地址内存单元的内容，＜字节表＞是以空格或逗号分隔的十六进制字节或字符串。

命令输入后，屏幕显示指定内存单元的地址和原有内容，输入新的两位十六进制数，以替代原来的内容，按空格键完成修改并显示下一个高地址单元的内容。若不修改所显示的单元，则按空格键跳过，按回车键结束修改。输入一个减号（"－"），则修改从高地址向低地址进行。若不修改，则直接按空格键跳过，按回车键结束此命令。

例如：

```
- E  100  12 34 "ABC"
```

用 12、34、'A'、'B'、'C'依次修改从 DS：100H 起的 5 个单元。

（3）比较命令 C（Compare）。

格式：

```
- C<源地址范围><目标地址>
```

功能：比较指定区域中的内容是否相同。

<源地址范围>中包含起始地址和结束地址。若起始地址中未包含段地址，则默认段地址为 DS，结束地址只包含地址偏移量，目标地址只含起始地址。从源起始地址开始逐个与目标地址开始的单元进行比较，直到源结束地址为止。对不同的单元，则显示出它们的地址和内容。

例如：

```
- C  100  108  200
```

对从 DS：100H 和 DS：200H 起两个区域中 9 个单元的内容进行比较。

（4）内存填充命令 F（Fill）。

格式：

```
F<范围><字节表>
```

功能：将<字节表>内容逐个写入指定内存单元中。

若填充内容的长度大于范围，则超出部分被截断。若填充内容不足，则重复使用所列的填充内容。

例如：

```
- F 1400: 100 200   'XYZ',3B,46
```

表示用'X'、'Y'、'Z'、3B、46 这 5 字节的内容反复填充从 1400：100H 到 1400：200H 范围内的内存单元。

（5）搜索命令 S（Search）。

格式：

```
- S<范围><字节表>
```

功能：在指定的内存范围搜索<字节表>指定的字符串，找到后显示元素所在的地址。

例如：

```
-S  CS: 100 120 48
```

表示在 CS：100H 到 CS：120H 的内存范围内查找内容为 48H 的单元。

（6）十六进制运算命令 H（Hex）。

格式：

```
-H<数值 1><数值 2>
```

功能：计算并显示两个十六进制数的和与差。

例如：

```
-H 124C 49AB
```

（7）寄存器命令 R。

格式一：

```
-R
```

功能：显示 CPU 内部所有寄存器的内容和标志位的状态，并反汇编 CS：IP 所指的指令（下一条将要执行的指令）。

输入命令-R 后，系统显示如下：

```
AX = 0000 BX = 0000 CX = 0000 DX = 0000 SP = 0000 BP = 0000 SI = 0000 DI = 0000
DS = 1D64 ES = 1D64 SS = 1D64 CS = 1D64 IP = 0100 NV UP DI PL NZ NA PO NC
1D64: 0100  B83412  MOV  AX,1234
```

其中，前两行显示 CPU 所有寄存器的内容和标志位的状态，第三行显示当前 CS：IP 所指的将要执行的下一条指令的机器代码和指令助记符。

格式二：

```
-R<寄存器名>
```

显示指定寄存器的值，并等待用户输入新的值，按回车键结束 R 命令。

例如，输入命令

```
-R  AX
```

则系统显示如下：

```
AX 0000
```

若不需要修改其内容，则直接按回车键；若需要修改其内容，则可输入 1～4 位十六进制数值，再按回车键。

＜寄存器名＞只能是 8086 的寄存器，如 AX、BX、CX、DX、SP、BP、SI、DI、DS、ES、SS、CS、IP、F（标志寄存器）。

格式三：

```
 - RF
```

显示和修改标志位状态。

8 个标志位的显示顺序和置位、复位的代号如表 5.3 所示。

表 5.3　标志的置位和复位对照表

标　志　位	置位	复位	标　志　位	置位	复位
OF 溢出标志（有/无）	OV	NV	ZF 零标志（是/否）	ZR	NZ
DF 方向标志（减量/增量）	DN	UP	AF 辅助进位标志（是/否）	AC	NA
IF 中断标志（允许/屏蔽）	EI	DI	PF 奇偶标志（偶/奇）	PO	PE
SF 符号标志（负/正）	NG	PL	CF 进位标志（有/无）	NC	CY

例如，输入命令-RF，则系统显示如下：

```
 OV DN EI NG ZR AC PE CY -
```

最后是 DEBUG 的提示符。若不需要修改，则可直接按回车键；若需要修改，则可以输入一个或多个标志位相应的复位或置位代号。输入标志的次序可以改变，各标志之间也可以没有空格。按回车键确认并完成修改。

（8）反汇编命令 U（Unassemble）。

把程序的目标机器码转换为汇编前指令助记符的过程，称为**反汇编**。反汇编命令能显示装入内存某一区域中程序的机器码及相应的指令助记符。

格式：

```
 - U
 - U[地址]
 - U[地址范围]
```

功能：把二进制的机器代码反汇编为符号指令，并按行显示指令的内存地址、机器代码、汇编指令。U 命令执行后，IP 指向已反汇编过的下一条指令。

① 若在命令中没有指定地址，则从 IP 所指的那条指令起开始进行 32 字节的反汇编。

② 若命令中指定地址，则从指定地址开始对其后连续 32 字节的内容进行反汇编。

③ 若指令中指定地址范围，对指定范围的内存单元进行反汇编。范围可以由起始地址、结束地址或长度来确定，长度前用 L 标记。

④ 若地址中未指定段地址，则默认的是当前 CS 所指的代码段。

例如：

```
—U  100
—U  100 010F
```

这两条命令的结果是相同的,表示从 CS：100H 起反汇编,至 CS：010F 结束。

（9）汇编命令 A（Assemble）。

格式：

```
—A[地址]
```

功能：在指定地址处开始编写汇编程序。该命令允许在 DEBUG 环境下输入汇编语言程序,并把它们汇编成机器代码,相继存放在从指定地址开始的存储区中。

地址参数指定在 CS 段中开始写入指令代码的起始地址,若在命令中没有指定地址,则默认的地址是由 IP 所确定的。

例如：

```
—A 100
```

表示从 CS：100 单元开始存放汇编指令代码。

（10）运行命令 G（Go）。

格式：

```
—G[＝起始地址][断点地址 1 [断点地址 2 [断点地址 3 …]]
```

功能：按照命令确定的起始地址和断点运行程序。起始地址规定执行的第一条指令的地址,当指令执行到断点地址时,就停止执行并显示 CPU 中所有寄存器内容和标志位的状态,以及下一条将要执行的指令,并返回 DEBUG,以便进一步检查或进行必要的修改。DEBUG 最多允许设置 10 个断点。

默认的段址为 CS,命令中的地址参数值作为地址偏移量。地址参数必须是有效指令的第一个字节,否则会出现不可预料的结果。若无地址参数,则以当前的 CS：IP 为起始地址。

（11）跟踪命令 T （Trace）。

格式：

```
—T
—T [＝起始地址][指令条数]
```

功能：逐条运行指令,每执行一条指令就停下来并显示 CPU 所有寄存器的内容和标志位的状态,以及下一条指令的地址和内容。利用此命令可跟踪程序执行的过程,并在跟踪的过程中对程序进行调试或修改。

① 若命令中没有指定地址,默认为 CS：IP。

② 若只给出偏移地址,则以 CS 的当前值为段地址。

③ 若命令中给出起始地址和指令条数,则从指定或默认的地址开始,连续执行多条指令,并显示每条指令执行后的寄存器和标志位的状态,执行的指令数由"指令条数"决定。

④ 若未给出<指令条数>,则默认为 1,每次执行一条指令。

⑤ 遇到 CALL 或 INT n,则会跟踪进入相应过程和中断服务程序的内部,对于带重复前缀(REP)的指令,每执行一次算一步。

(12) 继续命令 P (Proceed)。

格式:

```
P [ =<起始地址>]  [<指令条数>]
```

功能:类似于 T 命令,二者的区别是 T 命令可进入子程序或中断并跟踪其运行过程,P 命令则不是跟踪子程序,而是接着执行下一条指令。例如,P 命令把 CALL、INT n 或 REP 当作一步,不会进入相应过程或中断程序内部。

(13) 文件命名命令 N(Name)。

格式:

```
-N<文件路径名><文件名>
```

功能:给当前的程序文件命名,以便为 L 和 W 命令对指定文件进行读、写做准备。<文件路径名>包括盘符和文件路径。

(14) 装入命令 L (Load)。

格式:

```
-L
-L<内存目标地址><磁盘源地址>
```

功能:将指定的磁盘文件装入内存指定区域。磁盘文件由〈磁盘源地址〉指定,内存区域由〈内存目标地址〉指定。

① 磁盘源地址依次包括驱动器号、扇区号和扇区数,其中驱动器号用数字表示,A 盘为 0,B 盘为 1,依次类推。若命令中未指定磁盘源地址,则默认是由 N 命令指定的磁盘文件。此时,在 L 命令之前应先执行一条 N 命令。读入的文件长度反映在 BX 和 CX 中。

② 内存目标地址的默认段地址为 CS。若命令中未指定内存的目标地址,则文件装入到 CS:0100 开始的内存区域中;若命令中指定了目标地址,则装入到指定地址开始的内存区域中。但对扩展名为 .com 或 .exe 的文件,则始终装入到 CS:0100 的内存区中,即使指定了地址,此地址也被忽略。

例如:

```
-L 146D: 100 1 20 1E
```

表示从 B 驱动器相对扇区号为 20H 的扇区开始将 1EH 个扇区的内容读入内存 146D：100H 开始的区域中。

（15）存盘命令 W（Write）。

格式：

```
- W<内存源地址><磁盘目标地址>
```

功能：将内存中的指定区域内容写到磁盘指定扇区或磁盘文件中。内存区域由〈内存源地址〉开始，要写入磁盘的字节数由 BX：CX 决定。因此，写入前，应正确设置 BX、CX 寄存器的值。

① 若未给出〈内存源地址〉，则默认从 CS：0100H 开始。

②〈磁盘目标地址〉是磁盘指定的扇区，依次包括驱动器号、扇区号和扇区数，其中驱动器号用数字表示，A 盘为 0，B 盘为 1，依次类推。若命令未指定磁盘目标地址，则默认是由 N 命令指定的磁盘文件，文件的长度由 BX 和 CX 确定。

例如：

```
- W 100 0 10 32
```

将内存 CS：100 开始存放的数据写入到 A 驱动器、起始扇区号为 10H 连续的 32H 个扇区中，字节数由 BX：CX 确定。

（16）退出命令 Q（Quit）。

格式：

```
- Q
```

功能：退出 DEBUG，返回到 DOS 状态。本命令无存盘功能，如需存盘，应先使用 W 命令。

5.10　例题解析

1. 某数据段内有如下数据定义

```
X1    db    20,20H, 'AB', 3－2, ?, 11000011B
X2    dw    0AAH, －1, 'AB'
Z     dd    5 dup(3, 2 dup(?), 0)
W     dw    Z－X2
```

假设 X1 的偏移地址为 100H，(1)写出变量 X1、X2 各数据在内存中的具体位置和相关内存单元的值；(2)写出变量 Z、W 的偏移地址；(3)写出变量 W 的值。

【解析】

（1）X1、X2 各数据在内存中存放的位置和内存单元的值如下。

0100H	14H
	20H
	41H
	42H
	01H
	00H
	C3H
0107H	AAH
	00H
	FFH
	FFH
	42H
	41H
010D	

（2）根据 X1 和 X2 在内存中的分布，可以发现 Z 的偏移地址是 010DH；由于 Z 中的每个数据都是双字，占 4 字节，一共占用 $5 \times (4 + 2 \times 4 + 4) = 80 = 50H$ 字节，则 W 的偏移地址是 015DH。

（3）Z－X2 的值是 06H。

2. 根据下列要求编写一个汇编语言程序。

（1）代码段的段名为 COD_SG。

（2）数据段的段名为 DAT_SG。

（3）堆栈段的段名为 STK_SG。

（4）变量 HIGH_DAT 所包含的数据为 95。

（5）将变量 HIGH_DAT 装入寄存器 AH、BH 和 DL。

（6）程序运行的入口地址为 START。

【解析】

```
DAT_SG      SEGMENT
            HIGH_DAT   DB   95
DAT_SG      ENDS


STK_SG      SEGMENT
DW          64 DUP(?)
STK_SG      ENDS


COD_SG      SEGMENT
ASSUME      CS: COD_SG ,  DS: DAT_SG ,  SS: STK_SG
START:      MOV   AX , DAT_SG
            MOV   DS , AX
            MOV   AH , HIGH_DAT
            MOV   BH , AH
            MOV   DL , AH
            MOV   AH , 4CH
```

```
        INT     21H
COD_SG  ENDS
        END     START
```

3. 指出下列程序中的错误。

```
STAKSG  SEGMENT
        DB   100   DUP(?)
STA_SG  ENDS

DTSEG   SEGMENT
        DATA1   DB   ?
DTSEG   END
CDSEG   SEGMENT
MAIN    PROC    FAR
START:  MOV     DS , DATSEG
        MOV     AL , 34H
        ADD     AL , 4FH
        MOV     DATA , AL
START   ENDP
CDSEG   ENDS
    END
```

【解析】

首先段名和子程序名的标号必须前后一致,但是堆栈段和主程序标号前后不对应;其次需用使用 ASSUME 将程序中的段和段寄存器对应起来;然后主程序要有结束本程序并返回操作系统的操作;最后 END [label]其中标号指示程序开始执行的起始地址,只有在多个程序模块相连接,则只有主程序要使用标号,其他子程序模块则只使用 END 而不必使用标号。

改正后程序为:

```
STAKSG  SEGMENT
    DB   100 DUP(?)
STAKSG  ENDS
DTSEG   SEGMENT
DATA1   DB ?
DTSEG   ENDS
CDSEG   SEGMENT
MAIN    PROC  FAR
    ASSUME CS: CDSEG , DS: DTSEG , SS: STAKSG
START: MOV  AX, DTSEG
       MOV  DS, AX
       MOV  AL,34H
       ADD  AL,4FH
       MOV  DATA1,AL
       MOV  AH,4CH
```

```
        INT    21H
MAIN   ENDP
CDSEG  ENDS
        END    START
```

4. 对于下面两个数据段,偏移地址 10H 和 11H 的两字节中的数据是一样的吗?为什么?

```
; 数据段 1
DTSEG    SEGMENT
    ORG      10H
    DATA1  DB  72H
    DB   04H
DTSEG  ENDS
```

```
; 数据段 2
DTSEG    SEGMENT
    ORG      10H
    DATA1  DW    7204H
DTSEG  ENDS
```

【解析】

不一样。数据段 1 从 10H 开始两字节依序存放了 72H、04H;数据段 2 则存放着 04H、72H。究其原因是因为数据段 1 中存放的是两字节类型的数,数据段 2 存放的是一个字类型的数,存储字时低 8 位存在低字节,高 8 位存在高字节。

5. 假设 X 和 $X+2$ 单元的内容为双精度数 p,Y 和 $Y+2$ 单元的内容为双精度数 q(X 和 Y 为低位字),试说明下列程序段做什么工作?

```
        MOV    DX, X + 2
        MOV    AX, X
        ADD    AX, X
        ADC    DX, X + 2
        CMP    DX, Y + 2
        JL     L2
        JG     L1
        CMP    AX, Y
        JBE    L2
L1: MOV    AX, 1
        JMP    SHORT EXIT
L2: MOV    AX, 2
    EXIT:  INT 20H
```

【解析】

此程序段判断 $p \times 2 > q$,则使(AX)=1 后退出;若判断 $p \times 2 \leqslant q$,则使(AX)=2 后退出。

6. 有两个 3 位的 ASCII 数串 ASC1 和 ASC2 定义为 ASC1 DB '578'、ASC2 DB '694'、ASC3 DB '0000',请编写程序段计算 ASC3←ASC1+ASC2。

【解析】

```
        CLC
        MOV    CX,3
```

```
    MOV   BX,2
BACK:
    MOV   AL,ASC1[BX]
    ADC   AL,ASC2[BX]
    AAA
    OR    ASC3[BX+1],AL
    DEC   BX
    LOOP  BACK
    RCL   CX,1
    OR    ASC3[BX],CL
```

7. 试编写程序,要求从键盘输入 3 个十六进制数,并根据对 3 个数的比较显示如下信息。

(1) 如果 3 个数都不相等则显示 0。

(2) 如果 3 个数中有两个数相等则显示 2。

(3) 如果 3 个数都相等则显示 3。

【解析】

```
DATA    SEGMENT
        ARRAY    DW   3 DUP(?)
DATA    ENDS
CODE    SEGMENT
MAIN    PROC  FAR
        ASSUME CS:CODE,DS:DATA
START:
        PUSH   DS
        SUB    AX,AX
        PUSH   AX
        MOV    AX,DATA
        MOV    DS,AX
        MOV    CX,3
        LEA    SI,ARRAY
BEGIN:
        PUSH   CX
        MOV    CL,4
        MOV    DI,4
        MOV    DL,' '
        MOV    AH,02
        INT    21H
        MOV    DX,0
INPUT:
        MOV    AH,01
        INT    21H
        AND    AL,0FH
        SHL    DX,CL
```

```
        OR      DL,AL
        DEC     DI
        JNE     INPUT
        MOV     [SI],DX
        ADD     SI,2
        POP     CX
        LOOP    BEGIN
     COMP:
        LEA     SI,ARRAY
        MOV     DL,0
        MOV     AX,[SI]
        MOV     BX,[SI + 2]
        CMP     AX,BX
        JNE     NEXT1
        ADD     DL,2
     NEXT1:
        CMP     [SI + 4],AX
        JNE     NEXT2
        ADD     DX,2
        NEXT2:
        CMP     [SI + 4],BX
        JNE     NUM
        ADD     DL,2
     NUM:
        CMP     DX,3
        JL      DISP
        MOV     DL,3
     DISP:
        MOV     AH,2
        ADD     DL,30H
        INT     21H
        RET
     MAIN   ENDP
     CODE   ENDS
            END    START
```

8. 试编写程序,它轮流测试两个设备的状态寄存器,只要一个状态寄存器的第0位为1,则与其相应的设备就输入一个字符;如果其中任一状态寄存器的第3位为1,则整个输入过程结束。两个状态寄存器的端口地址分别为0024H和0036H,与其相应的数据输入寄存器的端口则为0026H和0038H,输入字符分别存入首地址为BUFF1和BUFF2的存储区中。

【解析】

```
        MOV     DI, 0
        MOV     SI, 0
BEGIN:  IN      AL, 24H
        TEST    AL, 08H         ;查询第一个设备的输入是否结束
        JNZ     EXIT
```

```
                TEST    AL, 01H         ; 查询第一个设备的输入是否准备好
                JZ      BEGIN1
                IN      AL, 26H         ; 输入数据并存入缓冲区 BUFF1
                MOV     BUFF1[DI], AL
                INC     DI
        BEGIN1: IN      AL, 36H
                TEST    AL, 08H         ; 查询第二个设备的输入是否结束
                JNZ     EXIT
                TEST    AL, 01H         ; 查询第二个设备的输入是否准备好
                JZ      BEGIN
                IN      AL, 38H         ; 输入数据并存入缓冲区 BUFF2
                MOV     BUFF2[SI], AL
                INC     SI
                JMP     BEGIN
        EXIT:
                ⋮
```

9. 给定（SP）＝0100H，（SS）＝0300H，（FLAGS）＝0240H，存储单元的内容为（00020H）＝0040H，（00022H）＝0100H，在段地址为 0900H 及偏移地址为 00A0H 的单元中有一条中断指令 INT 8，试问执行 INT 8 指令后，SP、SS、IP、FLAGS 的内容各是什么？栈顶的 3 个字是什么？

【解析】

SP 是堆栈寄存器，堆栈是向下生长的（减法），SS 是源地址段寄存器，IP 是当前运行代码指针地址寄存器，FLAGS 是 16 位的运行标志寄存器，其中第 0、2、4、6、7、8、9、10、11 分别为 CF、PF、AF、ZF、SF、TF、IF、DF、OF，这里的第 9 位 IF 就是代表 Interrupt Flag 发生中断的标志位。当中断发生时，系统将标志寄存器 FLAGS，下一条指令的地址 CS：IP 的值分别压入堆栈，然后将中断服务程序的入口地址装入 CS 和 IP 寄存器。这样 CPU 就会转去执行中断服务程序。中断返回时，系统从栈顶分别弹出 CS、IP、FLAGS 的值，CPU 继续从断点开始执行。

INT 8 是调用 8 号中断，在 DOS 中 8 号是时钟中断，发生中断时，中断的位置是固定的。根据中断向量表首地址＝中断型号×4（中断向量表存放中断服务程序入口地址），那么 8 号中断的入口地址就存放在 20H～23H 中（高字为 CS，低字为 IP），即 0040H 和 0100H。

于是，当执行 INT8 时，首先把原 FLAGS 0240H 入栈保存，SP 需要减两字节，然后把当前地址 0900H：00A0H 的下一地址（断点、返回位置）0900H：00A1H 入栈保存，高位先进，那么 SP 需要减去 4 字节；最后 SP 为 0100H－6H＝00FAH，再将 8 号中断的入口地址 0040H：0100H 装载到 CS：IP 中以便进行跳转执行。于是 SS 不变，CS 和 IP 分别变为 0100H 和 0040H，同时 FLAGS 里面的中断位发生变化，从而变成 0040H。

根据以上的分析可以得出：

（SP）＝00FAH

（SS）＝0300H

（IP）＝0040H

（FLAGS）＝0040H

堆栈内容:

00A1H
0900H
0240H

习　题　5

1. 下列语句在存储器中分别为变量分配多少字节空间? 画出存储空间的分配图。

```
VAR1   DB   10,2
VAR2   DW   5 DUP(?),0
VAR3   DB   'HOW  ARE  YOU?','$'
VAR4   DD   −1,1,0
```

2. 假定 VAR1 和 VAR2 为字变量,LAB 为标号,试指出下列指令的错误之处。

(1) ADD　VAR1,VAR2　　　(2) SUBAL,VAR1

(3) JMP　LAB[SI]　　　　(4) JNZVAR1

3. 对于下面的符号定义,指出下列指令的错误。

```
A1   DB   ?
A2   DB   10
K1   EQU  1024
```

(1) MOV K1,AX　　　　　(2) MOV A1,AX

(3) CMP A1,A2　　　　　(4) K1EQU2048

4. 数据定义语句如下:

```
FIRST    DB   90H,5FH,6EH,69H
SECOND   DB   5 DUP(?)
THIRD    DB   5 DUP(?)
FORTH    DB   5 DUP(?)
```

自 FIRST 单元开始存放的是一个 4 字节的十六进制数(低位字节在前),要求如下。

(1) 编写一段程序将这个数左移两位、右移两位后存放到自 SECOND 开始的单元(注意保留移出部分)。

(2) 编写一段程序将这个数求补以后存放到自 FORTH 开始的单元。

5. 试编写程序将内存从 40000H 到 4BFFFH 的每个单元中均写入 55H,并再逐个单元读出比较,看写入的与读出的是否一致。若全对,将 AL 置 7EH;只要有错,则将 AL 置 81H。

6. 在当前数据段 4000H 开始的 128 个单元中存放一组数据,试编程序将它们顺序搬移到 A000H 开始的顺序 128 个单元中,并将两个数据块逐个单元进行比较;若有错,将 BL 置 00H;若全对,则将 BL 置 FFH,试编写程序。

7. 设变量单元 A、B、C 存放 3 个数,若 3 个数都不为零,则求 3 个数的和,存放在 D 中;若有一个为零,则将其余两个也清零,试编写程序。

8. 有一个 100 字节的数据表,表内元素已按从大到小的顺序排列好,现给定一元素,试编程序在表内查找,若表内已有此元素,则结束;否则,按顺序将此元素插入表中适当的位置,并修改表长。

9. 内存中以 FIRST 和 SECOND 开始的单元中分别存放着两个 16 位组合的十进制 (BCD 码)数,低位在前。编写程序求这两个数的组合的十进制和,并存到以 THIRD 开始的单元。

10. 编写一段程序,接收从键盘输入的 10 个数,输入回车符表示结束,然后将这些数加密后存于 BUFF 缓冲区中。加密表如下。

输入数字:0,1,2,3,4,5,6,7,8,9;密码数字:7,5,9,1,3,6,8,0,2,4。

11. 试编写程序,统计由 40000H 开始的 16KB 个单元中所存放的字符"A"的个数,并将结果存放在 DX 中。

12. 在当前数据段(DS),偏移地址为 DATAB 开始的顺序 80 个单元中,存放着某班 80 个同学某门考试成绩。按如下要求编写程序。

(1) 统计≥90 分、80～89 分、70～79 分、60～69 分、<60 分的人数各为多少,并将结果放在同一数据段、偏移地址为 BTRX 开始的顺序单元中。

(2) 求该班这门课的平均成绩为多少,并放在该数据段的 AVER 单元中。

13. 编写一个子程序,对 AL 中的数据进行偶校验,并将经过校验的结果放回 AL 中。

14. 利用上题的子程序,对以 80000H 开始的 256 个单元的数据加上偶校验,试编写程序。

第 6 章

半导体存储器

存储器是计算机硬件系统的基本组成部分。根据存储器在计算机系统中所起的作用，可分为内存储器和外存储器或称辅助存储器，内存储器用来存放计算机运行期间的程序和数据，主要由半导体器件构成。本章在介绍半导体存储器工作原理的基础上，着重讲解微机或微机应用系统内存储器的构成及与 CPU 的连接方法。

6.1　存储器概述

存储器是计算机系统中的记忆设备，用来存放程序和数据。

6.1.1　存储器的分类

构成存储器的存储介质，目前主要是半导体器件和磁性材料。一个双稳态半导体电路、一个 CMOS 晶体管或磁性材料的存储元，均可以存储一位二进制代码。这个二进制代码位是存储器中最小的存储单位，称为一个**存储位**或**存储元**。由若干个存储元组成一个存储单元，多个存储单元组成一个**存储器**。

存储器的种类繁多，根据存储器的存储介质的性能及使用方法的不同，可以从不同的角度对存储器进行分类。

1. 按存储介质分类

存储介质是指能寄存"0""1"两种代码并能区别两种状态的物质或元器件。存储介质主要有半导体器件、磁性材料和光盘等。

（1）半导体存储器。存储元件由半导体器件组成的称为**半导体存储器**。现代半导体存储器都用超大规模集成电路工艺制成芯片，其优点是，体积小、功耗低、存取时间短。其缺点是，当切断电源时，所存信息也随即丢失，它是一种易失性存储器。近年来已研制出用非挥发性材料制成的半导体存储器，克服了信息易失的弊病。

半导体存储器又可按其材料的不同，分为双极型（TTL）半导体存储器和 MOS 半导体存储器两种。前者存取速度快，后者集成度高，并且制造简单、成本低廉、功耗小。当前，MOS 半导体存储器已被广泛应用。

（2）磁表面存储器。磁表面存储器是在金属或塑料基体的表面上涂一层磁性材料作为记录介质，工作时磁层随载磁体高速运转，用磁头在磁层上进行读/写操作，故称为**磁表面存储器**。按载磁体形状的不同，可分为磁盘、磁带等。由于采用具有矩形磁滞回线特性的材料作磁表面物质，它们按其剩磁状态的不同而区分"0"或"1"，而且剩磁状态不会轻易丢失，因此这类存储器具有非易失性的特点。

（3）光盘存储器。**光盘存储器**是应用激光在记录介质（磁光材料）上进行读/写的存储器，具有非易失性的特点。另外光盘还有记录密度高、耐用性好、可靠性高和可互换性强等特点。

2. 按存取方式分类

按存取方式可把存储器分为随机存储器和只读存储器。

（1）随机存储器。**随机存储器**（Random Access Memory，RAM）是一种可读/写存储器，其特点是存储器的任何一个存储单元的内容都可以随机存取，而且存取时间与存储单元的物理位置无关。计算机系统中的主存都采用这种随机存储器。按照存储信息原理的不同，随机存储器又分为**静态随机存储器**（Static RAM，SRAM）和**动态随机存储器**（Dynamic RAM，DRAM）。

（2）只读存储器。**只读存储器**（Read Only Memory，ROM）只能对其存储的内容读出，而不能对其重新写入的存储器。这种存储器一旦存入了原始信息后，在程序执行过程中，只能将内部信息读出，而不能随意重新写入新的信息。因此，通常用它存放固定不变的程序、常数及汉字字库，甚至用于操作系统的固化。

3. 按存取顺序分类

按照存取顺序分类可把存储器分为串行访问存储器和直接存取存储器。如果对存储单元进行读/写操作时，需按其物理位置的先后顺序寻找地址，这种存储器称为**串行访问存储器**。显然，这种存储器由于信息所在位置不同，从而使得读/写时间均不相同。例如，磁带存储器，不论信息处在哪个位置，读/写时必须从其介质的始端开始按顺序寻找，故这类串行访问的存储器又称为**顺序存取存储器**。还有一种属于**部分串行访问的存储器**，如磁盘。在对磁盘读/写时，首先直接指出该存储器中的某个小区域（磁道），然后再顺序寻访，直至找到位置。故读/写磁盘时前段是直接访问，后段是串行访问。

4. 按在计算机中的作用分类

按在计算机系统中的作用不同，存储器又可分为主存储器、辅助存储器和缓冲存储器。

主存储器的主要特点是它可以和 CPU 直接交换信息，主要由半导体存储器构成。**辅助存储器**是主存储器的后援存储器，用来存放当前暂时不用的程序和数据，它不能与 CPU 直接交换信息。二者相比，主存速度快、容量小、每位价格高；辅存速度慢、容量大、每位价格低。**缓冲存储器**用在两个速度不同的部件之中，如 CPU 与主存之间可设置一个快速缓冲存储器，用来提高 CPU 访问存储器的速度。

存储器的分类如图 6.1 所示。

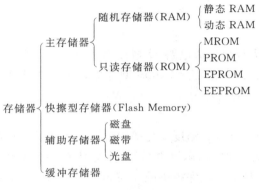

图 6.1　存储器的分类

本章主要介绍半导体存储器，即主存储器的有关内容。

6.1.2　存储器的性能指标

存储器的类型不同，其性能指标也不相同，在构成微型计算机硬件系统时需要全面考虑。通常应注意的问题有以下几点。

1. 存储器容量

在微型计算机中，存储器以字节为单元。每个存储单元包含 8 位二进制数，也就是一个字节。存储器的**容量**指的是存储器所能容纳的最大存储位数。由于存储容量一般都很大，因此常以 KB、MB 或 GB 为单位。目前高档微型计算机的内存容量一般为 32MB～4GB。存储器容量越大，存储的信息量也就越大，计算机运行的速度也就越快。

对于 32MB 的存储器，其内部有 32M×8 个存储元。存储器芯片多为×8 结构，称为字节单元。也有×1、×4 结构的存储器芯片，如 Intel 2116 为 1 位，2114 为 4 位，6264 为 8 位。这样的芯片应互相拼接成字节单元才能使用。在标定存储器容量时，经常同时标出存储单元的数目和每个存储单元包含的位数：

$$存储器芯片容量＝存储单元数×位数$$

例如，Intel 2114 芯片容量为 1K×4 位，6264 为 8K×8 位。

虽然微型计算机的字长已经达到 16 位、32 位甚至 64 位，其内存仍以一个字节为一个单元，但是在这种微型计算机中，一次可同时对 2 个、4 个或 8 个单元进行访问。

2. 存取周期

很多类型的存储器的读/写操作不能截然分开，如有的在读操作后要进行读后重写，有的在写操作前要先进行读操作。存储器的存取周期是指实现一次完整地读出或写入数据的时间，是存储器连续启动两次读或写操作所允许的最短时间间隔。计算机的运行速度与存储器的存取周期有着直接的关系，因此它是存储器的一项重要参数。一般情况下，存取周期越短，计算机运行的速度越快。半导体双极型存储器的存取周期一般为几至几百纳秒，MOS 型存储器的存取周期一般为十几至几百纳秒，如常用的 HM62256（32K×8）的存取周期为 120～200ns。

一个存储器系统的存取周期不仅与存储器芯片的存取周期有关，而且还与存取路径中的缓冲器及地址/数据线的延时有关，往往是三者之和。目前 SDRAM 内存条的存取周期 PC 100 为 8～12ns，PC 133 为 7ns，由此可计算出它们的最高工作频率分别为 83～125MHz 和 143MHz。

3. 功耗

半导体存储器属于大规模集成电路，集成度高、体积小，但是不易散热，因此在保证速度的前提下应尽量减小功耗。一般而言，MOS 型存储器的功耗小于相同容量的双极型存储器。例如，上述 HM62256 的功耗为 40～200mW。

4. 可靠性

可靠性是指存储器对电磁场、温度变化等因素造成干扰的抵抗能力（电磁兼容性），以及在高速使用时也能正确地存取（动态可靠性）。半导体存储器采用大规模集成电路工艺制造，内部连线少、体积小、易于采取保护措施。与相同容量的其他类型存储器相比，半导体存储器抗干扰能力强。

5．集成度

存储器由若干存储器芯片组成。存储器芯片的集成度越高，构成相同容量的存储器的芯片数量就越少。半导体存储器的集成度是指在一块数平方毫米芯片上所制作的基本存储单元数量，常以"位/片"表示，也可以用"字节/片"表示，MOS 型存储器的集成度高于双极型存储器，动态存储器的集成度高于静态存储器，这也是动态存储器普遍用作微型计算机主存储器的原因。

6．其他

其他还应考虑输入、输出电平是否与外电路兼容，对 CPU 总线负载能力的要求，使用是否方便灵活，以及成本价格等。

6.1.3 存储器的分级结构

一个存储器的性能通常用速度、容量、价格 3 个主要指标来衡量。计算机对存储器的要求是容量大、速度快、成本低，需要尽可能地同时兼顾这三方面的要求。但是一般来讲，存储器速度越快，价格也越高，因而也越难满足大容量的要求。目前通常采用多级存储器体系结构，使用高速缓冲存储器、主存储器和外存储器，如图 6.2 所示。

高速缓冲存储器（Cache）是计算机系统中的一个高速、小容量的半导体存储器，它位于 CPU 和主存之间，用于匹配两者的速度，达到高速存取指令和数据的目的。与主存相比，Cache 的存取速度快，但存储容量小。

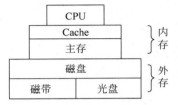

图 6.2 存储器的分级结构

由 Cache 和主存储器构成的 Cache－主存系统，其主要目标是利用与 CPU 速度接近的 Cache 来高速存取指令和数据以提高存储器的整体速度，从 CPU 角度看，这个层次的主存系统速度接近 Cache，而容量和每一位的价格则接近主存；由主存和外存构成的虚拟存储器系统，其主要目的是增加主存储器的容量，从整体上看，其速度接近于主存的速度，其容量则接近于外存的容量。计算机存储系统的这种多层次结构，很好地解决了容量、速度、成本三者之间的矛盾。这些不同速度、不同容量、不同价格的存储器，用硬件、软件或软硬件结合的方式连接起来，形成一个系统。这个存储系统对应用程序员而言是透明的，在应用程序员看来，它是一个存储器，其速度接近于最快的那个存储器，存储容量接近于容量最大的那个存储器，单位价格则接近最便宜的那个存储器。

6.2 随机读/写存储器

目前广泛使用的半导体存储器是 MOS 型半导体存储器。根据存储信息的原理不同，又分为静态 MOS 存储器和动态 MOS 存储器。半导体存储器的优点是存取速度快、存储体积小、可靠性高、价格低廉；缺点是断电后存储器不能保存信息。

6.2.1 静态 MOS 存储器

1．基本存储元

基本存储元是组成存储器的基础和核心，它用来存储一位二进制信息。六管静态

RAM 存储元电路如图 6.3 所示，它在 MOS 型双稳态触发器的基础上增添了两个门控管。图中 $VT_1 \sim VT_4$ 构成双稳态触发器，两个稳定状态分别表示 1 和 0，如 A 点为高电平，B 点为低电平，表示存 1，相反则表示存 0。VT_5、VT_6 为门控管，当行选择线 X 为高电平时，VT_5、VT_6 管导通，A 点和 B 点分别与内部数据线 D 和 $\overline{D}$（也称位线）接通。VT_7、VT_8 也是门控管，控制该存储单元的内部数据线是否与外部数据线接通。当列选择线 Y 也为高电平时，VT_7、VT_8 导通，内部数据线与外部数据线接通，表示该单元的数据可以读出，或者把外部数据线上的数据写入到该存储单元。

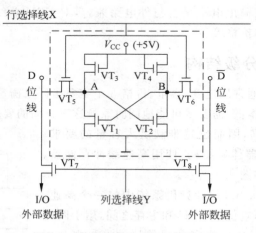

图 6.3　六管静态 RAM 存储元电路

在读出时，X 选择线与 Y 选择线均为高电平，VT_5、VT_6、VT_7、VT_8 均导通，A 点与 D 接通，B 点与 $\overline{D}$ 接通，又与外部数据线接通。若原来存入的是 1，A 点为高电平，则 D 为高电平；B 点为低电平，则 $\overline{D}$ 为低电平，二者分别通过 VT_7、VT_8 输出到外部数据线，即读出 1。相反，若 A 点为低电平，则 D 为低电平；B 点为高电平，则 $\overline{D}$ 为高电平，二者分别通过 VT_7、VT_8 输出到外部数据线，即读出 0。读出信息时，双稳态触发器的状态不受影响，因此为非破坏性读出。

在写入时，首先将要写入的数据送到外部数据线上。若该单元被选中，则 X 选择线与 Y 选择线为高电平，VT_5、VT_6、VT_7、VT_8 均导通，外部数据线上的数据就分别通过 VT_7、VT_5 和 VT_8、VT_6 送到触发器的 A 点与 B 点。若写入的是 1，则 VT_2 导通，B 点为低电平，VT_1 截止，A 点为高电平，写入结束，状态保持。若写入的是 0，则状态相反，A 点为低电平，B 点为高电平。但如果电源掉电后又恢复供电，则双稳态触发器发生状态竞争，即掉电前写入的信息不复存在，因此 SRAM 被称为易失性存储器。

2. SRAM 的组成

静态 RAM 结构组成原理图如图 6.4 所示，存储体是一个由 $64 \times 64 = 4096$ 个六管静态存储电路组成的存储矩阵。在存储矩阵中，X 地址译码器输出端提供 $X_0 \sim X_{63}$ 共 64 根行选择线，而每一行选择线接在同一行中的 64 个存储电路的行选端，因此行选择线能同时为该行 64 个行选端提供行选信号。Y 地址译码器输出端提供 $Y_0 \sim Y_{63}$ 共 64 根列选择线，而同一列中的 64 个存储电路共用同一位线，因此由列选择线可以同时控制它们与输入/输出电路(I/O 电路)连通。显然，只有行、列均被选中的某个单元存储电路，在其 X 向选通门与

Y 向选通门同时被打开时,才能进行读出信息和写入信息的操作。

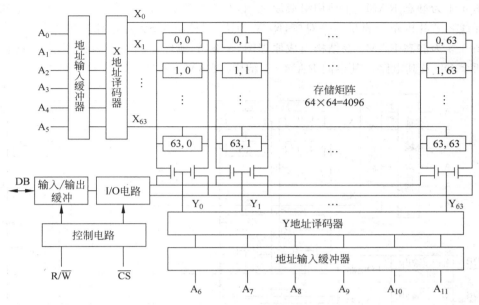

图 6.4　静态 RAM 结构组成原理图

图 6.4 中所示的存储体是容量为 4K×1 位的存储器,因此,它仅有一个 I/O 电路。如果要组成字长为 4 位或 8 位的存储器,则每次存取时,同时应有 4 个或 8 个单元存储电路与外界交换信息,这种存储器中,将列按 4 位或 8 位分组,每根列选择线控制一组列向门同时打开;相应地,I/O 电路也应有 4 个或 8 个。每一组的同一位共用一个 I/O 电路。通常,一个 RAM 芯片的存储容量是有限的,需要用若干片才能构成一个实用的存储器。这样,地址相同的存储单元可能处于不同的芯片中,因此,在选择地址时,应先选择其所属的芯片。对于每块芯片,都有一个片选控制端($\overline{\text{CS}}$),只有当片选端加上有效信号时,才能对该芯片进行读或写操作。一般地,片选信号由地址码的高位译码产生。

3. SRAM 的读/写过程

(1) 读出过程。

① 地址码 $A_0 \sim A_{11}$ 加到 RAM 芯片的地址输入端,经 X 与 Y 地址译码器译码,产生行选与列选信号,选中某一存储单元,该单元中存储的代码,经一定时间,出现在 I/O 电路的输入端。I/O 电路对读出的信号进行放大、整形,送至输出缓冲寄存器。缓冲寄存器一般具有三态控制功能,此时没有开门信号,所存数据还不能送到 DB 上。

② 在送上地址码的同时,还要送上读/写控制信号(R/$\overline{\text{W}}$ 或 $\overline{\text{RD}}$、$\overline{\text{WR}}$)和片选信号($\overline{\text{CS}}$),读出时,使 R/$\overline{\text{W}}$＝1 或 $\overline{\text{RP}}$＝0、$\overline{\text{CS}}$＝0,这时,输出缓冲寄存器的三态门将被打开,所存信息送至 DB 上。于是,存储单元中的信息被读出。

(2) 写入过程。

① 地址码加在 RAM 芯片的地址输入端,选中相应的存储单元,使其可以进行写操作。

② 将要写入的数据放在 DB 上。

③ 加上片选信号 $\overline{\text{CS}}$＝0 及写入信号 R/$\overline{\text{W}}$＝0 或 $\overline{\text{WR}}$＝0。这两个有效控制信号打开三

态门使 DB 上的数据进入输入电路，送到存储单元的位线上，从而写入该存储单元。

图 6.4 为静态 RAM×1 结构组成原理图，其电气特征为：只有一个 DB 及其电路。图中地址线与芯片内单元容量一一对应，$R/\overline{W}$ 为读/写控制，$\overline{CS}$ 为片选控制。

图 6.5 为静态 RAM×2 结构组成原理图，一条 Y 地址译码线控制相邻两列列选门控，它有两个 DB 及其电路。其余同 RAM×1 结构。RAM×4、RAM×8 结构可类推。

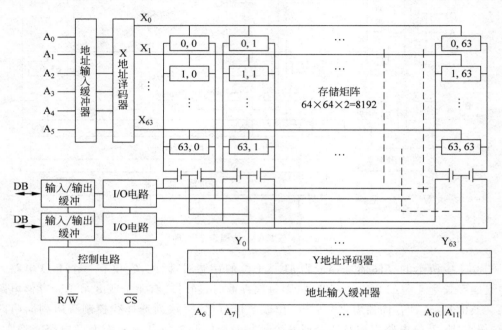

图 6.5 静态 RAM×2 结构组成原理图

4. SRAM 芯片举例

常用的 SRAM 芯片有 2114、2142、6116、6264 等。

（1）Intel 2114 存储器芯片。Intel 2114 是一个容量为 1K×4 位的静态 RAM 芯片，其内部结构图如图 6.6 所示，芯片的引脚图如图 6.7 所示。

图 6.6 中，$A_0 \sim A_9$ 为 10 根地址线，可寻址 $2^{10} = 1024$ 个存储单元。$I/O_1 \sim I/O_4$ 为 4 根双向数据线。$\overline{WE}$ 为读/写允许控制信号线，$\overline{WE}=0$ 时为写入，$\overline{WE}=1$ 时为读出。$\overline{CS}$ 为芯片片选信号，$\overline{CS}=0$ 时，该芯片被选中。由于 2114 的容量为 1024×4 位，因此有 4096 个基本存储电路，排成 64×64 的矩阵。用 $A_3 \sim A_8$ 这 6 根地址线作为行译码，产生 64 根行选择线，用 $A_0 \sim A_2$ 与 A_9 这 4 根地址线作为列译码，产生 16 根列选择线，而每根列选择线控制一组 4 位同时进行读或写操作。存储器内部有 4 路 I/O 电路及 4 路输入/输出三态门电路，并由 4 根双向数据线 $I/O_1 \sim I/O_4$ 与外部数据总线相连。当 $\overline{CS}=0$ 与 $\overline{WE}=0$ 时，经门 1 输出线的高电平将输入数据控制线上的 4 个三态门打开，使数据写入；当 $\overline{CS}=0$ 与 $\overline{WE}=1$ 时，经门 2 输出的高电平将输出数据控制线上的 4 个三态门打开，使数据读出。

（2）Intel 6264 存储器芯片。Intel 6264 是一种 8K×8 位的静态存储器，其内部结构图如图 6.8 所示，主要包括 512×16×8 的存储器矩阵、行/列地址译码器及数据输入/输出控制逻辑电路。地址线 13 位，其中，$A_3 \sim A_9$ 和 A_{11}、A_{12} 用于行地址译码，$A_0 \sim A_2$ 和 A_{10} 用于

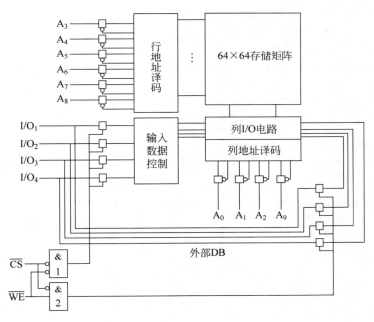

图 6.6　Intel 2114 内部结构图

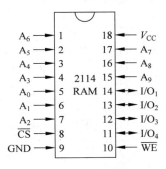

图 6.7　2114 引脚图

列地址译码。在存储器读周期,选中单元的 8 位数据经列 I/O 控制电路输出;在存储器写周期,外部 8 位数据经输入数据控制电路和列 I/O 控制电路,写入到所选中的单元中。

6264 有 28 个引脚,如图 6.9 所示,采用双列直插式结构,使用+5V 电源。

其引脚功能如下。

① $A_0 \sim A_{12}$:地址线,输入,寻址范围为 8KB。

② $D_0 \sim D_7$:数据线,8 位,双向传送数据。

③ $\overline{CE}$:片选信号,输入,低电平有效。

④ $\overline{WE}$:写允许信号,输入,低电平有效,读操作时要求其无效。

⑤ $\overline{OE}$:读允许信号,输入,低电平有效,即选中单元输出允许。

⑥ V_{CC}:+5V 电源。

⑦ GND:接地。

⑧ NC:表示引脚未用。

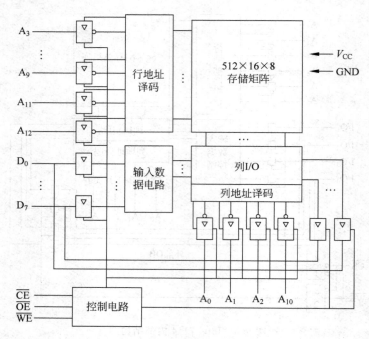

图 6.8　Intel 6264 内部结构图

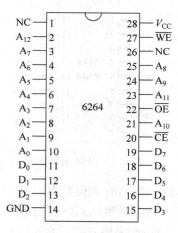

图 6.9　6264 引脚图

6264 的工作方式如表 6.1 所示。

表 6.1　6264 的工作方式

$\overline{\text{CE}}$	$\overline{\text{WE}}$	$\overline{\text{OE}}$	方　　式	功　　　能
0	0	0	禁止	不允许$\overline{\text{WE}}$和$\overline{\text{OE}}$同时为低电平
0	1	0	读出	数据读出
0	0	1	写入	数据写入
0	1	1	选通	芯片选通，输出高阻态
1	$\times$	$\times$	未选通	芯片未选通

5. SRAM 与 CPU 的连接

CPU 对存储器进行读/写操作,首先由地址总线给出地址信号,其次发出读操作或写操作的控制信号,最后在数据总线上进行信息交流。因此,存储器与 CPU 连接时,要完成地址线、数据线和控制线的连接。

目前生产的存储器芯片的容量是有限的,它在字数或字长方面与实际存储器的要求都有差距,所以需要进行扩充才能满足实际存储器的容量要求。通常采用位扩展法、字扩展法、字位同时扩展法。

(1) 位扩展法。假定使用 $8K \times 1$ 的 RAM 存储器芯片,那么组成 $8K \times 8$ 位的存储器可采用如图 6.10 所示的位扩展法。此时只加大字长,而存储器的字数与存储器芯片字数一致。图 6.10 中,每一片 RAM 是 $8K \times 1$,故其地址总线为 13 条($A_0 \sim A_{12}$),可满足整个存储体容量的要求。每一片对应于数据的 1 位(只有 1 条数据总线),故只需将它们分别接到数据总线上的相应位即可。在这种方式中,对存储芯片没有选片要求,也就是说芯片按已全被选中来考虑。如果存储芯片有选片输入端($\overline{CE}$),则可将它们直接接地。在这种连接中,每一条地址总线接有 8 个负载,每一条数据总线接有一个负载。

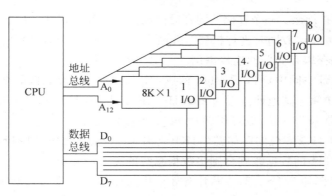

图 6.10　位扩展法组成 8K RAM

(2) 字扩展法。字扩展是仅在字数扩充,而字长不变,因此将芯片的低位地址线、数据线、读/写控制线并联,而由片选信号来区分各片地址,故片选信号端连接到选片译码器的输出端。如图 6.11 所示为用 $16K \times 8$ 位的芯片采用字扩展法组成 $64K \times 8$ 位的存储器连接图。

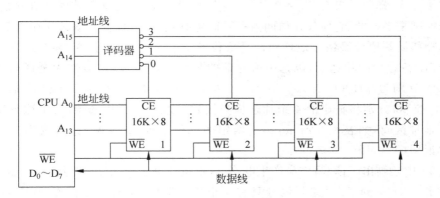

图 6.11　字扩展法组成 64K RAM

图 6.11 中 4 个芯片的数据端与数据总线 $D_0 \sim D_7$ 相连，地址总线低位地址 $A_0 \sim A_{13}$ 与各芯片的 14 位地址端相连，而两位高位地址 A_{14}、A_{15} 经译码器和 4 个片选端相连。地址空间分配表如表 6.2 所示。

表 6.2 地址空间分配表

片号	地址		说　明
	片外 $A_{15} A_{14}$	片内 $A_{13} A_{12} A_{11} \cdots A_1 A_0$	
1	0　0	0　0　0…0　0	最低地址
	0　0	1　1　1…1　1	最高地址
2	0　1	0　0　0…0　0	最低地址
	0　1	1　1　1…1　1	最高地址
3	1　0	0　0　0…0　0	最低地址
	1　0	1　1　1…1　1	最高地址
4	1　1	0　0　0…0　0	最低地址
	1　1	1　1　1…1　1	最高地址

（3）字位同时扩展法。一个存储器的容量假定为 $M \times N$ 位，若使用 $l \times k$ 位的芯片（$l < M$，$k < N$），则需要字数和位数同时进行扩展。此时共需要 $(M/l) \times (N/k)$ 个存储器芯片。

（4）静态随机存取存储器的连接举例。

在 64KB 的地址空间中，用 8 片 2114 构成 $4K \times 8$，即 4KB 存储区的全译码法（即全部地址参与译码）连接方案：其地址范围为 2000H～2FFFH。连接图如图 6.12 所示。

2114 的结构是 $1K \times 4$ 位，故可用两片 2114 按位扩充方法组成 $1K \times 8$ 位的存储器组，用 8 片可组成 4 组 $1K \times 8$ 位的存储器。1KB 芯片有 10 根地址线，可接地址总线 $A_0 \sim A_9$，每一组中的两片 2114 的数据线则分别接数据总线的高 4 位和低 4 位。

本例选用了译码器 74LS138，该芯片有 3 个片选端 G_1、$\overline{G_{2A}}$ 及 $\overline{G_{2B}}$，必须使 $G_1 = 1$、$\overline{G_{2A}} = 0$ 及 $\overline{G_{2B}} = 0$，允许译码输出，芯片才能有效工作，否则，输出全为高电平。A、B、C 为 3 位输入端，输出为 8 根选择线 $\overline{Y_0} \sim \overline{Y_7}$，与 A、B、C 3 位输入代码对应的选择线为低电平（有效），其他的选择线为高电平。

线路中用 A_{15}、A_{14} 及存储器请求信号 $M/\overline{IO} = 1$ 作为 74LS138 的片选信号，如图 6.12 所示的连接方式，译码器仅在 $A_{15} = 0$、$A_{14} = 0$ 及 $M/\overline{IO} = 1$ 的情况下才能允许输出。$M/\overline{IO}$ 参加译码控制是必要的，它使仅在访问内存时产生有效信号，保证正确地选中存储器地址，而不会与外部设备地址搞错。地址码的高 5 位 $A_{15} \sim A_{11}$ 进行译码，A_{10} 参与片选的二级译码，共同控制各芯片的片选端，以选中所寻址的某组芯片地址，这显然为全译码法。如果取 $A_{15} \sim A_{10}$ 分别为 001000、001001、001010 及 001011，经过译码器 74LS138 的 Y_4、Y_5 再与 A_{10} 组合控制，分别将输出的 4 个片选信号接到 4 组芯片的片选端，就可取得所需要的某组芯片地址区间，如表 6.3 所示，再由给定的低位地址 $A_9 \sim A_0$，即可选中某个地址单元。需要说明的是，译码方案不唯一。

图 6.12 中还画出了读/写信号产生电路，这里也加进了 $M/\overline{IO}$ 的控制，这样做可减少对 2114 的干扰。2114 的读/写控制信号只有一个 $\overline{WE}$，$\overline{WE} = 1$ 时为读操作，$\overline{WE} = 0$ 时为写操作。

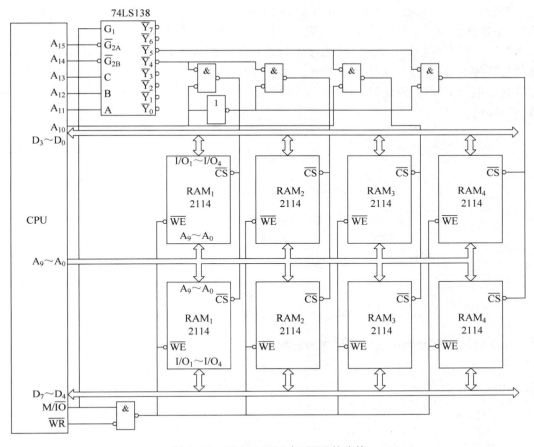

图 6.12　SRAM 2114 与 CPU 的连接

表 6.3　2114 的地址范围表

芯片	地　　址				
	$A_{15} \sim A_{14}$	A_{10}	$A_9 \sim A_0$	地址	说明
RAM_1	00100	0	0000000000	2000H	最低地址
			1111111111	23FFH	最高地址
RAM_2	00100	1	0000000000	2400H	最低地址
			1111111111	27FFH	最高地址
RAM_3	00101	0	0000000000	2800H	最低地址
			1111111111	2BFFH	最高地址
RAM_4	00101	1	0000000000	2C00H	最低地址
			1111111111	2FFFH	最高地址

6.2.2　动态 MOS 存储器

1. 单管动态存储元

为了进一步缩小存储器的体积,提高它们的集成度,人们设计了单管动态存储元电路。

　　单管动态存储元电路如图6.13所示，它由一个MOS管子VT_1和一个电容C构成。写入时，字选择线为"1"，VT_1导通，写入信息由位线（数据线）存入电容C中；读出时，字选择线为"1"，存储在电容C上的电荷，通过VT_1输出到数据线上，通过读出放大器即可得到存储信息。为了节省面积，这种单管存储元电路的电容C不可能做得很大，一般都比数据线上的分布电容C_D小。因此每次读出后，存储内容就被破坏。为此，必须采取恢复措施，以便再生原存的信息。

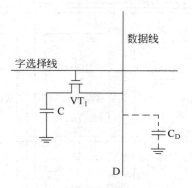

图6.13　单管动态存储元电路

由单管动态存储元组成的存储体矩阵如图6.14所示。

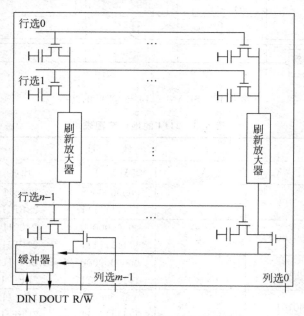

图6.14　单管DRAM的存储体矩阵

2. DRAM的刷新和DRAM控制器

　　刷新的方法有很多种，但最常用的是"只有行地址有效"的方法，按照这种方法，刷新时，存储体的列地址无效，一次只选中存储体中的一行进行刷新。具体执行时，依次选中存储芯片中的各行，被选中行中所有存储单元都分别和读出放大电路接通，在定时时钟作用下，读出放大电路分别对该行存储单元进行一次读出、放大和重写，即进行刷新。只要在刷新时限

2ms 中对 DRAM 芯片中所有行刷新一遍,就可以实现全面刷新。

为了实现刷新,DRAM 控制器具有如下功能。

(1) 时序功能。DRAM 控制器需要按固定的时序提供行地址选通信号 RAS,为此,用一个计数器产生刷新地址,同时用一个刷新定时器产生刷新请求信号,以此启动一个刷新周期,刷新地址和刷新请求信号联合产生行地址选通信号 RAS,每刷新一行,就产生下一个行地址选通信号。

(2) 地址处理功能。DRAM 控制器一方面要在刷新周期中顺序提供行地址,以保证在 2ms 中使所有的 DRAM 单元都被刷新一次;另一方面,要用一个多路开关对地址进行切换,因为正常读/写时,行地址和列地址来自地址总线,刷新时只是来自刷新地址计数器的行地址而没有列地址,总线地址则被封锁。

(3) 仲裁功能。当来自 CPU 对内存的正常读/写请求和来自刷新电路的刷新请求同时出现时,仲裁电路要做出仲裁,原则上,CPU 的读/写请求优先于刷新请求。内部的"读/写和刷新的仲裁和切换"电路一方面会实现仲裁功能,另一方面会完成总线地址和刷新地址之间的切换。

如图 6.15 所示的是 DRAM 控制器的原理图。其中,$\overline{CAS_0} \sim \overline{CASn}$ 和 $\overline{WE}$ 是传递的总线信号,与刷新过程无关。

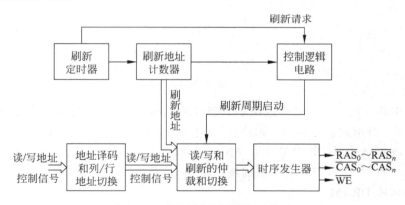

图 6.15 DRAM 控制器的原理图

3. 动态随机存取存储器举例

由于动态存储器电路简单,相对集成度要比静态存储器高得多,因此常作为微型计算机的主存储器。目前常用的有 4164、41256、41464 及 414256 等类型,其存储容量分别为 64K×1 位、256K×1 位、64K×4 位和 256K×4 位。

414256 的内部结构如图 6.16 所示。

414256 的基本组成是 512×512×4 的存储器阵列。在此基础上设有读出放大器与 I/O 门控制电路、行地址缓冲器/译码器、列地址缓冲器/译码器、数据输入/输出缓冲器、刷新控制/计数器及时钟发生器等。存储器访问时,行地址和列地址分两次输入。首先由信号锁存地址线 $A_0 \sim A_8$ 输入的 9 位行地址,其次再由信号锁存地址线 $A_0 \sim A_8$ 输入的 9 位列地址,最后经译码选中某一存储单元,在读/写控制信号的控制下,即可对该单元的 4 位数据进行读出或者写入。

由于动态存储器读出时需预充电,因此每次读/写操作均进行一次刷新。MCM 414256

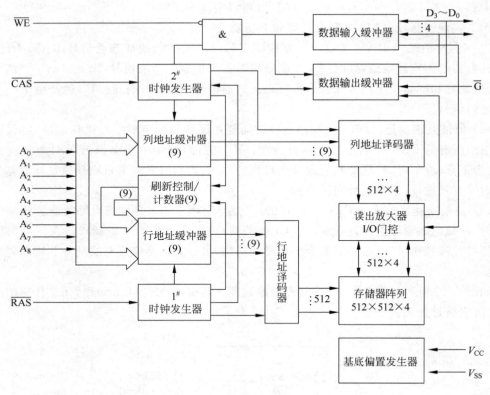

图 6.16　414256 内部结构

需要每 8ms 刷新一次。刷新时通过在 512 个行地址间按顺序循环进行，可以分散刷新，也可以连续刷新。分散刷新也称为分布刷新，是指每 15.6μs 刷新一行；连续刷新也称猝发方式刷新，它是对 512 行集中刷新。MCM414256 必须每 8ms 进行一次快速刷新，MCM41M256 每 64ms 进行一次快速刷新。

4. 高集成度 DRAM

由于微型计算机内存的实际配置已从 640KB 发展到高达 16MB 甚至 1GB，因此要求配套的 DRAM 集成度也越来越高。容量为 1M×1 位、1M×4 位、4M×1 位及更高集成度的存储器芯片已大量使用。通常把这些芯片放在内存条上，用户只需把内存条插到系统板上提供的存储条插座上即可使用。例如，有 256K×8 位、1M×8 位、256K×9 位、1M×9 位（9位时有一位为奇偶校验位）及更高集成度的存储条。如图 6.17 所示的是采用 HYM59256A 的存储条。其中，$A_8 \sim A_0$ 为地址输入线，$DQ_0 \sim DQ_7$ 为双向数据线，PD 为奇偶校验数据输入，$\overline{PCAS}$ 为奇偶校验的地址选通信号，PQ 为奇偶校验数据输出，$\overline{WE}$ 为读/写控制信号，$\overline{RAS}$、$\overline{CAS}$ 为行、列地址选通信号，V_{DD} 为电源（5V），V_{SS} 为地线，30 个引脚定义是存储条通用标准。

另外，还有 1M×8 位的内存条，HYM58100 是用 1M×1 位的 8 片 DRAM 组成的，也可用两片 1M×4 位 DRAM 组成，更高集成度的内存条请参阅存储器手册。

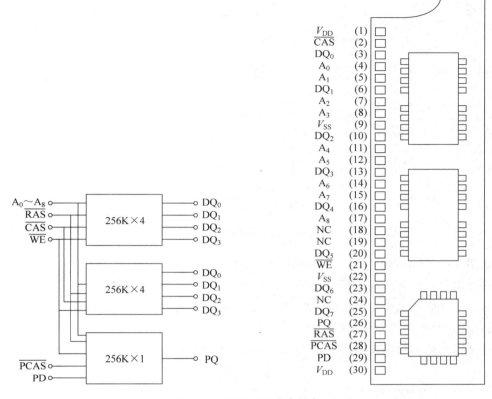

图 6.17　256K×9 位存储条

6.3　只读存储器

只读存储器（ROM）的信息在使用时是不能被改变的，即只能读出，不能写入，因此一般只能存放固定程序，如监控程序、IBM PC 中的 BIOS 程序等。ROM 的特点是非易失性，即掉电后再上电时存储信息不会改变。

早期只读存储器的存储内容根据用户要求，厂家采用掩膜工艺，把原始信息记录在芯片中，一旦制成后就无法更改，称为掩膜只读存储器（Masked ROM，MROM）。随着半导体技术的发展和用户需求的变化，先后出现了可编程只读存储器（Programmable ROM，PROM）、可擦可编程只读存储器（Erasable Programmable ROM，EPROM）及电可擦可编程只读存储器（Electrically Erasable Programmable ROM，EEPROM 或 E^2PROM）。近年来还出现了快擦型存储器（Flash Memory），它具有 EEPROM 的特点，而速度比 EEPROM 快得多。

6.3.1　掩膜只读存储器

掩膜 ROM 制成后，用户不能修改，如图 6.18 所示为一个简单的 4×4 位 MOS 管 ROM，采用单译码结构，两位地址线 A_1、A_0 译码后可译出 4 种状态，输出 4 条选择线，可分别选中 4 个单元，每个单元有 4 位输出。

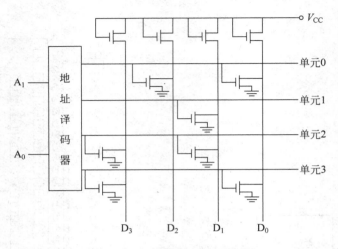

图 6.18　掩膜 ROM 电路原理图

如图 6.18 所示的矩阵中，在行和列的交点处，有的连有管子，有的没有，这是由工厂根据用户提供的程序对芯片图形（掩膜）进行二次光刻所决定的，所以称为掩膜 ROM。若地址线 $A_1 A_0 = 00$，则选中 0 号单位，即字线 0 为高电平，若有管子与其相连（如位线 D_2 和 D_0），则其相应的 MOS 管导通，位线输出为 0，而位线 D_1 和 D_3 没有管子与字线相连，则输出为 1。因此存储器的内容取决于制造工艺，图 6.18 所示的存储矩阵的内容如表 6.4 所示。

表 6.4　掩膜 ROM 的内容

单元	位			
	D_3	D_2	D_1	D_0
0	1	0	1	0
1	1	1	0	1
2	0	1	0	1
3	0	1	1	0

6.3.2　可擦可编程只读存储器

在某些应用中，程序需要经常修改，因此能够重复擦写的 EPROM 被广泛应用。这种存储器利用专门的编程器写入后，信息可长久保持，因此仍被归类于只读存储器。当其内容需要变更时，可利用专门的擦除器（由紫外线灯照射）将其擦除，各字节内容复原（为 FFH），再根据需要利用 EPROM 编程器写入新的数据，因此这种芯片可反复使用。

1. EPROM 的存储单元电路

通常 EPROM 存储电路是利用浮栅 MOS 管构成的，又称浮栅雪崩注入 MOS 管（Floating gate Avalanche Injection Metal Oxide Semiconductor，FAMOS），其结构示意图如图 6.19(a) 所示。

该电路和普通 P 沟道增强型 MOS 管相似，只是栅极没有引出端，而被 SiO_2 绝缘层所包围,故称为"浮栅"。在原始状态,栅极上没有电荷,该管没有导通沟道,D 和 S 是不导通的。如果将源极和衬底接地,在衬底和漏极形成的 PN 结上加一个约 24V 的反向电压,则可导致雪崩击穿,产生许多高能量的电子,这样的电子比较容易越过绝缘薄层进入浮栅。注入浮栅的电子数量由所加电压脉冲的幅度和宽度来控制。如果注入的电子足够多,这些负电子在硅表面上就感应出一个连接源、漏极的反型层,使源漏极呈低阻态。当外加电压取消后,积累在浮栅上的电子没有放电回路,因而在室温和无光照的条件下可长期保存在浮栅中。将一个浮栅管和 MOS 管串起来组成如图 6.19(b)所示的存储单元电路。于是浮栅中注入了电子的 MOS 管源、漏极导通,当行选择线选中该存储单元时,相应的位线为低电平,即读取值为"0",而未注入电子的浮栅管的源、漏极是不导通的,故读取值为"1"。在原始状态,即出厂时,厂家没有经过编程,浮栅中没有注入电子,位线上总是"1"。

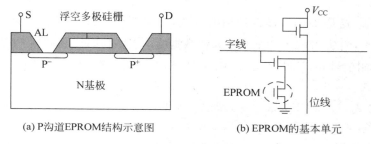

(a) P沟道EPROM结构示意图   (b) EPROM的基本单元

图 6.19 浮栅 MOS EPROM 存储电路

消除浮栅电荷的办法是利用紫外线光照射,由于紫外线光能量较高,从而可使浮栅中的电子获得能量,形成光电流从浮栅流入基片,从而使浮栅恢复初态。EPROM 芯片上方有一个石英玻璃窗口,只要将此芯片放入一个靠近紫外线灯管的小盒中,一般照射 10 分钟左右,读出各单元的内容(均为 FFH),就说明该 EPROM 已擦除。

2. 典型 EPROM 芯片介绍

EPROM 芯片有多种型号,如 2716(2K×8 位)、2732(4K×8 位)、2764(8K×8 位)、27128(16K×8 位)、27256(32K×8 位)等。下面以 2764A 为例,对 EPROM 的性能和工作方式进行介绍。

Intel 2764A 有 13 条地址线、8 条数据线、两个电压输入端 V_{CC} 和 V_{PP}、一个片选端 $\overline{CE}$ (功能同 $\overline{CS}$),此外还有输出允许端 $\overline{OE}$ 和编程控制端 $\overline{PGM}$,其功能框图如图 6.20 所示。

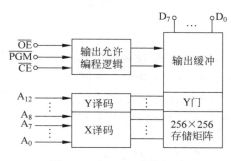

图 6.20 2764A 功能框图

Intel 2764A 有 7 种工作方式,如表 6.5 所示。

表 6.5　Intel 2764A 的工作方式

方式	引　脚							数据端功能
	$\overline{CE}$	$\overline{OE}$	$\overline{PGM}$	A_9	A_0	V_{PP}	V_{CC}	
读	低	低	高	×	×	V_{CC}	5V	数据输出
输出禁止	低	高	高	×	×	V_{CC}	5V	高阻
备用	高	×	×	×	×	V_{CC}	5V	高阻
编程	低	高	低	×	×	12.5V	V_{CC}	数据输入
编程校验	低	低	高	×	×	12.5V	V_{CC}	数据输出
编程禁止	高	×	×	×	×	12.5V	V_{CC}	高阻
标识符	低	低	高	高	低	V_{CC}	5V	制造商编码
					高	V_{CC}	5V	器件编码

(1) 读方式。这是 2764A 通常使用的方式,此时两个电源引脚 V_{CC} 和 V_{PP} 都接至 5V,$\overline{PGM}$ 接至高电平,当从 2764A 的某个单元读数据时,先通过地址引脚接收来自 CPU 的地址信号,然后使控制信号和 $\overline{CE}$ 和 $\overline{OE}$ 都有效,于是经过一个时间间隔,指定单元的内容即可读到数据总线上。

(2) 备用方式。只要 $\overline{CE}$ 为高电平,2764A 就工作在备用方式,输出端为高阻状态,这时芯片功耗将下降,从电源所取电流由 100mA 下降到 40mA。

(3) 编程方式。V_{PP} 接 12.5V,V_{CC} 仍接 5V,从数据线输入这个单元要存储的数据,$\overline{CE}$ 端保持低电平,输出允许信号 $\overline{OE}$ 为高,每写一个地址单元,都必须在 $\overline{PGM}$ 引脚端给一个低电平有效、宽度为 45ms 的脉冲,如图 6.21 所示。

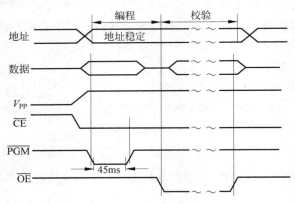

图 6.21　2764A 编程波形

(4) 编程禁止。在编程过程中,只要使该片 $\overline{CE}$ 为高电平,则编程就立即禁止。

(5) 编程校验。在编程过程中,为了检查编程时写入的数据是否正确,通常在编程过程中包含校验操作。在一个字节的编程完成后,电源的接法不变,但 $\overline{PGM}$ 为高电平,$\overline{CE}$、$\overline{OE}$ 均为低电平,则同一单元的数据就在数据线上输出,这样就可以与输入数据相比较校验编程的结果是否正确。

(6) Intel 标识符模式。把 A_9 引脚接至 11.5~12.5V 的高电平,则 2764A 处于读 Intel 标识符模式。要读出 2764A 的编码必须顺序读出两个字节,先让 A_1~A_8 全为低电平,而使 A_0 从低变高,分两次读取 2764A 的内容,当 A_0=0 时读出的内容为制造商编码(陶瓷封装为

89H,塑封为 88H),当 $A_0=1$ 时,则可读出器件的编码(2764A 为 08H,27C64 为 07H)。当两个电源端 V_{CC} 和 V_{PP} 都接至 5V,$\overline{CE}=\overline{OE}=0$ 时,$\overline{PGM}$ 为高电平。

另外,在对 EPROM 编程时,每写一个字节都需 45ms 的 $\overline{PGM}$ 脉冲,速度太慢,且容量越大,速度越慢。为此,Intel 公司开发了一种新的编程方法,比标准方法快 6 倍以上,其流程图如图 6.22 所示。

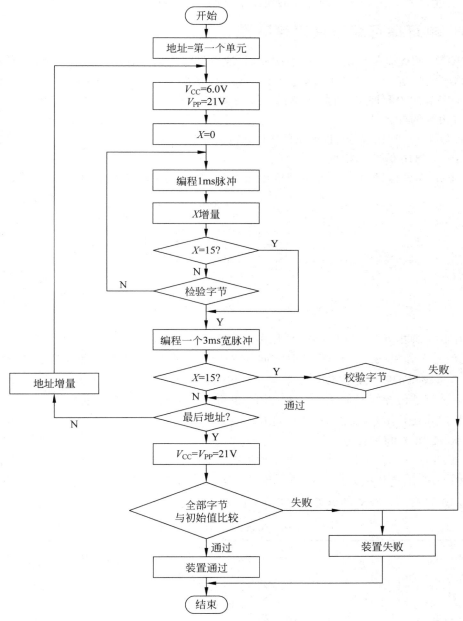

图 6.22 Intel 对 EPROM 编程方法流程图

实际上,按这一思路开发的编程器有多种型号。编程器中有一个卡插在 I/O 扩展槽上,外部接有 EPROM 插座,所提供的编程软件可自动提供编程电压 V_{PP},按菜单提示,可读、可编程、可校验，也可读出器件的编码，操作很方便。

3. 高集成度 EPROM

除了常用的 EPROM 2764 外，27128、27256、27512 等也是常用的 EPROM 芯片。由于工业控制计算机的发展，迫切需用电子盘取代硬盘，常把用户程序、操作系统固化在电子盘（ROMDISK）上，这时要用 27C010（128K×8 位）、27C020（256K×8 位）、27C040（512K×8 位）等大容量芯片。关于这几种芯片的使用请参阅有关手册。

6.3.3　电可擦可编程只读存储器

EPROM 的优点是一块芯片可多次使用，缺点是即使整个芯片只写错一位，也必须从电路板上取下将内容全部擦掉重写，这对于实际使用是很不方便的。在实际应用中，往往只要改写几个字节的内容即可，因此多数情况下需要以字节为单位的擦写。而 EEPROM 在这方面具有很大的优越性。

下面以 Intel 2816 为例，说明 EEPROM 的基本特点和工作方式。

1. Intel 2816 的基本特点

Intel 2816 是容量为 2K×8 位的电擦除 PROM，它的逻辑符号如图 6.23 所示。

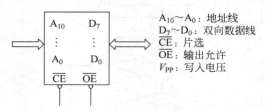

图 6.23　Intel 2816 的逻辑符号

芯片的引脚排列与 2716 一致，只是在引脚定义上，数据线引脚对 2816 来说是双向的，以适应读/写工作模式。2816 的读取时间为 250ns，可满足多数微处理器对读取速度的要求。2816 最突出的特点是可以以字节为单位进行擦除和重写。擦或写用 $\overline{CE}$ 和 $\overline{OE}$ 信号加以控制。一个字节的擦写时间为 10ms。2816 也可整片进行擦除，整片擦除时间也是 10ms。无论字节擦除还是整片擦除均在机内进行。

2. Intel 2816 的工作方式

Intel 2816 有 6 种工作方式，每种工作方式下各个控制信号所需电平如表 6.6 所示。从表 6.6 中可知，除整片擦除外，$\overline{CE}$ 和 $\overline{OE}$ 均为 TTL 电平，V_{PP} 在整片擦除时为 +9～+15V，在擦或写方式时均为 +21V 的脉冲，而其他工作方式时电压为 +4～+6V。

表 6.6　**Intel 2816 的工作方式**

方　　式	引　　脚			
	$\overline{CE}$	$\overline{OE}$	V_{PP}/V	数据线功能
读	低	低	+4～+6	输出
备用	高	×	+4～+6	高阻
字节擦除	低	高	+21	输入为高电平
字节写	低	高	+21	输入
片擦除	低	+9～+15V	+21	输入为高电平
擦写禁止	高	×	+21	高阻

（1）读方式。在读方式时，允许 CPU 读取 2816 的数据。在 CPU 发出地址信号及相关的控制信号后，经一定延时，2816 就可以提供有效数据。

（2）写方式。2816 具有以字节为单位的擦写功能，擦除和写入是同一种操作，即都是写，只不过擦除是固定写"1"而已。因此，擦除时，数据输入是 TTL 高电平。在以字节为单位进行擦除和写入时，$\overline{CE}$ 为低电平，$\overline{OE}$ 为高电平，从 V_{PP} 端输入编程脉冲，宽度最小为 9ms，最大为 70ms，幅度为 21V。为保证存储单元能长期、可靠地工作，编程脉冲要求以指数形式上升到 21V。

（3）片擦除方式。2816 需整片擦除时，当然也可按字节擦除方式将整片 2KB 逐个进行擦除，但最简便的方法是依照表 6.6，将 $\overline{CE}$ 和 V_{PP} 按片擦除方式连接，将数据输入引脚置为 TTL 高电平，而使 $\overline{OE}$ 引脚电压达到 9～15V，则大约经过 10ms，整片内容就全部被擦除，即 2KB 的内容全为 FFH。

（4）备用方式。当 2816 的 $\overline{CE}$ 端加上 TTL 高电平时，芯片处于备用状态，$\overline{CE}$ 控制无效，输出呈高阻态。在备用状态下，其功耗可降到原来的 55%。

3. 2817A EEPROM

在工业控制领域，常用 2817A EEPROM，其容量也是 2K×8 位，采用 28 根引脚封装，它比 2816 多一个 RDY/$\overline{BUSY}$引脚，用于向 CPU 提供状态。擦写过程为：将原有内容擦除时，将 RDY/$\overline{BUSY}$引脚置于低电平，然后再将新的数据写入，完成此项操作后，再将 RDY/$\overline{BUSY}$引脚置于高电平，CPU 通过检测此引脚的状态来控制芯片的擦写操作，擦写时间约为 5ns。

2817A 的特点是片内具有防写保护单元，适于现场修改参数。2817A 引脚图如图 6.24 所示。

图 6.24 中，R/$\overline{B}$ 是 RDY/$\overline{BUSY}$的缩写，用于指示器件的准备就绪/忙状态，2817A 使用单一的 5V 电源，在片内有升压到 21V 的电路，用于原 V_{PP} 引脚的功能，可避免 V_{PP} 偏高或加电顺序错误引起的损坏，2817A 片内有地址锁存器、数据锁存器，因此，可与 8088/8086、8031、8096 等 CPU 直接连接。

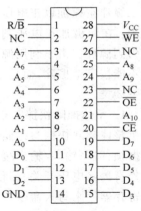

图 6.24 2817A 引脚图

2817A 片内写周期定时器通过 RDY/$\overline{BUSY}$引脚向 CPU 表明它所处的工作状态，在写一个字节的过程中，此引脚呈低电平，写完以后此引脚变为高电平。2817A 中 RDY/$\overline{BUSY}$引脚的这一功能可在每写完一个字节后向 CPU 请求外部中断来继续写入下一个字节，而在写入过程中，其数据线可呈高阻状态，故 CPU 可继续执行其程序。因此，采用中断方式既可在线修改内存参数，而又不致影响工业控制计算机的实时性。

2817A 读取时间为 200ns，数据保存时间接近十年，每个单元允许擦写 10^4 次，故要均衡地使用每个单元，以提高其寿命。2817A 的工作方式如表 6.7 所示。

表 6.7　Intel 2817A 的工作方式

方　式	引　脚				
	$\overline{CE}$	$\overline{OE}$	$\overline{WE}$	RDY/BUSY	数据线功能
读	低	低	高	高阻	输出
维持	高	无关	无关	高阻	高阻
字节写入	低	高	低	低	输入
字节擦除	字节写入前自动擦除				

此外，2864A 是 8K×8 位的 EEPROM，其性能更优越，每个字节擦写时间为 5ns，整片擦除只需 2ms，读取时间为 250ns，其引脚与 2764 兼容。

6.3.4　快擦写存储器

只读存储器的特点是在不加电的情况下其中的信息可以长期保持。而快擦写存储器与EEPROM 类似，除信息可以长期保持之外，也可在线擦除与重写。其集成度与价格已接近EEPROM，因而有替代 EPROM 和 EEPROM 的趋势。

快擦写存储器(Flash Memory)的基本单元电路与 EEPROM 类似，也是由双层浮空栅MOS 管组成。但是第一层栅介质很薄，作为隧道氧化层。写入方法与 EEPROM 相同，在第二级浮空栅加以正电压，使电子进入第一级浮空栅。读出方法与 EPROM 相同。擦除方法为：在源极加正电压利用第一级浮空栅与源极之间的隧道效应，把注入浮空栅的负电荷吸引到源极。由于利用源极加正电压擦除，因此各单元的源极连在一起，这样，快擦写存储器不能按字节擦除，而是全片或分块擦除。按照擦除和使用方式，快擦写存储器目前主要有以下 3 类。

1. 整体擦除快擦写存储器

整体擦除快擦写存储器除了一般只读存储器所具备的地址锁存器/译码器、片选电路、数据锁存器、输入/输出缓冲器和读控制电路之外，存储器阵列采用的是快擦写存储器电路，另外有擦除电压开关、编程电压开关、命令寄存器、停止定时器及状态控制电路等。其中，命令寄存器用来写入命令字及执行该命令所需要的地址和数据。目前，整体擦除快擦写存储器已有多种型号，如 28F010、28F020、28F256 和 28F512。

2. 对称型块结构快擦写存储器

对称型块结构快擦写存储器把存储器阵列划分成大小相等的存储块，每块可以独立地被擦除或者编程。擦除时可以擦除其中的任意一块。目前对称型块结构快擦写存储器已有多种型号，如 28F008SA、28F016SA 和 28F032SA 等。

其中，28F008SA 是 8MB 存储器，其结构为 1M×8，划分成 16 个 64KB 存储块。内部设有状态机，在字写和块擦除后自动进行验证操作，通过内部状态寄存器来指示状态机的状态，以及字节写和块擦除操作是否成功。

3. 带自举块快擦写存储器

带自举块快擦写存储器是在块结构的基础上增加了自举块，自举块用来存储自举程序。自举具有加电自检和磁盘引导功能。自举块具有数据保护特性，以在临界应用中保护自举程序代码。目前，带自举块快擦写存储器也有多种型号，如 28F400BX 和 28F004BX 等，其中,28F004BX 是 8 位快擦写存储器;28F400BX 是 8 位/16 位快擦写存储器,可与 8 位/16 位数据总线连接。

28F004BX/28F400BX 是 4MB 块结构快擦写存储器,可构成 512KB 或 256K 字(16 位)存储器。在 4MB 存储器中包含 7 个独立的可快擦写存储块,一个可锁定的自举块(16KB),两个参数块(每块 8KB)和 4 个主块(1 块 96KB,3 块各为 128KB)。为了适应不同处理器自举代码位置协议,自举块位于地址映像的顶部(28F400BX—T 和 28F004BX—T)或底部(28F400BX—B 和 28F004BX—B)。自举块受引脚信号 PWD 控制,当 PWD 为 11.4~12.6V 时自举块不锁定,可进行编程和擦除操作;当 PWD≤6.5V 时自举块锁定,即不能对其编程和擦除。

ROM、Flash 存储器与 CPU 的连接、设计原则同 SRAM。但应注意 $\overline{OE}$(输出允许)的使用,可酌情接 $\overline{RD}$ 信号或直接接直流地。

6.4 虚拟存储器

当代计算机系统的主存主要由半导体存储器组成,由于工艺和成本的原因,主存的容量受到限制。然而,计算机系统软件和应用软件的功能不断增强,程序规模迅速扩大,要求主存的容量越大越好,这就产生了矛盾。为了给大的程序提供方便,使它们摆脱主存容量的限制,可以由操作系统把主存和辅存这两级存储系统管理起来,实现自动覆盖。也就是说,一个大作业在执行时,其一部分地址空间在主存,另一部分地址空间在辅存,当所访问的信息不在主存时,则由操作系统安排 I/O 指令,把信息从辅存调入主存。从效果上来看,好像为用户提供了一个存储容量比实际主存大得多的存储器,用户无须考虑所编程序在主存中是否放得下或放在什么位置等问题。人们将这种存储器称为虚拟存储器。

虚拟存储器只是一个容量非常大的存储器的逻辑模型,不是任何实际的物理存储器。它借助于磁盘等辅助存储器来扩大主存容量,使之为更大或更多的程序所使用。虚拟存储器工作于主存—外存层次,它以透明的方式为用户提供了一个比实际主存空间大得多的程序地址空间。

物理地址是实际的主存单元地址,由 CPU 地址引脚送出,是用于访问主存的。设 CPU 地址总线的宽度为 m 位,则物理地址空间的大小就是 2^m。

虚拟地址是用户编程时使用的地址,由编译程序生成,是程序的逻辑地址,其地址空间的大小受到辅助存储器容量的限制。显然,虚拟地址要比实际地址大得多。程序的逻辑地址空间称为**虚拟地址空间**。

程序运行时,CPU 以虚拟地址来访问主存,由辅助硬件找出虚拟地址和实际地址之间的对应关系,并判断这个虚拟地址指示的存储单元内容是否已装入主存。如果已在主存中,则通过**地址变换**,CPU 可直接访问主存的实际单元;如果不在主存中,则把包含这个字的一个存储块调入主存后再由 CPU 访问。如果主存已满,则由替换算法从主存中将暂不运行的一块调回外存,再从外存调入新的一块到主存。

根据地址格式的不同,虚拟存储器可分为页式虚拟存储器、段式虚拟存储器和段页式虚拟存储器 3 种。

页式虚拟存储器以定长的页为基本信息传送单位,主存的物理空间也被分成等长的页,每一页等长的区域称为**页面**，页面在主存中的位置是固定的。因此，页面的起始地址和结束地址都是固定的，页的调入和管理都比较简单，只要有空闲的页面就可接纳新的页面。

段式虚拟存储器对主存按段分配和管理。段是利用程序的模块化性质，按照程序的逻辑结构划分为多个相对独立的部分，如过程、数据表、阵列等。段作为独立的逻辑单位可以被其他程序段调用，这样就形成了段间连接，产生规模较大的程序。因此，把段作为基本信息单位在主存—外存之间传送和定位是比较合理的。一般用段表来指明各段在主存中的位置，每段都有它的名称（用户名称或数据结构名称或段号）、段起点、段长等。段表也是主存的一个可再定位的段。段式管理的优点是段的分界与程序的自然分界相对应，段的逻辑独立性使它易于编译、管理、修改和保护，也便于多道程序共享。某些类型的段（如堆栈、队列）具有动态可变长度，允许自由调度以便有效利用主存空间。但是，正因为段的长度各不相同，段的起始地址和结束地址不定，这给主存空间分配带来麻烦，而且容易在段间留下许多碎片不好利用，造成浪费，这种浪费比页式管理系统要大。

页式虚拟存储器和段式虚拟存储器各有优缺点，段页式虚拟存储器则是结合两者优点的一种方案。它把整个存储器分成若干个段，每段又分成若干页，每页包含若干个存储单元。程序按模块分段管理，进入主存仍以页为基本信息传送单位。

6.5　Intel 80x86 内存管理模式

从 Intel 80386 开始，Intel 80x86 CPU 有 3 种工作模式：实地址模式、保护模式和虚拟8086 模式。

1. 实模式存储管理

实地址模式是最基本的工作模式。Intel 8086 CPU 只运行在实地址模式下，Intel 80386 之后的 CPU 在计算机刚刚启动的时候运行在实模式下，等到操作系统运行起来之后就切换到保护模式。

实模式只能访问地址在 1MB 以下的常规内存，1MB 以上的内存称为**扩展内存**。

实模式下的存储系统中，程序适用 16 位"段基址：偏移量"格式，虽然用户的程序可按逻辑意义划分为代码段、数据段、堆栈段、附加数据段，但是它没有实现按段来分配存储空间。它只能在静态连接后，对整个程序分配连续的存储空间，当然也不支持虚拟存储。逻辑地址到物理地址的转换是由 CPU 自动完成的。

2. 保护模式存储管理

通常，在程序运行过程中，为了避免应用程序破坏系统程序，或破坏其他应用程序，或错误地把数据当作程序运行，所采取的措施称为"保护"。保护模式的特点是引入了虚拟存储器的概念。

Intel 80386 CPU 有 32 根地址线，当工作在保护模式时，全部 32 位地址线有效，可寻址高达 4GB 的物理地址空间。保护模式采用分段分页的虚拟存储器机制，使用 46 位虚拟地址，虚拟地址空间最大可达 64TB。用户在程序中所使用的地址都是由"段选择符"和"偏移量"组成的逻辑地址，程序在系统中运行时，由存储管理机制把逻辑地址转换成物理地址。

Intel 80386 CPU 集成存储管理部件（Memory Management Unit，MMU），MMU 采用了分段机制和分页机制以实现两级"虚拟—物理"地址转换，如图 6.25 所示。

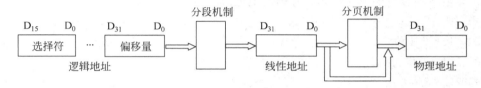

图 6.25 两级"虚拟—物理"地址转换

3. 虚拟 8086 模式存储管理

虚拟 8086 模式是保护模式下的一种工作方式。在虚拟 8086 模式下,处理器类似于 8086,寻址的地址空间是 1MB,段寄存器的内容作为段地址解释,20 位存储单元地址由段地址×16+偏移地址构成。但虚拟 8086 模式的工作原理与保护模式相同,通过使用分页功能,把虚拟 8086 模式下的 1MB 地址空间映射到 80386 的 4GB 物理空间中的任何位置。

6.6　例　题　解　析

1. 若 256Kb 的 SRAM 具有 8 条数据线,则它具有(　　　)条地址线。

    A. 10　　　　　　　B. 15　　　　　　　C. 20　　　　　　　D. 32

【解析】

256Kb＝32KB×8,而 32KB＝$2^5 \times 2^{10}$B＝2^{15}B,故它具有 15 条地址线。正确结果是 B。

2. 对存储器进行访问时,地址线有效和数据线有效的时间关系应该是(　　　)。

    A. 同时有效同时无效　　　　　　　　B. 数据线较先有效

    C. 地址线较先有效　　　　　　　　　D. 以上均可

【解析】

正确结果是 C。

3. 8086 CPU 经过加电复位后,执行第一条指令的地址是(　　　)。

    A. FFFFH　　　　　　B. 03FFFH　　　　　C. 0FFFFH　　　　　D. FFFF0H

【解析】

在 8086 的 1MB 存储空间中,从 FFFF0H 开始到 FFFFFH 共 16 个单元,一般用来存放一条无条件转移指令,转到系统的初始化程序,系统加电或复位后,会自动转到 FFFF0H 单元,开始系统初始化操作。正确结果是 D。

4. 在研制某一计算机应用系统的过程中,存储监控程序的存储器应选用(　　　)。

    A. RAM　　　　　　B. PROM　　　　　　C. EPROM　　　　　D. ROM

【解析】

作为一个系统的监控程序,它是管理该系统的系统程序,在工作过程中一般不会改变,即工作在只读方式,因此应该选用只读存储器来存放。但是在系统的研制过程中,对系统的结构和功能等经常要修改,相应的监控程序也要改变,为此应该选用能够便于用户多次重写的只读存储器。EPROM 存储器可以使用紫外线照射,使其内容消失,然后再重新写入新的内容。正确结果是 C。

5. 写出下列容量的 RAM 芯片片内的地址线和数据线的条数。

（1）4K×8 位；

（2）512K×4 位；

（3）1M×1 位；

（4）2K×8 位。

【解析】

（1）4K×8 位：地址线 12 条，数据线 8 条。

（2）512K×4 位：地址线 19 条，数据线 4 条。

（3）1M×1 位：地址线 20 条，数据线 1 条。

（4）2K×8 位：地址线 11 条，数据线 8 条。

6. 8086 CPU 执行"MOV [2003H]，AX"指令，从取指令到执行指令最少需要多少时间？设时钟频率为 5MHz，该指令的机器码为 4 字节，存放在 1000H：2000H 开始的代码段中。

【解析】

（1）该条指令的机器码为 4 字节，存放在 1000H：2000H 开始的 4 个单元中。取指令需要两个总线周期，第一次取出 1000H：2000H 与 1000H：2001H 两个单元中的 16 位数据；第二次取出 1000H：2002H 与 1000H：2003H 两个单元中的 16 位数据；接着执行指令，将 AX 中 16 位数传送到 DS：2003H 与 DS：2004H 两个存储单元中。因为是奇地址字，所以需要两个总线周期才能完成。这样，从取指令到执行指令共需要 4 个总线周期。

（2）在无等待周期的情况下，从取指令到执行指令共需要 $4 \times 4 \times 1/5(\text{MHz}) = 3.2 \mu s$（一个总线周期在无等待周期的情况下由 4 个时钟周期组成）。

7. 什么是内存条？采用内存条有何优点？

【解析】

内存条是一种以小型板卡形式出现的内存储器产品，在一个长条的印刷电路板上安装有若干存储器芯片，印刷板长边上有引脚，内存条可插在主板上的内存条插槽中。

采用内存条的优点是：安装容易，便于更换和易于增加或扩充内存容量。

习　题　6

1. 试述 DRAM 的工作特点；与 SRAM 相比的优缺点；说明它的使用场合。

2. 试述 DRAM 刷新过程和正常读/写过程的区别。

3. 设有一个具有 20 位地址和 32 位字长的存储器，问：

（1）该存储器的存储容量是多少？

（2）如果存储器由 512K×8 位 SRAM 芯片组成，需要多少片？

（3）需要多少组作芯片选择？

4. 对由 8K×8 位 RAM 组成的存储器系统，若某组的起始地址为 08000H，则其末地址为多少？

5. 在 8088 最大方式系统总线上设计 4KB 的 SRAM 存储器电路。SRAM 芯片选用 Intel 2114，起始地址从 00000H 开始。试画出此存储器电路与系统总线的连接图。

6. 在 8088 系统总线上设计 8KB 的 SRAM 存储器电路。SRAM 芯片选用 Intel 6264，起始地址从 04000H 开始，译码电路采用 74LS138。

（1）计算此 RAM 存储区的最末地址是多少。

（2）画出此存储器电路与系统总线的连接图。

7. 在 8086 最小方式系统总线上设计 16KB 的 SRAM 存储器电路。SRAM 芯片选用 Intel 6264，起始地址从 04000H 开始，译码电路采用 74LS138。

（1）请画出译码方案。

（2）画出此存储器电路与系统总线的连接图。

（3）编写程序实现对此存储器区域进行自检。

第 7 章

输入 / 输出技术

计算机通过输入/输出系统与外围设备交换信息,一个计算机系统的综合处理能力,系统的可扩展性、兼容性和性价比,都和 I/O 系统有密切联系。本章首先介绍输入/输出接口的功能和基本结构,输入/输出的基本方式,然后重点介绍中断控制器 8259 的工作要求及其编程,DMA 方式的原理,DMA 控制器 8237 工作过程和应用。

7.1 输入/输出系统概述

中央处理器和内存储器构成计算机的**主机**,主机以外的其他硬件设备都称为**外围设备**,包括输入设备、输出设备和辅助存储器。计算机通过**输入/输出系统**(简称 I/O 系统)与外围设备交换信息,它由 I/O 接口、I/O 管理部件及有关软件构成。

7.1.1 输入/输出接口

1. 接口电路

现代计算机系统外围设备的种类繁多,性能、结构差异也很大。

从工作原理上看,外围设备有机械式、电动式、电子式、光电式等,它们的输入信号可以是数字量,也可以是模拟量,发送和接收信息的方式各不相同,而且其数据格式及物理参数也不尽相同。主机与它们之间连接的控制和状态信号却是有限的,主机接收和发送数据的格式是固定的,主机的输入/输出方式不可能针对某一个设备来设计,应该按照统一的规则制定输入输出。

从信息传输速率来看,各类外围设备相差也很悬殊。例如,键盘操作速度取决于手指按键的速度,每秒钟最快也仅能输入 6~10 个英文字符;而通过磁盘读入数据时,速度可高达100MB/s 以上。当前微机系统 CPU 的速度已高达 2.4~4GHz,即使是高速磁盘,其速度与CPU 相比仍相差甚远,这就要求外设的操作在很大程度上要独立于 CPU,不能使用同一的工作节拍。

综上所述,主机的输入/输出方式应与具体设备无关,具有独立性。主机要对性能各异的外设进行控制,与它们交换信息,必须在主机与外设之间设置一组电路界面,将 CPU 系统总线发出的控制信号、数据信号和地址信号转换成外设所能识别和执行的具体命令,而将外设发送给 CPU 的数据和状态信息转换成系统总线所能接收的信息,传送给 CPU。这就是**输入/输出接口电路**,简称 I/O 接口,也称**适配器**。I/O 接口电路位于主机和外围设备之间,起着"转换器"的作用,协助完成输入/输出过程中的数据传送和控制任务。I/O 接口通过系统总线连接主机和外设,如图 7.1 所示。

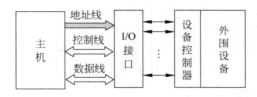

图 7.1　外围设备的连接

2. 接口电路分类

从不同角度出发,可以将接口电路分为多种类型。

(1) 按接口电路的通用性。根据接口电路的通用性,可以分为专用接口和通用接口。

专用接口是指针对某一种具体的外围设备而设计的接口电路,如显示器适配器、键盘控制器、硬盘控制器等。

通用接口是可供多种外围设备使用的标准接口,如并行输入/输出接口 8255A、中断控制器 8259A 等。

(2) 按数据传送格式。根据数据的传送格式,可以分为并行接口和串行接口。

并行接口是指接口与系统总线之间,接口与外围设备之间,都按并行方式传送数据。

串行接口是指接口与外围设备之间用串行方式传送数据,但与系统总线之间仍按并行方式传送数据。

(3) 按接口是否可编程。根据接口是否可以编程,可以分为可编程接口和不可编程接口。

可编程接口是指在不改变接口硬件的情况下,可通过编程修改接口的操作参数,改变接口的工作方式和工作状态,从而提高接口功能的灵活性。

不可编程接口是指接口的工作方式和工作状态完全由接口硬件电路决定,用户不可通过编程加以修改。

(4) 按时序控制方式。根据接口的时序控制方式,可以分为同步接口和异步接口。

同步接口是指接口与系统总线之间信息的传送,由统一的时序信号同步控制。

异步接口是指接口与系统总线之间、接口与外围设备之间的信息传送不受统一的时序信号控制,而由异步应答方式传送。

3. 接口的基本功能

(1) 数据缓冲功能。通常情况下,外围设备传送信息的速度与 CPU 处理速度有较大的差异,为了调节这种差异,可以在接口电路中设置数据寄存器,实现对输入/输出数据的缓冲和锁存。

(2) 联络功能。不同的外围设备有不同的控制方式,而 CPU 的工作控制方式是固定的,要实现对外围设备的控制,如启动、停止等,接口电路就应能接收 CPU 发来的控制命令,将它转换为外围设备所需的操作命令。同时,针对外围设备的不同情况,CPU 应能根据当前外围设备的状态,采取相应的措施,为此接口电路就要记录外围设备送入的工作状态信息,供 CPU 查询。

(3) 寻址功能。I/O 接口电路要实现上述数据缓冲、控制和状态监视,就要设置相应的数据寄存器、状态寄存器、控制寄存器。CPU 对接口电路的访问,实际上就是对这些寄存器的访问。I/O 接口内部的这些寄存器称为 I/O 端口,每个端口有一个**端口地址**。接口接收来自系统总线的寻址信息,经过译码电路,选择相应的寄存器,与总线进行信息交换。

(4) 预处理功能。系统总线采取并行传送方式,如果是串行接口,那么接口就要完成数据的串—并转换。另外,如果外围设备与接口,接口与系统总线之间传送的数据宽度、时序、负载不匹配,则接口要进行相应的匹配;如果外围设备所用信号电平与系统总线不相同,则接口还要进行信号电平的转换。

(5) 中断管理/DMA控制功能。有些接口,为了能够实现以中断方式与CPU交换信息,或以DMA方式与存储器交换信息,往往在接口电路中设置中断控制逻辑或DMA控制逻辑,以便能够向主机提出中断请求或DMA请求,反过来,对主机给予的请求应答能得到立即响应,即提供相应的处理。

4. 接口电路的基本结构

要使接口电路实现上述功能,在其内部就应该设置地址译码器、数据缓冲器、控制寄存器、状态寄存器、简单的控制逻辑,有些接口电路中还可以设置中断控制逻辑或DMA控制逻辑。一个标准I/O接口可能连接一个设备,也可能连接多个设备。如图7.2所示的是接口电路的一般结构图。

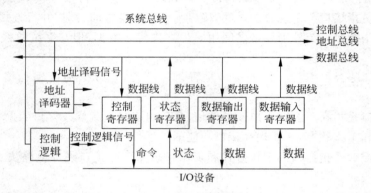

图 7.2 接口电路结构图

(1) I/O端口。I/O端口是I/O接口电路中能被CPU直接访问的寄存器的地址。CPU通过端口地址向接口电路中的各类寄存器发送命令、读取状态和传送数据。I/O接口中包括数据端口、状态端口和控制端口3种端口。

① 数据端口。数据端口对来自或者送往CPU和内存的数据起缓冲作用。数据输出寄存器锁存CPU送出给外设的数据信息;数据输入寄存器暂存由外设传递给主机的数据信息。根据不同的需要,在接口电路中还可以设置不同的数据寄存器,从一个到几十个不等。

② 状态端口。状态端口存放外围设备或者接口部件本身的状态。外设通过状态寄存器存放向CPU提供的可查询的外设状态信息,CPU可通过数据线读回,并根据外设的状态信息采取相应措施。

③ 控制端口。控制端口存放CPU发出的命令,以便控制接口和设备的动作。控制寄存器接收来自CPU的控制命令字,并将它们转换为外设可识别的操作命令。

(2) 地址译码器。地址译码器对接口电路内部寄存器地址进行译码,选中某一个寄存器。

（3）控制逻辑。控制逻辑接收来自 CPU 的命令,控制接口中的各个部件协调工作。

（4）其他。对于采用中断方式或 DMA 方式与主机进行数据交换的外设,其接口电路还可以设置中断/DMA 控制逻辑部分。通常情况下,接口电路中的中断控制逻辑或 DMA 控制逻辑只是中断控制或 DMA 控制的一部分,一般包括一个中断请求触发器或 DMA 请求触发器和一个中断屏蔽触发器。对于多个接口电路公用的中断控制或 DMA 控制电路,集中在公共的中断和 DMA 接口中。

对于不同的外围设备,它们的接口电路的结构和相应功能也不相同,图 7.2 只是给出了一个通用的接口结构模型。

5. 端口的编址方式

在 2.2.2 节中介绍了对 I/O 端口的两种编址方式:一种是 I/O 端口和内存储器统一编址方式;另一种是 I/O 端口单独编址方式。

7.1.2 输入／输出的基本方法

主机与外围设备之间的信息交换实际上是 CPU 与接口之间的信息传送。在设计接口电路时,根据应用系统的要求,对 CPU 与外设之间的信息传送采用适当的信息传送控制方式是至关重要的。传送的方式不同,CPU 对外设的控制方式也不同,从而使接口电路的结构及功能也不同。在 2.3 节中曾经介绍过,I/O 传送控制方式一般有 5 种,即程序控制方式、中断控制方式、直接存储器存取方式、通道方式和外围处理机方式。

1. 程序控制方式

程序控制方式的特点是依靠程序的控制来实现主机和外设的数据传送,可分为无条件传送方式和程序查询方式。

无条件传送方式又称为同步传送方式,是一种最简单的输入/输出控制方式,一般用于固定外设在规定的时间进行信息交换,如发光二极管、桥式预置开关、报警继电器、机械式传感器等。在这种传送方式中,要求外设和 CPU 始终是准备好的,CPU 直接执行输入或输出指令,便可实现数据传送,其实质是用程序定时同步传送。采用无条件传送方式的硬件、软件都比较简单,I/O 接口中一般只需要数据端口。

程序查询方式是指 CPU 在传送数据之前,要先检查外设是否"准备好",若没有准备好,则继续查询其状态,直至外设准备好,即确认外围设备已具备传送条件之后,才能进行数据传送。打印机、扫描仪、绘图仪等外设可用查询方式传送数据。在这种方式下,CPU 每传送一个数据,需要花费很多时间来等待外设进行数据传送的准备,因此 CPU 的效率很低,且 CPU 与外设不能并行工作。但实现这种传送方式的硬件接口电路简单,在 CPU 不太忙且传送速度要求不高、连接外设不多时,可以采用。目前多用于单片机和数字信号处理机(DSP)中。

2. 中断控制方式

中断是外围设备"主动"通知 CPU 准备发送或接收数据。当外设需要与 CPU 进行数据交换时,便由中断接口电路向 CPU 发出一个中断请求信号,待 CPU 响应这一中断请求后,便可通过中断服务程序完成 I/O 信息交换。由于 CPU 省去了对外设状态查询和等待的时间,从而使 CPU 与外设可以并行地工作,大大提高了 CPU 的效率。例如,上述查询传送的设备改用中断方式可连接几十台外设,并大大提高 CPU 和多台外设的工作效率及实时响应的速度。

中断传送每操作一次,CPU 就会打断原来执行的程序去执行一段中断服务程序,对速度较高的外设可能会产生信息丢失,因此,中断控制方式一般仅用于低速外设与 CPU 之间的信息交换。

3. 直接存储器存取控制方式

采用中断方式交换数据时,输入/输出操作仍需通过 CPU 执行 IN、OUT、MOV 等指令来实现外设与内存之间的信息传送,并且中断服务的时间开销比较大,对于一些高速的外围设备,以及数据块传送的情况,仍然显得速度太慢。

直接存储器存取(Direct Memory Access,DMA)方式是一种完全由硬件执行 I/O 交换的方式。在这种方式中,CPU 不参与数据的传送,而是由 DMA 控制器来实现内存与外设之间、外设与外设之间的直接快速传送,几乎没有额外开销,因此传输效率很高,并且减轻了CPU 的负担,这对于大批量数据块的高速传送特别有用。

4. 通道方式

DMA 的出现已经减轻了 CPU 对 I/O 操作的控制,使得 CPU 的效率有了显著的提高,而通道的出现则进一步提高了 CPU 的效率。这是因为,CPU 将部分权力下放给通道。通道是一个具有特殊功能的处理器,在某些应用中称其为输入/输出处理器(IOP),它可以实现对外围设备的统一管理和外围设备与内存之间的数据传送。这种提高 CPU 效率的方式是以花费更多的硬件为代价的。

5. 外围处理机方式

外围处理机(Peripheral Processor Unit,PPU)方式是通道方式的进一步发展。由于PPU 基本上独立于主机工作,它承担原来必须由 CPU 承担的 I/O 操作,这就大大地减轻了CPU 控制外设的负担,从而有效地减少了 CPU 在 I/O 处理中的开销。

在 8086 系统中,8089 是专门用来处理输入/输出的协处理器。它共有 52 条指令、1MB寻址能力和两个独立的 DMA 通道。当以 8086 为 CPU 的系统中配置 8089 后,8089 能承担原由 8086 执行的 I/O 操作,以通道控制方式管理各种 I/O 设备。

8089 是一个智能控制器,它可以取出和执行指令,除了控制数据传送外,还可以执行算术和逻辑运算、转移、搜索和转换。当 CPU 需要进行 I/O 操作时,它只要在存储器中建立一个信息块,将所需要的操作和有关参数按照规定列入,然后通知 8089 前来读取即可。8089 读取操作控制信息后,能自动完成全部的 I/O 操作。因此,对配合 8089 的 CPU 来说,在所有输入/输出的操作过程中,数据都是以块为单位成批发送或接收的。而把一块数据按字或字节与 I/O 设备(如 CRT 终端、行式打印机等)交换都由 8089 来完成。当 8089 控制数据交换时,CPU 可以并行处理其他操作。

综上所述,计算机外围设备的输入/输出方式如图 7.3 表示。其中,程序查询方式和程序中断方式适用于数据传输率比较低的外围设备,而 DMA 方式、通道方式和外围处理机方式则适用于数据传输率比较高的外围设备。

另外,主机与外围设备之间的信息交换是通过 I/O 接口实现的,以上各种传送方式,都是在 CPU 与 I/O 接口之间进行的。

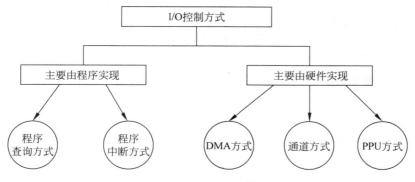

图 7.3　外围设备的输入／输出方式

7.2　程序控制方式

　　程序控制方式是指在程序的控制下来实现主机和外设的数据传送，可分为无条件传送方式和查询方式。

7.2.1　无条件传送方式

　　所谓无条件，就是假设外设已处于就绪状态，数据传送时，程序不必再去查询外设的状态，而直接执行 I/O 指令进行数据传输。无条件传送又称为立即传送、同步传送。例如，有些简单的输入设备，如按键、开关等，相对于 CPU 而言，其状态很少发生变化。只要 CPU 需要，可随时读取其状态。有些简单的输出设备，如 LED 数码管、交通信号灯等，可以随时接收 CPU 发来的显示数据。这些信号变化很缓慢，当需要采集这些数据时，外围设备已经把数据准备就绪，无须检查端口的状态，就可以立即采集数据，直接用输入／输出指令完成数据的传送。

　　无条件传送方式是最简单的传送方式，程序编制与接口电路设计都较为简单。但必须注意以下两点。

　　(1) 当简单外设作为输入设备时，其输入数据的保持时间相对于 CPU 的处理时间要长得多，因此输入数据通常不用加锁存器锁存，直接使用三态缓冲器(即三态门)与系统数据总线相连即可。

　　(2) 当简单外设作为输出设备时，由于外设的速度较慢，CPU 送出的数据必须在接口中保持一段时间，以适应外设的动作，因此输出必须采用锁存器。

　　如图 7.4 所示是一个典型的无条件传送方式 I/O 接口电路。它由输入缓冲器、输出锁存器、端口地址译码器和相应的门电路组成。来自输入设备的数据可认为一直出现在输入三态缓冲器的输入端。

　　当 CPU 执行输入指令 IN 时，假定来自外设的数据已输入至三态缓冲器，于是指令中所指定的端口地址经地址总线送至端口地址译码器，读信号 $\overline{RD}$ 有效，选通信号 $M/\overline{IO}=0$，因而指定端口的三态缓冲器被选通，已经准备就绪的输入数据便可进入数据总线。显然，这样做的前提是假设来自外设的数据已经输入至三态缓冲器端，如果当 CPU 执行 IN 指令时，外设的数据还未准备好，就会读到错误或无效的数据。

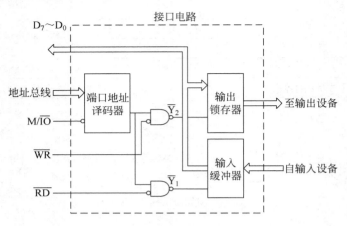

图 7.4 无条件传送方式 I/O 接口电路

当 CPU 执行输出指令 OUT 时,假定 CPU 的输出信息经数据总线已送到输出锁存器的输入端,指令中所指定的端口地址经地址总线送至端口地址译码器,$M/\overline{IO}=0$ 及 $\overline{WR}=0$,于是指定端口中的输出锁存器被选中,CPU 输出的信息经过数据总线送入输出锁存器保存,由它再把信息输出给外设。

采用无条件传送方式时,数据传送不能太频繁,以保证每次传送,外设都处于就绪状态。因此无条件传送方式主要用于控制 CPU 与低速 I/O 接口之间的信息交换,如开关、七段显示管、继电器和模/数转换器等。

【例 7.1】 假设有两个共阴极的发光二极管直接连接在 CPU 数据总线的 D_0 和 D_7 上,当地址为 0000H 时,两个发光二极管同时点亮。程序如下:

```
MOV   DX , 0000H
MOV   AL , 81H
OUT   DX , AL
```

7.2.2 查询方式

查询方式又称为条件传送方式。在这种方式下,CPU 通过程序不断查询相应设备的状态,若状态不符合要求,则 CPU 不能进行输入/输出操作,需要等待;只有当状态信号符合要求时,CPU 才能进行相应的输入/输出操作。

条件传送方式在接口电路中,除具有数据缓冲器或数据锁存器外,还应具有外设状态标志位,用来反映外围设备数据的情况。例如,在输入信息时,若外设数据已准备好,则将"就绪"标志位置位;当输出信息时,在外设已经取走一个数据后,则标志为"空闲"状态,表示可以接收下一个数据。在接口电路中,状态寄存器也占用端口地址号。

使用查询方式控制数据的输入/输出,通常要按如图 7.5 所示的流程进行,即首先读入状态标志信息,再根据所读入的状态

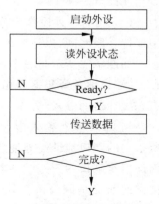

图 7.5 条件传送示意图

信息进行判断。若设备未准备就绪,则程序转移去执行某种操作,或循环回去重新执行读入状态信息;若设备准备好,则执行完成数据传送的 I/O 指令。数据传送结束后,CPU 转去执行其他任务。

如图 7.6 所示为查询方式输入接口电路。输入设备在数据准备好后便向接口发出一个选通信号。这个选通信号起两个作用:一是把外设的数据送到接口的锁存器中;二是使接口中的一个 D 触发器置 1,从而使三态缓冲器的 READY＝1。在查询读过程中,CPU 先从外设状态寄存器中读取状态字,检查 READY 标志位是否为 1。若为 1,则表示数据已进入锁存器,则执行读(IN)指令。同时把 READY 标志位清 0,然后便可以开始下一个数据传输过程。

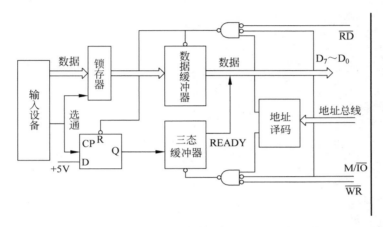

图 7.6　查询方式输入接口电路

如图 7.7 所示为查询方式输出接口电路。CPU 执行输出指令时,由选择信号 M/$\overline{\text{IO}}$ 及写信号 $\overline{\text{WR}}$ 产生的选通信号把数据送入数据锁存器,同时使 D 触发器输出 1。此信号一方面告诉外设在接口中已有数据要输出;另一方面 D 触发器的输出信号使状态寄存器的对应标志位置 1,告诉 CPU 当前外设处于"忙"的状态,从而阻止 CPU 输出新的数据。在外设从接口中取走数据后,通常也会送出一个应答信号 $\overline{\text{ACK}}$,使 $\overline{\text{ACK}}$ 接口中的 D 触发器置 0,从而使状态寄存器中的对应标志位置 0,这样就可以开始下一个数据的输出过程。

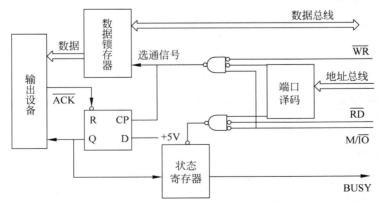

图 7.7　查询方式输出接口电路

【例 7.2】 假设接口的数据输入端口地址为 52H,状态端口地址为 56H,并且假设状态寄存器中第 1 位为 1,则表示输入缓冲器中已经有 1B 准备好,可以进行输入。实现从输入设备输入一串数据到内存缓冲区,如果遇到回车则结束,串最大为 81。程序如下:

```
COM_SEG    SEGMENT
     BUFFER    DB      82  DUP(?)                  ;定义缓冲区
     COUNT     DB      ?
COM_SEG    ENDS
CODE       SEGMENT
     ASSUME     DS: DATA_SEG,ES: COM_SEG,CS: CODE
START: MOV     AX,COM_SEG
     MOV       ES,AX
     MOV       DI,OFFEST  BUFFER
     MOV       ES:COUNT,DI
     MOV       CX,81                                ;设置最大循环次数
     CLD
NEXT_IN: IN    AL,56H                               ;读入状态信息
     TEST      AL,02H                               ;检测第 1 位是否为 1
     JZ        NEXT_IN                              ;为 0,数据未准备好,继续读入状态检测
     IN        AL,52H                               ;数据准备好了,从数据输入端口读入
     AND       AL,7FH                               ;将正确的数据存入缓冲区内
     STOSB
     CMP       AL,0DH                               ;判断是否为回车
     LOOPNE NEXT_IN                                 ;不是则继续输入新的数据
     MOV       AL, 0AH
     STOSB
     SUB       DI, COUNT
     MOV       COUNT, DI                            ;DI 存放缓冲区内数据的个数
     ⋮
```

条件传送的优点是能较好地协调外设与 CPU 之间的定时关系,CPU 和外设的操作能通过状态信息得到同步,而且硬件结构比较简单。缺点是 CPU 需要不断查询标志位的状态,这将占用 CPU 较多的时间,尤其是与中速或慢速的外围设备交换信息时,CPU 绝大部分时间都消耗在了查询上,真正用于传送数据的时间极少,CPU 效率较低;传输完全在 CPU 控制下完成,对外部出现的异常事件无实时响应能力。

7.3 中 断 方 式

7.3.1 中断的意义

中断技术在现代计算机系统中是非常重要的。中断技术明显提高了计算机系统中信息处理的并行度和处理器的效率,改善了计算机系统的性能。它解决了 CPU 与各种速度外围设备之间的速度匹配问题。中断技术在故障检测、实时处理与控制、分时系统、多级系统与通信、并行处理、人机交互等诸多领域都得到了广泛应用和不断发展。

中断技术的实现主要有以下优点。

（1）同步操作。通常，由于处理器的运算速度非常高，一条指令的平均执行时间均以微秒作为单位，而外围设备的运行速度却很低，即使是传送数据较快的磁盘，其平均查找时间也只能以毫秒作为单位。因此，快速的 CPU 与慢速的外围设备在传送数据的速度上存在着矛盾。为了提高输入／输出数据的吞吐率，加快运行速度，大部分现代计算机系统都配有中断处理功能。有了中断功能，就可以使 CPU 和外设同时工作。当外设需要进行输入／输出操作时，由外设向 CPU 发出中断请求，CPU 接收中断请求后，暂停当前程序的执行，转去执行中断处理程序。在中断处理程序完成外设请求的服务操作（如启动外设工作）后，CPU 返回被中断的程序继续执行，同时外设在接收到 CPU 发出的命令后，开始执行相应的输入／输出操作，直至操作完成后，再次向 CPU 发出中断请求。这样，CPU 在大部分时间里可与外设并行工作，大大提高了工作效率。因此，中断功能在输入／输出技术中得到了非常广泛的应用。例如，字符设备的输入／输出操作及模拟信号的 A/D 转换等都要用到中断。

（2）实时处理。中断技术对实时控制系统来说也十分重要。利用中断技术可使计算机对被控对象的物理参数做出即时响应，现场的各个参数、信息，根据需要可在任何时刻发出中断请求，要求 CPU 予以处理。CPU 一旦响应中断后就可以立即进行紧急处理，达到实时处理的目的。

（3）故障处理。中断技术也广泛用于进行应急事件的处理。计算机在运行过程中，往往会出现事先预料不到的情况或一些故障，如电源掉电、硬件故障、传输错、存储错、运算溢出等，这时计算机就可以利用中断系统及时地进行处理。

7.3.2　中断的判优方法

在计算机的实际应用中，会有多个中断源同时向 CPU 发出中断请求的情况，这时 CPU 需要对发出请求的多个中断源进行判优。常用的判优方法有以下 3 种。

1. 软件查询法

软件查询法，即由软件来安排中断源的优先级别。常用方法有屏蔽法和位移法。

（1）屏蔽法基本思想：读取连接外部中断源端口的状态字，检查每一位，先检查到的优先级高。

（2）位移法基本思想：将读取的状态字节大循环移位（RCL/RCR），每移动 1 位，判断被移进 CF 的值是否为 1，若为 1，转去中断；否则，继续移一位再判断。

软件查询法的优点是不需要额外的硬件电路，并且优先权由查询的次序来决定，首先查询的即为优先级最高的。缺点是不管外设是否有中断请求都需要按次序逐一询问，因而效率较低，特别是在中断源较多的情况下，转至中断服务程序的时间较长。

2. 硬件判优电路法

硬件判优电路法由专门的判优电路决定中断源的优先级别。基本思想为：电路上面端口的中断请求可以屏蔽下面端口的中断请求。

硬件判优电路法的优点是中断源较多的情况下，转至中断服务程序的时间比软件查询法快。缺点是优先权的次序是固定的，不能更改，并且增加了硬件设计的成本。

3. 专用硬件控制器

8259 是可编程中断控制器，除了可以实现优先权的排队外，还可以提供中断类型码、屏蔽中断输入等功能，参见 7.3.3 节。

7.3.3　8259 中断控制器

8259 可编程中断控制器用于管理 8086 系列微机系统的外部中断请求,实现优先权的排队、提供中断类型码、屏蔽中断输入等功能。单片 8259 可以管理 8 级中断,如果采用级联方式,如 8 片 8259 级联,则可管理 64 级中断。

1. 8259 的内部结构和引脚功能

(1) 8259 的内部结构。如图 7.8 所示,8259 的内部结构由以下 8 个部分组成。

① 中断请求寄存器。中断请求寄存器(IRR)是一个 8 位的锁存寄存器,用来锁存外围设备送来的 $IR_0 \sim IR_7$ 中断请求信号,当某一个 IR_i 端呈现高电平时,该寄存器的相应位置"1",否则置"0"。显然最多允许 8 个中断请求信号同时有效,这时 IRR 寄存器各位均被置为"1"。

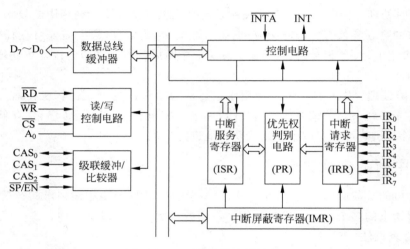

图 7.8　8259 芯片的内部结构

② 中断服务寄存器。中断服务寄存器(ISR)是一个 8 位寄存器,用来存放已被 CPU 响应的中断请求信号。在 CPU 响应中断之后,会在第 1 个中断响应周期中将获准中断的中断源在 ISR 中的相应位置"1",表明该级中断正处于被服务之中。因此,ISR 用来记录被服务的所有中断请求,包括尚未服务完而中途被别的中断所打断的中断请求,即在多重中断情况下,ISR 寄存器中可有多位被同时置"1"。当中断结束时,由中断结束命令 EOI 结束中断或自动将相应位 ISR_i 清 0。

③ 中断屏蔽寄存器。中断屏蔽寄存器(IMR)是一个 8 位寄存器,用来对各中断请求设置屏蔽信息。寄存器中的 8 位分别对应 8 级中断请求,即当 $IMR_i = 1$ 时,表示禁止中断源 IRR_i 发来的中断请求。通过 IMR 寄存器可有选择地屏蔽各级中断请求。

④ 优先权判别电路。优先权判别电路(PR)用来识别各中断请求的优先级别。在多个中断请求信号同时出现并经 IMR 允许进入系统后,先由 PR 选出其最高优先级的中断请求,由 CPU 首先响应这一级中断,并在第 1 个中断响应周期将 ISR 中的相应位置 1;当出现多重中断时,PR 将首先比较 ISR 中正在服务的与 IRR 中新请求服务的两个中断请求优先级的大小,从中决定是否向 CPU 发出新的中断请求来响应更高优先级的中断请求服务。

⑤ 读/写控制电路。读/写控制电路接收来自 CPU 的读/写控制命令和片选控制信息。由片选信号$\overline{CS}$和 A_0 指定内部寄存器,CPU 可以通过执行 OUT 指令,将初始化命令字和工作命令字写入相应的命令寄存器 ICW_i 和 OCW_i 中;也可以通过执行 IN 指令,将 8259 中 IRR、ISR、IMR 等寄存器的内容读入 CPU 中。

⑥ 数据总线缓冲器。数据总线缓冲器是一个 8 位的双向三态缓冲器,使 8259 和 CPU 数据总线 $D_7 \sim D_0$ 直接连接,完成命令和状态信息的传送。它构成 8259 与 CPU 之间的数据接口,是 8259 与 CPU 交换数据的必经之路。

⑦ 控制电路。控制电路是 8259 内部的控制器,根据 CPU 对 8259 编程设定的工作方式产生内部控制信号,向 CPU 发出中断请求信号 INT,请求 CPU 响应,同时产生与当前中断请求服务有关的控制信号,并在接收到来自 CPU 的中断响应信号$\overline{INTA}$后,将中断类型码送到数据总线。8259 芯片在控制电路的控制之下构成一个有机的整体。

⑧ 级联缓冲/比较器。级联缓冲/比较器用来实现多个 8259 的级联连接及数据缓冲方式。级联时,一个 8259 芯片为主片,最多能连接 8 个 8259 从片,因此最多可以实现对 64 级中断源的管理。这时,从片的 INT 引脚与主片的一条中断请求信号线 IR_i 相连,同时将主片的 $CAS_2 \sim CAS_0$ 与所有从片的 $CAS_2 \sim CAS_0$ 相连,构成 8259 的主从式控制结构。对于主 8259 芯片,其$\overline{SP}$引脚接高电平,$CAS_2 \sim CAS_0$ 为输出引脚;对于从 8259 芯片,其$\overline{SP}$引脚接低电平,$CAS_2 \sim CAS_0$ 为输入引脚。每个从 8259 芯片的中断请求信号 INT 接至主 8259 芯片的中断请求输入端 IR_i,主 8259 芯片的 INT 接至 CPU 的中断请求输入端。主、从 8259 芯片应分别初始化和设置必要的工作状态。当任一个从 8259 芯片有中断请求时,经过主 8259 芯片向 CPU 发出请求,当 CPU 响应该中断请求时,在第 1 个响应周期,主 8259 芯片通过 3 条级联线 $CAS_2 \sim CAS_0$ 输出被响应的从 8259 芯片的标志码,在第 2 个响应周期,与标志码一致的从 8259 芯片被选中,并由该 8259 将中断类型号送到数据总线上。中断结束时需要两次中断结束命令,分别使主、从 8259 芯片结束当前的中断。

80x86 高档微型计算机为增强处理中断的能力,在系统中都设置了级联 8259。例如,在 80286/80386 中使用主、从两片 8259 芯片级联,可管理 15 个外中断。

(2) 8259 的引脚功能。8259 芯片有 28 条引脚,双列直插式封装,如图 7.9 所示。

8259 各引脚的信号功能如下。

① $D_7 \sim D_0$:双向数据总线,是 8259 与 CPU 的数据信息通道。CPU 利用它传送命令,接收状态和读取中断类型码。

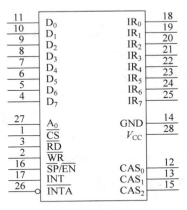

图 7.9　8259 芯片引脚定义

② $\overline{CS}$:片选信号线,输入,低电平有效。一般由高位地址线译码得到。

③ $\overline{WR}$:写信号,输入,低电平有效。该信号有效时,允许 CPU 把命令字(ICW_i 和 OCW_i)写入相应命令寄存器。

④ $\overline{RD}$:读信号,输入,低电平有效。该信号有效时,允许 CPU 读取 IRR、ISR、IMR 等寄存器的内容或中断级的 BCD 码。

⑤ CAS₂～CAS₀：3 根级联线，主 8259 芯片与从 8259 芯片的连接线。作为主片时这 3 根线为输出线，当 CPU 响应中断时，用来输出级联选择代码，以选出请求中断的从片；作为从片时，这 3 根线为输入线，接收主片送来的选择代码。

⑥ $\overline{SP}/\overline{EN}$：双重功能线，主片或从片的设定/缓冲器读/写控制。当 8259 工作在级联方式时，该引脚为输入线，对于主 8259 芯片，其 SP 引脚接高电平，而对于从 8259 芯片，其 SP 引脚接低电平。当 8259 工作在缓冲方式时，该引脚为输出线，输出低电平信号时，用来选通 8259 的数据缓冲器，使数据由 8259 通过缓冲器读出送至 CPU。

⑦ $\overline{INTA}$：中断响应信号线，输入。用于接收 CPU 送来的 INTA 信号。

⑧ INT：中断请求信号线，输出。用来向 CPU 发送中断请求信号。

⑨ IR₇～IR₀：由外设或其他 8259 芯片输入的中断请求信号。

2. 8259 的中断响应过程

8259 应用于 8086 系统时，它的中断响应顺序如下。

（1）有一条或若干条中断请求输入线（IR₇～IR₀）变为高电平时（即有一个或多个相应设备发出中断请求），8259 内部中断请求寄存器 IRR 的相应位置 1。

（2）用中断屏蔽寄存器（IMR）对 IRR 进行屏蔽，通过优先权判别电路（PR），将当前未屏蔽的各中断源的中断级别进行比较判别，从中选出优先级别最高的中断请求，并使 INT 输出有效信号，送至 CPU 的 INTR 端。

（3）CPU 在收到 8259 发来的中断请求信号 INT 后，如果当前指令执行完且中断允许标志位 IF＝1，则 CPU 向 8259 发出 $\overline{INTA}$ 信号，进入中断响应周期。

（4）8259 收到 CPU 的第 1 个 $\overline{INTA}$ 信号时，将 ISR（中断服务寄存器）中当前优先级别最高的中断请求所对应的位置 1，IRR 的相应位清 0。

（5）8259 收到 CPU 发出的第 2 个 $\overline{INTA}$ 信号后，通过数据线将对应的中断类型码 n 送至 CPU。CPU 根据读入的中断类型码，在中断向量表中找到相应的中断服务程序入口地址，继而转去执行中断服务程序。如果 8259 工作在自动中断结束方式下，则在第 2 个 $\overline{INTA}$ 脉冲信号结束时，使被响应的中断源在 ISR 中的对应位清 0，否则，当中断服务结束时，由安排的 8259 中断结束命令 EOI 来使 ISR 的相应位复位。

3. 8259 的工作方式

8259 可工作在多种工作方式下，可以通过向 8259 写入不同的命令字来设置和规定 8259 的工作方式。

1）中断结束方式

8259 芯片内部的中断服务寄存器（ISR）用来记录哪一个中断源正在被 CPU 服务，ISR 的复位方式有以下几种。

（1）非自动结束方式。在非自动结束方式下，当中断服务程序完成时，需提供一条 EOI（中断结束）命令，使 8259 中 ISR 的相应位清除，让 ISR 只记录那些正在被服务而未服务完的中断。非自动中断结束有如下两种方式。

① **一般 EOI 方式**。在这种工作方式下，在任一级中断服务结束后，在中断返回之前，安排一条一般 EOI 命令。执行该命令，则 8259 将 ISR 寄存器中级别最高的置 1 位清 0。这种

结束方式很简单,但只有在当前结束的中断总是位于未服务完的中断中级别最高的中断时,才能使用这种结束方式。

② **特殊 EOI 方式**。在特殊 EOI 方式中,当中断服务程序结束,给 8259 发送 EOI 命令的同时,将当前结束的中断级别也传送给 8259,使 8259 将 ISR 寄存器中指定级别的相应位清 0,这种结束方式适用于在中断服务程序中改变了中断源的原有的中断优先权的场合。在这种情况下,如果用一般 EOI 方式,则可能产生错误的 ISR 复位。

(2) 自动 EOI 方式。自动 EOI 方式不需要提供 EOI 命令,而是由 8259 在中断响应周期的第 2 个中断响应信号 $\overline{\text{INTA}}$ 结束时,自动执行一个 EOI 操作,将 ISR 寄存器中的相应位清 0。需要注意的是,采用这种结束方式,在任何一级中断的中断服务过程中,ISR 相应位已复位,8259 中没有留下任何标志,如果在此过程中出现了新的中断请求,则只要 IF=1,不管新出现的中断级别如何,都将打断正在执行的中断服务程序而被优先执行,这就有可能出现低级中断打断高级中断或同级中断相互打断的现象,这种情况称为"重复嵌套",由于重复嵌套的深度无法控制,很可能造成某些高级中断得不到及时处理的情况,因此使用自动 EOI 方式需特别小心。

2) 缓冲方式

缓冲方式用来指定系统总线与 8259 数据总线之间是否需要进行缓冲。

(1) 缓冲方式。当 8259 在一个比较大的系统中应用,并且采用级联方式时,为增强数据驱动能力,要求数据总线有数据缓冲器,这时需要提供一个缓冲器的允许信号。可以通过对 8259 编程,来设置其工作在缓冲方式下,这时,$\overline{\text{SP}}/\overline{\text{EN}}$ 为输出信号线,作为缓冲器的允许信号 $\overline{\text{EN}}$ 使用。$\overline{\text{EN}}=0$,表示允许缓冲器输出;$\overline{\text{EN}}=1$,表示允许缓冲器输入。例如,当 8259 向 CPU 输出中断类型码时,该端为低电平。

(2) 非缓冲方式。当设置 8259 芯片工作在非缓冲方式下时,$\overline{\text{SP}}/\overline{\text{EN}}$ 为输入信号线,作为主从设定信号 $\overline{\text{SP}}$ 使用,以识别 8259 是主控制器还是从属控制器。

3) 嵌套方式

嵌套方式用于 8259 进行优先级控制。

(1) 一般全嵌套方式。一般嵌套是指优先级高的中断可以打断低级中断服务,反之不能打断。一般全嵌套方式是 8259 被初始化后自动进入的基本工作方式。在这种方式下,由各个 IR_i 端引入的中断请求具有固定的中断优先级别,且优先级顺序由高到低依次为 $\text{IR}_0 \sim \text{IR}_7$。

(2) 特殊全嵌套方式。特殊全嵌套方式主要用于级联方式。若不采用特殊全嵌套方式,则主 8259 芯片将把来自于同一个从 8259 芯片内的不同级别中断请求认为是同级的,而不予以响应。为了实现真正的全嵌套,在级联方式下就必须采用特殊的全嵌套方式。在这种方式下,主 8259 芯片可以响应同级或更高级的中断;即使中断发生在同一从片,也能分清从片内的各中断级别,从而予以正确的响应。

4) 中断屏蔽方式

对优先级的管理还可采用中断屏蔽方式,通过设置 8259 内部中断屏蔽寄存器(IMR),可以有选择地对某一级或几级中断请求进行屏蔽。中断屏蔽有如下两种实现方式。

(1) 一般屏蔽方式。正常情况下,当 IR_i 端中断请求被响应时,8259 将自动禁止同级或更低优先级的中断请求，而允许响应更高优先级别的中断请求。可以通过将中断屏蔽寄存器（IMR）中的某一位或某几位置1，将某一级或几级中断请求屏蔽，这就是一般屏蔽方式。使用一般屏蔽方式，当CPU执行主程序时，若要求禁止响应某级或某几级中断，则可通过在主程序中将IMR寄存器的相应位置1来实现；另外，在CPU处理某级中断的过程中，也可通过在中断服务程序中将IMR寄存器的某一位或某几位置1，来禁止CPU响应优先级别比它高的某一级或几级中断请求。

（2）特殊屏蔽方式。特殊屏蔽方式可以实现在执行高优先级的中断服务程序时，允许响应低级中断源的中断请求。在这种方式下，解除了对低级中断的屏蔽，即仅对由IMR屏蔽的中断或本级中断进行屏蔽，而允许比它高或低的其他优先级别中断进入系统，从而使得任一级别的中断都有机会得到响应。

5）优先级的控制

（1）固定优先级。所谓固定优先级，是指8259的8个中断源中，IR_0优先级最高，IR_1优先级次之，依次降低，直到IR_7优先级最低，这个顺序固定不变。该方式经常用于各中断源的工作速度或重要性有比较明显差别的场合。

（2）循环优先级。当8259引入的各中断源（$IR_7 \sim IR_0$）的重要性差别不是很明显时，一般希望它们的中断级别不是固定不变的，而是可以以某种策略改变它们的优先级别，从而使每个中断源都有机会得到及时的服务，这时可采用优先级循环方式。在优先级循环方式下，8259将中断源$IR_0 \sim IR_7$按下标序号顺序构成一个环（即中断源顺序环），优先级顺序依此环规定，有如下两种规定方式。

① 自动优先循环级。该方式规定：刚被服务过的中断源，其优先级别被改为最低级，而将最高优先级赋给原来比它低一级的中断源，其他中断源的优先顺序依中断源顺序环确定。例如，CPU对IR_3的中断服务刚结束时，IR_3的优先级别变为最低，这时8259的8个中断源优先顺序由高到低为IR_4、IR_5、IR_6、IR_7、IR_0、IR_1、IR_2、IR_3。

② 指定优先循环级。该方式规定：在OCW_2中指定的中断源，其优先级别被设为最低级，其他中断源的优先顺序依中断源顺序环确定。例如，CPU在对IR_3的中断服务过程中，利用指令在OCW_2中指定IR_5具有最低优先级，则IR_3中断服务结束时，2859A的8个中断源优先顺序由高到低IR_6、IR_7、IR_0、IR_1、IR_2、IR_3、IR_4、IR_5。

4. 8259芯片编程

在8259内部有若干个可用输入/输出指令直接访问的控制位，这些控制位的不同状态（0或1）规定了8259工作在不同的方式下。为了便于访问，8259芯片中将这些控制位编排成7个8位的寄存器并分为两组，一组为初始化命令字$ICW_1 \sim ICW_4$，另一组为工作命令字$OCW_1 \sim OCW_3$，这两组寄存器占用了两个I/O地址。在IBM-PC中为20H和21H，如表7.1所示。

表7.1　IBM-PC中各命令字的地址分配

A_0	命　令　字
0（20H）	ICW_1，OCW_2，OCW_3
1（21H）	ICW_2，ICW_3，ICW_4，OCW_1

对 8259 的编程分为两步：初始化编程和工作方式编程。初始化编程用来建立 8259 的基本工作条件。在系统加电和复位后，通过写入初始化命令字 $ICW_1 \sim ICW_4$，来实现对 8259 的初始化操作，初始化命令字一经确定，以后不再改变。工作方式编程用来完成对中断过程的动态控制。在 8259 的工作阶段，CPU 可以随时向 8259 写入工作命令字 $OCW_1 \sim OCW_3$，以规定或改变 8259 的工作方式，实现对 8259 的工作状态、中断方式和中断响应次序等的控制和管理。工作命令字在初始化后的任何时刻均可写入或改变。

（1）8259 的初始化编程。8259 初始化编程的主要任务如下。

① 复位 8259 芯片。

② 设定中断请求信号 INT 有效的形式，是高电平有效，还是上升沿有效。

③ 设定 8259 工作在单片方式还是多片级联方式。

④ 设定 8259 管理的中断类型码的基值，即 0 级 IR_0 所对应的中断类型码。

⑤ 设定各中断级的优先次序，IR_0 最高，IR_7 最低。

⑥ 设定一次中断处理结束时的结束方式。

以上任务可以通过向 8259 写入初始化命令字来实现。因此首先介绍初始化命令字的格式。

① 初始化命令字 ICW_1。ICW_1 用于规定 8259 的连接方式（单片或级联）和中断源请求信号的有效形式（电平触发或边沿触发）。当 $\overline{CS}=0$、$A_0=0$、$D_4=1$ 时，表示当前写入 8259 的是 ICW_1 命令字，其格式如图 7.10 所示。

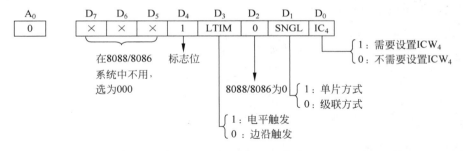

图 7.10　8259 的 ICW_1 格式

IC_4：规定是否写入 ICW_4 字。$IC_4=0$ 不写 ICW_4，$IC_4=1$ 要写 ICW_4。

SNGL：规定 8259 的用法。SNGL$=0$ 为级联方式，SNGL$=1$ 为单片方式。

D_2：在 8086 系统中不起作用，设为 0。

LTIM：规定中断源请求信号形式。为 0 时信号上升沿有效，为 1 时高电平有效。

D_4：ICW_1 的特征标志位，设为 1。

$D_7 \sim D_5$：一般选 000。

② 初始化命令字 ICW_2。ICW_2 命令字用于设置中断类型码基值。所谓中断类型码基值，是指 0 级中断源 IR_0 所对应的中断类型码，它是一个可被 8 整除的正整数。ICW_2 的格式如图 7.11 所示。其中，低 3 位必须为 0，高 5 位是由用户编程设定的中断类型码基值。

在 8259 接收到 CPU 发回的中断响应信号 $\overline{INTA}$ 后，便通过数据总线向 CPU 送出中断类型码字节。该字节的高 5 位即为 ICW_2 的高 5 位，低 3 位根据当前 CPU 响应的中断是 $IR_0 \sim IR_7$ 中的哪一个而自动确定，分别对应 $000 \sim 111$。

$$S_i=0或1 \quad i=0\sim2$$
$$S_i由用户自定义 \quad i=3\sim7$$

图 7.11 8259 的 ICW_2 格式

例如，在 IBM-PC 系列机中，ICW_2 的高 5 位在初始化编程中设置为 00001，所以 $ICW_2=$ 08H，ICW_2 的端口地址为 21H。写入初始化命令字 ICW_2 可用以下程序：

```
MOV  AL, 08H
OUT  21H, AL
```

其中断系统中，硬盘中断的中断请求线连接到 8259 的 IR_5 上，当 CPU 响应硬盘中断请求时，8259 把 IR_5 的编码 101 作为低 3 位构成一个完整的 8 位中断类型码 0DH（00001101B），经数据总线发送给 CPU。

③ 初始化命令字 ICW_3。ICW_3 命令字仅用于 8259 级联方式。它指明主 8259 芯片的哪一个中断源请求信号（$IR_0\sim IR_7$）连接有从 8259 芯片。

当 8259 使用级联方式工作时，主 8259 芯片与从 8259 芯片均需写入 ICW_3 命令字。

在写入主 8259 芯片的 ICW_3 命令字中，$S_i=1$ 表示该位所对应的中断源请求信号线 IR_i 接有从片，否则表示未接从片，如图 7.12 所示。

$$S_i=1：表示IR_i接有从片$$
$$S_i=0：表示IR_i未接从片 \quad i=0\sim7$$

图 7.12 写入主 8259 芯片的 ICW3 格式

写入从 8259 芯片的 ICW_3 命令字中的高 5 位为 0，低 3 位 ID_2、ID_1、ID_0 用来指明该从 8259 芯片的 INT 引脚与主 8259 芯片的哪一级中断源相连，如图 7.13 所示。

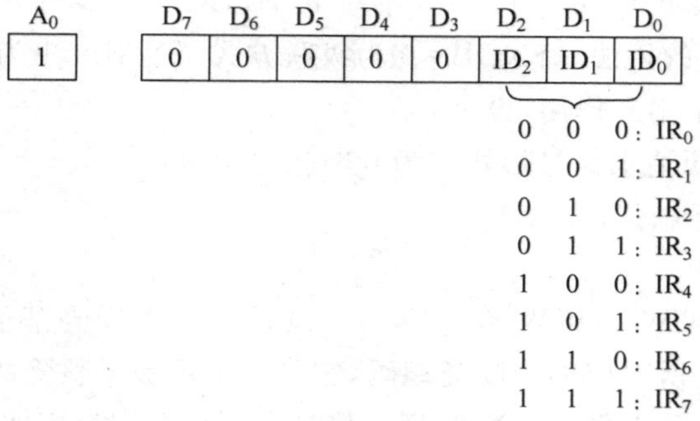

图 7.13 写入从 8259 芯片的 ICW_3 格式

④ 初始化命令字 ICW_4。只有当 ICW_1 中的 $IC_4=1$ 时，才需设置 ICW_4 命令字。对于 8086 系统，是 ICW_4 必须设置的初始化命令字，该命令字规定 8259 的工作方式、中断优先顺

序和中断结束方式等,其格式和各位意义如图 7.14 所示。

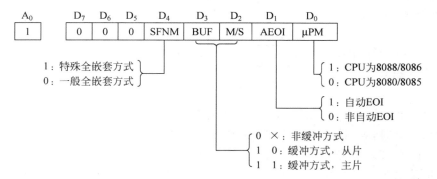

图 7.14　8259 芯片的 ICW₄ 格式

D_7、D_6、D_5：ICW₄ 的特征标志。这 3 位总为 0。

D_4=SFNM：中断嵌套位。SFNM 用来定义在级联方式下是否采用特殊全嵌套方式,该位为 0 是一般全嵌套方式,为 1 是特殊全嵌套方式。在单片使用时 SFNM 位无效。

D_3=BUF：规定 8259 是否工作于缓冲方式。

D_2=M/S：在缓冲方式下,规定该 8259 在级联中是主片还是从片。

D_1=AEOI：规定 8259 中断结束的方式。

D_0=μPM：规定 8259 工作于哪种 CPU 系列。μPM=0,选定 8080/8085 CPU 系列；μPM=1,工作于 8086 CPU 系列。

8259 的初始化从写入 ICW₁ 开始,然后顺序写入 ICW₂、ICW₃、ICW₄,如图 7.15 所示。虽然 ICW₂ 与 ICW₃ 的地址是相同的,但由于它们初始化时写入的顺序是固定的,因而不会发生错误。4 个初始化命令字不是在任何时候都是必需的,可根据 8259 的使用情况来选取。

(2) 工作方式编程。8259 工作方式编程主要完成对中断请求的屏蔽、优先级循环控制、中断结束方式、内部控制寄存器的查询等。用户根据需要在 8259 初始化完成后写入工作命令字 OCW₁、OCW₂ 和 OCW₃,对 8259 的工作方式进行修改与控制。

OCW₁～OCW₃ 个命令字可由 A_0 和 D_4、D_3 两位特征标志加以区分,如表 7.2 所示。

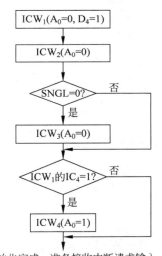

图 7.15　8259 芯片的初始化流程

表 7.2　OCW₁～OCW₃ 的地址分配和命令字中的特征标志

D_4　D_3	A_0	
	0(20H)	1(21H)
0　0	OCW₂	OCW₁
0　1	OCW₃	

① 工作命令字 OCW$_1$。该命令字用来设置中断源的屏蔽状态并写入 IMR 中,其格式如图 7.16 所示。

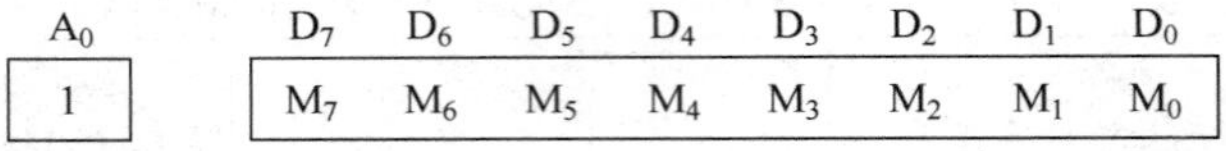

$$
\begin{array}{|c|}\hline A_0 \\ \hline 1 \\ \hline \end{array}\quad
\begin{array}{|c|c|c|c|c|c|c|c|}\hline D_7 & D_6 & D_5 & D_4 & D_3 & D_2 & D_1 & D_0 \\ \hline M_7 & M_6 & M_5 & M_4 & M_3 & M_2 & M_1 & M_0 \\ \hline \end{array}
$$

图 7.16　8259 的 OCW$_1$ 格式

当 M$_i$=1 时,表明相应中断源 IR$_i$ 的中断请求被屏蔽,8259 不会产生发向 CPU 的 INT 信号;当 M$_i$=0 时,表明相应中断源 IR$_i$ 的中断请求未被屏蔽,8259 可以产生发向 CPU 的 INT 信号,请求 CPU 服务。

中断屏蔽情况可以通过读出中断屏蔽寄存器 IMR 的内容来获得。

例如,IBM-PC 系列机 OCW$_1$ 的端口地址为 21H,若需屏蔽 IR$_4$、IR$_5$,则 OCW$_1$=30H。写入 IMR 中的 OCW$_1$ 可用以下程序:

```
MOV    AL,30H
OUT    21H,AL
```

② 工作命令字 OCW$_2$。OCW$_2$ 工作命令字用于控制中断结束方式及修改优先权管理方式。命令字格式如图 7.17 所示。

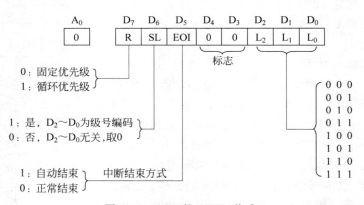

图 7.17　8259 的 OCW2 格式

OCW$_2$ 工作命令字与 R、SL、EOI 3 位编码的关系如表 7.3 所示。

表 7.3　OCW$_2$ 与 R、SL、EOI 3 位编码的关系

R	SL	EOI	操　作
0	0	1	正常 EOI 中断结束命令
0	1	1	特殊 EOI 中断结束命令
1	0	0	置自动、循环、优先级方式
1	0	1	自动、循环、正常中断结束方式
0	0	0	自动、循环复位命令
1	1	0	特殊 EOI 循环置位命令
1	1	1	特殊 EOI 循环命令
0	1	0	无意义

由 R、SL、EOI 3 位编码可定义多种不同的中断结束方式或发出置位优先权命令。

当 3 位编码为"001"时,定义 8259 采用正常 EOI 结束方式,即一旦中断服务程序结束,将给 8259 送出 EOI 结束命令,8259 将 ISR 寄存器中当前最高优先级的中断请求位由 1 清为 0。

当 3 位编码为"011"时,定义 8259 采用特殊 EOI 结束方式,一旦中断服务程序结束,除了向 8259 送出 EOI 结束命令外,还由 L_2、L_1、L_0 字段给出当前结束的是哪一级中断,使 8259 将 ISR 寄存器中指定级别的中断请求位清 0。

当 3 位编码为"101"时,定义 8259 采用正常 EOI 循环方式,一旦中断服务程序结束,8259 一方面执行 EOI 操作,将 ISR 寄存器中当前最高的优先级的中断请求位由 1 清为 0,另一方面将最低优先级赋给刚结束的中断请求 IR_i,并将最高优先级赋给中断请求 IR_i+1,其他中断请求的优先级别按中断源顺序环确定。

当 3 位编码为"111"时,定义 8259 采用特殊 EOI 循环方式,一旦中断服务程序结束,8259 将 ISR 寄存器中由 L_2、L_1、L_0 字段给定级别的相应位清 0,并将最低优先级赋给这一中断请求 IR_i,最高优先级赋给中断请求 IR_i+1,其他中断请求的优先级别按中断源顺序环确定。

当 3 位编码为"100"时,定义 8259 采用自动 EOI 循环方式,在这种方式下,8259 将在中断响应周期的第 2 个响应信号 $\overline{INTA}$ 结束时,自动执行一个 EOI 操作,将 ISR 寄存器中的相应位清 0,并将最低优先级赋给当前正在服务的中断请求 IR_i,最高优先级赋给中断请求 IR_i+1,其他中断请求的优先级别按中断源顺序环确定。

当 3 位编码为"000"时,定义 8259 取消自动 EOI 循环方式,而退回一般全嵌套的优先权排序方式。

当 3 位编码为"110"时,表示向 8259 发出置位优先权命令,将最低优先级赋给由 L_2、L_1、L_0 字段给定的中断请求 IR_i,最高优先级赋给中断请求 IR_i+1,其他中断请求的优先级别按中断源顺序环确定。

③ 工作命令字 OCW_3。OCW_3 工作命令字用于设定特殊的屏蔽方式和查询方式及读取 IRR/ISR 寄存器等。命令字格式如图 7.18 所示。

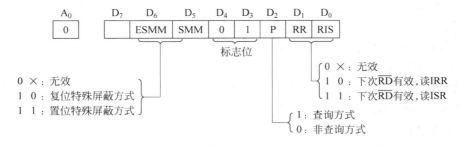

图 7.18 8259 的 OCW_3 格式

ESMM 位和 SMM 位用于进行特殊屏蔽方式控制。当 ESMM=1 且 SMM=1 时,表示置位特殊屏蔽方式;当 ESMM=1 且 SMM=0 时,表示复位特殊屏蔽方式。

P 位用来进行查询方式的管理。当查询命令位 P=1 时,表示 8259 工作在查询方式下,这时,8259 不再向 CPU 发出 INT 信号,而是由 CPU 采用软件查询方式响应 8259 的 8 级中断请求。当 P＝0 时，表示非查询方式，即由 8259 控制和管理中断请求。

在查询方式下，其工作过程为：系统首先关闭中断（IF＝0）；CPU 用 OUT 指令输出查询命令字 OCW_3；其次用 IN 指令取回数据线上的查询状态字 $I0000W_2W_1W_0$，当 I＝1 时，表示中断源有中断请求，则 W_2、W_1、W_0 3 位指示 8259 中请求服务的最高优先级编码，将 ISR 中相应位置 1，然后 CPU 根据读回的 W_2、W_1、W_0 编码，转入相应的中断服务程序；若取回的 I＝0，则表示无中断请求，CPU 就继续执行原程序。

RR 位和 RIS 位用来控制读取 8259 的内部寄存器。当 RR＝1、RIS＝0 时，表示 CPU 要求读取 IRR 寄存器的内容；当 RR＝1、RIS＝1 时，则表示 CPU 要求读取 ISR 寄存器的内容。将读寄存器命令字 OCW_3 送到 8259 后，再用 IN 指令对 8259 进行访问，便可将相应寄存器（IRR 或 ISR）的内容读取到 CPU 中。

除此之外，还可读取 IMR 寄存器的内容。若要读取 IMR 寄存器的内容，无须发送 OCW_3，只要使 A_0＝1，就可以使用 IN 指令将 IMR 的内容读入 CPU 中。

对 8259 进行初始化编程后，8259 进入工作模式。可以通过向 8259 写入工作命令字 $OCW_1 \sim OCW_3$ 来定义和修改 8259 的工作方式，工作命令字 $OCW_1 \sim OCW_3$ 的写入是可以根据需要随时和重复进行的。

5. 80x86 微机的中断控制器

以 80x86 为 CPU 的微机系统都是利用可编程中断控制器 8259A，将 CPU 的一根可屏蔽中断线 INTR 扩展成 8 根或 8 根以上的硬件中断线，并实现多级中断管理的。

（1）PC/XT 微机的中断控制器。PC/XT 微机的中断控制器的核心部件是一个 8259A 芯片，通过该芯片扩展出 8 根可屏蔽中断线 $IRQ_0 \sim IRQ_7$，接外部中断源。当有中断请求时，8259A 将当前优先级最高的中断请求通过 INT 引脚送到 8086 的 INTR 引脚，在 CPU 响应中断后，8288 总线控制器就向 8259A 的 $\overline{INTA}$ 发出低电平有效信号，在 8259A 接收 8288 总线控制器的 $\overline{INTA}$ 信号后便将中断向量号通过 $D_0 \sim D_7$ 位经 74LS245 送至外部数据总线，然后被 CPU 读入，从而转向中断服务程序。

PC/XT 微机系统的 8 级可屏蔽中断中，0、1、3、4、5、6、7 这 7 级已分别被系统配置的 8253 定时器、键盘、异步通信卡、硬盘、软盘和并行打印机等设备所占用，只有第 2 级中断 IRQ_2 未用，可供用户使用。显然，它对于中断源比较多的 PC/XT 应用系统是无法满足要求的。这时，应采用在用户接口板上附加 8259A 中断控制器的方法，将系统板上的 8259A 中断请求线进行扩充。扩充后的 PC/XT 系统的中断执行过程为：当有扩充的中断请求发生时，扩充的 8259A 发出 INT 信号作为向系统板上的 8259A 申请中断的信号，系统板上的 8259A 接收请求后，向 CPU 转发 INT 信号，8086 若响应此中断请求，便发出 $\overline{INTA}$ 信号，从系统板上的 8259A 得到中断向量号，并转入相应的中断服务程序入口地址。在中断服务程序中，首先给附加的 8259A 发出一个 D_2 位为 1 的操作命令字 OCW_3，表明用查询方式决定中断优先级的次序，其次安排一条对同一端口地址的读指令，这样附加的 8259A 将不要求接收由 8086 发出的 $\overline{INTA}$ 中断响应信号，而把中断服务程序送来的读命令当作中断响应信号。利用该读命令将附加的 8259A 中最高优先级中断源的编码值读入，并据此转入为该中断源服务的中断程序中去。可见，读指令将起中断识别作用。当中断服务程序结束时，先返回到系统板的 8259A 中断服务程序，再由该程序返回到被中断的主程序。

在进行中断扩充时，应注意以下几点。

① 应选定系统暂不用的中断请求线进行扩充,一般 0、1、6、7 级中断是不能占用的。

② 为附加的 8259A 分配两个端口地址,且不要与系统板上的 I/O 端口地址冲突。

③ 在中断系统开始工作之前,必须对附加的 8259A 进行初始化编程,以设定其工作方式。而系统板上的 8259A 初始化由系统在启动时自动完成。

(2) PC/AT 微机的中断控制器。PC/AT 微机系统的中断控制器由一个主片 8259A 和一个从片 8259A 组成,通过 3 个级联端 $CAS_2 \sim CAS_0$ 发生关联,主片的 INT 端接至 CPU 的 INTR 端,而从片的 INT 端连接到主片的 IR_2 端,从而形成一个具有 15 级向量中断的硬件中断系统。在这种以主、从 8259A 级联的系统中,从片管理的 8 级中断请求经过排队判优后,再参与到主片前 8 级的排队判优。当 CPU 检测到 INTR 端有请求信号并做出响应时,将通过总线控制器送出中断响应信号 $\overline{INTA}$。在中断响应的第 1 个周期内,主 8259A 将 $IR_0 \sim IR_7$ 中优先级最高的 IR_i 置 1,表明正在服务的中断级为 IR_i,并将其内容编译成级联地址编码输出到 $CAS_2 \sim CAS_0$,从 8259A 接收此级联地址后,与自己的级联地址编码(CAS_2、CAS_1、$CAS_0 = 010$,对应于 IR_2)进行比较,若相等,则说明中断请求是自己管理的 $IRQ_8 \sim IRQ_{15}$ 中的某个发出的,于是在中断响应的第 2 个周期内,将对应的中断向量号通过系统数据总线送到 CPU;若不相等,则说明中断请求是主 8259A 直接管理的 8 个中断源 $IR_0 \sim IR_7$ 中的某一个发出的,于是在中断响应的第 2 个周期内,将对应的中断向量号送至 CPU。

(3) 80386/80486 微机的中断控制器。80386/80486 微机的中断控制器一般也都是由若干个 8259A 芯片组成的,不过这些 8259A 不再是一个个独立的芯片,它们和其他功能部件(如 DMAC、定时器/计数器、总线控制器等)一起集成在一个超大规模的外围芯片中。

82380 就是这样一种典型的 VLSI 接口芯片,它的中断控制器包含 3 片 8259A 电路,分别称为中断层 A、中断层 B 和中断层 C。这 3 层串接起来产生一个总的中断请求信号 INT,接至 CPU 的 INTR 输入端,它共支持 20 级硬件向量中断,5 级在 82380 芯片内,供片内其他功能的部件使用,15 级作为外部中断请求输入端,每个外部中断请求端又可以扩充一片 8259A 作为从片。因此,最多可管理 $8 \times 15 = 120$ 个外部中断源。

82380 中的每一层中断控制逻辑与单片 8259A 基本相同。在使用时仅有两点区别:其一,82380 的每个中断请求都可以独立设置中断向量,而不像 8259A 芯片那样各个中断向量自动连续;其二,当外接 8259A 作为从片时,在中断响应周期,从片的编码不是由 $CAS_2 \sim CAS_0$ 级联送入,而是通过数据总线 $D_7 \sim D_0$ 传输。

6. 应用举例

(1) 8259 在 IBM-PC/XT 微机系统中的应用。IBM-PC/XT 微机系统中只使用了一片 8259 芯片,接收并处理 8 级外部中断请求。系统分配给该 8259 芯片的端口地址号为 20H 和 21H,且初始化设定为:8 个中断请求信号 $IR_0 \sim IR_7$ 均为边沿触发;采用完全嵌套方式,IR_0 为最高优先级,IR_7 为最低优先级;设定 IR_0 所对应的中断类型号为 8,则 IR_1 对应的中断类型号为 9,以此类推,IR_7 对应的中断类型号为 0FH。

根据上述 IBM-PC/XT 微机系统中 8259 芯片的工作要求,其初始化程序编写如下:

```
INTA00  EQU  20H                    ; 8259 端口 0
INTA01  EQU  21H                    ; 8259 端口 1
  ⋮
MOV   AL,13H                        ; ICW1 边沿触发、单片、需 ICW4
OUT   INTA00,AL
```

```
MOV    AL,8
OUT    INTA01,AL              ; ICW₂ 中断类型码的高 5 位
MOV    AL,9
OUT    INTA01,AL              ; ICW₄ 全嵌套,8086 系统,非自动结束
```

（2）8259 在 80286/80386 微机系统中的应用。在 80286/80386 微机系统中,使用主、从两片 8259 芯片级联,可管理 15 个硬件中断源。其中,主 8259 芯片的地址为 020H～021H,从 8259 芯片的地址为 0A0H～0A1H;主片的 CAS_2～CAS_0 与从片的 CAS_2～CAS_0 互连,从片的 INT 引脚连至主片 IR_2;采用非缓冲方式,主片的 $\overline{SP}/EN$ 引脚接 $+5V$,从片的 $\overline{SP}/\overline{EN}$ 引脚接地;主、从片的中断请求信号均采用边沿触发;采用完全嵌套方式,优先级的排列次序为 IRQ_0 最高,依次为 IRQ_1、IRQ_8～IRQ_{15},然后是 IRQ_3～IRQ_7;设定 IRQ_0～IRQ_7 对应的中断类型码为 8～0FH,IRQ_8～IRQ_{15} 对应的中断类型码为 70H～77H。

根据上述硬件连接及 8259 的工作要求,对 8259 的主片和从片的初始化程序编写如下:

```
; 初始化 8259 主片
   INTA00   EQU  020H                ; 8259 主片端口 0
   INTA01   EQU  021H                ; 8259 主片端口 1
   ⋮
   MOV  AL,11H                       ; ICW₁ 边沿触发,级联,需 ICW₄
   OUT  INTA00,AL
   JMP  SHORT $ + 2                  ; I/O 端口延时要求
   MOV  AL,8
   OUT  INTA01,AL                    ; ICW₂ 中断类型码的高 5 位
   JMP  SHORT $ + 2                  ; I/O 端口延时要求
   MOV  AL,04H                       ; ICW₃ 主片的 IR₂ 上接从片
   OUT  INTA01,AL;
   JMP  SHORT $ + 2                  ; I/O 端口延时要求
   MOV  AL,01H                       ; ICW₄ 非缓冲,全嵌套,8088 系统
   OUT  INTA01,AL                    ; 非自动结束
   ⋮
   ; 初始化 8259 从片
   INTB00   EQU  0A0H                ; 8259 从片端口 0
   INTB01   EQU  0A1H                ; 8259 从片端口 1

   MOV  AL,11H                       ; ICW₁ 边沿触发,级联,需 ICW₄
   OUT  INTB00,AL
   JMP  SHORT $ + 2                  ; I/O 端口延时要求
   MOV  AL,70H                       ; ICW₂ 中断类型号的高 5 位
   OUT  INTB01,AL;
   JMP  SHORT $ + 2                  ; I/O 端口延时要求
   MOV  AL,02H                       ; ICW₃ 从片接主片的 IR₂
   OUT  INTB01,AL;
   JMP  SHORT $ + 2                  ; I/O 端口延时要求
   MOV  AL,01H                       ; ICW₄ 非缓冲,全嵌套,8088 系统
   OUT  INTB01,AL                    ; 非自动结束
```

7.4　直接存储器存取

程序直接控制方式和中断方式适用于 CPU 与慢速及中速外设之间的数据交换,但当高速外围设备与内存或者内存的不同区域之间进行大量数据的快速传送时,上述方法就在一定程度上限制了数据传送的速率。

为了提高数据传送的速率,提出了**直接存储器访问**(Direct Memory Access,DMA)的数据传送控制方式。DMA 是指外围设备直接对计算机存储器进行读/写操作的 I/O 方式。在这种方式下,数据的 I/O 无须 CPU 执行指令,也不经过 CPU 内部寄存器,而是利用系统的数据总线,由外设直接对存储器写入或读出。在 DMA 方式中,对这一数据传送过程进行控制的硬件称为 DMA 控制器(DMAC)。

7.4.1　DMA 的工作过程

DMA 传送的基本特点是不经过 CPU,不破坏 CPU 内各个寄存器的内容,在存储器和外围设备之间,直接开辟高速的数据传送通路。只用一个总线周期,就能完成存储器和外围设备之间的数据传送。因此,数据传送速度仅受存储器的存取速度和外围设备传输特性的限制。

DMA 的工作过程大致如下。

(1)当外设准备好,可以进行 DMA 传送时,外设向 DMA 控制器发出 DMA 传送请求信号 DREQ。

(2)DMA 控制器接收到请求后,向 CPU 发出“总线请求”信号 HOLD,表示希望占用总线。

(3)CPU 在完成当前总线周期后会立即对 HOLD 信号进行响应。响应包括两个方面:一方面,CPU 将数据总线、地址总线和相应的控制信号线均置为高阻态,由此放弃对总线的控制权;另一方面,CPU 向 DMA 控制器发出“总线响应”信号 HLDA。

(4)DMA 控制器收到 HLDA 信号后,就开始控制总线,并向外设发出 DMA 响应信号 DACK。

(5)DMA 控制器送出地址信号和相应的控制信号,实现外设与内存或内存与内存之间的直接数据传送。例如,在地址总线上发出存储器的地址,向存储器发出写信号 $\overline{\text{MEMW}}$,同时向外设发出 I/O 地址、$\overline{\text{IOR}}$ 和 AEN 信号,即可从外设向内存传送数据。

(6)DMA 控制器自动修改地址和字节计数器,并据此判断是否需要重复传送操作。规定的数据传送完后,DMA 控制器就撤销发往 CPU 的 HOLD 信号。CPU 检测到 HOLD 失效后,紧接着撤销 HLDA 信号,并在下一时钟周期重新开始控制总线,继续执行原来的程序。

典型 DMAC 的工作电路和 DMA 工作过程波形如图 7.19 所示。

数据的 DMA 方式传送途径和程序控制下数据传送的途径不同。程序控制下数据传送的途径必须经过 CPU。而采用 DMA 方式传送数据不需要经过 CPU。另外,程序控制下数据传送的源地址、目的地址是由 CPU 提供的,地址的修改和数据块长的控制也必须由 CPU 承担,数据传送的控制信号也是由 CPU 发出。而 DMA 方式传送数据则由 DMA 控制器提

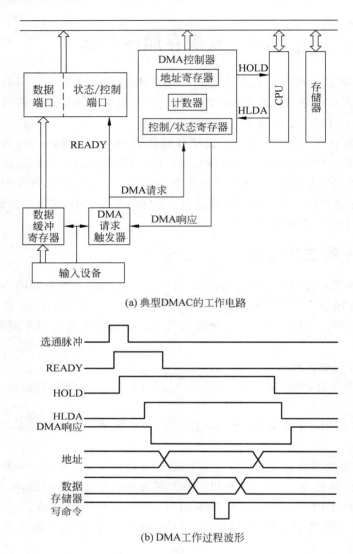

(a) 典型DMAC的工作电路

(b) DMA工作过程波形

图 7.19　典型 DMAC 的工作电路和 DMA 工作过程波形

供源地址和目的地址，而且修改地址、控制传送操作的结束和发出传送控制信号也都由
DMAC 承担，即 DMA 传送数据方式是一种由硬件代替软件的方法，因而数据传送的速度
提高了，缩短了数据传送的响应时间。因为 DMA 方式控制数据传送不需要 CPU 介入，即
不利用 CPU 内部寄存器，所以，DMA 方式不像中断方式控制下的数据传送那样，需要等一
条指令执行结束后才能进行中断响应，而是只要执行指令的某个总线周期结束，就可以响应
DMA 请求。另外，DMA 既然不利用 CPU 内部设备来控制数据传送，那么响应 DMA 请
求，进入 DMA 方式时就不必保护 CPU 的现场。采用中断控制的数据传送，进入中断服务
（传送数据）之前，必须保护现场状态，这会大大延迟响应时间。因此，采用 DMA 控制数据
传送的另一个优点是缩短了数据传送的响应时间。所以，一般要求响应时间在微秒以下的
场合，通常采用 DMA 方式。

　　当然用 DMA 控制传送也存在一些问题，首先，采用这种方式传送数据时，DMAC 取代

CPU 控制了系统总线,即 CPU 要把对总线的控制权让给 DMAC,所以,当 DMA 控制总线时,CPU 不能读取指令。其次,若系统使用的是动态存储器,而且是由 CPU 负责管理动态存储器的刷新,则在 DMA 操作期间,存储器的刷新将会停止。第三,当 DMAC 占用总线时,CPU 不能去检测和响应来自系统中其他设备的中断请求。最后,DMA 传送也存在以下两个额外开销。第 1 个额外开销是总线访问时间。由于 DMAC 要同 CPU 和其他可能的总线主控设备争用对系统总线的控制权,因此,必须有一些规程来解决争用总线控制权的问题。这些规程一般是用硬件实现排队的,而且排队过程也要花费时间。第 2 个额外开销是对 DMAC 的初始化。一般情况下,CPU 要对 DMAC 写入一些控制字,因此,DMAC 的初始化建立,比程序控制数据传送的初始化,可能要花费较多时间,所以,对于数据块很短或要频繁地对 DMAC 重新编程初始化的情况,可能就不宜采用 DMA 传送方式。此外,DMA 控制数据传送,是用硬件控制代替 CPU 执行程序来实现的,所以它必然会增加硬件的投资,提高系统的成本,因此,只要 CPU 来得及处理数据传送的场合,就不必采用 DMA 方式。DMA 的适用场合有以下几种。

（1）硬盘和软盘 I/O。可以使用 DMAC 作为磁盘存储介质与半导体主存储器之间传送数据的接口。这种场合需要将磁盘中的大量数据(如操作系统等)快速地装入内部存储器。

（2）快速通信通道 I/O。例如,光导纤维通信链路,DMAC 可以用来作为计算机系统和快速通信通道之间的接口,如作为同步通信数据的发送和接收,以便提高响应时间,支持较高的数据传输速率,并使 CPU 脱离出来做其他工作。

（3）多处理机和多程序数据块传送。对于多处理机结构,通过 DMAC 控制数据传送,可以较容易地实现专用存储器和公用存储器之间的数据传送,对多任务应用、页式调度和任务调度都需要传送大量的数据。因此,采用 DMA 方式可以提高数据传输速度。

（4）扫描操作。在图像处理中,对 CRT 屏幕传送数据,也可以采用 DMA 方式。

（5）快速数据采集。当要采集的数据量很大,而且数据是以密集突发的形式出现时,如对波形的采集,此时采用 DMA 方式可能是最好的方法,它能满足响应时间和数据传输速率的要求。

（6）在 IBM-PC/XT 微机系统中还采用 DMA 方式进行 DRAM 的刷新操作。

7.4.2　DMA 控制器 8237

1. DMA 控制器的功能

作为通用的 DMA 控制器应具有以下功能。

（1）编程设定 DMA 的传输模式及其所访问内存的地址区域。

（2）屏蔽或接受外围设备的 DMA 请求(DREQ),当有多个设备同时请求时,还要进行优先级排队,首先接受最高级的请求。

（3）向 CPU 转达 DMA 请求,DMA 控制器要向 CPU 发出总线请求信号 HOLD(高电平有效),请求 CPU 放弃对总线的控制权。

（4）接收 CPU 的总线响应信号(HLDA),接管总线控制权,实现对总线的控制。

（5）向相应外围设备转达 DMA 允许信号 DACK。于是在 DMA 控制器的管理下,实现外围设备和存储器之间的数据直接传送。

（6）在传送过程中进行地址修改和字节计数。在传送完要求的字节数后,向 CPU 发出

DMA 结束信号($\overline{\text{EOP}}$),撤销总线请求(HOLD),将总线控制权交还给 CPU。

DMA 控制器一方面可以接管总线,直接在其他 I/O 接口和存储器之间进行读/写操作,就像 CPU 一样成为总线的主控器件,这是有别于其他 I/O 控制器的根本不同之处;另一方面,作为一个可编程 I/O 器件,其 DMA 控制功能正是通过初始化编程来设置的。当 CPU 用 I/O 指令对 DMA 控制器写入或者读出时,它又和其他 I/O 电路一样成为总线的从属部件。

2. 可编程 DMA 控制器 Intel 8237 DMAC 的主要性能和内部结构

8237 DMAC 是 Intel 8080、8085、8086、8088 系列通用的,高性能可编程 DMA 控制器芯片,它的性能如下。

(1) 使用单一+5V 电源、单相时钟、40 条引脚、双列直插式封装。时钟为 3~5MHz,最高速率可达 1.6Mbps。

(2) 含有 4 个相互独立的通道,每个通道均有独立的地址寄存器和字节数寄存器,而控制寄存器、状态寄存器为 4 个通道所共用。可以采用级联方式扩充用户所需要的通道。通道中地址寄存器的长度为 16 位,因而一次 DMA 传送的最大数据块的长度为 64KB。

(3) 用户通过编程,可以在 4 种操作类型和 4 种传送方式之中任选一种。

(4) 每个通道的 DMA 请求可以分别被允许/禁止。

(5) 8237 有 4 种工作方式,即单字节传送方式、数据块传送方式、请求传送方式、级联方式。

(6) 每个通道的 DMA 请求有不同的优先权,可以利用程序设置为固定优先权和循环优先权两种排序方式。

(7) 每个通道都有软件的 DMA 请求。还各有一对联络信号线,以及通道请求信号 DREQ 和响应信号 DACK,而且 DREQ 和 DACK 信号的有效电平可以通过编程来设定。

(8) 允许使用 EOP 输入信号来结束 DMA 传送或重新初始化。

8237 内部寄存器的类型和数量如表 7.4 所示。

表 7.4　8237 内部寄存器的类型和数量

寄存器名称	容量/位	数　量	寄存器名称	容量/位	数　量
基地址寄存器	16	4	状态寄存器	8	1
基字节数寄存器	16	4	命令寄存器	8	1
当前地址寄存器	16	4	暂存寄存器	8	1
当前字节数寄存器	16	4	方式寄存器	8	4
地址暂存寄存器	16	1	屏蔽寄存器	8	1
字节数暂存寄存器	16	1	请求寄存器	8	1

8237 由 I/O 缓冲器、定时和控制逻辑、优先级编码逻辑、命令控制逻辑和内部寄存器组五部分组成,如图 7.20 所示。

(1) 4 个独立的 DMA 通道。每个通道都有一个 16 位的基地址寄存器、一个 16 位的基字节数寄存器、一个 16 位的当前地址寄存器、一个 16 位的当前字节数寄存器及一个 8 位的方式寄存器,方式寄存器接收并保存来自于 CPU 的方式控制字,使本通道能够工作于不同的方式下。

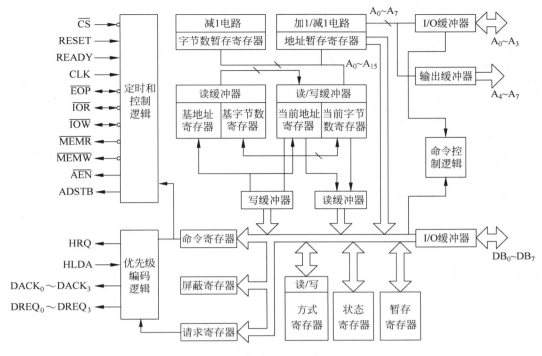

图 7.20 8237 内部结构图

（2）定时和控制逻辑。在 DMA 请求服务之前，CPU 编程对给定的命令字和方式控制字进行译码，以确定 DMA 的工作方式，并控制产生所需要的定时信号。

（3）优先级编码逻辑。对通道进行优先级编码，在同时接收到不同通道的 DMA 请求时，能够确定相应的先后次序。

（4）共用寄存器。除了每个通道中的寄存器之外，整个芯片还有一些共用的寄存器，包括一个 16 位的地址暂存寄存器、一个 16 位的字节数暂存寄存器、一个 8 位的状态寄存器、一个 8 位的命令寄存器、一个 8 位的暂存寄存器、一个 8 位的屏蔽寄存器和一个 8 位的请求寄存器等，这些寄存器的功能与作用如表 7.4 所示。其中，凡数量为 4 个的寄存器，每个通道一个；凡数量只有一个的，为各通道所公用。

3. 8237 的外部引脚

8237 DMAC 是一种 40 条引脚、双列直插式封装芯片，其引脚图如图 7.21 所示。

各引脚的功能定义如下。

CLK：时钟输入，用来控制 8237 内部操作定时和 DMA 传送时的数据传送速率。

$\overline{CS}$：片选输入，低电平有效。当 CPU 控制总线时，即 8237 在受控方式下，当 $\overline{CS}$ 有效时，选中该 8237 作为 I/O 设备；而当 CPU 向 8237 写入编程控制字时，它开启 I/O 写输入；当 CPU 从 8237 读回状态字、当前地址或当前字节数寄存器内容时，它开启 I/O 读输入。当 DMA 控制总线时，自动禁止 $\overline{CS}$ 输入，以防止 DMA 操作期间该器件选中自己。

RESET：复位输入，高电平有效。RESET 有效时，会清除命令、状态、请求和暂存寄存器，并清除字节指示器和置位屏蔽寄存器。复位后，8237 处于空闲周期，它的所有控制线都处于高阻状态，并且禁止所有通道的 DMA 操作。复位之后必须重新对 8237 初始化，它才

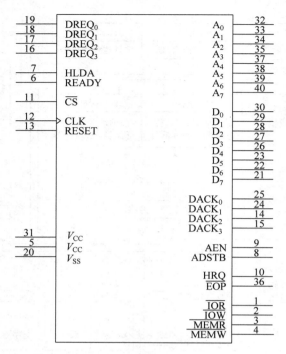

图 7.21　8237 引脚图

能进入 DMA 操作。

READY：准备好输入信号。当选用的存储器或 I/O 设备速度比较慢时，可用这个异步输入信号使存储器或 I/O 读/写周期插入等待状态，以延长 8237 传送的读/写脉冲（$\overline{\text{IOR}}$、$\overline{\text{IOW}}$、$\overline{\text{MEMR}}$ 和 $\overline{\text{MEMW}}$）。

HRQ：请求占有信号，输出，高电平有效。在仅有一块 8237 的系统中，HRQ 通常接到 CPU 的 HOLD 引脚，用来向 CPU 请求对系统总线的控制权。如果通道的相应屏蔽位被清除，也就是说 DMA 请求未被屏蔽，则只要出现 DREQ 有效信号，8237 就会立即发出 HRQ 有效信号。在 HRQ 有效之后，至少等待一个时钟周期，HLDA 才会有效。

HLDA：同意让出总线响应输入信号，高电平有效。来自 CPU 的同意让出总线响应信号。它有效表示 CPU 已经让出对总线的控制权，把总线的控制权交给 DMAC。

$\text{DREQ}_0 \sim \text{DREQ}_3$：DMA 请求输入信号。它们的有效电平可由编程设定。复位时使它们初始化为高电平有效。这 4 条 DMA 请求线，是外部电路为取得 DMA 服务，而送到各个通道的请求信号。在固定优先权时，DREQ_0 的优先权最高，DREQ_3 的优先权最低。各通道的优先权级别是可以利用编程设定的，当通道的 DREQ 有效时，就向 8237 请求 DMA 操作。

$\text{DACK}_0 \sim \text{DACK}_3$：DMA 响应输出，DACK 是响应 DREQ 信号后，进入 DMA 服务的应答信号。在相应的 DACK 产生前 DREQ 必须维持有效。它们的有效电平可由编程设定，复位时使它们初始化为低电平有效。8237 用这些信号来通知各自的外围设备已经被授予了一个 DMA 周期。即利用有效的 DACK 信号作为 I/O 接口的选通信号。系统允许多个 DREQ 同时有效，但在同一时间，只能有一个 DACK 信号有效。

$A_3 \sim A_0$：地址线的低 4 位,双向、三态地址线。CPU 控制总线时,它们是输入信号,用来寻址要读出或写入的 8237 内部寄存器;在 DMA 的有效周期内,由它们输出存储器低字节的低 4 位地址。

$A_7 \sim A_4$：三态、输出的地址线。仅在 DMA 周期内,输出存储器低字节的高 4 位地址。

$D_7 \sim D_0$：双向、三态的数据总线,连接到系统数据总线上。在 I/O 读期间,可以将 8237 内部的地址寄存器、状态寄存器、暂存寄存器和字节数寄存器中的内容经由 $D_7 \sim D_0$ 读入 CPU;CPU 对 8237 的控制寄存器进行写时,控制字经由 $D_7 \sim D_0$ 从 CPU 写入 8237。在 DMA 操作期间,由 $D_7 \sim D_0$ 输出的是存储器的高 8 位地址 $A_{15} \sim A_8$,并由 ADSTB 信号将这些地址信息锁存入地址锁存器。

ADSTB：地址选通、输出信号,高电平有效,用来在 DMA 操作期间将 $D_7 \sim D_0$ 输出的高 8 位地址 $A_{15} \sim A_8$ 选通到地址锁存器。

AEN：地址允许、输出信号,高电平有效。在 DMA 传送期间,该信号有效时,禁止其他系统总线驱动器使用系统总线,同时允许地址锁存器中的高 8 位地址信息送上系统地址总线。

$\overline{\text{IOR}}$：I/O 读,双向、三态,低电平有效。CPU 控制总线时由 CPU 发来,若该信号有效,则表示 CPU 读取 8237 内部寄存器;在进行 DMA 操作时由 8237 发出,用来读取 I/O 设备的控制信号。

$\overline{\text{IOW}}$：I/O 写,双向、三态,低电平有效,CPU 控制总线时由 CPU 发来,CPU 用它把数据写入 8237;而在 DMA 操作期间,由 8237 发出,作为对 I/O 设备写入的控制信号。

$\overline{\text{MEMR}}$：存储器读,输出,三态,低电平有效。在 DMA 操作期间,由 8237 发出,作为从选定的存储单元读出数据的控制信号。

$\overline{\text{MEMW}}$：存储器写,输出,三态,低电平有效。在 DMA 操作期间,由 8237 发出,作为把数据写入选定的存储单元的控制信号。

$\overline{\text{EOP}}$：过程结束,双向,低电平有效。表示 DMA 服务结束。当 8237 接收到有效的 $\overline{\text{EOP}}$ 信号时,就会终止当前正在执行的 DMA 操作。当复位请求位时,如果是允许自动预置(自动再启动方式),就将该通道的基地址寄存器和基字节数寄存器的内容重新写入当前的地址寄存器和字节数寄存器,并使屏蔽位保持不变;若不是自动预置方式,当 $\overline{\text{EOP}}$ 有效时,将会使当前运行通道的状态字中的屏蔽位和 TC 位置位。$\overline{\text{EOP}}$ 可以由 I/O 设备输入给 8237;另外,当 8237 的任一通道到达计数终点 TC 时,会产生低电平的 $\overline{\text{EOP}}$ 输出脉冲信号。此信号除了使 8237 终止 DMA 服务外,还可以送出作为中断请求信号等使用。$\overline{\text{EOP}}$ 信号不用时,必须通过上拉电阻接到高电平,以防止误输入。

4. 8237 DMAC 的工作方式

8237 的每个通道都有自己的方式寄存器,通过对方式寄存器写入不同的内容,各通道可以独立地选择不同的工作模式(传送方式)和操作类型。

(1) 工作模式。在 DMA 传输时,每个通道有如下 4 种工作模式。

① 单次传送方式。单次传送方式也称单字节传送模式。每次 DMA 操作只传送 1B。即 DMAC 发出一次占用总线请求,获得总线控制权后,进入 DMA 传送方式,只传送 1B 的数据。然后就自动把总线控制权交还给 CPU,让 CPU 至少占用一个总线周期。若还有通道请求信号,则 DMAC 再重新向 CPU 发出总线请求,获得总线控制权后,再传送 1B 的

数据。

② 数据块传送方式。数据块传送方式也称为连续传送或成组传送方式。在进入 DMA 操作后,就连续传送数据,直到整块数据全部传送完毕。在字节计数器减到零为止,或外界输入终止信号$\overline{EOP}$时,才会将总线控制权交还给 CPU 而退出 DMA 操作方式。即使在数据的传送过程中,通道请求信号 DREQ 变为无效,DMAC 也不会释放总线,只是暂时停止数据的传送。等到 DREQ 信号再次变为有效后,又继续进行数据传送,一直到整块数据全部传送结束,才会退出 DMA 方式,把总线控制权交还给 CPU。

③ 请求传送方式。请求传送方式也可以用于成块数据传输。当 DMAC 采样到有效的通道请求信号 DREQ 时,向 CPU 发出请求占用总线的信号 HRQ(在 Z80 DMA 中是 $\overline{BUSRQ}$)。CPU 让出总线控制权后,就进入 DMA 操作方式。但在 DREQ 变为无效后, DMAC 立即停止 DMA 操作,释放总线给 CPU。仅当 DREQ 再次变为有效后,它才再次发出 HRQ 请求信号,CPU 再次让出总线控制权。DMAC 又重新控制总线,继续进行数据传送。数据块传送结束就把总线归还给 CPU。这种方式适用于准备好传送数据时,发出通道请求;若数据未准备好,就使通道请求无效,而将总线控制权暂时交还给 CPU。

④ 级联方式。

利用级联方式可以把多个 8237 连接在一起,以便扩充系统的 DMA 通道数。下一级的 HRQ 接到上一级的某一通道的 DREQ 上,而上一级的响应信号 DACK 可接到下一级的 HLDA 上,其工作框图如图 7.22 所示。

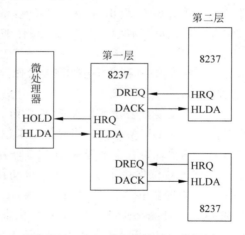

图 7.22　8237 的级联方式工作框图

(2) 操作类型。根据传输过程中数据的流向,可以分为如下几种操作类型。

① DMA 写传送(I/O 设备→存储器)。将 I/O 设备(如磁盘接口)传送来的数据写入存储器。

② DMA 读传送(存储器→I/O 设备)。将存储器中的数据写入 I/O 设备。

③ DMA 校验。DMA 校验实际并不进行数据传送,只是完成某种校验过程。当一个 8237 通道处于 DMA 校验方式时,它会像上述的传送操作一样,保持对系统总线的控制权, 并且每个 DMA 周期都将响应外围设备的 DMA 请求,只是不产生存储器或 I/O 设备的读/写控制信号,这就阻止了数据的传送。但 I/O 设备可以使用这些响应信号,在 I/O 设备内

部对一个指定数据块的每 1B 进行存取,以便进行校验。

上述 3 种操作,被操作的数据都不进入 DMAC 内部,而且校验方式也仅是由 DMAC 控制系统总线,并响应 I/O 设备的 DMA 请求,在每个 DMA 周期向 I/O 设备发出一个 DMA 响应信号 DACK。I/O 设备利用此信号作为片选信号进行某种校验。

④ 存储器→存储器传送。8237 进行存储器之间的数据块传送操作时,由通道 0 提供源地址,通道 1 提供目的地址和进行字节计数。这种传送需要两个总线周期:第 1 个总线周期先将源地址内的数据读入 8237 的暂存器;第 2 个总线周期再将暂存器内容放到数据总线上,然后在写信号的控制下,将数据总线上的数据写入目的地址的存储器单元。

5. 8237 的控制字和编程

(1) 内部寄存器。8237 内部寄存器的功能说明如下。

① 当前地址寄存器。每个通道都有一个 16 位长的当前地址寄存器。当进行 DMA 传送时,由它提供访问存储器的地址。在每次数据传送之后,地址值自动增 1 或减 1。CPU 是以连续两字节,先低字节后高字节的顺序,对其进行写入或读出的。在自动预置方式下,在 $\overline{EOP}$ 有效后,会将它重新预置为初始值。

② 当前字节数寄存器。每个通道都有一个 16 位长的当前字节计数寄存器,它保存当前 DMA 传送的字节数。实际传送的字节数比编程写入的字节数大 1(如编程的初始值为 10,将导致传送 11B),每次传送以后,字节计数器减 1。当其内容从 0 减 1 而到达 FFFFH 时,产生终止计数 TC 脉冲输出。CPU 访问它是以连续两字节对其读出或写入的。在自动预置方式下,当 $\overline{EOP}$ 有效后,被重新预置成初始值;如果在非自动预置方式下,则这个计数器在终止计数之后将变为 FFFFH。

③ 基地址寄存器和基字节数寄存器。每个通道均有一个 16 位的基地址寄存器和一个 16 位的基字节数寄存器。它们用来存放所对应的地址寄存器和字节计数器的初始值。编程时,这两个寄存器与对应的当前寄存器由 CPU 以连续两字节方式同时写入,但它们的内容不能读出。在自动预置方式下,基本寄存器的内容被用来恢复当前寄存器的初始值。

④ 命令寄存器。命令寄存器是 DMAC 4 个通道公用的一个 8 位寄存器,由它来控制 8237 的操作。编程时,由 CPU 对它写入命令字,而由复位信号(RESET)和软件清除命令来清除它。其命令格式如图 7.23 所示。

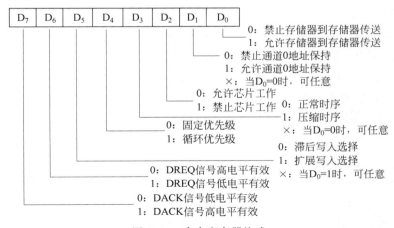

图 7.23 命令寄存器格式

D_0位：允许或禁止存储器至存储器的传送操作。这种传送方式能以最小的程序工作量和最短的时间，成组地将数据从存储器的一个区域传送到另一个区域。当 $D_0=1$ 时，允许进行存储器至存储器的传送，此时首先由通道发软件DMA请求，规定通道。用于从源地址读入数据，然后将读入的数据字节存放在暂存器中，由通道1把暂存器的数据字节写到目的地址存储单元。每次传送后，两个通道对应存储器的地址各自加1或减1。当通道1的字节计数器过0为FFFFH时，将产生终止计数TC脉冲，由$\overline{EOP}$引脚输出有效信号而结束DMA服务。每进行一次存储器至存储器的传送，都需要两个总线周期。通道0的当前地址寄存器用于存放源地址，通道1的当前地址寄存器和当前字节数寄存器提供目的地址和进行计数。

D_1位：由它设定在存储器至存储器的传送过程中，源地址是保持不变还是按增1或减1改变。当 $D_1=0$ 时，传送过程中源地址是变化的；反之，当 $D_1=1$ 时，在整个传送过程，源地址保持不变。这可以用于把同一源地址单元的同样内容的一个数据写到一组目标存储单元中。当 $D_0=0$ 时，不允许存储器至存储器传送，则 D_1 位无意义。

D_2位：允许或禁止DMAC工作的控制位。

D_3、D_5位：与时序有关的控制位，详见后面的时序说明。

D_4位：用来设定通道优先级结构。当 $D_4=0$ 时，为固定优先级，即通道0的优先级最高，优先级随着通道号增大而递减，通道3的优先级最低。当 $D_4=1$ 时，为循环优先级，即在每次DMA操作周期(不是DMA请求，而是DMA服务)之后，各个通道的优先级都发生了变化。刚刚服务过的通道其优先级变为最低，它后面的通道的优先级变为最高。具有循环优先级结构，可以防止任何一个通道独占DMA。所有DMA操作，最初都指定通道0具有最高优先级。DMA的优先级排序只是用来决定同时请求DMA服务的通道的响应次序的。而任何一个通道一旦进入DMA服务后，其他通道都不能打断它的服务，这一点和中断服务是不同的。

D_6、D_7位：用于设定DREQ和DACK的有效电平极性。

⑤ 方式寄存器。每个通道都有一个8位的方式寄存器，它用于指定DMA的操作类型、传送方式、是否自动预置和传送1B数据后地址是按增1还是减1规律修改。写入工作方式寄存器的控制字，在编程初始化时，由CPU写入。命令字的 D_0、D_1 两位是通道的寻址位，即根据 D_0、D_1 两位的编码，确定此命令字写入的通道。$D_2 \sim D_7$ 是通道相应的工作方式设定位。其格式如图7.24所示。

D_3、D_2位：当 D_7、D_6 位不同时为1时，由这两位的编码设定通道的DMA传送类型：读、写和校验(或存储器至存储器)。

注意：当设定命令寄存器为存储器至存储器的传送方式时，应将方式寄存器 D_3D_2 位设定为00。

D_4位：它设定通道是否进行自动预置。当选择自动预置时，在接收到$\overline{EOP}$信号后，该通道自动将基地址寄存器内容装入当前地址寄存器，将基字节数寄存器内容装入当前字节数寄存器，这样不必通过CPU对8237进行初始化，就能执行另一次DMA服务。

D_5位：它设定每传送1B数据后，存储器地址是加1还是减1修改。

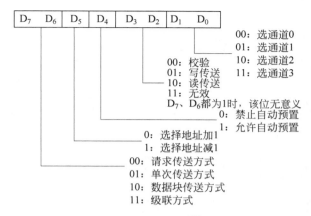

图 7.24　方式寄存器格式

D_7、D_6 位：这两位的不同编码决定该通道 DMA 传送的方式。8237 进行 DMA 传送时，有 4 种传送方式：单次传送方式、请求传送方式、数据块传送方式和级联方式。

⑥ 请求寄存器。DMA 请求可以是由 I/O 设备发来 DREQ 信号，也可以由软件发出，请求寄存器就是用于由软件来启动 DMA 请求的设备。存储器到存储器传送必须利用软件产生 DMA 请求。这种软件请求 DMA 传送操作必须是数据块传送方式，在传送结束后，$\overline{EOP}$ 信号变为有效，该通道对应的请求标志位被清 0，因此，每执行一次软件请求 DMA 传送，都要对请求寄存器编程一次，RESET 信号清除所有通道的请求寄存器。软件请求位是不可屏蔽的。可以用送请求控制字对各通道的请求标志进行置位和复位。该寄存器只能写，不能读。

对某个通道的请求标志进行置位和复位的命令字格式如图 7.25 所示。

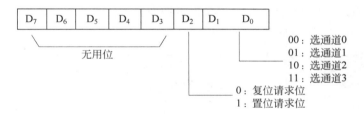

图 7.25　请求寄存器格式

8237 接收到请求命令时，按 D_1、D_0 确定的通道，对该通道的请求标志执行 D_2 规定的操作。$D_2 = 1$ 将请求标志位置 1；$D_2 = 0$ 将请求标志位清 0。

例如，若用软件请求通道 0 进行 DMA 传送，则向请求寄存器写入 04H 控制字。

⑦ 屏蔽寄存器。8237 每个通道均有一位屏蔽标志位。当某通道的屏蔽标志位置 1 时，禁止该通道的 DREQ 请求，并禁止该通道的 DMA 操作。若某个通道规定不自动预置，则当该通道遇到有效的 $\overline{EOP}$ 信号时，将对应的屏蔽标志位置 1。RESET 信号使所有通道的屏蔽标志位都置 1，各通道的屏蔽标志位可以用命令进行置位或复位，其命令字有两种格式。第一种格式与请求标志命令字格式相同。这种格式用来单独为每个通道的屏蔽位进行置位或复位，其中，$D_2 = 0$ 表示清除屏蔽标志，$D_2 = 1$ 表示置位屏蔽标志，由 D_1 和 D_0 的编码指出通道号。第二种格式是可以同时设定 4 个通道的屏蔽标志。命令字格式如图 7.26 所示。

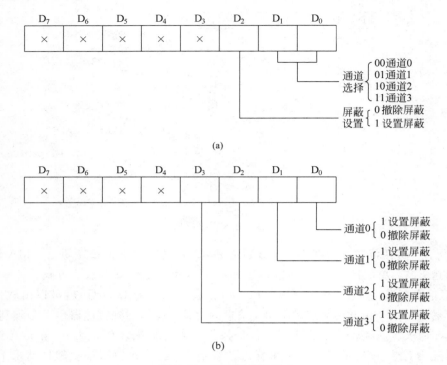

图 7.26　屏蔽寄存器格式

注意：这两种不同格式的命令字写入 DMAC 时，有不同的端口地址。写单个通道屏蔽寄存器的端口地址为 0AH，而同时写 4 个通道的屏蔽位的端口地址为 0FH。

例如，为了在每次对软盘读/写操作时进行 DMA 初始化，都必须解除通道 2 的屏蔽，以便响应硬件 $\overline{DREQ_2}$ 的 DMA 请求。可以采取下述两种方法之一清除屏蔽寄存器。

方法一：使用单一通道屏蔽命令。

```
MOV     AL,00000010B        ；开放通道 2
OUT     DMA + 0AH,AL        ；写单一屏蔽寄存器
```

方法二：使用 4 位屏蔽命令。

```
MOV     AL,00001011B        ；仅开放通道 2
OUT     DMA + 0FH,AL        ；写入 4 位屏蔽命令
```

⑧ 状态寄存器。状态寄存器是一个 8 位的寄存器，用来存放 8237 的状态信息，它可以由 CPU 读出。状态寄存器的格式如图 7.27 所示。它的低 4 位表示 4 个通道的终止计数状态，高 4 位表示当前是否存在 DMA 请求。

只要通道到达计数终点 TC 或外界送来有效的 $\overline{EOP}$ 信号，$D_3 \sim D_0$ 相应的位就被置 1，RESET 信号和 CPU 每次"读状态"后，都清除 $D_3 \sim D_0$ 位。$D_7 \sim D_4$ 位表示通道 3～0 请求 DMA 服务，但未获得响应的状态。

⑨ 暂存寄存器。暂存寄存器为 8 位的寄存器，在存储器至存储器传送期间，用来暂存

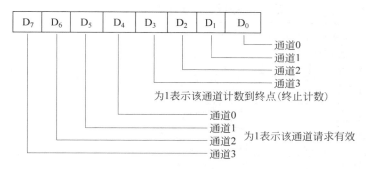

图 7.27　状态寄存器格式

从源地址单元读出的数据。当数据传送完成时,所传送的最后一个字节数据可以由 CPU 读出。用 RESET 信号可以清除此暂存器。

⑩ 软件命令。8237 设置了 3 条软件命令,它们是主清除命令、清除字节指示器命令和清除屏蔽寄存器命令。这些软件命令只要对某个适当地址进行写入操作就会自动执行清除命令。

- 主清除命令。该命令在 8237 内部所起的作用和硬件复位信号 RESET 相同。它执行后能清除命令寄存器、状态寄存器、各通道的请求标志位、暂存寄存器和字节指示器,并把各通道的屏蔽标志位置 1,使 8237 进入空闲周期。
- 清除字节指示器命令。字节指示器又称为先/后触发器或字节地址指示触发器。因为 8237 各通道的地址和字节计数都是 16 位的,而 8237 每次只能接收 1B 数据,所以 CPU 访问这些寄存器时,要用连续 2B 进行。当字节指示器为 0 时,CPU 访问这些 16 位寄存器的低字节;当字节指示器为 1 时,CPU 访问这些 16 位寄存器的高字节。为了按正确顺序访问 16 位寄存器的高字节和低字节,CPU 首先使用清除字节指示器命令来清除字节指示器,使 CPU 第 1 次访问 16 位寄存器的低字节。第 1 次访问之后,字节指示器自动置 1,从而使 CPU 第 2 次访问 16 位寄存器的高字节。最后,字节指示器自动恢复为 0 状态。
- 清除屏蔽寄存器命令。这条命令清除 4 个通道的全部屏蔽位,使各通道均能接受 DMA 请求。

(2) 内部寄存器的寻址。对 8237 内部寄存器的寻址和执行与控制器有关的软件命令,都由芯片选择信号 $\overline{\text{CS}}$、I/O 读 $\overline{\text{IOR}}$、I/O 写 $\overline{\text{IOW}}$ 和 $A_3 \sim A_0$ 地址线的不同状态编码来完成。$\overline{\text{CS}} = 0$ 表示访问该 8237 DMAC 芯片;$A_3 = 0$ 表示访问某个地址寄存器或字节计数器;$A_3 = 1$ 表示访问控制寄存器或状态寄存器,或正在发出一条软件命令。在 $\overline{\text{CS}}$ 和 A_3 都为 0 时,CPU 访问某个地址寄存器或字节计数器,并由 $A_2 \sim A_1$ 编码状态给出通道号,而 $A_0 = 0$ 表示访问当前地址寄存器,$A_0 = 1$ 表示访问当前字节数寄存器。用 $\overline{\text{IOR}}$ 为低电平或 $\overline{\text{IOW}}$ 为低电平表示是读操作还是写操作。对当前地址寄存器进行写入的同时,也写入基地址寄存器;对当前字节数寄存器进行写入的同时,也写入基字节数寄存器。

在 $\overline{\text{CS}} = 0$ 时,CPU 对状态寄存器和控制寄存器的寻址及给出的软件命令归纳如表 7.5 所示。

表 7.5 8237 内部寄存器端口地址分配

主片的 I/O 端口地址（H）	从片的 I/O 端口地址（H）	寄 存 器	
		IN（读）	OUT（写）
000	0C0	CH0 当前地址寄存器	CH0 基地址与当前地址寄存器
001	0C2	CH0 当前字节数寄存器	CH0 基字节数与当前字节数寄存器
002	0C4	CH1 当前地址寄存器	CH1 基地址与当前地址寄存器
003	0C6	CH1 当前字节数寄存器	CH1 基字节数与当前字节数寄存器
004	0C8	CH2 当前地址寄存器	CH2 基地址与当前地址寄存器
005	0CA	CH2 当前字节数寄存器	CH2 基字节数与当前字节数寄存器
006	0CC	CH3 当前地址寄存器	CH3 基地址与当前地址寄存器
007	0CE	CH3 当前字节数寄存器	CH3 基字节数与当前字节数寄存器
008	0D0	状态寄存器	命令寄存器
009	0D2		请求寄存器
00A	0D4		写屏蔽寄存器单个屏蔽位
00B	0D6		工作方式寄存器
00C	0D8		清除字节指示器命令（软件命令）
00D	0DA	暂存寄存器	主清除命令（软件命令）
00E	0DC		清除屏蔽寄存器命令（软件命令）
00F	0DE		写全部屏蔽位寄存器

　　每片 8237 占有 16 个端口地址，暂存寄存器只能在存储器至存储器传送完成后进行读出。

　　(3) 8237 的编程步骤。

　　① 输出主清除命令。

　　② 写入基地址与当前地址寄存器。

　　③ 写入基字节数与当前字节数寄存器。

　　④ 写入方式寄存器。

　　⑤ 写入屏蔽寄存器。

　　⑥ 写入命令寄存器。

　　⑦ 写入请求寄存器。

　　若有软件请求，则写入到指定通道，就可以开始 DMA 传送过程；若无软件请求，则在完成了①～⑦的编程后，由通道的 DREQ 启动 DMA 传送过程。

　　例如，若要利用通道 0，将由外设（磁盘）输入的 32KB 的一个数据块，传送至内存 8000H 开始的区域（增量传送），采用块连续传送的方式，传送完不自动初始化，外设的 DREQ 和 DACK 都为高电平有效。

　　要编程首先要确定端口地址。地址的低 4 位用以区分 8237 的内部寄存器，高 4 位 $A_7 \sim A_4$ 经译码后，连接至选片端 $\overline{CS}$，假定选中时高 4 位为 5。

　　① 方式控制字：　　D_7　D_6　D_5　D_4　D_3　D_2　D_1　D_0
　　　　　　　　　　　　1　　0　　0　　0　　0　　1　　0　　0

　　② 屏蔽字：　　　　D_7　D_6　D_5　D_4　D_3　D_2　D_1　D_0
　　　　　　　　　　　　0　　0　　0　　0　　0　　0　　0　　0

③ 命令字：

	D_7	D_6	D_5	D_4	D_3	D_2	D_1	D_0
	1	0	1	0	0	0	0	0

初始化程序如下：

```
OUT    5DH,AL          ;输出主清除命令
MOV    AL,00H
OUT    50H,AL          ;输出基地址与当前地址的低 8 位
MOV    AL,80H
OUT    50H,AL          ;输出基地址与当前地址的高 8 位
MOV    AL,00H
OUT    51H,AL
MOV    AL,80H
OUT    51H,AL          ;给基字节数当前字节数赋值,32k = 80H
MOV    AL,84H
OUT    5BH,AL          ;输出方式字
MOV    AL,00H
OUT    5AH,AL          ;输出屏蔽字
MOV    AL,0A0H
OUT    58H,AL          ;输出命令字
```

6. Intel 8237 的应用举例

1）8088 访问 8237 的寻址

当 8237 处于空闲状态时，CPU 可以对它进行访问。但是否访问此 8237，这要取决于它的片选引脚$\overline{CS}$是否出现低电平。由 I/O 接口片选信号产生电路及 I/O 接口使用的 I/O 地址表可知，当 I/O 地址为 00H～1FH 时，DMA $\overline{CS}$ 为低电平，此时 8237 被选中。若 CPU 执行的是 OUT 指令，则$\overline{IOW}$有效，CPU 送上数据总线的数据就写入 8237 内部寄存器；若 8088 执行的是 IN 指令，则$\overline{IOR}$有效，就会将 8237 内部寄存器的数据送上数据总线并读入 CPU。

8237 内部有多个寄存器，CPU 与 8237 传送数据时，具体访问哪个内部寄存器，取决于它的 $A_3 \sim A_0$ 地址信息的编码状态。8237 的 $A_3 \sim A_0$ 连接系统地址总线 $A_3 \sim A_0$。在系统的 BIOS 中，安排 8237 内部寄存器使用的 I/O 端口地址为 00H～0FH。

2）8237 的初始化编程

在进行 DMA 传输之前，CPU 要对 8237 进行编程。DMA 传输涉及 RAM 地址、数据块长、操作方式和传输类型，因此，在每次 DMA 传输之前，除自动预置外，都必须对 8237 进行一次初始化编程。若数据块超过 64KB 界限，则还必须将页面地址写入页面寄存器。

IBM-PC/XT 微机系统中，对 BIOS 有关 8237 的初始化程序介绍如下。

（1）对 8237A-5 芯片的检测程序。系统上电后，要对 DMA 系统进行检测，其主要内容是对 8237A-5 芯片所有通道的 16 位寄存器进行读/写测试，即对 4 个通道的 8 个 16 位寄存器先写入全"1"后，读出比较，再写入全"0"后，读出比较。若写入内容与读出结果相等，则判断芯片可用；否则，视为致命错误。下面是 PC/XT 微机系统的 DMA 系统检测的例程。

```
                    ; 检测前禁止 DMA 控制器工作
        MOV     AL,04H              ; 命令字,禁止 8237 工作
        OUT     DMA+08H,AL          ; 命令字送命令寄存器
        OUT     DMA+0DH,AL          ; 主清除 DMA 命令
                    ; 对 CH0～CH3 作全"1"和全"0"检测,设置当前地址、寄存器和字节计数器
        MOV     AL,0FFH             ; 对所有寄存器写入 FFH
C16:    MOV     BL,AL               ; 为比较将 AL 存入 BL
        MOV     BH,AL
        MOV     CH,8                ; 置循环次数为 8
        MOV     DX,DMA              ; DMA 第一个寄存器地址装入 DX
C17:    OUT     DX,AL               ; 数据写入寄存器低 8 位
        OUT     DX,AL               ; 数据写入寄存器高 8 位
        MOV     AX,0101H            ; 读当前寄存器前,写入另一个值,破坏原内容
        IN      AL,DX               ; 读通道当前地址寄存器低 8 位或当前字节计数器低 8 位
        MOV     AH,AL
        IN      AL,DX               ; 读通道当前地址寄存器高 8 位或当前字节计数器高 8 位
        CMP     BX,AX               ; 比较读出数据和写入数据
        JE      C18                 ; 相同,转去修改寄存器地址
        JMP     ERR01               ; 不相同,转出错处理
C18:    INC     DX                  ; 指向下一个计数器(奇数)或地址寄存器(偶数)
        LOOP    C17                 ; CH 不等于 0,返回;CH=0 继续
        NOT     AL                  ; 所有寄存器和计数器写入全 0
        JZ      C16
```

(2) 对动态存储器刷新初始化和启动 DMA。8237 的通道 0 用于对动态存储器的刷新,当启动刷新时,对 8237 的初始化设置如下。

① 设定命令寄存器命令字为 00H。禁止存储器至存储器传送,允许 8237 操作、正常时序、固定优先级、滞后写、DREQ 高电平有效、$\overline{\text{DACK}}$ 低电平有效。

② 存储器起始地址 0。

③ 字节计数初值,FFFFH(64KB)。

④ CH0 工作方式。读操作、自动预置、地址加 1、单次传送。

⑤ CH1(为用户保留)工作方式。校验传送、禁止自动预置、地址加 1、单次传送。

⑥ 对 CH2(软磁盘)、CH3(硬磁盘)的工作方式的设置均与 CH1 相同。

```
; 对存储器刷新初始化并启动 DMA
; 全"1"和全"0"检测通道后,设置命令字
MOV  AL,0                  ; 命令字为 00H: 禁止 M→M,允许 8237 工作
; 正常时序,固定优先级、滞后写.DREQ 高电平有效,DACK低电平有效
OUT  DMA+08H,AL            ; 写入命令寄存器
MOV  AL,0FFH               ; 设 CH0 计数器值,即长为 64KB
OUT  DMA+1,AL              ; 装入 CH0 字节计数器低 8 位
OUT  DMA+1,AL              ; 装入 CH0 字节计数器高 8 位
MOV  AL,58H                ; CH0 方式字:DMA 读,自动预置,地址+1,单次传送
OUT  DMA+0BH,AL            ; 写入 CH0 方式寄存器
MOV  AL,41H                ; CH1 方式字
OUT  DMA+0BH,AL            ; 写入 CH1 方式寄存器
```

```
MOV    AL,42H               ; CH2 方式字
OUT    DMA + 0BH,AL         ; 写入 CH2 方式寄存器
MOV    AL,43H               ; CH3 方式字
OUT    DMA + 0BH,AL         ; 写入 CH3 方式寄存器
MOV    AL,0
OUT    DMA + 0AH,AL         ; 清除 CH0 屏蔽寄存器.允许 CH0 请求 DMA,启动刷新
MOV    AL,01010100B
OUT    TIMER + 3,AL         ; 8253 计数器 1 工作于方式 2,只写低 8 位
MOV    AL,18
OUT    TIME + 1,AL
```

PC/XT 微机系统采用 8253 定时/计数器通道 1 和 8237 通道 0 构成刷新电路,8253 的通道 1 每隔 $15\mu s$ 请求一次 DMA 通道 0。即 8253 的 OUT_1,每隔 $15\mu s$ 使触发器翻为 1,它的 Q 端发出 DREQ 信号请求 8237 通道 0 进行一次 DMA 读操作。一次 DMA 读传送读内存的一行,并进行内存的地址修改。这样经 128 次 DMA 请求,共花去 $15\mu s \times 128 = 1.92ms$ 的时间便能读 DRAM 相邻的 128 行。也就是说在 1.92ms 内能保证对 DRAM 刷新一次。

由于从内存任何位置开始对 128 行单连续读,都能保证对整个 DRAM 在低于 2ms 内刷新一次,因此上述程序没有设置通道 0 的起始地址。由于 DMA 刷新需要连续地进行,因此 CH0 设置为自动预置。实际上,8237 通道 0 的计数器也不一定要设置为 FFFFH。这样设置使 CH0 终止计数信号为 $15\mu s \times 65\,536 = 0.99s$ 有效一次。

3) 利用 8237 的通道 1 实现 DMA 数据传送

假定利用 PC/XT 主系统板内的 8237 DMA 控制器的通道 1 实现 DMA 方式传送数据,要求将存储在存储器缓冲区中的数据传送到 I/O 设备中。I/O 设备是一片 74LS374 锁存器。锁存器的输入接到系统板 I/O 通道的数据线上,而它的触发脉冲 CLK 是由 $\overline{DACK_1}$ 和 $\overline{IOR}$ 通过或门 74LS32 综合产生的。因此,当 74LS374 的 CLK 负跳变时,数据总线 $D_7 \sim D_0$ 上的数据将锁存入 74LS374。74LS374 的输出通过反相器 74LS04 驱动后,接到 LED 显示器上。当 $DREQ_1$ 为高电平时,将请求 DMA 服务。8237 进入 DMA 服务时,发出 $\overline{DACK_1}$ 低电平信号,在 DMA 读周期,8237 发出 16 位地址信息,页面寄存器送出高 4 位地址。选通存储器单元,8237 又发出 $\overline{MEMR}$ 低电平信号,将被访问的存储器单元的内容送到数据总线并锁存入 74LS374。当 $\overline{OE}$ 为低电平时,将锁存在 74LS374 的数据送到 LED 显示器上显示。应用的例子图示如图 7.28 所示。

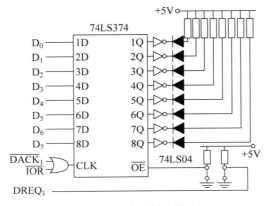

图 7.28　应用例子图示

```
; DMA 传送的初始化程序
STACK   SEGMENT  PARA  STACK  'STACK'
        DB      256   DUP(0)
STACK   ENDS
DATA    SEGMENT
        DAM     EQU   0
        BUFFER DB  4   DUP(0FH)
DATA    ENDS
CODE    SEGMENT
START   PROC  FAR
        ASSUME   CS: CODE, DS: DATA
        PUSH     DS
        MOV      AX, 0
        PUSH     AX
        MOV      AX, DATA
        MOV      DS, AX
        CLI                             ; 禁止全部中断申请
        MOV      AL, 89H                ; 工作方式: 通道1, 读传送, 禁止自动预置
        ; 地址加1, 数据块传送
        OUT      DMA + 0BH, AL          ; 写入通道1方式寄存器
        OUT      DMA + 0CH, AL          ; 清除字节指示器; 计算缓冲区的绝对地址
        MOV      AX, DS                 ; 取数据段地址
        MOV      CL, 4                  ; 移位次数
        ROL      AX, CL                 ; 循环左移4次
        MOV      CH, AL                 ; 将 DS 的高4位存 CH
        AND      AL, 0F0H               ; 去除 DS 的高4位
        MOV      BX, OFFSET BUF         ; 获得缓冲区首地址偏移量
        ADD      AX, BX                 ; 计算16位绝对地址
        JNC      DMAIN                  ; 无进位跳入 DMAIN
        INC      CH                     ; 有进位 DS 高4位加1
DMAIN:  OUT      DMA + 2, AL            ; 通道2当前地址寄存器和基地址寄存器低8位
        MOV      AL, AH
        OUT      DMA + 2, AL            ; 通道2当前地址寄存器和基地址寄存器高8位
        MOV      AL, CH
        AND      AL, 0FH                ; 取高4位绝对地址
        OUT      083H, AL               ; 高4位地址写入页面寄存器第3组
        MOV      AL, 03H                ; 通道1基地址寄存器低8位
        OUT      DMA + 3, AL
        MOV      AL, 0                  ; 通道1基地址寄存器高8位
        OUT      DMA + 8, AL            ; 命令字为0, 禁止 M→M 允许 DMA, 正常时序
        ; 固定优先级, 滞后写 DREQ 高电平有效, DACK低电平有效
        MOV      AL, 01H
        OUT      DMA + 10, AL           ; 清 CH1 屏蔽位, 允许 CH1 的 DMA 请求
        STI
START   ENDP
CODE    ENDS
END     START
```

7.5　例题解析

1. 请说明外设接口同外设之间传送的 3 种信息（数据信息、控制信息和状态信息）的作用及传送过程。

【解析】

数据信息是 CPU 同外设进行输入/输出的主要信息，CPU 用 OUT 指令通过"数据总线"由接口中的"数据端口"向外设输出"数据信息"，用 IN 指令通过"数据总线"读入从外设经接口中的"数据端口"送来的"数据信息"。

控制信息是 CPU 用 OUT 指令通过"数据总线"经接口中的"控制端口"向外设输出的信息，用来控制外设的启动与停止，选择接口的工作方式及把数据信息送入外设数据缓冲器的选通信号。

状态信息是 CPU 用 IN 指令通过"数据总线"读入的从外设经接口中的"状态端口"输入的信息，该信息反映外设当前所处的工作状态，用来实现 CPU 与外设之间信息传输的"同步"。

数据信息、控制信息和状态信息都是由 CPU 的数据总线来传送的。

2. 如图 7.29 所示为一 LED 接口电路图，写出使 8 个 LED 管自上至下依次发亮 2s 的程序，并说明该接口属于哪种输入/输出控制方式，为什么？

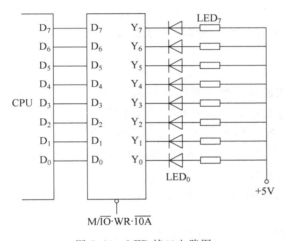

图 7.29　LED 接口电路图

【解析】

控制程序为：

```
        MOV AL,7FH
LOP:    OUT 10H,AL
        CALL   DELAY        ;调用延时 2s 子程序
        ROR AL,1
        JMP LOP
```

该接口属于无条件传送方式，CPU 同 LED 之间无联络信号，LED 总是已准备好可以接收来自 CPU 的信息。

3. 简要说明 8259A 中断控制器中 IRR、ISR 和 IMR 3 个寄存器的功能。

【解析】

中断请求寄存器 IRR 用来存放从外设来的中断请求信号 $IR_0 \sim IR_7$。

中断服务寄存器 ISR 用来存放已被 CPU 响应的中断请求信号。

中断屏蔽寄存器 IMR 用来存放 CPU 送来的屏蔽信号，IMR 中的某一位或某几位为"1"时，对应的中断请求被屏蔽。

4. 8259A 初始化编程过程完成哪些功能？这些功能由哪些 ICW_i 设定？

【解析】

初始化编程用来确定 8259A 的工作方式。ICW_1 确定 8259A 工作的环境：处理器类型、中断控制器是单片还是多片，请求信号的电特性。ICW_2 用来指定 8 个中断请求的类型码。ICW_3 在多片系统中确定主片与从片的连接关系。ICW_4 用来确定中断处理的控制方法：中断结束方式、嵌套方式、数据线缓冲等。

5. 8259A 在初始化编程时设置为非中断自动结束方式，中断服务程序编写时应注意什么？

【解析】

在中断服务程序中，在返回主程序之前安排一条一般中断结束命令指令，8259A 将 ISR 中最高优先级位置 0，结束该级中断处理以便为较低级别中断请求服务。

6. 8259A 的初始化命令字和操作命令字有什么区别？它们分别对应于编程结构中哪些内部寄存器？

【解析】

8259A 的工作方式通过微处理器向其写入初始化命令字来确定。初始化命令字分别装入 $ICW_1 \sim ICW_4$ 内部寄存器。8259A 在工作过程中，微处理器通过向其写入操作命令字来控制它的工作过程。操作命令字分别装入 $OCW_1 \sim OCW_3$ 内部寄存器中。8259A 占用两个端口号，不同的命令字对应不同的端口，再加上命令字本身的特征位及加载的顺序就可以正确地把各种命令字写入对应的寄存器中。

7. 8259A 的中断屏蔽寄存器 IMR 与 8086 中断允许标志 IF 有什么区别？

【解析】

IF 是 8086 微处理器内部标志寄存器的一位，若 IF＝0，则 8086 就不响应外部可屏蔽中断请求 INTR 引线上的请求信号。8259A 有 8 个中断请求输入线，如果 IMR 中的某位为 1，就把对应这位的中断请求 IR 禁止掉，使其无法被 8259A 处理，也无法向 8086 处理器产生 INTR 请求。

8. 试按照如下要求对 8259A 设定初始化命令字：8086 系统中只有一片 8259A，中断请求信号使用电平触发方式，全嵌套中断优先级，数据总线无缓冲，采用中断自动结束方式。中断类型码为 20H～27H，8259A 的端口地址为 B0H 和 B1H。

【解析】

ICW_1＝1BH（送 B0H 端口），ICW_2＝20H（送 B1H 端口），ICW_4＝03H（送 B1H 端口）。

9. 比较中断与 DMA 两种传输方式的特点。

【解析】

中断方式下，当外设需与主机传输数据时要请求主机给予中断服务，中断当前主程序的执行，自动转向对应的中断处理程序，控制数据的传输，这个过程始终是在处理器所执行的指令控制之下。

直接存储器访问(DMA)方式下，系统中有一个 DMA 控制器，它是一个可驱动总线的主控部件。当外设与主存储器之间需要传输数据时，外设向 DMA 控制器发出 DMA 请求，DMA 控制器向中央处理器发出总线请求，取得总线控制权以后，DMA 控制器按照总线时序控制外设与存储器之间的数据传输，而不是通过指令来控制数据传输，传输速度大大高于中断方式。

10. 简述 DMA 控制器的特点及功能。

【解析】

DMA 控制器是内存储器同外设之间进行高速数据传送时的硬件控制电路，是一种实现直接数据传送的专用处理器，它必须能取代在程序控制传送中由 CPU 和软件所完成的各项功能。它的主要功能如下。

(1) DMAC 同外设之间有一对联络信号线——外设的 DMA 请求信号 DREQ 及 DMAC 向外设发出的 DMA 响应信号 DACK，如图 7.30 所示。

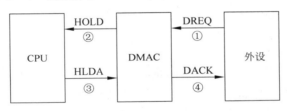

图 7.30 联络信号

(2) DMAC 在接收到 DREQ 信号后，同 CPU 之间也有一对联络信号线——DMAC 向 CPU 发出的总线请求信号(HOLD 或 BUSRQ)及 CPU 在当前总线周期结束后向 DMAC 发出的总线响应信号(HLDA 或 BUSAK)，DMAC 接管对总线的控制权，进入 DMA 操作方式。

(3) 能发出地址信息，对存储器寻址，并修改地址指针，DMAC 内部必须有能自动加 1 或减 1 的地址寄存器。

(4) 能决定传送的字节数，并能判断 DMA 传送是否结束。DMA 内部必须有能自动减 1 的字节计数寄存器，计数结束产生终止计数信号。

(5) 能发出 DMA 结束信号，释放总线，使 CPU 恢复总线控制权。

(6) 能发出读、写控制信号，包括存储器访问信号和 I/O 访问信号。DMAC 内部必须有时序和读/写控制逻辑。

11. 8237A 只有 8 位数据线，为什么能完成 16 位数据的 DMA 传送？

【解析】

I/O 与存储器之间在进行 DMA 传送过程中，数据是通过系统的数据总线传送的，不经过 8237A 的数据总线,而系统数据总线是具有 16 位数据的传输能力的。

12. 8237A 的地址线为什么是双向的?

【解析】

8237A 的 $A_0 \sim A_3$ 地址线是双向的,当 8237A 被主机编程或读状态处于从属状态时,$A_0 \sim A_3$ 为输入地址信号,以便主机对其内部寄存器进行寻址访问。当 8237A 取得总线控制权进行 DMA 传送时,$A_0 \sim A_3$ 输出低 4 位地址信号供存储器寻址对应单元用,$A_0 \sim A_3$ 必须是双向的。

13. 说明 8237A 单字节 DMA 传送数据的全过程。

【解析】

8237A 取得总线控制权以后进行单字节的 DMA 传送,传送完 1B 以后修改字节计数器和地址寄存器,然后就将总线控制权放弃。若 I/O 的 DMA 请求信号 DREQ 继续有效,则 8237A 再次请求总线使用权进行下一字节的传送。

14. 8237A 单字节 DMA 传送与数据块 DMA 传送有什么不同?

【解析】

单字节传送方式下,8237A 每传送完 1B 数据就释放总线,传送下 1B 时再请求总线的控制权。数据块传送方式下 8237A 必须把整个数据块传送完才释放总线。

15. 8237A 什么时候作为主模块工作,什么时候作为从模块工作?试说明在这两种工作模式下,各控制信号处于什么状态。

【解析】

8237A 取得总线控制权后,开始进行 DMA 传送,此时 8237A 作为主模块工作。8237A 在被处理器编程或读取工作状态时,处于从模块工作状态。

8237A 处于从模块时,若 $\overline{CS}=0$、HLDA=0 说明它正被编程或读取状态,$\overline{IOR}$ 与 $\overline{IOW}$ 为输入,$A_0 \sim A_3$ 为输入。8237A 处于主模块时,输出地址信号 $A_0 \sim A_{15}$(低 8 位经 $A_0 \sim A_7$ 输出,高 8 位经 $DB_0 \sim DB_7$ 输出)。8237A 还要输出 $\overline{IOR}$、$\overline{IOW}$、$\overline{MEMR}$、$\overline{MEMW}$、AEN、ADSTB 等有效信号供 DMA 传送过程使用。

16. 8237A 选择存储器到存储器的传送模式必须具备哪些条件?

【解析】

必须使用 8237A 内部的暂存器作为数据传送的缓冲器。8237A 通道 0 的地址寄存器存放存储器的源地址,通道 1 的地址寄存器存放存储器的目的地址,字节计数器存放传送的字节数,建立通道 0 的软件 DMA 请求来启动这一传输过程。

习 题 7

1. 什么是接口?接口的功能是什么?

2. 简述 CPU 与外设进行数据交换的几种常用方式。

3. 无条件传送方式用在哪些场合?查询方式的工作原理是怎样的?主要用在什么场合?画出条件传送(查询)方式输出过程的流程图。

4. 现有一输入设备,其数据端口的地址为 FFE0H,并于端口 FFE2H 提供状态,当其 D_0 位为 1 时表明输入数据准备好。请编写采用查询方式进行数据传送的程序段,要求从该设备读取 100B 并输入到从 1000H:2000H 开始的内存中。

5. 查询式传送方式有哪些优缺点? 中断方式为什么能弥补查询方式的缺点?

6. 8259 中 IRR、IMR 和 ISR 3 个寄存器的作用是什么?

7. 简述 DMA 控制器同一般接口芯片的区别。

8. 简述 8237A 3 种基本传送类型的特点。

第 8 章

常用接口芯片

在计算机中,CPU 和外部设备要进行数据传输,必须采用接口电路来完成连接,本章将具体讨论并行通信和串行通信接口的原理,微机常用串行接口、并行接口和定时器的可编程接口芯片的内部结构和外部特性,以及其硬件连接和初始化编程、操作编程等。

8.1　可编程并行接口 8255

8.1.1　并行通信的概念

1. 并行通信与串行通信

随着多计算机系统的应用和计算机网络的发展,计算机与外部设备之间,计算机与计算机之间常常要进行数据交换,这些数据交换可称为数据通信。数据通信方式有两种:并行通信与串行通信。

并行通信是指数据的各位同时进行传送的通信方式,可以字或字节为单位并行进行。并行通信速度快,但所用的通信线多、成本高,故不宜进行远距离通信。计算机内部各种总线都是以并行方式传送数据的。

串行通信是指数据逐位顺序传送的通信方式。串行传送的速度低,但只需要很少的通信线,适用于长距离而速度要求不高的场合。在网络中传送数据绝大多数采用串行方式。

2. 并行接口

无论是并行通信还是串行通信,就其 I/O 接口与 CPU 之间的通信而言,均是以并行通信方式传送数据的。

并行通信由并行接口完成,它以字节(或字)为单位与 I/O 设备或被控对象进行数据交换,以同步方式传输,如打印机接口,A/D、D/A 转换器接口,IEEE 488 接口,开关量接口,控制设备接口等。

从并行接口的电路结构来看,它有硬连线接口和可编程接口之分。硬连线接口的工作方式及功能用硬连线的不同方式来设定,不能用软件编程的方法加以改变;而可编程接口的工作方式及功能可以用软件编程的方法加以改变。本节将对可编程并行接口 8255 进行讨论。

一个并行接口中包括状态信息、控制信息和数据信息,这些信息分别存放在状态寄存器、控制寄存器和数据缓冲寄存器中。

1) 状态寄存器

状态寄存器用来存放外设的信息,CPU 通过访问这个寄存器来了解某个外设的状态,进而控制外设的工作,以便与外设进行数据交换。

2) 控制寄存器

并行接口中有一个控制寄存器和一个状态寄存器,CPU 对外设的操作命令都寄存在控制寄存器中,状态寄存器主要是用来提供外设的各种状态位,以供 CPU 来查询。

3) 数据缓冲寄存器

在并行接口中还设置了输入缓冲寄存器和输出缓冲寄存器,缓冲器是用来暂存数据的。这是因为外设与 CPU 交换数据时,CPU 的速度远远高于外设的速度。例如,打印机的打印速度与 CPU 的速度相差的远不止一个数量级。在并行接口中设置缓冲器,把要传送的数据先放入缓冲器中,打印机按照安排好的打印队列进行打印,这样可以保证输入、输出数据的可靠性。

图 8.1 是一个典型的并行接口与 CPU、外设的连接图。

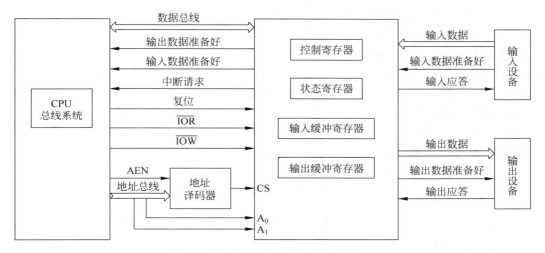

图 8.1 并行接口与 CPU、外设的连接图

3. 数据输入过程

数据输入过程是指外设向 CPU 输入数据的过程。

(1) 当外设将数据通过数据输入线送给接口时,先使状态线"输入数据准备好"为高电平,然后通过接口把数据送到输入缓冲寄存器中,同时把"输入应答"信号置成高电平 1 发给外设。

(2) 外设接到应答信号后,将撤销"输入数据准备好"信号。在接口收到数据后,它会在状态寄存器中设置"准备好输入"状态位,以便 CPU 对其进行查询。

(3) 接口向 CPU 发出一个中断请求信号,这样 CPU 可以用软件查询方式或中断的方式将接口中的数据输入到 CPU 中。

(4) CPU 在接收到数据后,将"准备好输入"的状态位自动清除,并使数据总线处于高阻状态,准备外设向 CPU 输入下一个数据。

4. 数据输出过程

数据输出过程是指 CPU 向外设输出数据的过程。

(1) 当外设从接口接收到一个数据后,接口的输出缓冲寄存器"空",使状态寄存器的

"输出数据准备好"状态位置成高电平1,这表示CPU可以向外设接口输出数据,这个状态位可供CPU查询。

(2)此时接口也可向CPU发出一个中断请求信号,同上面的输入过程相同,CPU可以用软件查询方式或中断的方式将CPU中的数据通过接口输出到外设中。当输出数据送到接口的输出缓冲寄存器后,再输出到外设。

(3)与此同时,接口向外设发送一个启动信号,启动外设接收数据。外设接收到数据后,向接口回送一个"输出应答"信号。

(4)接口接收到该信号后,自动将接口状态寄存器中的"准备好输出"状态位重新置为高电平1,通知CPU可以向外设输出下一个数据。

8.1.2 8255外部引脚及内部结构

8255是Intel公司生产的一种通用的可编程并行I/O接口芯片,它有3个并行I/O口,又可通过编程设置多种工作方式,价格低廉,使用方便,可以直接与Intel系列的芯片连接使用,在中小系统中有着广泛的应用。

在IBM-PC/XT系列微机中,8255接口用于接收键盘输入的扫描码和系统配置的DIP开关状态,以及用于扬声器控制和存储器奇偶校验。

1. 8255内部结构

8255是一个40根引脚的双列直插式组件,内部有3个8位I/O数据端口,即A口、B口和C口,以及一个8位的控制端口。8255的内部结构如图8.2所示。

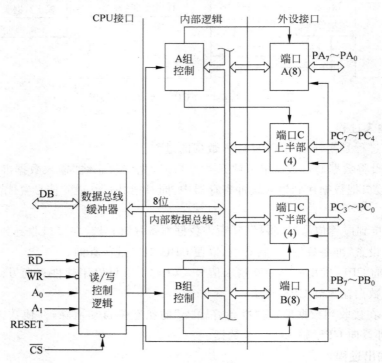

图8.2 8255的内部结构

1) 面向 CPU 的接口电路

（1）数据总线缓冲器。数据总线缓冲器是一个三态双向的 8 位缓冲器，是 8255 与系统数据总线的接口。与此关联的接口信号线是数据线 $D_7 \sim D_0$，它直接与 CPU 数据总线相连，以实现 CPU 与 8255 接口之间的信息传递。CPU 向 8255 写入控制字或从 8255 中读状态信息，以及所有数据的输入和输出，都需要通过数据缓冲器来进行传递。

（2）读/写控制逻辑。读/写控制逻辑是 8255 内部完成读/写控制功能的部件，它接收来自 CPU 的地址和控制信号，并依据这些信号，通过内部控制逻辑向 8255 的各功能部件发出读/写控制命令，用于管理数据、控制字或状态字的传送。与此部分有关的有 6 根信号线：片选信号$\overline{\text{CS}}$，读信号$\overline{\text{RD}}$，写信号$\overline{\text{WR}}$，端口选择信号 A_1、A_0，以及 RESET 复位信号。

2) 面向外设的接口电路

8255 提供了 3 个输入/输出通道可与外部设备相连接。每一个通道有一个 8 位的数据端口用于输入和输出，其工作方式可由编程设定，具体介绍如下。

（1）端口 A：包含一个 8 位的数据输出锁存/缓冲器和一个 8 位的数据输入锁存器，与之关联的接口线是 $PA_7 \sim PA_0$。

（2）端口 B：包含一个 8 位的数据输入/输出、锁存/缓冲器和一个 8 位的数据输入缓冲器，与之关联的接口线是 $PB_7 \sim PB_0$。

（3）端口 C：包含一个 8 位的数据输出锁存/缓冲器和一个 8 位的数据输入锁存器。必要时端口 C 可分成两个 4 位端口，分别与端口 A 和端口 B 配合工作，以输出控制信号，或者接收从外设输入的状态信号，与之关联的接口线是 $PC_7 \sim PC_0$。

3) 内部控制逻辑

内部控制逻辑包括 A 组控制部件、B 组控制部件两部分。A 组控制部件控制端口 A 和端口 C 的高 4 位（$PC_7 \sim PC_4$）；B 组控制部件控制端口 B 和端口 C 的低 4 位（$PC_3 \sim PC_0$）。

控制逻辑内部设置了一个控制寄存器，接收来自 CPU 的控制字，根据控制字的内容决定各数据端口的工作方式。也可以根据控制字对端口 C 的每一位进行置位和复位。控制寄存器的内容只能写入而不能读出。

2. 8255 的引脚功能

8255 芯片有 40 根引脚，各引脚信号如图 8.3 所示。8255 的各引脚功能定义如下。

$D_7 \sim D_0$（输入/输出、三态）：双向三态数据线，用来传送数据、控制字和状态字等信息，直接与系统数据总线相连。

RESET（输入）：复位信号，高电平有效。当它有效时，所有寄存器，包括控制寄存器的内容全部清零，A口、B口、C口均被设定为输入方式。

A_1、A_0（输出）：端口选择信号。8255 内部共有 4 个端口，即 3 个数据端口（A口、B口、C口）和一个控制端口（控制寄存器），它们可由程序寻址。A_1、A_0 的不同

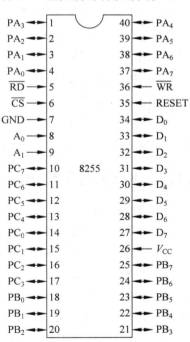

图 8.3　8255 的外部引脚

编码可分别寻址上述 4 个端口，它们与片选信号$\overline{\text{CS}}$一起决定 8255 各端口的地址，规定 A_1A_0 为 00、01、10 和 11 时，分别选中端口 A、端口 B、端口 C 和控制端口。A_1、A_0 通常与系统总线的低位地址线相连。

$\overline{\text{RD}}$（输入）：读信号，低电平有效。当它为低电平时，CPU 从 8255 中读取数据或状态信息。通常接系统总线的 $\overline{\text{IOR}}$ 信号。

$\overline{\text{WR}}$（输入）：写信号，低电平有效。当它为低电平时，CPU 将数据或命令字写入 8255。通常接系统总线的 $\overline{\text{IOW}}$ 信号。

$\overline{\text{CS}}$（输入）：片选信号，低电平有效。当它为低电平时，选中 8255 芯片。通常由系统总线的高位地址线经译码得到。

A_1A_0 和 $\overline{\text{RD}}$、$\overline{\text{WR}}$、$\overline{\text{CS}}$ 信号相配合可对各端口进行输入/输出访问，其组合逻辑功能如表 8.1 所示。

表 8.1　8255 寻址和基本操作表

$\overline{\text{CS}}$	$\overline{\text{RD}}$	$\overline{\text{WR}}$	A_1	A_0	所 选 端 口	传 送 方 向
0	0	1	0	0	读 A 口	A 口→数据总线
0	0	1	0	1	读 B 口	B 口→数据总线
0	0	1	1	0	读 C 口	C 口→数据总线
0	1	0	0	0	写 A 口	数据总线→A 口
0	1	0	0	1	写 B 口	数据总线→B 口
0	1	0	1	0	写 C 口	数据总线→C 口
0	1	0	1	1	写控制寄存器	数据总线→控制寄存器

$PA_7 \sim PA_0$（输入/输出、三态）：A 口的 8 根输入/输出信号线。可用软件编程决定这 8 条线是工作于输入、输出还是双向方式。

$PB_7 \sim PB_0$（输入/输出、三态）：B 口的 8 根输入/输出信号线。可用软件编程指定这 8 条线作输入还是输出。

$PC_7 \sim PC_0$（输入/输出、三态）：C 口的 8 根输入/输出信号线。这 8 条线根据其设定的工作方式可作输入或输出线使用，也可用作控制信号的输出或状态信号的输入。

8.1.3　8255 的工作方式

8255 提供如下 3 种工作方式。

（1）方式 0——基本输入/输出方式。

（2）方式 1——选通输入/输出方式。

（3）方式 2——双向传送方式。

其中，端口 A 可工作于 3 种工作方式（方式 0、方式 1、方式 2）；端口 B 可工作于两种工作方式（方式 0、方式 1）；端口 C 可工作于方式 0。端口 C 常常根据控制命令分成两个 4 位端口，每个 4 位端口包含一个 4 位的输入缓冲器和一个 4 位的输出锁存器，它们分别配合 A 口和 B 口输出控制信号和输入状态信号。

1. 工作方式 0（基本输入/输出方式）

它适用于简单的无条件输入/输出数据或查询式输入/输出数据的场合。在无条件数据的传送过程中，输入/输出数据随时都处于准备好状态，8255 与 CPU 及外设之间无须交换应答（握手）信号；在查询式数据的传送过程中，需要有应答信号，通常 A 口与 B 口作为输入/输出数据端口，而 C 口分为两个 4 位端口分别作为控制信号输出口和状态信号输入口，用于配合 A 口和 B 口的查询式数据传送。

当 A 口、B 口、C 口都工作于方式 0 时，8255 各口的输入/输出有 16 种组合，如表 8.2 所示。

表 8.2 方式 0 的工作状态组合

序号	控 制 字								十六进制	A 组		B 组	
	D_7	D_6	D_5	D_4	D_3	D_2	D_1	D_0		A 口	C 口高 4 位	B 口	C 口低 4 位
0	1	0	0	0	0	0	0	0	80	输出	输出	输出	输出
1	1	0	0	0	0	0	0	1	81	输出	输出	输出	输入
2	1	0	0	0	0	0	1	0	82	输出	输出	输入	输出
3	1	0	0	0	0	0	1	1	83	输出	输出	输入	输入
4	1	0	0	0	1	0	0	0	88	输出	输入	输出	输出
5	1	0	0	0	1	0	0	1	89	输出	输入	输出	输入
6	1	0	0	0	1	0	1	0	8A	输出	输入	输入	输出
7	1	0	0	0	1	0	1	1	8B	输出	输入	输入	输入
8	1	0	0	1	0	0	0	0	90	输入	输出	输出	输出
9	1	0	0	1	0	0	0	1	91	输入	输出	输出	输入
10	1	0	0	1	0	0	1	0	92	输入	输出	输入	输出
11	1	0	0	1	0	0	1	1	93	输入	输出	输入	输入
12	1	0	0	1	1	0	0	0	98	输入	输入	输出	输出
13	1	0	0	1	1	0	0	1	99	输入	输入	输出	输入
14	1	0	0	1	1	0	1	0	9A	输入	输入	输入	输出
15	1	0	0	1	1	0	1	1	9B	输入	输入	输入	输入

2. 工作方式 1（选通输入/输出方式）

方式 1 是一种选通输入/输出方式，即 8255 利用 C 口所提供的选通信号和应答信号，控制 A 口和 B 口的输入/输出操作。

1）方式 1 的主要功能

（1）分成 A、B 两组选通端口，可工作于查询式或中断式输入/输出数据传送。其中，A 组包括端口 A 的 8 位数据线和端口 C 的 3 位联络信号线；B 组包括端口 B 的 8 位数据线和端口 C 的 3 位联络信号线，每组均设置有中断请求逻辑。其中断请求触发器 INTE 的状态（允许/禁止中断请求）由端口 C 中相应位置 1 或清 0 来控制。

（2）当两组端口中只有一组（A 组或 B 组）工作在方式 1 时，另一组端口的 8 位和 C 口的剩余 5 位可工作在方式 0 下作输入或输出；若 A 组和 B 组同时工作在方式 1 下，则 C 口中剩余两位既可作输入或输出，又可用位操作方式对它们进行置位或复位。

2）方式 1 的工作过程

当 8255 工作于方式 1 时，A 口和 B 口可以通过编程来指定其输入或输出方式。A 口或 B 口工作于输入或输出方式时，所需要的选通联络信号线是不同的。下面就对 A 口、B 口分别作为输出口和输入口的工作原理加以介绍。

（1）A 口、B 口工作于输出方式。在方式 1 下，A 口作输出时，需使用 C 口的 3 根引脚 PC_6、PC_7、PC_3 作为其 $\overline{ACK}$、$\overline{OBF}_A$、$INTR_A$ 的握手信号线，协同完成 A 口与 CPU 或外部设备之间的数据传送。其端口定义如图 8.4(a) 所示。

$\overline{OBF}_A$（输出）：输出缓冲器满信号，它是 8255 输出给外设的一个控制信号，低电平有效。该信号有效时，表示 CPU 已经把数据输出到指定的端口，通知外设可以把数据取走，通常作为外部（输出）设备的选通信号。当 CPU 把数据写入端口 A 或端口 B 的输出缓冲器时，写信号 $\overline{WR}$ 的上升沿把 $\overline{OBF}$ 信号置为有效；当外设取走数据时，向 8255 发应答信号 $\overline{ACK}$，使 $\overline{OBF}$ 复位为高电平。

$\overline{ACK}_A$（输入）：外设应答信号，由外部设备输入，低电平有效。当 $\overline{ACK}$ 有效时，表示外设已收到由 8255 输出的数据，它实际上是对 $\overline{OBF}$ 信号的响应信号。

$INTR_A$（输入）：8255 送到 CPU 的中断请求信号，高电平有效。当 $\overline{OBF}_A$、$\overline{ACK}_A$、$INTE_A$ 都为高电平时，即在输出缓冲区变空（$\overline{OBF}=1$）、应答信号已结束（$\overline{ACK}=1$），且中断允许（$INTE=1$）的情况下，该信号变为有效，向 CPU 发出中断请求，表示 CPU 可以对 8255 写入一个新的数据。

$INTR_A$ 为 A 组的中断允许状态，由 PC3 的置位/复位来控制。它是 8255 内部用于控制发出中断请求信号的控制信号，即只有当 INTE 为高电平时，才能产生有效的 INTR 信号。它没有向片外输入/输出的功能，是由软件通过对 C 口的置位或复位来实现对中断请求的允许或禁止的。

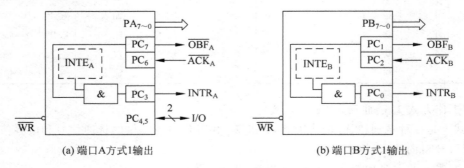

(a) 端口 A 方式 1 输出   (b) 端口 B 方式 1 输出

图 8.4   8255 方式 1 输出端口状态

B 口工作于方式 1 作输出时，同样需要使用 C 口的 3 根引脚 PC_2、PC_1、PC_0 作为 $\overline{ACK}_B$、$\overline{OBF}_B$、$INTR_B$ 的握手信号线，协同完成 B 口与 CPU 或外部设备的数据传送。其端口状态如图 8.4(b) 所示。各信号线的意义同 A 口，不再重复讲述。其中，$INTR_B$ 为 B 组的中断允许状态，由 PC_0 的置位/复位来控制。

方式 1 的输出时序图如图 8.5 所示。

图 8.5 中各参数说明如表 8.3 所示。

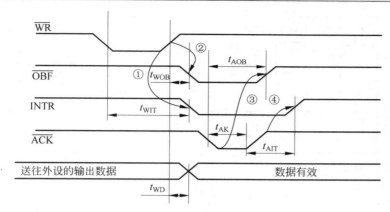

图 8.5　8255 方式 1 的输出时序图

表 8.3　图 8.5 参数说明

参数	说　　明	8255A	
		最小时间/ns	最大时间/ns
t_{WIT}	从写信号有效到中断请求无效的时间		850
t_{WOB}	从写信号无效到输出缓冲器满的时间		650
t_{AOB}	$\overline{ACK}$ 有效到 $\overline{OBF}$ 无效的时间		350
t_{AK}	$\overline{ACK}$ 脉冲的宽度	300	
t_{AIT}	$\overline{ACK}$ 为 1 到发新的中断请求的时间		350
t_{WD}	写信号撤除到数据有效的时间		350

图 8.5 中①、②、③、④说明如下。

① CPU 接受中断请求,在 $\overline{WR}$ 信号的下降沿将输出的数据送入 8255 的相应接口锁存,并使中断请求信号 INTR 复位。

② CPU 输出结束,则 $\overline{WR}$ 的上升沿将 $\overline{OBF}$ 置为 0,表示输出缓冲区满,通知外设可以接收数据。

③ 外设开始接收数据时,便将 $\overline{ACK}$ (回答)置为 0, $\overline{ACK}$ 的下降沿将 $\overline{OBF}$ 置为 1。

④ $\overline{ACK}$ 的上升沿表示外设已收到数据,如果此时 $\overline{OBF}$ 、INTE 均为 1,则 INTR 有效,向 CPU 发中断,请求输出新的数据。

(2) A 口、B 口工作于输入方式。

在方式 1 下,A 口、B 口作为输入口的端口定义如图 8.6 所示。

A 口工作于方式 1 作输入时,需使用 C 口的 3 根引脚 PC_4 、 PC_5 、 PC_3 作为 $\overline{STB_A}$ 、 IBF_A 、 $INTR_A$ 的握手信号线,协同完成 A 口与 CPU 或外部设备的数据传送。

$\overline{STB_A}$ (输入):外设送到 8255 的输入选通信号,低电平有效。该信号有效时,8255 端口 A 的输入缓冲器已接收到由外设送来的一个 8 位数据。利用 $\overline{STB}$ 上升沿把输入数据锁存到 8255 相应端口的输入缓冲器中。

IBF_A (输出):8255 送到外设的输入缓冲器满的输出信号,高电平有效。该信号有效时,表示已有一个有效的外设数据锁存在 8255 相应端口的锁存器中,但尚未被 CPU 取走,通知外设不能送新数据。只有当 IBF_A 变为低电平时,即 CPU 已读取数据,输入缓冲器变

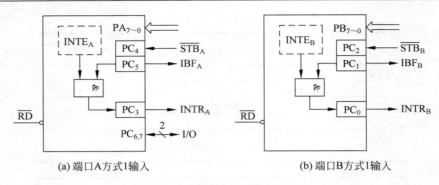

(a) 端口A方式1输入   (b) 端口B方式1输入

图 8.6   8255 方式 1 输入端口状态

空时,才允许外设送新数据。

INTR$_A$(输出):8255 送到 CPU 的中断请求信号,高电平有效。当 IBF$_A$、$\overline{STB_A}$、INTE$_A$ 都为高电平时,即外设将数据锁存于端口 A,且中断允许(INTE=1)的情况下,该信号变为有效,向 CPU 发出中断请求。

INTE$_A$ 为 A 组的中断允许状态,与方式 1 输出类似,端口 A 的输入中断请求 INTR$_A$ 可通过对 PC3 的置位或复位来允许或禁止。

B 口工作于方式 1 作输入时,同样需要使用 C 口的 3 根引脚 PC$_2$、PC$_1$、PC$_0$ 作为 $\overline{STB_B}$、IBF$_B$、INTR$_B$ 的握手信号线,协同完成 B 口与 CPU 或外部设备的数据传送。各信号线的意义同 A 口,不再重复讲述。其中,INTE$_B$ 为 B 组的中断允许状态,由 PC0 的置位/复位来控制。

方式 1 的输入时序图如图 8.7 所示。

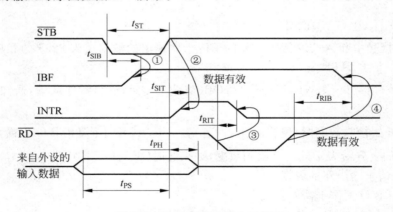

图 8.7   8255 方式 1 输入时序图

图 8.7 中各参数说明如表 8.4 所示。

表 8.4   图 8.7 参数说明

参数	说　　明	8255A	
		最小时间/ns	最大时间/ns
t_{ST}	选通脉冲的宽度	500	
t_{SIB}	从选通脉冲有效到 IBF 有效的时间		300
t_{SIT}	$\overline{STB}$=1 到中断请求 INTR 有效的时间		300

续表

参数	说　　明	8255A	
		最小时间/ns	最大时间/ns
t_{PH}	数据保持时间	180	
t_{PS}	从数据有效到 STB 无效的时间	0	
t_{RIT}	从 $\overline{RD}$ 有效到中断请求撤除的时间		400
t_{RIB}	从 $\overline{RD}$ 为 1 到 IBF 为 0 的时间		300

图 8.7 中①、②、③、④说明如下。

① 输入设备请求发送数据,向 8255 发出请求读信号 $\overline{STB}$（8255 的输入选通信号）,并将输入的数据送至通道的数据线上。

② 8255 在 $\overline{STB}$ 的下降沿将数据锁存至相应端口的输入缓冲器中,同时将输入缓冲器满信号 IBF 置 1,通知外设暂缓送数。

③ 若 INTE 和 IBF 均为 1,则 8255 由 $\overline{STB}$ 的上升沿将 INTR 置 1,即向 CPU 发出中断请求信号。

④ CPU 接收中断请求,发出读信号 $\overline{RD}$,一方面读取输入缓冲器中的数据;另一方面使 INTR 复位。

CPU 读结束后, $\overline{RD}$ 上升沿使 IBF 复位,通知外设可以送新的数据。

值得注意的是,方式 1 也可适用于查询式输入/输出操作。由于 8255 与外设间数据传送的联络信号也分别记录在 C 口的相应位中,因此,CPU 通过查询 C 口中对应位的状态信息,就可以实现数据的可靠转送。关于状态字的格式稍后介绍。

3. 工作方式 2（双向输入/输出方式）

只有 A 口可在方式 2 下工作。当 A 口工作于双向输入/输出方式时,要利用 C 口中的 5 根引脚（$PC_3 \sim PC_7$）作为 A 口的控制口。此时,B 口只能工作于方式 0 或方式 1 下,而 C 口剩下的 3 位（$PC_2 \sim PC_1$）既可作为输入/输出线使用,也可作为 B 口方式 1 下的控制线。

A 口工作于方式 2 时,各端口定义如图 8.8 所示。

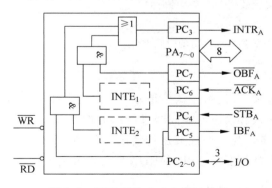

图 8.8　8255 工作方式 2 端口状态

当 A 口工作在方式 2 时,其控制信号 $\overline{OBF}$、$\overline{ACK}$、$\overline{STB}$、IBF 及 INTR 的作用与前面叙述的同名引脚信号完全一样。同样,这些联络信号也记录在 C 口的相应位中,所以方式 2 的输入/输出操作既可采用查询式,也可采用中断式。

方式2的时序图如图8.9所示。

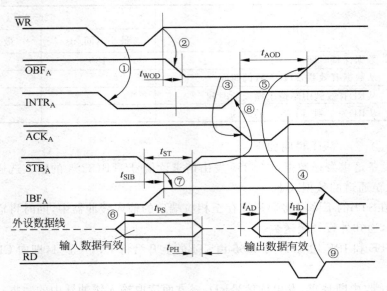

图8.9　8255工作方式2的时序图

图8.9中各参数说明如表8.5所示。

表8.5　图8.9参数说明

参数	说　　明	8255A	
		最小时间/ns	最大时间/ns
t_{ST}	选通脉冲的宽度	500	
t_{PH}	数据保存时间	180	
t_{SIB}	从选通脉冲有效到 IBF_A 有效的时间		300
t_{PS}	从数据有效到 $\overline{STB_A}$ 无效的时间	0	
t_{WOD}	从写信号无效到 $\overline{OBF}$ 有效的时间		650
t_{AOD}	从 $\overline{ACK}$ 有效到 $\overline{OBF}$ 无效的时间		350
t_{AD}	从 $\overline{ACK}$ 有效到数据输出的时间		300
t_{HD}	数据保存时间	200	

其中，A口工作在方式2时，可以认为是方式1的输入和输出的组合。由于输入和输出数据线是公用的，因此输入和输出不能同时进行。但输入、输出的顺序可以任意，即根据实际传送数据的需要来确定。为了保证数据传送的可靠性，输出数据时，要求CPU的 $\overline{WR}$ 在 $\overline{ACK}$ 之前发出；输入数据时，要求CPU的 $\overline{RD}$ 在 $\overline{STB}$ 之后发出。

8.1.4　方式控制字及状态字

1. 8255的控制字

8255有3种基本工作方式，而且对C口各位又可以进行按位操作。CPU通过向8255内部的控制寄存器写入不同的控制字来选择不同的工作方式和位操作。

1) 方式控制字

方式控制字用来决定 8255 的工作方式。它将 3 个通道分为两组,即 A 口和 C 口的高 4 位作为一组(A 组),B 口和 C 口的低 4 位作为一组(B 组)。

方式控制字的格式如图 8.10 所示。

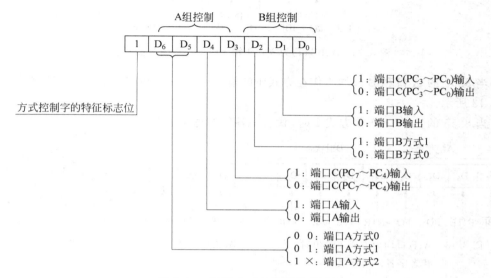

图 8.10　8255 方式控制字的格式

2) C 口置位/复位控制字

置位/复位控制可对 C 口中的任意一位进行置位或者复位操作。该控制字各位定义如图 8.11 所示。

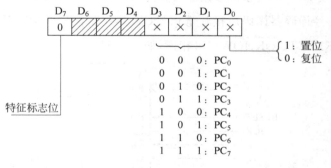

图 8.11　8255 C 口置位/复位控制字各位定义

2. 8255 的状态字

8255 的状态字为查询式输入/输出数据提供了外设的工作状态,如 IBF、$\overline{OBF}$、INTR 等。根据 8255 工作在不同的工作方式下,以及各端口作输入、输出的不同情况,状态字的格式有所不同。值得注意的是,C 口的状态字与 C 口各位对外的引脚状态不完全一致。

当 8255 的 A 口、B 口工作在方式 1 或 A 口工作在方式 2 时,通过读 C 口的状态,可以检测 A 口和 B 口的状态。

当 8255 的 A 口和 B 口均工作在方式 1 的输入时,由 C 口读出的 8 位数据各位的意义如图 8.12 所示。

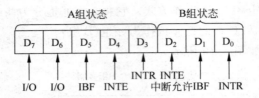

图 8.12 A、B 口均为方式 1 输入时 8 位数据各位的意义

当 8255 的 A 口和 B 口均工作在方式 1 的输出时,由 C 口读出的状态字各位的意义如图 8.13 所示。

当 8255 的 A 口工作在方式 2 时,状态字各位的意义如图 8.14 所示。

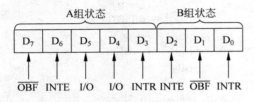

图 8.13 A、B 口均为方式 1 输出时
状态字各位的意义

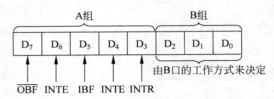

图 8.14 A 口在方式 2 工作时状态字各位的意义

8.1.5 8255 与 CPU 的连接

8255 占用 4 个 I/O 端口地址,即 A 口、B 口、C 口和控制寄存器。在 8255 的连接使用中,它的 8 根数据线 $D_7 \sim D_0$ 与系统数据总线相连,A_1、A_0 分别接地址总线的 A_1 和 A_0,地址总线高位 $A_{15} \sim A_2$ 经译码器译码后接片选信号 $\overline{CS}$,其控制信号线 RESET、$\overline{RD}$、$\overline{WR}$ 分别与系统控制总线的 RESET、$\overline{IOR}$、$\overline{IOW}$ 信号相连,如图 8.15 所示。

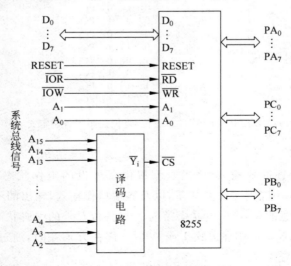

图 8.15 计算机中 8255 的连接

8.1.6　8255 应用举例

8255A 初始化时,先要写入控制字,以指定它的工作方式,然后才能通过编程,将总线上的数据从 8255A 输出给外设,或者将外部设备的数据通过 8255A 送到 CPU 中。

【例 8.1】　利用 8255 方式 0 实现打印机的接口。

打印机可以打印计算机送来的 ASCII 码字符。因为 ASCII 码为 8 位,所以我们利用 8255A 口的工作方式 0 来实现打印机与 CPU 之间的并行输出接口,8255 与打印机的连接示意图如图 8.16 所示。由图可见,8255 由地址译码决定的 A 口、B 口、C 口及控制寄存器的端口地址分别为 380H、381H、382H、383H。用 A 口的 $PA_7 \sim PA_0$ 与打印机的 $D_7 \sim D_0$ 相连,作为打印字符的输出数据线。

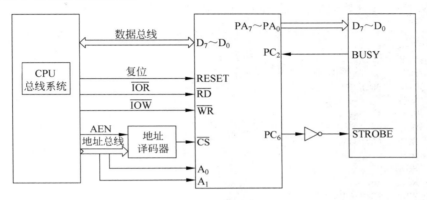

图 8.16　8255 与打印机的连接示意图

当接口将数据送至打印机的输入线 $D_7 \sim D_0$ 上时,利用一个负的锁存脉冲 $\overline{STROBE}$ 将数据锁存于打印机内部,并开始打印处理。同时,打印机送出高电平的 BUSY 信号,表示打印机正忙,一旦 BUSY 变为低电平,则表示打印机又可以接收新的数据了。

在实现打印机接口时,可以设置 A 组、B 组均工作在方式 0 下,使 A 口的 $PA_7 \sim PA_0$ 与打印机的 $D_7 \sim D_0$ 相连,并利用 C 口的 PC_6 作为输出信号接打印机的选通端 $\overline{STROBE}$,PC_2 作为输入信号接打印机的忙信号 BUSY。由此可以作如下的初始化:A 口为输出,C 口的高 4 位为输出、低 4 位为输入,B 口保留,A、C 口均工作于方式 0。

初始化程序如下:

```
        MOV   BL, AL            ;将要打印的字符保存在 BL 当中;
        MOV   DX,0383H          ;将控制寄存器端口地址送 DX 中
        OUT   DX,AL
        MOV   AL,00001101B      ;将 PC6 设置为 1
        MOV   DX,AL             ;将控制寄存器端口地址送 DX 中
```

若要将 AL 中的字符送到打印机输出,则可用下面程序来完成。

```
        MOV   DX,0382H          ;将 C 口地址送 DX 中
        XCHG  AX,BX             ;将打印字符暂存 BL 中
PWAIT:  IN    AL,DX             ;输入 C 口数据
```

```
        AND    AL, 04H           ; 测试 PC₂
        JNZ    PWAIT             ; 忙则等待
        MOV    AL, BL            ; 将 BL 中的打印字符送回 AL 中
        MOV    DX, 0380H         ; 将 A 口地址送 DX 中
        OUT    DX, AL            ; 将 AL 字符送出打印
        MOV    AL, OCH
        MOV    DX, 383H
        OUT    DX, AL            ; 将选通信号送打印机
        INC    AL
        OUT    DX, AL
```

利用下面一段程序，可以完成一批字符数据的打印输出。假设要打印的字符串位于当前数据段从 DATA 开始的内存区域中，字符串长度在 BLAK 单元中。

```
PRINT:  MOV    AL, BLAK
        MOV    CL, AL
        MOV    SI, OFFSET DATA
GOON:   MOV    DX, 0382H
PWAIT:  IN     AL, DX
        AND    AL, 04H
        JNZ    PWAIT
        MOV    AL, [SI]
        MOV    DX, 0380H
        MOV    DX, AL
        MOV    AL, 00H
        MOV    DX, 0382H
        MOV    DX, AL
        NOP
        NOP
        MOV    AL, 40H
        MOV    DX, AL
        INC    SI
        DEC    CL
        JNZ    GOON
        RET
```

【例 8.2】 利用 8255 方式 1 实现打印机的接口。

我们也可以利用 8255 方式 1 实现打印机的接口，如图 8.17 所示。

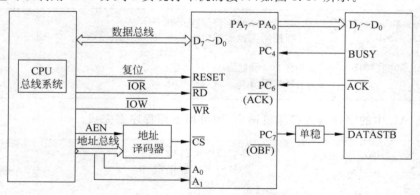

图 8.17　采用方式 1 实现打印机的接口

打印机接收一个字符后,会送出一个低电平的响应信号$\overline{ACK}$。可以利用打印机的ACK作为一根应答信号线,通过查询中断方式来完成字符数据的传送和打印工作。

这时,可以设置 8255 的 A 口工作于方式 1,$PA_7 \sim PA_0$ 作数据输出;利用 PC_7($\overline{OBF}$)产生打印机所需的选通脉冲$\overline{STROBE}$;并将打印机发出的$\overline{ACK}$信号接 8255 的$\overline{ACK}$端,以产生有效的 INTR 信号,向 CPU 发出中断请求。

下面是对 8255 的初始化程序:

```
MOV   AL,10100000B          ; 将控制字送 AL 中
MOV   DX,0383H              ; 将控制寄存器端口地址送 DX 中
OUT   DX,AL
MOV   AL,00001101B          ; 将 PC6 设置为 1
MOV   DX,AL
```

关于字符数据的传送和打印控制程序,读者可自行编写。

【例 8.3】 如果采用中断方式传送数据,电路的连接形式如图 8.18 所示。由 CPU 控制 PC_4 产生选通脉冲,PC_4 作输出用,这里的$\overline{OBF}$没有用。PC_3 作为中断请求 INTR,由ACK信号上升沿产生,使用中断 IRQ_3,中断向量 0BH。

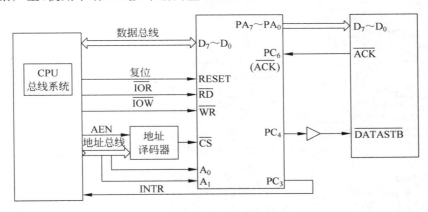

图 8.18 8255 采用中断方式与打印机的连接

在编写有关中断程序时,中断服务程序要尽量短,把其他的处理工作都放在主程序中。

程序段如下:

```
MOV   AL,0A0H
MOV   DX,PortCtr
OUT   DX,AL              ; A 口,方式 1 输出方式,PC4 作输出
MOV   AL,00001000B       ; 置 PC4 = 1,令 DATASTB = 1 选通无效
CLI                     ; 关中断
MOV   AH,35H
MOV   AL,0BH
INT   21H               ; 将 0BH 中断向量取到 ES、BX 中
PUSH  ES
```

```
PUSH    BX                      ; 保存 0BH 中断向量
PUSH    DS
MOV     DX,OFFSET INTSERV       ; 中断子程序的偏移地址送 DX
MOV     AX,SEG INTSERV
MOV     DS,AX                   ; 中断子程序段地址送 DS
; 设置 0BH 中断向量,即将 DS、DX 的内容传送到中断向量表中
MOV     AL,0BH
MOV     AH,25H
INT     21H
POP     DS
MOV     AL,0D
MOV     DX,PortCtr
OUT     DX,AL                   ; 将 PC₆ 置"1",使 INTE 为"1",允许 8255A 口中断
STI                             ; 开中断,允许中断请求信号进入 CPU
    ⋮
CLI
POP     DX
POP     DS                      ; 将开始压栈的 ES、BX 的内容弹入 DX 中
MOV     AL,0BH
MOV     AH,25H
INT     21H                     ; 恢复 0BH 原中断向量
STI
    ⋮
; 中断服务程序
INTSERV:
PUSHAD                          ; 通用寄存器进栈
MOV     AL,CL                   ; 打印字符送 AL
MOV     DX,PortA
OUT     DX,AL                   ; 打印字符送 A 口
MOV     AL,00H
MOV     DX,PortCtr
OUT     DX,AL                   ; 使 PC₄ = 0,产生选通信号,使 DATASTB 为低电平
INC     AL
OUT     DX,AL                   ; 使 PC₄ = 1,撤销选通信号
MOV     DX,20H
OUT     DX,20H                  ; 发 EOI 命令
POP     AD                      ; 通用寄存器出栈
IRET                            ; 中断返回
```

8.2 可编程定时/计数器 8253/8254

IBM-PC/XT 中许多部件需要定时/计数功能,如系统基准定时、动态存储器的刷新定时、扬声器音调控制及磁盘驱动器定时等。为了支持这些功能,系统设置有定时/计数系统。

定时/计数系统的核心器件是 8253/8254 可编程定时/计数器,它是 Intel 公司生产的一种通用的定时/计数器芯片(Counter/Timer Circuit,CTC),或者称为可编程间隔定时器(Programmable Interval Timer,PIT)。

8253/8254 可编程定时/计数器都是采用 NMOS 工艺制造的双列直插式封装芯片,8254 是 8253 的改进型,它的引脚信号、硬件组成与 8253 基本上是相同的,因此 8254 在工

作方式和编程方式上与 8253 兼容,凡是使用 8253 的地方均可用 8254 来代替。

但 8254 与 8253 也存在如下一些差异。

(1) 它们允许最高计数脉冲(CLK)的频率不同,8253 的最高频率为 2MHz,而 8254 允许的最高计数脉冲频率可达 10MHz。

(2) 8254 中每个计数器的内部都有一个状态寄存器和状态锁存器,并可通过读回命令字来读取状态寄存器的当前内容及计数执行单元 CE 的内容,而 8253 没有。

本节将重点介绍可编程定时/计数器 8253 的内部结构、工作原理及其工作方式,最后将介绍其与 8254 芯片的不同之处。

8.2.1　8253 的外部引脚及内部结构

1. 8253 的内部结构

8253 可编程定时器/计数器具有 3 个独立的 16 位计数器。通过编程可选择多种工作方式,可选择二进制或十进制计数,最高计数速率可达 2.6MHz。8253 的内部结构框图与外部引脚分别如图 8.19 和图 8.20 所示。

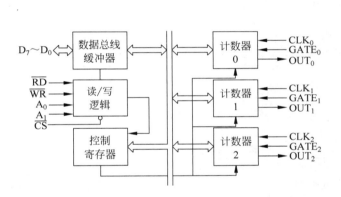

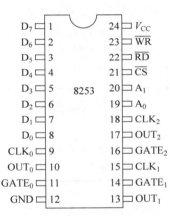

图 8.19　可编程定时器 8253 的内部结构框图　　　图 8.20　Intel 8253 的外部引脚图

由图 8.19 可见,8253 由数据总线缓冲器、读/写逻辑、控制寄存器和 3 个独立的计数器通道组成。

1) 数据总线缓冲器

该缓冲器为双向、三态的 8 位缓冲器,可直接挂接在数据总线上,它是 8253 与 CPU 之间的数据接口。CPU 通过数据总线缓冲器将计数器初始化,把控制命令字写入 8253 的控制寄存器,从 8253 计数器中读取当前计数值等。

2) 读/写逻辑

读/写逻辑的功能是接收来自 CPU 的控制信号,包括读、写信号和地址信号,实现对 8253 各计数器和控制寄存器的读/写控制。

3) 控制寄存器

每个计数器都有一个相应的控制寄存器,用于接收 CPU 送来的方式控制字。控制字将决定计数器的工作方式、计数形式及输出方式等。8253 的 3 个控制寄存器只占用一个端口地址号,通过控制字高两位的特征标志来区分当前控制字是发给哪个计数器的。控制寄存器只能写入,不能读出。

4)计数器

8253 有 3 个计数器通道:计数器 0、计数器 1 和计数器 2。每个计数器都由 16 位锁存寄存器和一个 16 位的减 1 计数器组成。每个计数器有 3 根信号线,分别是两根输入信号,即时钟信号 CLK 和门控 GATE 信号,一根输出信号 OUT。送入每个计数器的初值经锁存寄存器传送给减 1 计数器。每当计数器从时钟输入端接收到一个时钟脉冲或事件计数脉冲时,计数器就进行减 1 操作,直至减到 0,然后由输出端 OUT 产生一个输出信号电平或脉冲。

2. 8253 的引脚功能

8253 芯片共有 24 根引脚,各引脚信号定义如下。

$D_0 \sim D_7$(输入/输出、三态):三态双向数据线,与数据总线相连,用以传送 CPU 与 8253 之间的数据信息,包括控制字、计数器初值、计数器的当前值等。

$\overline{CS}$(输入):片选信号,为输入信号,低电平有效。该信号有效时,才能选中该 8253 芯片,实现对它的读或写操作。通常由地址线高位译码形成。

A_0、A_1(输入):地址输入信号线,用来选择计数器或控制寄存器,一般接地址线低位。其功能如表 8.6 所示。

表 8.6 A_0、A_1 功能说明

A_0 A_1	说 明
0 0	可选择计数器 0 寄存器
0 1	可选择计数器 1 寄存器
1 0	可选择计数器 2 寄存器
1 1	可选择控制寄存器

$\overline{RD}$(输入):读控制输入信号,低电平有效。与 A_1、A_0、$\overline{CS}$ 信号配合读取指定计数器的当前值。通常与系统总线的 $\overline{IOR}$ 信号连接。

$\overline{WR}$(输入):写控制输入信号,低电平有效。与 A_1、A_0、$\overline{CS}$ 信号配合给指定的计数器写入控制字或设定的初始值。通常与系统总线的 $\overline{IOW}$ 信号连接。

表 8.7 给出了对 8253 寻址操作的控制逻辑。

表 8.7 对 8253 寻址操作的控制逻辑

$\overline{CS}$	$\overline{RD}$	$\overline{WR}$	A_1	A_0	操作功能
0	1	0	0	0	计数器初值装入计数器 0
0	1	0	0	1	计数器初值装入计数器 1
0	1	0	1	0	计数器初值装入计数器 2
0	1	0	1	1	写控制寄存器
0	0	1	0	0	读计数器 0
0	0	1	0	1	读计数器 1
0	0	1	1	0	读计数器 2

$CLK_{0\sim2}$（输入）：每个计数器的时钟脉冲输入端，CLK时钟信号用于控制计数器的减1操作。CLK最高频率可达5MHz。

$GATE_{0\sim2}$（输入）：门控信号输入端，即计数器的控制输入信号，用来控制计数器工作或者复位。

$OUT_{0\sim2}$（输出）：计数器输出信号，当相应的计数器计数值减到零时，该端输出标志信号。在不同的工作方式下，OUT的输出波形各不相同。

8.2.2 8253的方式控制字和读/写操作

1. 方式控制字

方式控制字用来决定计数器的工作方式、计数形式及输出方式等。其格式如图8.21所示。

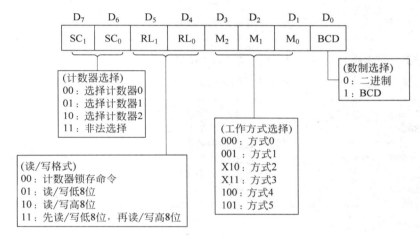

图8.21 8253的方式控制字格式

各引脚信号定义如下。

D_7、D_6（SC_1、SC_0）：计数器选择字段，用于选择计数器通道。

D_5、D_4（RL_1、RL_0）：数据读/写格式字段，用来定义对所选计数器的操作、计数器的读/写字节数（一或两字节）及读/写高、低字节的顺序。$RL_1 RL_0 = 00$时，将该通道中当前计数器的内容锁存到锁存器中，为CPU读取当前计数值做准备；$RL_1 RL_0 = 01$时，表示只读/写计数器低字节；$RL_1 RL_0 = 10$时，表示只读/写计数器高字节；$RL_1 RL_0 = 11$时，表示读/写两字节，且先读/写计数器低字节，后读/写计数器高字节。

D_3、D_2、D_1（M_2、M_1、M_0）：工作方式字段，用来定义所选计数器通道的工作方式，此3位的不同编码确定了8253的6种工作方式。

D_0（BCD）：计数进制字段，用来选择计数器是采用二进制计数还是十进制（BCD码）计数。

2. 8253的读/写操作及编程

1）写操作

8253工作之前，CPU需要对它进行初始化编程。8253有3个计数器通道，需逐个对各计数器分别进行初始化。

　　CPU 向 8253 写入方式控制字之后，接着按方式控制字约定的数据读/写格式及顺序要求写入计数初值。当方式控制字中 $D_0 = 0$ 时，采用二进制计数，初值可在 0000H～FFFFH 选择；而当方式控制字中 $D_0 = 1$ 时，采用十进制计数，初值可在 0000～9999 选择。由于 8253 中计数器采用减 1 计数方式工作，因此计数初值为 0 时，对应着最大计数值，即二进制数时为 65536，十进制数时为 10000。

　　【例 8.4】　利用 8253 的计数器通道 2 产生频率为 10000Hz 的方波。设计数时钟脉冲的频率 $f = 10000$Hz。其初始化程序如下：

```
MOV   AL, 10110110B          ; 方式 3,通道 2,二进制,先低后高
OUT   COTR, AL               ; 写入控制寄存器
MOV   AX, 1                  ; 产生 10000Hz 所需的计数初值 = f/10000
OUT   CTN2, AL               ; 先写计数初值低字节
MOV   AL, AH
OUT   CTN2, AL               ; 再写计数初值高字节
```

　　【例 8.5】　若选择通道 0，工作在方式 1，计数初值为 2350H，按十进制计数，并设 8253 的端口地址为 40H～43H。则初始化程序段如下：

```
MOV   AL, 33H                ; 计数器 0,方式 1,十进制,先低后高
OUT   43H, AL                ; 写入控制寄存器
MOV   AL, 50H                ; 计数初值低字节
OUT   40H, AL                ; 写入计数器 0
MOV   AL, 23H                ; 计数初值高字节
OUT   40H, AL                ; 写入计数器 0
```

　　2）读操作

　　CPU 可对 8253 的计数器进行读操作，以读出计数器的当前值。读取计数器当前值有如下两种方法。

　　第一种方法是利用门控 GATE 信号为低电平或关闭 CLK 脉冲，使计数操作暂停，以读出确定的计数值。这时，CPU 应首先向 8253 的控制寄存器中送入一个方式控制字，选择要读取的计数器并设定读/写方式，当 $RL_1 RL_0 = 01$ 或 $RL_1 RL_0 = 10$ 时，用一条 IN 指令即可读出当前计数器值；若 $RL_1 RL_0 = 11$，则使用两条 IN 指令读取计数器值，通常第一次读低字节，第二次读高字节。

　　第二种方法是在计数过程中读出计数器值，而不影响计数器的工作。这时，CPU 首先向 8253 的控制寄存器写入一个特定的方式控制字（$SC_1 SC_0 00 \times \times \times$），即锁存读命令。将所选中的计数器当前计数值锁存到计数锁存器中，以供 CPU 读取，随后用两条 IN 指令即可将 16 位的计数值读出。在此过程中计数器的减 1 操作仍继续进行，这种读取计数值的方法称为锁存读，又称为"飞读"。

　　例如，采用锁存读的方法，读取通道 1 的 16 位计数值，其程序段如下：

```
MOV   AL, 40H                ; 方式控制字：通道 1,锁存
OUT   COTR, AL               ; 写入 8253 的控制寄存器
IN    AL, CNT1               ; 第一次读入低 8 位
```

```
MOV    CL, AL
IN     AL, CNT1              ;第二次读入高 8 位
MOV    CH, AL
```

8.2.3　8253 的工作方式

8253 的每个计数通道都有 6 种不同的工作方式可供选择。这 6 种工作方式的区别在于：它们启动计数器进行计数的触发方式不同；计数过程中，门控信号 GATE 对计数操作的影响不同；计数结束后，OUT 输出线上的输出波形不同。

下面将分别讨论这 6 种工作方式的工作过程和特点。

1. 方式 0（计数结束产生中断）

1）工作过程

当 CPU 向 8253 的某计数器通道所对应的控制寄存器中写入方式 0 的控制字后，该计数器通道的 OUT 输出信号立即变为低电平。一旦计数初值被装入，计数器马上开始对 CLK 输入信号进行减 1 计数，即每过一个时钟周期计数器减 1，当计数值减到 0 即计数结束时，OUT 输出高电平。其工作波形如图 8.22 所示（其中 CW 是控制字，N 为计数值）。常利用 OUT 信号作为中断请求信号。

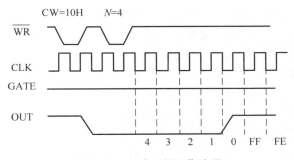

图 8.22　方式 0 的工作波形

2）特点

（1）方式 0 是一种单次计数工作方式，即写一次计数值，触发一次定时计数操作，计数器不会自动恢复初值重新开始计数。

（2）如果在计数过程中修改计数值，则在写入新的计数值后，计数器将从新的计数值开始重新减 1 计数。

（3）门控信号 GATE 可以用来控制计数过程。当 GATE 为高电平时，允许减 1 计数；当 GATE 为低电平时，则禁止减 1 计数。这时计数值将保持 GATE 有效时的数值不变，待 GATE 重新为高电平时再恢复计数。

2. 方式 1（可编程单稳触发器）

1）工作过程

在写入方式 1 的控制字后，OUT 变为高电平，写入计数初值后，计数器并不马上开始计数，而是由门控信号 GATE 的上升沿触发启动计数的。与此同时，计数器的 OUT 输出低电平，计数器开始工作，当计数值减为 0 时，OUT 输出高电平。这样，从计数器的 OUT 端

就得到了一个由 GATE 的上升沿开始,直到计数结束时的负脉冲,其工作波形如图 8.23 所示。

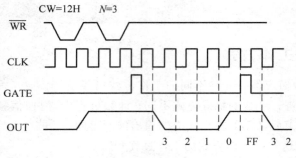

图 8.23　方式 1 的工作波形

2) 特点

(1) OUT 端输出的单稳负脉冲的宽度等于计数器的初值乘以 CLK 端的输入脉冲周期。

(2) 如果在计数器未减到 0 时,门控信号 GATE 又来一次触发脉冲,则计数器将从初值开始重新计数,从而使 OUT 端输出负脉冲加宽。

(3) 一次计数结束后,若用 GATE 上升沿重新触发,则计数器自动恢复初值重新开始计数。因此方式 1 是一种可重触发的单次脉冲方式。

(4) 在形成单个负脉冲的计数过程中改变计数值,不会影响正在进行的计数。新的计数值只有在当前的负脉冲形成后,又出现 GATE 上升沿触发才起作用。

3. 方式 2(分频器)

1) 工作过程

写入方式 2 的控制字后,OUT 输出高电平,计数器装入初值后,若 GATE 为高电平,则立即开始计数工作。当计数值减到 1 时,OUT 端输出一个宽度为一个 CLK 周期的负脉冲,同时计数器当前值减到 0,OUT 恢复输出高电平。接着,计数器重新装入当前计数值,开始下一轮计数操作。工作波形如图 8.24 所示。

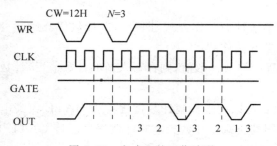

图 8.24　方式 2 的工作波形

2) 特点

(1) 方式 2 是一种连续计数工作方式,该方式的 OUT 端输出信号的频率为 CLK 信号频率的 $1/n$(n 为计数初值),即对 CLK 脉冲 n 次分频,故方式 2 称为频率发生器。这种工作方式可以用作分频器或用于产生定时时钟中断。

（2）在计数过程中，可由门控信号 GATE 控制暂停或启动。门控信号 GATE 为高电平时允许计数；若在计数期间，GATE 变为低电平，则计数器停止计数。待 GATE 恢复高电平后，计数器将按原来设定的计数初值重新开始计数。

（3）在计数过程中，改变计数值，不影响当前的计数过程，直到下一次计数分频时，才用新的计数值进行计数操作。

4. 方式 3（方波频率发生器）

1）工作过程

写入方式 3 的控制字后，OUT 输出低电平，计数器装入初值后，OUT 立即跳变为高电平，若此时门控信号 GATE 为高电平，则开始计数操作。当装入的计数值 N 为偶数时，则在前 $N/2$ 计数过程中，OUT 输出为高电平，后 $N/2$ 计数过程中，OUT 输出为低电平；当装入的计数值 N 为奇数时，则在前 $(N+1)/2$ 计数过程中，OUT 输出高电平，而在后 $(N-1)/2$ 计数期间，OUT 输出低电平。当计数器当前值减到 0 时，计数器重新装入当前的计数值，开始下一轮的计数。工作波形如图 8.25 所示。

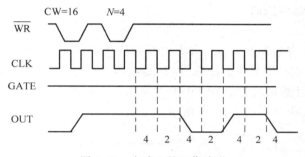

图 8.25　方式 3 的工作波形

2）特点

（1）方式 3 类似于方式 2，也是一种连续计数工作方式，只是 OUT 输出为方波，其输出信号的频率为 CLK 信号频率的 $1/n$（n 为计数初值），故方式 3 称为方波频率发生器。

（2）在计数过程中，可由门控信号 GATE 控制暂停或重新计数。GATE 信号为高电平时允许计数，OUT 输出对称方波；若 GATE 变为低电平，则计数器停止计数。强迫 OUT 输出高电平，待 GATE 恢复高电平后，计数器将重新装入初值开始计数。

（3）在计数过程中，改变计数值，不影响当前的计数过程，直到下一次计数，才用新的计数值进行计数操作，此时方波的宽度将随新的计数值自动调整。

5. 方式 4（软件触发选通）

1）工作过程

方式 4 与方式 0 非常类似。在写入方式 4 的控制字后，OUT 输出信号立即变为高电平，一旦装入计数值，减 1 计数器就开始工作。当计数值减到 0 时，由 OUT 端输出一个宽度为 CLK 脉冲周期的负脉冲，计数器停止计数。工作波形如图 8.26 所示。

2）特点

（1）方式 4 是一种单次计数工作方式，若要再次启动计数过程，则必须重新置入计数初值。

（2）如果在计数过程中修改计数值，则计数器从下一计数脉冲周期开始以新的计数值

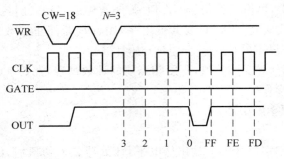

图 8.26　方式 4 的工作波形

进行计数。这意味着，在计数过程中，修改计数初值将立即影响正在进行的计数，这也正是软件触发选通名字的由来。

（3）门控信号 GATE 可以用来控制计数过程。当 GATE 为高电平时，允许计数；当 GATE 为低电平时，则禁止计数。到 GATE 再次变为高电平时，重新从计数初值开始计数。

6. 方式 5（硬件触发选通）

1）工作过程

方式 5 与方式 4 有些类似。在写入方式 5 的控制字后，OUT 的输出即为高电平，写入计数初值后，计数器并不马上开始计数，而是要由门控信号 GATE 上升沿启动计数，OUT 端保持高电平，直到计数值减为 0，由 OUT 端输出一个宽度为 CLK 脉冲周期的负脉冲时，计数器停止计数。工作波形如图 8.27 所示。

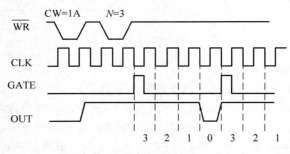

图 8.27　方式 5 的工作波形

2）特点

（1）方式 5 也是一种单次计数工作方式。在一次定时计数操作结束后，计数器自动重新装入计数初值，但停止计数，直到 GATE 上升沿触发才开始计数。

（2）在计数过程中，若门控信号 GATE 发生了正跳变，则不论计数是否结束，都将开始新一轮的计数。这也正是硬件触发选通名字的由来。

（3）在计数过程中修改了计数初值，不会影响正在进行的计数工作。只有当又出现 GATE 上升沿后，计数器才以新的计数值进行下一轮计数。

从 8253 的 6 种工作方式中可以看到，门控信号 GATE 十分重要，而且对不同的工作方式，其作用也不一样。现将各种方式下 GATE 的作用列于表 8.8 中。

表 8.8 和表 8.9 分别给出了 GATE 信号的功能和计数过程中改变计数值对 6 种工作方式的影响。

表 8.8 GATE 信号功能表

GATE	低电平或变到低电平	上 升 沿	高 电 平
方式 0	禁止计数	不影响	允许计数
方式 1	不影响	启动计数	不影响
方式 2	禁止计数并置 OUT 为高	初始化计数	允许计数
方式 3	禁止计数并置 OUT 为高	初始化计数	允许计数
方式 4	禁止计数	不影响	允许计数
方式 5	不影响	启动计数	不影响

表 8.9 改变计数值对计数的影响

方式	功 能	改变计数值
0	计数结束中断	立即有效
1	可编程单稳	外部触发后有效
2	频率发生器	计数到 0 后有效
3	方波发生器	计数到 0 后有效
4	软件触发选通	立即有效
5	硬件触发选通	外部触发后有效

8.2.4 8253 的初始化编程及应用

IBM-PC/XT 的系统板上使用了一片 8253 来构成系统定时计数的核心部件。图 8.28 给出了 8253 在系统板上的连接图。

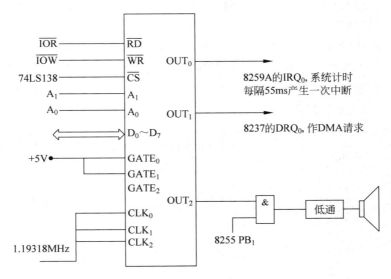

图 8.28 8253 在系统板上的连接图

1. 主要连接信号说明

(1) 8 位数据线 $D_7 \sim D_0$ 直接与 CPU 数据总线挂接。

(2) 读、写信号 $\overline{IOR}$ 和 $\overline{IOW}$ 分别与 8253 的读、写控制端 $\overline{RD}$ 和 $\overline{WR}$ 相连。

（3）片选及端口地址分配。$\overline{CS}$ 接系统板上 I/O 端口片选译码电路的输出端。A_0、A_1 用于寻址 8253 内部寄存器和计数器。端口地址分配如表 8.10 所示。

表 8.10　端口地址分配表

I/O 端口地址	计数器通道及寄存器
0040H	计数器 0
0041H	计数器 1
0042H	计数器 2
0043H	控制寄存器

（4）通道时钟信号。3 个通道的时钟信号 CLK 来自于一个二分频触发器，它的输入时钟来自于 8284 时钟驱动器的 PCLK（频率为 2.3MHz）。所以，3 个计数器的时钟脉冲 CLK 都是频率 1.193MHz、周期 838ns 的方波信号。

2. 3 个通道计数器的功能

在 PC 系列机中，8253 芯片的 3 个计数器通道都得到了使用，它们在系统中的作用如下。

1）计数器 0

系统分配给它的端口地址是 0040H。它用作 IBM-PC/XT 系统的"时钟"计时电路。其门控信号 GATE 由于恒接 +5V 电源，因此始终处于选通状态，CLK_0 为 1.193MHz 方波信号。计数器 0 的输出 OUT_0 接在系统中断控制器 8259 的中断请求线 IRQ_0 上。

BIOS 初始化计数器 0 为工作方式 3，初值预置为 0，最大计数值为 2^{16}，因而 OUT_0 输出信号的频率为 1.193MHz/65 535＝18.2Hz。也就是说，计数器 0 每秒钟向中断控制器 8259 输出 18.2Hz 中断请求信号 IRQ_0（即每 55ms 发一次中断请求），BIOS 统计中断次数，从而获得日期的时钟计时。BIOS 时钟中断服务程序的地址单元 0040H：006CH 和 0040H：006DH 保存时钟的低位字，0040H：006EH 和 0040H：006FH 保存时钟的高位字，每中断一次就进行一次加 1 操作，完成日时钟计时。

其 BIOS 初始化程序段如下：

```
MOV   AL,36H            ; 通道 0,方式 3,二进制计数
OUT   43H,AL            ; 写方式控制字
MOV   AL,0
OUT   40H,AL            ; 写计数器低字节
OUT   40H,AL            ; 写计数器高字节
```

另外，BIOS 服务程序还利用中断计数产生硬盘驱动器在寻道操作中所需要的电路延迟。

2）计数器 1

系统分配给它的口地址为 0041H，它用于定时地向 DMA 控制器提出服务请求，以对动态存储器 RAM 进行刷新。输入时钟 CLK_1 为 1.193MHz，门控信号 GATE 恒接 +5V 电源，始终处于选通状态。输出信号 OUT_1 通过一个 D 触发器产生存储器刷新的请求信号 DREQ，接至 8237 DMAC 的 0 通道请求输入端。

BIOS 初始化计数器 1 为工作方式 2,初值预置为 18,这样 OUT_1 便以 1.193MHz/18＝66.287kHz 的频率输出一系列负脉冲,也就是每隔 15.12μs 向 DMA 控制器 8237 提出 DMA 请求,由 DMA 的 0 通道完成对动态存储器的刷新。

BIOS 对 8253 计数器 1 的初始化程序如下:

```
MOV    AL,54H              ;计数器 1,低字节,方式 2,二进制计数
OUT    43H,AL              ;写方式控制字
MOV    AL,18               ;计时器初值为 18
OUT    41H,AL              ;写计数器初值
```

3)计数器 2

系统分配给它的口地址为 0042H,IBM-PC/XT 机利用该计数器的输出控制扬声器发声。

计数器 2 的门控信号 $GATE_2$ 接并行输入/输出接口 8255 的 PB_0 位,因而可用软件将其置 1 或置 0,从而控制通道 2 的输出。输入时钟 CLK_2 为 1.193MHz。在计数器 2 被允许计数,它的输出信号 OUT_2 与 8255 的 PB_1 数据信号相与后,通过驱动器芯片 75477 接至扬声器。其连接结构示意图如图 8.28 所示。

BIOS 初始化计数器 2 为工作方式 3,初值预置为 533H,故发声的频率为 1000Hz。下面为 BIOS 的扬声器发声程序:

```
BEEP   PROC    NEAR
       MOV     AL,10110110B        ;计数器 2,写入低、高字节,二进制
       OUT     43H,AL              ;写入方式控制字
       MOV     AX,533H             ;计数器初值,产生 1000Hz 分频数
       OUT     42H,AL              ;写入低字节
       MOV     AL,AH
       OUT     42H,AL              ;写入高字节
       IN      AL,61H              ;读 8255 的 B 口
       MOV     AH,AL               ;暂存
       OR      AL,03H              ;扬声器启动
       OUT     61H,AL
       SUB     CX,CX               ;设置计数器等待 500ms
G7:    LOOP    G7                  ;延迟
       DEC     BL                  ;延迟计数满
       JNG     G7                  ;否,继续发声
       MOV     AL,AH
       OUT     61H,AL              ;恢复端口 B
       RET
BEEP   ENDP
```

8.2.5 可编程定时/计数器 8254

可编程定时/计数器 8254 是 8253 的改进型,它在功能和使用上都与 8253 相类似。下面简单介绍一下 8254 芯片所特有的一些功能。

8254 芯片中每一个计数器都有一个状态寄存器,用于保存该计数器的状态。状态寄存

器的内容称为状态字，可由 CPU 读出。其格式如图 8.29 所示。

D_7	D_6	D_5	D_4	D_3	D_2	D_1	D_0
OUT	NULL/COUNT	RW_1	RW_2	M_2	M_1	M_0	BCD

图 8.29　8254 状态字格式

其中，$D_5 \sim D_0$ 与 CPU 写入该计数器的方式控制字的对应位一致；D_7 位为输出位，反映该计数器输出信号 OUT 的状态，若 OUT 输出高电平，则 $D_7 = 1$，否则 $D_7 = 0$；D_6 位指示计数值是否已由计数寄存器送入减 1 寄存器中，若已装入，则 $D_6 = 0$，否则 $D_6 = 1$。显然，$D_6 = 1$ 时读入计数值是无意义的。

另外，8254 比 8253 多一个读回命令字，即 8254 有两个命令字：锁存命令字和读回命令字，这两个命令字的地址相同。

锁存命令字格式如图 8.30 所示。

D_7	D_6	D_5	D_4	D_3	D_2	D_1	D_0
SC_1	SC_0	0	0	×	×	×	×

图 8.30　8254 锁存命令字格式

锁存命令字用来将指定计数器通道的当前计数执行单元的内容存入相应的输出锁存器中，以供 CPU 读出。其中，SC_1、SC_0 两位的意义与方式控制字的对应值相同，用于选择计数器通道；D_5、D_4 两位是锁存命令字的特征标志，其余 4 位在该命令字中没有意义。如果希望将 3 个计数器通道的计数值均进行锁存，则需要分别对各计数器通道写入锁存命令字。

读回命令字的格式如图 8.31 所示。

D_7	D_6	D_5	D_4	D_3	D_2	D_1	D_0
1	1	COUNT	STATUS	CNT_2	CNT_2	CNT_2	0

图 8.31　8254 读回命令字的格式

读回命令字将指定计数器通道的当前计数执行单元的内容和状态信息锁存待读。其中，$D_7 D_6 = 11$ 两位是读回命令字的特征标志；D_5 是计数值锁存命令位，若 $D_5 = 0$，表明指定计数器通道的计数值进行锁存，否则 $D_5 = 1$ 不锁存；D_4 是状态字锁存命令位，若 $D_4 = 0$，表明指定计数器通道的状态字进行锁存，否则 $D_4 = 1$ 不锁存；$D_3 \sim D_1$ 3 位用于选择计数器，分别对应计数器 2、1 和 0。这 3 位是相互独立的，这表明一个读回命令字可以同时命令一个以上的计数值和状态字锁存待读。

在 CPU 向 8254 写入读回命令字后，对相应的计数器通道执行输入指令即可读入锁存在输出锁存器中的计数器值或状态字。

8.3　可编程串行接口 8251

8.3.1　串行通信概述

串行通信是把组成信息的各个码位放在同一根传输线上，从低位到高位，逐位地、顺序地进行传送的通信方式。串行通信所用的传输线少，一个方向上只需一条传输线，并且可以借助现成的电话网进行信息传送,因此,特别适合于远距离传送。对于那些与计算机相距不远的人—机交互设备和串行外部设备,如终端、打印机、逻辑分析仪、磁盘等,采用串行方式进行近距离交换数据也很普遍。在实时控制和管理方面,采用多台微处理机组成的分级分布控制系统中,各 CPU 之间的通信一般都是串行方式。所以,串行接口是微机应用系统常用的接口。

在并行通信中,传输线数目没有限制,一般除了数据线外还设置了通信联络控制线。例如,发送之前,先问收方是否"准备就绪"(READY)或是否正在工作即"忙"(BUSY);收方接收到数据之后,要向发方回送数据已经收到的"应答"(ACK)信号等。但是,在串行通信中,如上所述,由于信息在一个方向上传输只占用一根通信线,因此这根线既作数据线又作联络线,也就是说要在一根传输线上既传送数据信息,又传送联络控制信息,这就是串行通信的最首要的特点。那么,如何来识别在一根线上串行传送的信息流中,哪一部分是联络信号,哪一部分是数据信号。为解决这个问题,各种串行通信都有自己的一系列约定(协议)。因此,串行通信的第二个特点是它的信息格式有固定的要求,分异步和同步信息格式,与此相应,就有异步通信和同步通信两种方式。第三个特点是串行通信中在传输线上对信息的逻辑定义与 TTL 不兼容,因此,需要进行逻辑电平转换。

与并行通信相比,串行通信具有传输线少、成本低等优点,适合远距离传送;缺点是速度慢,若并行传送 n 位数据需时间 T,则串行传送的时间最少为 nT。在实际传输中,是利用一对导线传送信息的。在传输中每一位数据都占据一个固定的时间长度。

1. 串行通信接口的基本任务

1)实现数据格式化

因为来自 CPU 的是普通的并行数据,所以接口电路应具有实现不同串行通信方式下的数据格式化的功能。在异步通信方式下,接口自动生成起止式的帧数据格式。在面向字符的同步方式下,接口要在待传送的数据块前加上同步字符。

2)进行串—并转换

串行传送,数据是一位一位串行传送的,而计算机处理的数据是并行数据,所以当数据送至数据发送器时,首先要把串行数据转换为并行数据才能送入计算机处理。因此串—并转换是串行接口电路的重要任务。

3)控制数据传输速率

串行通信接口电路应具有对数据传输速率——波特率进行选择和控制的能力。

4)进行错误检测

发送时,接口电路对传送的字符数据自动生成奇偶校验位或其他校验码;接收时,接口电路检查字符的奇偶校验或其他校验码,确定是否发生传送错误。

5)进行 TTL 与 EIA 电平转换

CPU 和终端均采用 TTL 电平及正逻辑,它们与 EIA 采用的电平及负逻辑不兼容,需在接口电路中进行转换。

6)提供 EIA-RS-232C 接口标准所要求的信号线

远距离通信采用 Modem 时,需要 9 根信号线;近距离零 Modem 方式,只需要 3 根信号线。这些信号线由接口电路提供,以便与 Modem 或终端进行联络与控制。

2. 串行通信接口的组成

串行接口通过系统总线和 CPU 相连,串行接口部件的典型结构如图 8.32 所示,主要由控制寄存器、状态寄存器、数据输入寄存器和数据输出寄存器四部分组成。

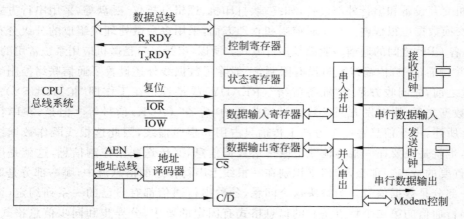

图 8.32　串行接口部件的典型结构

1) 控制寄存器

控制寄存器用来保存决定接口工作方式的控制信息。

2) 状态寄存器

状态寄存器中的每一个状态位都可以用来标识传输过程中某一种错误或当前传输状态。

3) 数据寄存器

(1) 数据输入寄存器：在输入过程中，串行数据一位一位地从传输线进入串行接口的移位寄存器，经过串入并出（串行输入并行输出）电路的转换，当接收完一个字符之后，数据就从移位寄存器传送到数据输入寄存器，等待 CPU 读取。

(2) 数据输出寄存器：在输出过程中，当 CPU 输出一个数据时，先送到数据输出缓冲寄存器，然后，数据由输出寄存器传到移位寄存器，经过并入串出（并行输入串行输出）电路的转换一位一位地通过输出传输线送到对方。

串行接口中的数据输入移位寄存器和数据输出移位寄存器是为了和数据输入缓冲寄存器和数据输出缓冲寄存器配对使用的。

随着大规模集成电路技术的发展，通用的可编程序的同步和异步接口芯片种类越来越多，如表 8.11 所示。

表 8.11　常用可编程同步和异步接口芯片

芯片	同　　步		异步 （起止式）
	面向字符	HDLC	
INS8250			√
MC6850			√
MC6852	√		
MC6854		√	
INT8251	√		√
INT8273		√	
Z-80 SIO	√	√	

它们的基本功能是类似的,都能实现串行通信接口的基本任务,且都是可编程的。采用这些芯片为核心的串行通信接口,电路结构比较简单,只需附加地址译码电路、波特率发生器,以及 EIA 与 TTL 电平转换器就可以了。

3. 串行通信的有关概念

1) 发送时钟和接收时钟

把二进制数据序列称为比特组,由发送器发送到传输线上,再由接收器从传输线上接收。二进制数据序列在传输线上是以数字信号形式出现的,即用高电平表示二进制数 1,低电平表示二进制数 0。而且每一位持续的时间是固定的,发送时是以发送时钟作为数据位的划分界限,接收时是以接收时钟作为数据位的检测。

(1) 发送时钟。串行数据的发送由发送时钟控制,数据发送过程是:把并行的数据序列送入移位寄存器,然后通过移位寄存器由发送时钟触发进行移位输出,数据位的时间间隔可由发送时钟周期来划分。

(2) 接收时钟。串行数据的接收是由接收时钟来检测的。数据接收过程是:传输线上送来的串行数据序列由接收时钟作为移位寄存器的触发脉冲,逐位送入移位寄存器。接收过程就是将串行数据序列,逐位移入移位寄存器后组成并行数据序列的过程。

2) DTE 和 DCE

(1) 数据终端设备(Data Terminal Equipment,DTE)。它是对属于用户所有联网设备和工作站的统称。它们是数据的源或目的,或者既是源又是目的。例如,数据输入/输出设备,通信处理机或各种大、中、小型计算机等。DTE 可以根据协议来控制通信的功能。

(2) 数据电路终端设备或数据通信设备(Data Circuit-terminating Equipment 或 Data Communication Equipment,DCE)。前者为 CCITT 标准所用;后者为 EIA 标准所用。DCE 是对网络设备的统称,该设备为用户设备提供入网的连接点。自动呼叫/应答设备、调制解调器(Modem)和其他一些中间设备均属于 DCE。

3) 信道

信道是传输信息所经过的通道,是连接两个 DTE 的线路,它包括传输介质和有关的中间设备。

4. 串行通信中的工作方式

串行通信中,数据通常是在两个站(如终端和微机)之间进行传送,按照数据流的方向可分成 3 种基本的传送模式,即全双工、半双工和单工方式。

1) 单工工作方式

在这种方式下,传输的线路用一根线连接,通信的一端连接发送器,另一端连接接收器,即形成单向连接,只允许数据按照一个固定的方向传送,如图 8.33(a)所示。数据只能从 A 站点传送到 B 站点,而不能由 B 站点传送到 A 站点。

单工通信类似于无线电广播,电台发送信号,收音机接收信号,收音机永远不能发送信号。

2) 半双工工作方式

当使用同一根传输线既作输入又作输出时,虽然数据可以在两个方向上传送,但显然通

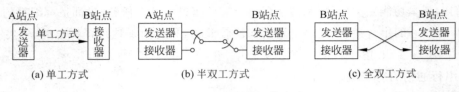

图 8.33 串行通信工作方式

信双方不能同时收发数据,即它们只能依赖分时切换方向实现互相收发数据。这样的传送方式就是半双工制,如图 8.33(b)所示。采用半双工时,通信系统每一端的发送器和接收器,通过收/发开关接到通信线上,进行方向的切换,因此,会产生时间延迟。收/发开关实际上是由软件控制的电子开关。

半双工通信方式类似于对讲机,某时刻 A 方发送 B 方接收,另一时刻 B 方发送 A 方接收,双方不能同时进行发送和接收。

目前多数终端和串行接口都有半双工模式的换向功能,也为全双工模式提供了两条独立的引脚。在实际使用时,有时并不需要通信双方同时既发送又接收,像打印机这类的单向传送设备,半双工就能胜任,也无须倒向。

3) 全双工工作方式

当数据的发送和接收分为两套独立的资源同时进行,分别由两根不同的传输线同时传送时,通信双方都能在同一时刻进行发送和接收操作,这样的传送方式就是全双工制,如图 8.33(c)所示。在全双工方式下,通信系统的每一端都设置了发送器和接收器,因此,能控制数据同时在两个方向上传送。全双工方式无须进行方向的切换,因此,没有切换操作所产生的时间延迟(一般为毫秒级),这对那些不能有时间延误的交互式应用(如远程监测和控制系统)十分有利。

全双工通信方式类似于电话机,双方可以同时进行发送和接收。

5. 同步通信和异步通信方式

串行通信分为两种类型:同步通信方式和异步通信方式。

1) 同步通信方式

同步通信方式的特点是:由一个统一的时钟控制发送方和接收方,若干字符组成一个信息组,字符要一个接着一个传送;没有字符时,也要发送专用的"空闲"字符或者同步字符,因为同步传输时,要求必须连续传送字符,每个字符的位数要相同,中间不允许有间隔。同步传输的特征是:在每组信息的开始(常称为帧头)要加上 1~2 个同步字符,后面跟着 8位的字符数据。同步通信的数据格式如图 8.34 所示。

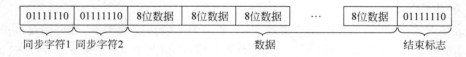

图 8.34 同步通信的数据格式

传送时每个字符的后面是否要奇、偶校验,由初始化时设同步方式字决定。

2) 异步通信方式

异步通信方式的特点是:字符是一帧一帧的传送,每一帧字符的传送靠起始位来同步。

在数据传输过程中,传输线上允许有空字符。

所谓异步通信,是指通信中两个字符的时间间隔是不固定的,而在同一字符中的两个相邻代码间的时间间隔是固定的通信。异步通信中发送方和接收方的时钟频率也不要求完全一样,但不能超过一定的允许范围,异步传输时的数据格式如图 8.35 所示。

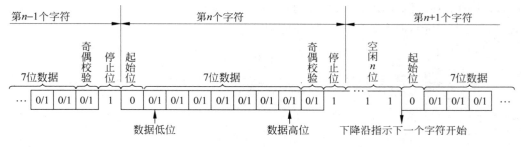

图 8.35 异步传输时的数据格式

字符的前面是一位起始位(低电平),之后跟着 5~8 位的数据位,低位在前、高位在后。数据位后是奇、偶校验位,最后是停止位(高电平)。是否要奇、偶校验位及停止位设定的位数是 1 位、1.5 位或 2 位,都由初始化时设置异步方式字来决定。

6. 通信中必须遵循的规定

1) 字符格式的规定

通信中,传输字符的格式要按规定写,图 8.35 是异步通信的字符格式。在异步传输方式下每个字符传送时,前面必须加一个起始位,后面必须加停止位来结束,停止位可以为 1 位、1.5 位、2 位。奇、偶校验位可以加也可以不加。

2) 比特率、波特率(Baudrate)

(1) 比特率:比特率作为串行传输中数据传输速度的测量单位,用每秒传输的二进制数的位数 bps(位/秒)来表示。

(2) 波特率:波特率是用来描述每秒钟发生二进制信号的事件数,用来表示一个二进制数据位的持续时间。

在远距离传输时,数字信号送到传输介质之前要调制为模拟信号,再用比特率来测量传输速度,这就不那么方便、直观了。因此引入波特率作为速率测量单位,即:

$$波特率 = 1/二进制位的持续时间$$

$$时钟频率 = n \times 波特率$$

比特率可以大于或等于波特率,假定用正脉冲表示"1",负脉冲表示"0",则这时比特率就等于波特率。

假如每秒钟要传输 10 个数据位,则其速率为 10 波特,若发送到传输介质时,把每位数据用 10 个脉冲来调制,则比特率就为 100bps,即比特率大于波特率。

波特率是表明传输速度的标准,国际上规定的一个标准的波特率系列是 110、300、600、1200、1800、2400、4800、9600、19 200。大多数 CRT 显示终端能在 110~9600 波特率下工作,异步通信允许发送方和接收方的时钟误差或波特率误差为 4%~5%。

7. 信号的调制与解调

计算机对数字信号的通信,要求传输线的频带很宽,但在实际的长距离传输中,通常利用电话线来传输,电话线的频带一般都比较窄。为保证信息传输的正确,都普遍采用调制解调器(Modem)来实现远距离的信息传输,现在还有很多家庭上网仍使用 Modem 连接。

顾名思义,调制解调器主要完成调制和解调的功能。经过调制器(Modulator)可把数字信号转换为模拟信号;经过解调器(Demodulator)可把模拟信号转换为数字信号。使用 Modem 实现了对通信双方信号的转换过程,如图 8.36 所示。现在 Modem 的数据传输速率理论值可达 72Kbps,而实际速率仅为 33.6Kbps。

图 8.36 调制与解调过程

8.3.2 8251 的外部引脚及内部结构

8251 是一个通用串行输入/输出接口,可用来将 8086 CPU 以同步或异步方式与外部设备进行串行通信。它能将主机以并行方式输入的 8 位数据变换成逐位输出的串行信号;也能将串行输入数据变换成并行数据传送给处理机。由于由接口芯片硬件完成串行通信的基本过程,从而大大减轻了 CPU 的负担,因此被广泛应用于长距离通信系统及计算机网络中。

1. 8251 的内部结构及性能

8251 是一个功能很强的全双工可编程串行通信接口,具有独立的双缓冲结构的接收器和发送器,通过编程可以选择同步方式或者异步方式。在同步方式下,既可以设定为内同步方式也可以设定为外同步方式,并可以在内同步方式时自动插入一个到两个同步字符。传送字符的数据位可以定义为 5~8 位,波特率 0~64Kbps 可选择。在异步方式下,可以自动产生起始和停止位,并可以编程选择传送字符为 5~8 位的数据位,以及 1 位、1/2 位之中的停止位,波特率 0~19.2Kbps 可选择。同步和异步方式都具有对奇偶错、覆盖错及帧错误的检测能力。

8251 由数据总线缓冲器、读/写控制逻辑、发送缓冲器、发送控制器、接收缓冲器、接收控制器、调制/解调控制逻辑、同步字符寄存器及控制各种操作的方式寄存器等组成。其内部结构原理框图如图 8.37 所示。

1) 数据总线缓冲器

数据总线缓冲器通过 8 位数据线 $D_7 \sim D_0$ 和 CPU 的数据总线相连,负责把接收口接收到的信息送给 CPU,或者把 CPU 发来的信息送给发送口。还可随时把状态寄存器中的内容读到 CPU 中,在 8251 初始化时,分别把方式字、控制字和同步字符送到方式寄存器、控制寄存器和同步字符寄存器中。

2) 读/写控制逻辑

读/写控制逻辑接收与读/写有关的控制信号,由 $\overline{\text{CS}}$、$\text{C}/\overline{\text{D}}$、$\overline{\text{RD}}$、$\overline{\text{WR}}$ 的逻辑电路组合产生出 8251 所执行的操作,如表 8.12 所示。有关这些信号的具体定义将在下面讲述。

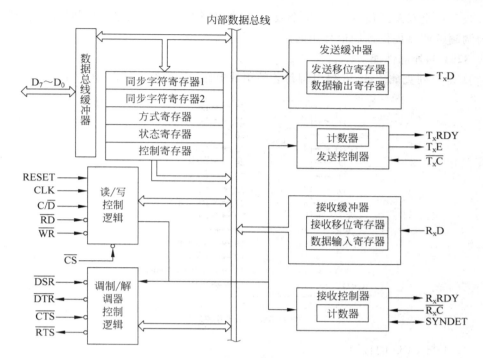

图 8.37 8251 内部结构原理框图

表 8.12 8251 的控制信号与执行的操作之间的对应关系

$\overline{CS}$	$\overline{RD}$	$\overline{WR}$	$C/\overline{D}$	执行的操作
0	0	1	0	CPU 由 8251 输入数据
0	1	0	0	CPU 向 8251 输出数据
0	0	1	1	CPU 读取 8251 的状态
0	1	0	1	CPU 向 8251 写入控制命令

3）发送缓冲器与发送控制电路

发送缓冲器包括发送移位寄存器和数据输出寄存器,发送移位寄存器通过 8251 芯片的 T_xD 引脚将串行数据发送出去。数据输出寄存器寄存来自 CPU 的数据,当发送移位寄存器空时,数据输出寄存器的内容送给移位寄存器。

发送控制电路对串行数据实行发送控制。发送器的另一个功能是发送中止符（BREAK）,中止符由通信线上的连续低电平信号组成,它是用来在全双工通信时中止发送终端的,只要 8251 的命令寄存器的 D_1（SBRK）为"1",发送器就始终发送中止符。

4）接收缓冲器与接收控制电路

接收缓冲器包括接收移位寄存器和数据输入寄存器。串行输入的数据通过 8251 芯片的 R_xD 引脚逐位进入接收移位寄存器,然后变成并行格式进入数据输入寄存器,等待 CPU 取走。接收控制电路是用来控制数据接收工作的。

5）调制/解调器控制逻辑

利用 8251 进行远距离通信时,发送方要通过调制解调器将输出的串行数字信号变为模拟信号,再发送出去;接收方也必须将模拟信号经过调制解调器变为数字信号,才能由串行接口接收。在全双工通信方式下,每个收、发口都要连接调制解调器。调制解调器控制电路是专为调制解调器提供控制信号用的。

2. 8251 的外部性能

8251 是双列直插式的 28 根引脚封装的集成电路,引脚图如图 8.38 所示。

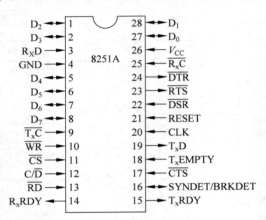

图 8.38   8251 引脚图

1) 8251 与 CPU 的接口信号

8251 与 CPU 的接口信号可以分为如下四类。

(1) 数据线。$D_7 \sim D_0$(输入/输出、三态):8251 有 8 条数据线 $D_7 \sim D_0$,D7 为最高位,D_0 为最低位。8251 通过这 8 条线和 CPU 的数据总线相连接。实际上,数据线上不只是传输数据,还传输 CPU 对 8251 的编程命令字和 8251 送往 CPU 的状态信息。

(2) 片选信号。$\overline{CS}$(输入):低电平有效,芯片被选中才能工作,如果 8251 未被选中,数据线 $D_7 \sim D_0$ 将处于高阻状态,读/写信号对芯片都不起作用。

(3) 读/写控制信号。

$\overline{RD}$(输入):读信号,低电平有效。当该信号有效,并且 $\overline{CS}$ 也为低电平时,CPU 可以从 8251 读取数据或状态信息。

$\overline{WR}$(输入):写信号,低电平有效。当该信号有效,并且 $\overline{CS}$ 也为低电平时,CPU 可以向 8251 写入数据或控制字。

$C/\overline{D}$(输入):控制/数据信号,分时复用。用来区分当前读/写的是数据还是控制信息或状态信息。当 $C/\overline{D}$ 为高电平时,系统处理的是控制信息或状态信息,从 $D_7 \sim D_0$ 端写入 8251 的必须是方式字、控制字或同步字符。当 $C/\overline{D}$ 为低电平时,写入的是数据。

RESET(输入):复位信号,高电平有效。当该信号为高时,8251 实现复位功能,内部所有的寄存器都被置为初始状态。

CLK(输入):主时钟信号,用于芯片内部的定时。对于同步方式,它的频率必须大于发送时钟 T_xC 和接收时钟 R_xC 的 30 倍;对于异步方式,必须大于它们的 4.5 倍。

8251 的时钟频率规定在 0.74～3.1MHz 的范围内。

8251 共有 3 种时钟信号:CLK、T_xC 和 R_xC。其中,发送时钟 T_xC 和接收时钟 R_xC 由波特率和波特率因子决定。

（4）与发送有关的联络信号。

$T_X RDY$（输出）：发送器准备好信号，高电平有效。当该信号为高电平时，8251 通知 CPU 已经准备好发送一个字符，表示 CPU 可以输入数据。所谓发送器准备好，就是控制字的第 0 位 $T_X EN$ 为"1"时，使 8251 允许发送，并且调制解调器已做好接收准备，发出信号使 8251 的 $\overline{CTS}$ 信号变低为有效。因此 $T_X RDY$ 为高电平的条件是：输出缓冲器为空，并且 $\overline{CTS}$ 为低电平、控制字的 D_0（$T_X EN$）为"1"（高电平），即 $T_X RDY = 1$ 的条件除了 $\overline{CTS} = 0$ 外，同时控制字的 D_0（$T_X EN$）$= 1$，而且输出缓冲器是空的。

$T_X EMPTY$（输入）：发送器空信号。控制 8251 发送器发送字符的速度。对于同步方式，它的输入时钟频率应等于发送数据的波特率；对于异步方式，它的频率应等于发送波特率和波特率因子的乘积。

（5）与接收有关的联络信号。

$R_X RDY$（输出）：接收器准备好信号，高电平有效。当该信号为高时，表示 8251 已从外部设备或调制解调器中收到一个字符，等待 CPU 取走。它可以作为中断请求信号或查询联络信号与 CPU 联系。

$T_X E$（输入）：接收器时钟信号，控制 8251 接收字符的速度。和 $T_X C$ 一样，在同步方式下，它的频率等于接收数据的波特率，并由调制解调器供给（近距离不用调制解调器传送时由用户自行设置）。在异步方式下，时钟频率等于波特率和波特率因子的乘积。

SYNDET/BRKDET（输入/输出）：同步检测/断缺检测信号，高电平有效。

在同步方式下，SYNDET 执行同步检测功能，可以工作在输入状态，也可以工作在输出状态。同步检测分为内同步和外同步两种方式。是内同步还是外同步方式要取决于 8251 的工作方式，由初始化时写入方式寄存器的方式字来决定。

当 8251 工作在内同步方式时，SYNDET 作为输出端，是在 8251 内部检测同步字符。如果 8251 检测到了所要求的一个或两个同步字符，则 SYNDET 输出高电平，表示已达到同步，后续收到的是有效数据。

当 8251 工作在外同步方式时，SYNDET 作为输入端。外同步是由外部其他机构来检测同步字符的，当外部检测到同步字符以后，从 SYNDET 端向 8251 输入一个高电平信号，表示已达到同步，接收器可以串行接收数据。

芯片复位时，SYNDET 为低电平。

在异步方式下，BRKDET 实现断缺检测功能，当 $R_X D$ 端连续收到 8 个 0 信号时，BRKDET 端呈高电平，表示当前处于数据断缺状态，$R_X D$ 端没有收到数据；当 $R_X D$ 端收到 1 信号时，BRKDET 端变为低电平。

8251A 和 CPU 之间的连接示意图如图 8.39 所示。

2）8251 与外部装置之间的接口信号

8251 与外部装置进行远距离通信时，一般要通过调制解调器连接。连接的信号可大致分为数据信号和收发联络信号两类。

（1）数据信号。

$T_X D$（输出）：发送数据信号端。CPU 送入 8251 的并行数据，在 8251 内部转换为串行数据，通过 $T_X D$ 端输出。

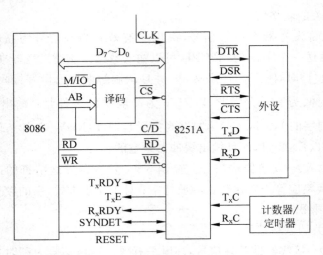

图 8.39 8251A 和 CPU 之间的连接示意图

$R_X D$(输入):接收数据信号端。$R_X D$ 用来接收外部装置通过传输线送来的串行数据,数据进入 8251 后转换为并行数据。

(2) 发送数据时的联络信号。

$\overline{RTS}$(输出):请求发送信号,低电平有效。这是 8251 向调制解调器或外设发送的控制信息,初始化时由 CPU 向 8251 写控制命令字来设置。该信号有效时,表示 CPU 请求通过 8251 向调制解调器发送数据。

$\overline{CTS}$(输入):发送允许信号,低电平有效。这是由调制解调器或外设送给 8251 的信号,是对$\overline{RTS}$的响应信号,只有当$\overline{CTS}$为有效低电平时,8251 才能执行发送操作。

(3) 接收数据时的联络信号。

$\overline{DTR}$(输出):数据终端准备好信号,低电平有效。这是由 8251 送出的一个通用的输出信号,初始化时由 CPU 向 8251 写控制命令字来设置。该信号有效时,表示为接收数据做好了准备,CPU 可以通过 8251 从调制解调器接收数据。

$\overline{DSR}$(输入):数据装置准备好信号,低电平有效。这是由调制解调器或外设向 8251 送入的一个通用的输入信号,是$\overline{DTR}$的应答信号,CPU 可以通过读取状态寄存器的方法来查询$\overline{DSR}$是否有效。

以上发送数据和接收数据的联络信号,对于远距离串行通信要通过调制解调器来连接,实际上是和调制解调器之间的连接信号。如果近距离传输,则可不用调制解调器,而直接通过 MC1488 和 MC1489 来连接,外设不要求有联络信号时,这些信号可以不用。

例如,$\overline{RTS}$可以悬空,但$\overline{CTS}$必须接低电平,否则发送器不工作。道理很简单,这是由于发送器的工作条件是当$\overline{CTS}$有效时,才能使 TXRDY 成为有效的高电平。使用时可根据实际的情况来决定,如果外设需要一对联络信号就启用一对,需要两对就启用两对。例如,$\overline{DTR}$为有效电平可以作为一个 CPU 发出的选通信号,$\overline{DSR}$有效可以作为外设的状态信号。

使用 MC1488 和 MC1489 芯片时,传输时的电平是 RS-232C 标准电平,所能传输的最大距离是 30m,一般不超过 15m,数据传输的波特率低于 20 000 波特。

8.3.3　8251 的控制字及其工作方式

1. 方式寄存器

方式寄存器是 8251 初始化时，用来写入方式选择字的。方式选择有两种：同步方式和异步方式。方式寄存器有 8 位，最低两位为"00"表示是同步方式，最低两位不全是 0 时表示是异步方式。具体格式如下。

1）8251 工作在同步方式下

当 8251 工作在同步方式下时，方式寄存器的格式如图 8.40 所示。

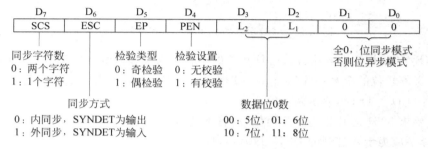

图 8.40　8251 同步方式下方式寄存器的格式

$D_1 D_0 = 00$ 是同步方式的标志特征，表示同步传送时波特率因子为 1，此时芯片上 TXC 和 RXC 引脚上的输入时钟频率和波特率相等。

$D_3 D_2$（$L_2 L_1$）：规定同步传送时每个字符的位数，当 $L_2 L_1$ 对应为 00、01、10、11 时，分别表示传输字符的位数是 5、6、7、8。

D_4（PEN）：规定在传输数据时是否需要奇偶校验位，为"1"表示有校验位，为"0"则不带校验位。

D_5（EP）：用来规定校验的类型，为"0"表示是奇校验，为"1"表示是偶校验。

D_6（ESC）：用来规定同步的方式，为"0"表示是内同步，芯片的 SYNDET 引脚为输出端；为"1"表示是外同步，SYNDET 引脚为输入端。

D_7（SCS）：用来规定同步字符的数目，为"0"表示两个同步字符，为"1"表示一个同步字符。

例如，要求 8251 作为外同步通信接口，数据位 8 位，两个同步字符，偶校验，其方式选择字应为十六进制的 7CH（01111100B＝7CH）。

2）8251 工作在异步方式下

当 8251 工作在异步方式下时，方式寄存器的格式如图 8.41 所示。

$D_1 D_0$（$B_1 B_0$）：这两位不全为 0 表示是异步方式，当 $B_1 B_0 = 01$ 时，规定波特率的因子为 1。

$B_1 B_0 = 10$ 时，规定波特率因子为 16；$B_1 B_0 = 11$ 时，规定波特率因子为 64。

$D_3 D_2$（$L_2 L_1$）：规定在异步传送时每个字符的位数，与同步方式下的数据位数规定相同。

D_4（PEN）：规定在异步传输时是否需要校验位，与同步方式下的规定相同。

D_5（EP）：规定在异步方式时数据校验的类型，与同步方式下的规定相同。

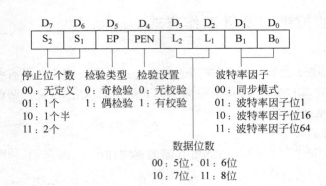

图 8.41　8251 异步方式下方式寄存器的格式

$D_7 D_6 (S_2 S_1)$：规定在异步方式时停止位的个数。为了和同步方式相区别，当 $D_7 D_6 = 00$ 时，没有定义停止位的个数；当 $D_7 D_6 = 01$ 时，表示一个停止位；当 $D_7 D_6 = 0$ 时，表示 1.5 个停止位；当 $D_7 D_6 = 11$ 时，表示两个停止位。

例如，要求 8251 芯片作为异步通信，波特率为 64，字符长度 8 位，奇校验，两个停止位的方式选择字应为十六进制的 DFH(11011111B＝DFH)。

2. 控制寄存器

对 8251 进行初始化时，按上面的方法写入了方式选择字后，接着要写入的是命令字，由命令字来规定 8251 的工作状态，才能启动串行通信开始工作或置位。这样就要对控制寄存器输入控制字，控制寄存器的格式如图 8.42 所示。

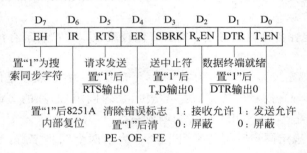

图 8.42　8251 控制寄存器的格式

控制寄存器也是 8 位，每位的定义如下。

$D_0 (T_X EN)$：允许发送选择。只有当 $D_0 = 1$ 时，才允许 8251 从发送口发送数据。

$D_2 (R_X EN)$：允许接收选择。只有当 $D_2 = 1$ 时，才允许 8251 从接收口接收数据。

$D_1 (DTR)$：这位与调制解调器控制电路的 $\overline{DTR}$ 端有直接联系，当工作在全双工方式时，D_0、D_2 位要同时置"1"，D_1 才能置 1。由于 $DTR = 1$，因此使 $\overline{STB}$ 端被置成有效的低电平，通知调制解调器或 MC1488 芯片等器件，CPU 的数据终端已经就绪，可以接收数据了。

$D_5 (RTS)$：这位与调制解调器控制电路的请求发送信号 RTS 有直接联系，当 D_5 位被置"1"时，由于 $RTS = 1$，因此使 $\overline{ACK}$ 输出有效的低电平，通知调制解调器或 MC1489 芯片等器件，CPU 将要通过 8251 输出数据。

调制解调器控制电路的 $\overline{DTR}$ 和 $\overline{RTS}$ 的有效电平不是由 8251 内部产生，而是通过对控制字的编程来设置的,这样可便于 CPU 与外设直接联系。

D_3(SBRK):当这位被置"1"后,串行数据发送 T_XD 引脚变为低电平,输出"0"信号,表示数据断缺,而当处于正常通信状态时,SBRK=0。

D_4(ER):当这位被置"1"后,将消除状态寄存器中的全部错误标志(PE、OE、FE),这 3 位错误标志由状态寄存器的 D_3、D_4、D_5 来指示。

D_6(IR):当这位被置"1"后,使 8251 内部复位。当对 8251 初始化时,使用同一个奇地址,先写入方式选择字,接着写入同步字符(异步方式时不写入同步字符),最后写入的才是控制字,这个顺序不能改变,否则将出错。但是当初始化以后,如果再通过这个奇地址写入的字,都将进入控制寄存器,因此控制字可以随时写入。如果要重新设置工作方式,写入方式选择字,则必须先要将控制寄存器的 D_0 位置为"1",也就是说,内部复位的命令字为 40H 才能使 8251 返回到初始化前的状态。当然,用外部的复位命令 RESET 也可使 8251 复位,而在正常的传输过程中,D_6=0。

D_7(EH):这位只对同步方式才起作用。当 D_7=1 时表示开始搜索同步字符,但同时要求 D_2(R_XE)=1,D_4(ER)=1,同步接收工作才开始进行。也就是说,写同步接收控制字时必须使 D_7、D_4、D_2 同时为 1。

3. 状态寄存器

状态寄存器是反映 8251 内部工作状态的寄存器,只能读出,不能写入,CPU 可用 IN 指令来读取状态寄存器的内容。状态寄存器的格式如图 8.43 所示。状态寄存器也是 8 位,每位的定义如下。

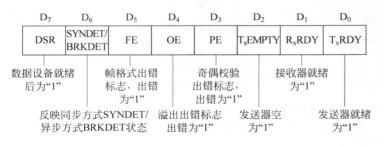

图 8.43　8251 状态寄存器的格式

D_0(T_XRDY):D_0=1 是发送准备好标志位,表明当前数据输出缓冲器空。要注意,这里状态位 D_0 的 T_XRDY 和芯片引脚上的 T_XRDY 的信号不同,这是因为状态位的 T_XRDY 不受输入信号 $\overline{CTS}$ 和控制位 T_XEN 的影响;而芯片引脚上的 T_XRDY 必须在数据输出寄存器为空,并且调制解调器控制电器的 $\overline{CTS}$ 端也为低电平时,控制寄存器的 D_0(T_XEN)=1 时才有效。

D_1(R_XRDY):接收器准备好标志,这位为"1"时,表明接口已接收到一个字符,当前正准备输入 CPU 中。当 CPU 从 8251 输入一个字符时,R_XRDY 自动清 0。

D_2(T_XEMPTY):发送器空标志位。

D_6(SYNDET/BRKDET):同步方式/异步方式标志位。

D_7(DSR):数据终端准备好标志,当外设(调制解调器等)已准备好发送数据时就向 $\overline{DSR}$ 端发出低电平信号,使 $\overline{DSR}$ 有效。此时 DSR 位被置 1。

前面 D_1、D_2、D_0、D_7 这 4 位的状态与 8251 芯片外部同名引脚的状态完全相同，反映这些引脚当前的状态。

D_3（PE）：奇偶出错标志位，PE＝1 时表示当前产生了奇偶错，但不中止 8251 工作。

D_4（OE）：溢出出错标志位，在接收字符时，如果数据输入寄存器的内容没有被 CPU 及时取走，下一个字符各位已从 R_XD 端全部进入移位寄存器，然后进入数据输入寄存器。这时，在数据输入寄存器中，后一个字符覆盖了前一个字符，因而出错，这时 D_4 位被置为"1"。

D_5（FE）：帧格式出错标志位，只适用于异步方式。在异步接收时，接收器根据方式寄存器规定的字符位数、有无奇偶校验位、停止位位数等，都由计数器计数接收，若停止位不为 0，则说明帧格式错位，字符出错，此时 FE＝1。

上面的 PE＝1、OE＝1 和 FE＝1 只是记录接收时的 3 种错误，并没有终止 8251 工作的功能，可以由 CPU 通过 IN 指令读取状态寄存器来发现错误。

8.3.4　8251 串行接口应用举例

1. 异步模式下的初始化程序举例

【例 8.6】　设 8251A 工作在异步模式下，波特率系数为 16，7 个数据位/字符，采用偶校验，两个停止位，发送、接收允许，设端口地址为 00E2H 和 00E4H。完成初始化程序。

根据题目要求，可以确定方式字为 11111010B，即 FAH。控制字为 00110111B，即 37H。则初始化程序如下：

```
MOV   AL,0FAH              ;送方式字
MOV   DX,00E2H
OUT   DX,AL               ;异步方式,7 位/字符,偶校验,两个停止位
MOV   AL,37H              ;设置控制字
OUT   DX,AL               ;有效
```

2. 同步模式下初始化程序举例

【例 8.7】　设端口地址为 52H，采用内同步方式，两个同步字符（设同步字符为 16H），偶校验，7 位数据位/字符。

根据题目要求，可以确定方式字为 00111000B，即 38H；控制字为 10010111B，即 97H。它使 8251A 对同步字符进行检索；同时使状态寄存器中的 3 个出错标志复位；此外，使 8251A 的发送器启动，接收器也启动；控制字还通知 8251A，CPU 当前已经准备好进行数据传输。

程序段如下：

```
MOV   AL,38H              ;设置模式字,同步模式,用两个同步字符
OUT   52H,AL             ;7 个数据位,偶校验
MOV   AL,16H
OUT   52H,AL             ;送同步字符 16H
OUT   52H,AL
MOV   AL,97H             ;设置控制字,使发送器和接收器启动
OUT   52H,AL
```

3. 利用状态字进行编程的举例

【例 8.8】　下面的程序段先对 8251A 进行初始化,然后对状态字进行测试,以便输入字符。本程序段可用来输入 80 个字符。

8251A 的控制和状态端口地址为 52H,数据输入和输出端口地址为 50H。字符输入后,放在 BUFFER 标号所指的内存缓冲区中。

程序段如下:

```
          MOV    AL,0FAH         ; 设置模式字,异步方式,波特率因子为16
          OUT    52H,AL          ; 用7个数据位、两个停止位,偶校验
          MOV    AL,35H          ; 设置控制字,使发送器和接收器启动
          OUT    52H,AL          ; 并清除出错指示位
          MOV    DI,0            ; 变址寄存器初始化
          MOV    CX,80           ; 计数器初始化,共收取80个字符
BEGIN:    IN     AL,52H          ; 读取状态字,测试 RxRDY 位是否为1,如为0
          TEST   AL,02H          ; 表示未收到字符,故继续读取状态字并测试
          JZ     BEGIN
          IN     AL,50           ; 读取字符
          MOV    DX,OFFSET BUFFER
          MOV    [DX+DI],AL
          INC    DI              ; 修改缓冲区指针
          IN     AL,52H          ; 读取状态字
          TEST   AL,38H          ; 测试有无帧校验错,奇/偶校验错和溢出错,
          JZ     ERROR           ; 如有,则转出错处理程序
          LOOP   BEGIN           ; 如没错,则再收下一个字符
          JMP    EXIT            ; 如输入满足80个字符,则结束
ERROR:    CALL   ERR-OUT         ; 调出错处理
EXIT:     …
```

8.4　模拟 I/O 接口

模拟 I/O 接口就是通常所说的模/数转换器和数/模转换器接口。计算机采用的是二进制数字系统,即所有信息都是以二进制数字形式表示、运算和处理的。但是,在计算机应用系统中,与外设交换的数据信息常常是时间和幅值上都是连续变化的模拟数据,如计算机的纺织检测控制系统,被监控的对象大都是电压、电流、速度、纱线的张力等。显然,这些模拟量并不能直接被数字计算机所识别和接收,必须先把它们转化成计算机可接收的数字量,把完成这一功能的器件称为模/数转换器,简称 A/D 转换器或 ADC;反之,计算机运算、处理的结果也不能直接去控制执行部件,而需要先把它们转化为执行部件所要求的模拟数据,才能传输给执行部件,以实现对被控对象的控制,把完成这一功能的器件称为数/模转换器,简称 D/A 转换器或 DAC。

8.4.1　DAC 及其与 CPU 的接口

1. D/A 转换器的工作原理

数/模转换器是将数字量转换为模拟量的器件,其作用是把计算机的数字信号转换为外

部设备中连续变化的模拟信号。它可接收 n 位二进制码的输入，并输出与二进制数成比例的电压或电流值，其关系式为：

$$U_0 = U_B \cdot D = U_B(d_{n-1}2^{-1} + d_{n-2}2^{-2} + \cdots + d_0 2^{-n})$$

式中，U_B——基准电压；

     d_i——n 位二进制数的系数；

     U_0——输出电压。

典型的 D/A 转换器芯片通常由四部分组成：权电阻解码网络、模拟电子切换开关、基准电压和运算放大器，如图 8.44 所示。

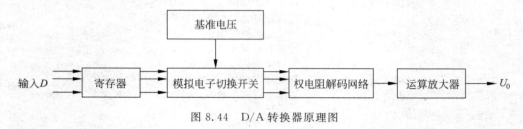

图 8.44　D/A 转换器原理图

其中，输入数字量的每一位都对应着一个模拟开关。当某位为 1 时，与其对应的模拟开关接通，基准电压通过权电阻网络，产生与该位二进制数成比例的权值电流。当数字量中有若干位为 1 时，各位对应的权值电流经电阻网络求和后，在运算器输入端产生与该二进制输入量成比例的电流 I_0，再经运算放大器，即可输出与此成比例的电压 U_0，从而实现了数/模转换。

电阻解码网络经常采用两种转换电路：二进制加权解码电路和 R-2R 梯形解码电路。其中，R-2R 梯形解码电路由于只有两种电阻值，易于集成，且转换精度高，因此被大多数 D/A 转换器芯片所采用。此处不再详细分析电阻解码网络的电路原理，读者可参阅有关的书籍。

2. D/A 转换器的主要技术指标

衡量一个 D/A 转换器性能的主要技术指标有如下几种。

1）分辨率

分辨率指 D/A 转换器能够转换的二进制数的位数，位数越多，分辨率也就越高。例如，一个 D/A 转换器能够转换 10 位二进制数，若转换后的电压满量程是 5V，则它能分辨的最小电压＝5V/1024＝5mV。

2）转换时间

转换时间指从数字量的输入到完成转换，最终输出达到稳定值为止所需的时间。该时间限制了 D/A 转换器的速率，表征了 D/A 转换器的最高转换频率。例如，后面要介绍的DAC0832 的变换时间为 $1\mu s$，表明其最高变换频率为 1MHz。

一般来说，电流型的 D/A 转换较快，通常为几纳秒到几百微秒。电压型 D/A 转换较慢，取决于运算放大器的响应时间。

3）精度

精度指 D/A 转换器实际输出电压与理论值之间的误差。一般采用数字量的最低有效位作为衡量单位，如 $\pm 1/2$LSB。如果分辨率为 8 位，则它的精度是 $\pm (1/2) \times (1/256) =$

±1/512。

4）线性度

线性度指当数字量变化时，D/A 转换器输出的模拟量按比例关系变化的程度。理想的 D/A 转换器是线性的，但实际上有误差，模拟输出偏离理想输出的最大值称为线性误差。

3. D/A 转换器的输入/输出特性

1）输入缓冲能力

输入缓冲能力是指 DAC 是否带有三态输入缓冲器或锁存器来保存输入的数字量。有些计算机系统不能长时间在数据总线上保持数据，就需使用带有三态输入缓冲器或锁存器的 D/A 转换器。

2）输入数据的宽度

输入数据的宽度 DAC 根据其输入数据的宽度，有 8 位、10 位、12 位、14 位、16 位之分。当 DAC 的位数高于计算机系统总线的宽度时，需要两次或多次分别输入数字量。

3）电流型还是电压型

电流型还是电压型是指 DAC 的输出是电流还是电压。对于电流输出型，其电流一般为几毫安到十几毫安；对电压输出型，其电压一般为 5～10V。有些高电压型为 24～30V。在实际应用中，更多的是使用电压信号，因此需将电流输出转换成电压输出，这时只要对电流型 DAC 电路外加运算放大器即可。

4）是单极性输出还是双极性输出

D/A 转换器的电压输出可以是单极性的，其极性由基准电压的极性决定，如 0～+5V 或 0～−5V，0～+10V 或 0～−10V。然而有时候待转换输入的数据量可正可负，因而经 D/A 转换后输出的电压也应该是双极性的。对一些需要正负电压控制的设备，就要使用双极性 DAC，或者在输出电路中采取措施，使输出电压有极性变化。

5）输入码制

输入码制是指 DAC 所接收的数字量以何种二进制编码的形式输入。一般地，单极性输出的 DAC 只能接收二进制码或 BCD 码，而双极性输出的 DAC 则能接收偏移二进制码或补码。

4. D/A 转换器与 CPU 的接口

1）接口的任务

由于 CPU 的输出数据在数据总线上出现的时间很短暂，一般只有几个时钟周期，因此，D/A 转换器接口的主要任务是要解决 CPU 与 DAC 之间的数据缓冲问题。另外，当 CPU 的数据总线宽度与 DAC 的分辨率不一致时，需要分两次或多次送数据。CPU 向 DAC 传送数字量时，不必查询 DAC 的状态是否准备好，只要两次传送数据之间的间隔不小于 DAC 的转换时间，就都能得到正确的结果。因此，CPU 对 DAC 的数据传送是一种无条件传送。

2）接口形式

D/A 转换器的种类繁多，型号各异，速度与精度差别甚大，但它们与微型计算机连接时的接口形式不外乎 3 种：直接与 CPU 相连、利用外加三态缓冲器或数据寄存器与 CPU 相连、利用并行 I/O 接口芯片与 CPU 相连。

这取决于 DAC 内部是否设有三态门输入锁存器。若有，则可采用第一种接口形式直接与 CPU 连接；若无，则采用第二种或第三种接口形式，需外加锁存器保存 CPU 的输出数据。

需要说明的是，这 3 种接口形式并非彼此无关或一成不变的。例如，当 CPU 的数据总线宽度小于 D/A 转换器的分辨率时，即使 D/A 转换器内部带有数据缓冲器，也采用第二种接口形式，并且是两级缓冲，以消除由于两次传送数据而产生的尖峰（毛刺）干扰。另外，在系统中，D/A 转换器也是一种微机的外围设备，因此，在实际使用中，无论 D/A 转换器的内部是否带有数据锁存器，都经常利用并行 I/O 接口芯片与 CPU 相连。这样，在时序配合和驱动能力上都容易和 CPU 一致，从而使设计简化、调试方便，并增加了系统的可靠性。

5. DAC 0832 D/A 转换器

DAC 0832 是美国数据公司生产的 8 位数/模转换芯片，片内带有数据锁存器，其数字输入端具有双重缓冲功能，可工作在单缓冲、双缓冲及输入/输出直通方式下，可与通常的 CPU 直接接口。

1）DAC 0832 的内部结构和引脚功能

DAC 0832 由 8 位输入寄存器、8 位 DAC 寄存器和 8 位 D/A 转换器组成，对外有 20 根引脚，如图 8.45 所示。由图可见，DAC 0832 常有两级缓冲寄存器，即输入寄存器和 D/A 寄存器，因而称为双缓冲。这是它与其他 D/A 转换器不同的显著特点。利用双缓冲功能，D/A 寄存器保持当前要转换的数据，而在输入寄存器中保存下一次要转换的数据。

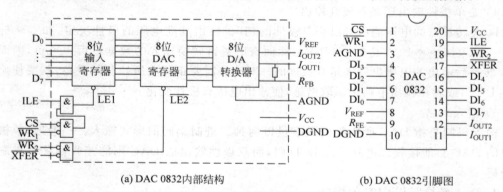

(a) DAC 0832内部结构　　　　　(b) DAC 0832引脚图

图 8.45　DAC 0832 内部结构及引脚图

DAC 0832 各引脚信号定义如下。

$D_0 \sim D_7$：8 根数据输入线，使用时可与数据总线相连。

$\overline{CS}$：片选信号，低电平有效。以选中该片使其工作。

$\overline{WR_1}$：写输入寄存器信号。

$\overline{WR_2}$：写 DAC 寄存器信号。

ILE：数据允许信号，高电平有效。该信号是输入寄存器的选通信号，它与 $\overline{CS}$、$\overline{WR_1}$ 信号配合，控制第一级缓冲。

$\overline{XFER}$：数据传送信号，低电平有效。该信号与 $\overline{WR_2}$ 信号组合将输入寄存器数据传送到 DAC 寄存器，以控制第二级缓冲。

I_{OUT1}：DAC 电流输出 1，此电流输出端输出的是转换的数字量值为 1 的各位权电流之和。当转换的数字量各位全为 1 时，此电流最大；当转换的数字量各位全为 0 时，此电流最小。

I_{OUT2}：DAC 电流输出 2，此电流输出端输出的是转换的数字量值为 0 的各位权电流之和，当转换的数字量各位全为 0 时，此电流最大；反之，此电流为最小。

R_{FB}：反馈信号输入线，接运算放大器输出。

AGND、DGND：模拟信号地和数字地。为了防止串扰，系统的模拟地应共接于一点，系统数字地也汇总于一点，然后两地再共接于一点。这两个地就是供外接时使用的。

V_{REF}：参考电压输入端，可接 +5V 或 -5V。

V_{CC}：工作电压输入端，可在 +5～+15V 选择。

2）DAC 0832 的工作方式

DAC 0832 有两个独立的数据寄存器，即输入寄存器和 DAC 寄存器，要转换的数据先送到输入寄存器，但不进行转换，只有数据送到 DAC 寄存器时才开始转换。由此可以通过对 DAC 0832 芯片上 ILE、$\overline{CS}$、$\overline{WR_1}$、$\overline{WR_2}$ 和 $\overline{XFER}$ 信号的不同组合来控制实现单缓冲、双缓冲和直通 3 种工作方式。

（1）输入/输出直通方式。这种工作方式不进行缓冲，在该方式中，使 $\overline{CS}$、$\overline{WR_1}$、$\overline{WR_2}$ 及 $\overline{XFER}$ 接地，ILE 接高电平，则只要在 $D_0 \sim D_7$ 端送一个 8 位的数据，就可以将 CPU 送来的数据直接送到 DAC 转换器进行电流转换。

（2）单缓冲寄存器工作方式。该方式只进行一级缓冲，可用一组控制信号对某级缓冲器进行控制，而另一级缓冲器始终选通。例如，当 $\overline{WR_2}$ 和 $\overline{XFER}$ 接地，则 DAC 寄存器为不锁存状态，ILE 接高电平，当 $\overline{CS}$ 和 $\overline{WR_1}$ 信号有效时，输入数据就直通输入寄存器，并锁存到 DAC 寄存器中。

（3）双缓冲寄存器工作方式。在这种工作方式下，利用 DAC 0832 的双缓冲功能，CPU 将要变换的数据送到 $D_0 \sim D_7$ 端，并使 ILE、$\overline{CS}$ 和 $\overline{WR_1}$ 信号有效，这时数据锁存到输入寄存器中，但不进行转换。接着使 $\overline{WR_2}$、$\overline{XFER}$ 信号同时有效，这时输入寄存器中的数据才被锁存到 DAC 寄存器中，并开始转换，使输出模拟量发生变化。这就是双缓冲的工作方式。使用这种工作方式可以提高数据采集速度，因为在这种工作方式下数据是分时锁存的，所以当 DAC 寄存器中当前锁存的数据作 D/A 转换的同时，输入寄存器可锁存下一个待转换的数据。这样，一旦 DAC 寄存器中的数据转换结束，马上就可以送入下一个数据进行锁存和转换。

DAC 0832 最适合用于要求多片 DAC 同时进行转换的系统，即系统中接有多片 DAC 0832，且要求各片的输出模拟量在同一时刻发生变化。方法是先分别利用各片的选片信号 $\overline{CS}$、$\overline{WR_1}$ 和 ILE 信号分时地将各路要变换的数据送入各自的输入寄存器中，然后在所有芯片的 $\overline{XFER}$ 和 $\overline{WR_2}$ 端同时加一个负选通脉冲。这样，在 $\overline{WR_2}$ 的上升沿，数据将在同一时刻由各个输入寄存器送入并锁存在对应的 DAC 寄存器中，使多个 DAC 0832 芯片同时开始转换，从而实现多片同时变换输出的功能。

3）DAC 0832 的模拟输出方式

DAC 0832 芯片将数字量转换成模拟量输出时，其输出信号是电流型的。而在一般计算机应用系统中往往需要电压输出，这时就必须进行电流至电压的转换。为了得到电压输出,需要外加运算放大器。DAC 0832 可以单极性输出,也可以双极性输出。

(1) 单极性输出。单极性输出电路如图 8.46 所示。

D/A 芯片输出电流 i 经输出电路转换成单极性的电压输出。图 8.46(a)为反相输出电路,其输出电压为:

$$V_{OUT} = -iR$$

图 8.46(b)是同相输出电路,其输出电压为:

$$V_{OUT} = -iR(1 + R_2/R_1)$$

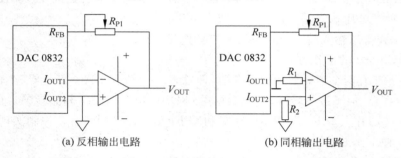

(a) 反相输出电路   (b) 同相输出电路

图 8.46 单极性输出电路

(2) 双极性输出。

某些计算机应用系统中,要求 D/A 的输出电压是双极性的,如要求输出 $-5 \sim +5V$ 电压。在这种情况下,D/A 的输出电路需要做相应的变化。图 8.47 就是 DAC 0832 双极性输出的电路。

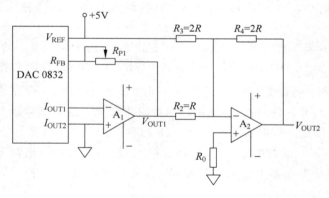

图 8.47 双极性输出电路

由图 8.47 可见,D/A 转换器的电流输出经运算放大器 A_1 和 A_2 的偏移和放大后,在 A_2 的输出端可得到双极性 $-5 \sim +5V$ 的输出。其中,V_{REF} 为 A_2 提供偏移电流,且 V_{REF} 的极性选择应使偏移电流的方向与 A_1 输出电流的方向相反。再选择 $R_3 = R_4 = 2R_2$,以便使偏移电流恰好为 A_1 输出电流的一半,从而使 A_2 的输出特性在 A_1 输出特性的基础上上移 1/2 的动态范围。最后的输出电压为:

$$V_{OUT} = -2V_1 - V_{REF}$$

设 V_1 为 $0 \sim -5V$,选取 V_{REF} 为 $+5V$,则:

$$V_{OUT} = (0 \sim 10)V - 5V = (-5 \sim 5)V$$

4）DAC 0832 与 8088 微处理器的连接及应用举例

（1）DAC 0832 与 8086 微处理器的连接。

DAC 0832 内部具有输入缓冲器，当它与 CPU 连接时，可以把它的数据输入线直接挂到 CPU 的数据总线上，如图 8.48 所示。

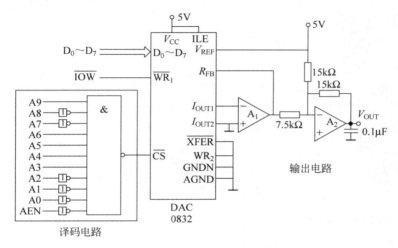

图 8.48　DAC 0832 与 8086 总线的连接图

很明显，图 8.48 中的 DAC 0832 采用的是单缓冲工作方式，只锁存了输入寄存器，而让 DAC 寄存器直通（$\overline{WR_2}$ 和 $\overline{XFER}$ 接地）。$\overline{CS}$ 由译码得到，$\overline{IOW}$ 控制 $\overline{WR_1}$ 信号，ILE 接高电平，这样 CPU 一旦向 0832 写数据，即 $\overline{CS}$ 和 $\overline{WR_1}$ 信号来到时，输入数据就锁存至输入寄存器并直通 DAC 寄存器而进行 D/A 转换。模拟输出端 V_{OUT} 采用双极性电压输出，即 D/A 转换器输入端的数据在 00H～FFH 变化时，V_{OUT} 的输出将在 -5～$+5V$ 变化。如果想获得单极性 0～$+5V$ 输出，只需使 V_{REF} 接 $-5V$，然后直接从运算放大器 A_1 的输出端输出即可。

由于 D/A 芯片是直接挂接在微机系统总线上的，因此在编制 D/A 驱动程序时，只要把 D/A 芯片看成是一个输出端口就行了。向该端口送入一个 8 位二进制数据，在 D/A 输出端就可以得到一个相应的输出电压。

例如，图 8.48 中 DAC 0832 的端口地址为 278H，若执行以下指令：

```
MOV   DX, 278H
MOV   AL, 00
OUT   DX, AL
HLT
```

则在 V_{OUT} 输出端得到 $-5V$ 的电压输出（对应于输入数字量 00H）。

（2）DAC 0832 应用举例。

DAC 应用非常广泛，常常用于对某些检测过程的控制。例如，利用它在微机控制下可产生各种变化规律的控制电压波形。一种简单的应用，可以利用它作为一个函数波形发生器。通过对 DAC 输入数据的控制，即可输出如矩形波、锯齿波、三角波、正弦波等不同的波形。只需将模拟电压输出端 V_{OUT} 接到示波器的 Y 轴输入即可观察到这些波形。

对于图 8.48 的连接电路,下列程序是产生矩形波、锯齿波和三角波的程序段。

产生矩形波的程序如下:

```
SQUARE    PROC
          MOV    DX,278H
Z0:       MOV    CX,0FFH
          MOV    AL,00H
Z1:       OUT    DX,AL
          LOOP   Z1
          MOV    CX,0FFH
          MOV    AL,0FFH
Z2:       OUT    DX,AL
          LOOP   Z2
          JMP    Z0
SQUARE    ENDP
```

产生锯齿波的程序如下:

```
TRAPE    PROC
         MOV    DX,278H
         MOV    AL,00H
Z1:      OUT    DX,AL
         DEC    AL
         JMP    Z1
TRAPE    ENDP
```

产生三角波的程序如下:

```
TRIANG    PROC
          MOV    DX,278H
Z0:       MOV    CX,0FFH
          MOV    AL,00H
Z1:       OUT    DX,AL
          INC    AL
          LOOP   Z1
          MOV    CX,0FFH
Z2:       DEC    AL
          OUT    DX,AL
          LOOP   Z2
          JMP    Z0
TRIANG ENDP
```

8.4.2　ADC 及其与 CPU 的接口

模/数(A/D)转换器是将模拟电压或电流转换成数字量的器件。模拟量可以是电压、电流信号,也可以是声、光、压力、温度、湿度等随时间连续变化的非电的物理量。若是非电的

模拟量,则需要通过适当的传感器(如光电传感器、压力传感器、温度传感器)先将其转换成
电信号。

A/D 转换器是模拟系统与数字设备或微机系统之间的一种重要接口。一般的数据采
集器中都包含这种接口,它可以把采集来的模拟量通过 A/D 转换器变成数字量,从而送给
微机进行处理。

1. A/D 转换器的工作原理

A/D 转换器的种类很多,根据其工作原理的不同,可分为计数式 A/D 转换器、双积分
式 A/D 转换器、逐次比较式 A/D 转换器、并行比较式 A/D 转换器、电压/频率转换式 A/D
转换器等。考虑到变换精度及变换速度的原因,目前应用较多的是逐次比较式 A/D 转换
器,后面将要介绍的 ADC 0809 芯片就是采用逐次比较原理而设计的一种 A/D 转换器。下
面简单介绍一下逐次比较式 A/D 转换器的工作原理。

逐次比较式 A/D 转换器采用逐次比较法进行模拟量到数字量的转换,它的过程和原理
与用天平称重某一物体十分类似。逐次比较法的思想是用一系列的基准电压(权电压)同所
输入的待转换电压进行比较,按照从高位到低位的顺序,逐位确定转换后所得数据的各位是
1 还是 0。

逐次比较法的转换过程可由图 8.49 和图 8.50 加以说明。

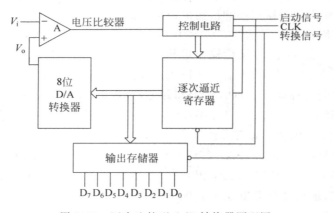

图 8.49　逐次比较型 A/D 转换器原理图

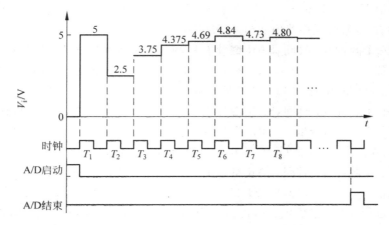

图 8.50　逐次比较型 A/D 转换器时间图

由图 8.49 可见,逐次比较转换电路由电压比较器 A、D/A 转换器、控制逻辑、逐次逼近寄存器(SAR,包括去/留码逻辑、环形计数器、数据寄存器)和输出锁存器组成。其工作过程如下:启动脉冲到来时,将 SAR 和输出锁存器清为零,则通过 D/A 转换所得的输出也为零;当第一个时钟脉冲到来时,移位寄存器的最高位被置成 1,这时 D/A 转换器的输入为 10000000,输入电压 V_{IN} 首先与 D/A 转换器输出电压 V_{OUT}(满刻度电压 V_{REF} 的一半)比较,若 $V_{OUT} \leqslant V_{IN}$,则将此 1 锁存在输出锁存器的 D_7 位,否则不锁存;接着,当第二个时钟脉冲到来时,SAR 右移 1 位,此时 D/A 转换器的输入数据为 11000000,其转换输出电压 V_{OUT}(此时为 V_{REF} 的 3/4)再次与输入电压 V_{IN} 进行比较,若 $V_{OUT} \leqslant V_{IN}$,则将该位的 1 同样锁存到输出锁存器的 D_6 位,否则不锁存。重复上述过程,直至 SAR 右移溢出为止,这时右移溢出脉冲就作为 A/D 转换结束信号 EOC,那么输出锁存器锁存的数据就是此次 A/D 转换的结果数据。可以看到,如果 A/D 转换位数为 N,则转换时间为 $N+1$ 个时钟脉冲。

下面举例说明逐次转换法的工作过程。如图 8.50 所示,假设所用 D/A 转换器满量程为 10.24V,V_{IN} 输入电压为 8.3V,8 位数码的转换过程如下:

(1) 启动脉冲到达后,在第一个时钟脉冲 T_1 时间,移位寄存器最高位被置为 1;此时逐次逼近寄存器 SAR 置为 10000000,经 D/A 转换器转换后,得到相应的输出电压 $V_{OUT} = 1/2 \times 10.24 = 5.12V$。将得到的 V_{OUT}(5.12V)与输入电压 V_{IN}(8.3V)相比较,因为 $V_{IN} > V_{OUT}$,故将 D_7 的 1 锁存在输出锁存器中,此时,输出锁存器值为 10000000。

(2) 在第二个时钟脉冲 T_2 时间,SAR 右移 1 位,最高位不变,次高位变成 1,向 D/A 转换器送入 11000000,经 D/A 转换后输出电压值 $V_{OUT} = 5.12 + 10.24/2^2 = 7.68V$,再次与 V_{IN}(8.3V)进行比较,这时 $V_{IN} > V_{OUT}$,故 D_6 的 1 锁存,输出锁存器值为 11000000 不变。

(3) 在第三个时钟脉冲 T_3 时间,SAR 继续右移,向 D/A 转换器送入 11100000,经 D/A 转换后输出电压值 $V_{OUT} = 7.68 + 10.24/2^3 = 8.96V$,继续与 V_{IN}(8.3V)进行比较,这时 $V_{IN} < V_{OUT}$,故 D_5 位置 0,输出锁存器值变为 11000000。

(4) 在第四个脉冲 T_4 时间,SAR 继续右移,向 D/A 转换器送入 110100000,经 D/A 转换后输出电压值 $V_{OUT} = 7.68 + 10.24/2^4 = 8.32$,继续与 V_{IN}(8.3V)进行比较,这时 $V_{IN} < V_{OUT}$,故 D_4 位置 0,输出锁存器值变为 11000000。

(5) 在第五个脉冲 T_5 时间,SAR 继续右移,向 D/A 转换器送入 11001000,经 D/A 转换后输出电压值 $V_{OUT} = 7.68 + 10.24/2^5 = 8.0V$,继续与 V_{IN}(8.3V)进行比较,这时 $V_{IN} > V_{OUT}$,故 D_3 锁存 1,输出锁存器值变为 11001000。

(6) 在第六个脉冲 T_6 时间,SAR 继续右移,向 D/A 转换器送入 11001100,经 D/A 转换后输出电压值 $V_{OUT} = 7.68 + 10.24/2^5 + 10.24/2^6 = 8.16V$,继续与 V_{IN}(8.3V)进行比较,这时 $V_{IN} > V_{OUT}$,故 D_2 锁存 1,输出锁存器值变为 11001100。

(7) 在第七个脉冲 T_7 时间,SAR 继续右移,向 D/A 转换器送入 11001110,经 D/A 转换后输出电压值 $V_{OUT} = 7.68 + 10.24/2^5 + 10.24/2^6 + 10.24/2^7 = 8.24V$,继续与 V_{IN}(8.3V)进行比较,这时 $V_{IN} > V_{OUT}$,故 D_1 锁存 1,输出锁存器值变为 11001110。

(8) 在第七个脉冲 T_7 时间,SAR 继续右移,向 D/A 转换器送入 11001111,经 D/A 转换后输出电压值 $V_{OUT} = 7.68 + 10.24/2^5 + 10.24/2^6 + 10.24/2^7 + 10.24/2^8 = 8.28V$,继续与 V_{IN}(8.3V)进行比较,这时 $V_{IN} > V_{OUT}$,故 D_0 锁存 1,输出锁存器值变为 11001111。

经过 9 个脉冲时间,逐次逼近型 A/D 转换器输出的是 11001111。

逐次比较法 A/D 转换器的转换速度快,精度较高,易于用集成工艺实现,缺点是易受干扰。

2. A/D 转换器的主要技术指标

1) 分辨率

分辨率是指 A/D 转换器可转换成二进制数的位数。例如,对一个 10 位的 A/D 转换器,其数字输出量的变换范围为 0～1023,当用它去转换一个满量程为 5V 的电压时,它能分辨的最小电压为 5V/1024 ≈ 5mV。也就是说,当模拟输入值的变化小于 5mV 时,A/D 转换器将无法分辨而保持不变。同样是 5V 电压,若采用 12 位的 A/D 转换器,则它能分辨的最小电压为 5V/4096≈1mV。可见,A/D 转换器的数字输出位数越多,其分辨率就越高,分辨率表示了转换器对微小输入量变化的敏感程度。目前常用的 A/D 转换集成芯片的转换位数有 8 位、10 位、12 位和 14 位等。

2) 精度

精度是指数字输出量所对应的实际模拟输入量与理论值之间的差值。在 A/D 转换电路中,与每个数字量对应的模拟输入量并非是单一的数值,而是一个范围。例如,给定数字量为 800H,理论上应输入 5V 电压才能转换成这个数,但实际上输入 4.997～4.999V 的电压都能转换出 800H 这个数。从理论上来讲,这个范围的大小取决于电路的分辨率,如对于满刻度输入电压为 5V 的 12 位 A/D 转换器,其分辨率为 1.22mV。但在外界环境影响下,与每一数字输出量对应的输入量实际范围往往偏离理论值。

3) 转换时间

转换时间是指从启动转换信号开始到转换结束,得到稳定的数字输出量为止所经历的时间。目前,常用的 A/D 转换集成芯片的转换时间为几个微秒到 $200\mu s$。

3. A/D 转换器与 CPU 的接口

1) 接口的任务

当 A/D 转换器芯片与 CPU 连接时,除了数据线外,一般还需要一些控制信号线及状态信号线与 CPU 相连,以控制 A/D 的转换过程。通常,A/D 转换器与 CPU 接口之间需要传递的信号有如下几种。

(1) A/D 芯片的启动信号。该信号由 CPU 发出,用来控制 A/D 转换何时开始。

(2) 转换结束状态信号。A/D 转换结束后,由 A/D 转换器向 CPU 发出转换结束信号。该信号可用作"中断请求"信号,也可作为 CPU 查询的状态信息。

(3) 通道寻址信号。有些 A/D 转换器包含多个模拟量输入通道,允许同时输入多个模拟量。但是在进行 A/D 转换时,只能选择其中一个通道的模拟输入量进行转换,故 CPU 发出启动信号前,必须向 A/D 转换器提供通道寻址信号,以进行通道选择。

(4) 转换获得的数据信息。CPU 收到"转换结束"信号后,通过数据线将所转换的数字量读入。

2) 接口方法

由于 A/D 转换器芯片的数据输出端需与 CPU 的数据总线相连接,因此其输出部分应使用三态缓冲器。只有当 CPU 执行输入指令时,三态缓冲器才能打开,A/D 转换器通过数据总线向 CPU 输出转换数据。而在其他时刻,三态缓冲器均处于高阻状态。对于无三态缓冲器的 A/D 芯片,则在 A/D 芯片与 CPU 之间需外加并行接口。所以,从接口电路的结构形式来看，A/D 转换器与 CPU 的接口方式有如下 3 种。

（1）与 CPU 直接相连。有些型号的 A/D 转换器，内部带有三态门和输出数据锁存器，所以其数据输出端可以直接与系统的数据总线相连。例如，后面将要介绍的 ADC 0809 就是这种类型的芯片。

（2）采用三态门锁存器与 CPU 相连。对于芯片内部不带输出锁存器的 A/D 转换器，其数据输出端不能直接与系统总线相连，需外接一个三态门锁存器。

（3）利用 I/O 接口芯片与 CPU 相连。CPU 可利用与之配套的并行接口芯片同 A/D 转换器相连，使用方便，而且无须外加其他电路。

3）数据传输方式

A/D 转换器与 CPU 之间的数据传输有如下 3 种方式可供选择。

（1）软件等待同步方式。对于某种特定的 A/D 转换器芯片，若 A/D 转换所用的时间是恒定的（如 $100\mu s$）。那么，CPU 可以通过编程，采用软件延迟的方法，来实现 CPU 与 A/D 转换器之间数据的同步传送，这就是软件等待同步方式。该方式实现简单，无需任何应答信号，但是降低了 CPU 的利用率。

（2）中断方式。所谓中断方式，是利用 A/D 转换器的转换结束信号 EOC 作为中断请求信号，在 A/D 转换结束后，通知 CPU 读取转换得到的数据。

（3）应答方式。有些 A/D 转换器有 BUSY 状态信号，CPU 可通过查询该状态信号，得知本次 A/D 转换是否完成，并在适当的时候读取转换的数据结果和启动下一次 A/D 转换。

4. A/D 转换芯片 ADC 0809

ADC 0809 是 National 半导体公司生产的 CMOS 材料的 A/D 转换器芯片，它采用逐次比较法进行模/数转换。该芯片具有 8 个通道的模拟量输入线，可在程序控制下对任意通道进行 A/D 转换，得到 8 位二进制的数字量。

它的主要性能是：分辨率 8 位，精度 7 位，转换时间为 $100\mu s$，工作温度范围为 $-40\sim 85℃$，功率为 15MW，输入电压范围为 $0\sim 5V$。单一 5V 电源供电，8 通道有通道地址锁存，数据有三态输出能力，易于与计算机相连，也可独立使用。

1）ADC 0809 的内部结构与引脚功能

ADC 0809 的内部结构原理图及引脚图如图 8.51 和图 8.52 所示。

ADC 0809 芯片内部的主要功能单元是由电压比较器，256R 电阻分压器，树状模拟开、关阵列译码器，逐次逼近寄存器 SAR，以及逻辑控制时序电路构成的，是 8 次逐次比较式 A/D 转换器。为了实现 8 路模拟量的分时采集，片内设置了 8 路模拟通道选择开关及相应的通道地址锁存与译码电路。转换后的结果送入三态输出锁存器。

ADC 0809 共有 28 根引脚，各引脚信号定义如下。

$D_0(2^{-8})\sim D_7(2^{-1})$：8 位数字量输出线。来自具有三态输出能力的 8 位锁存器，其输出除 OE(OUTPUT ENABLE) 为高电平时有效外，均为高阻状态，故可直接接到系统数据总线上。

$INT_0\sim INT_7$：8 路模拟电压输入端。

ADDA、ADDB、ADDC：多路开关地址选择线，用于选择模拟通道，被选中的通道对应的模拟电压输入将被送到内部转换电路进行转换。ADDA 为最低位，ADDC 为最高位，通常接在地址线的低 3 位。地址译码与选中通道的关系如表 8.13 所示。

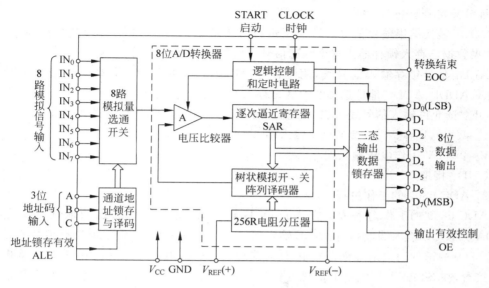

图 8.51 ADC 0809 的内部结构原理图

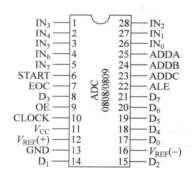

图 8.52 ADC 0809 引脚图

表 8.13 地址译码与选中通道的关系表

ADDC	ADDB	ADDA	选中的模拟通道
0	0	0	通道 0
0	0	1	通道 1
0	1	0	通道 2
0	1	1	通道 3
1	0	0	通道 4
1	0	1	通道 5
1	1	0	通道 6
1	1	1	通道 7

START: 启动信号输入端。该信号上升沿清除 ADC 的内部寄存器,而在下降沿启动内部控制逻辑,开始 A/D 转换工作。该信号要求持续时间在 200ns 以上,大多数微机的读或写信号都符合这一要求,即可作为启动 A/D 转换的 START 信号。

CLOCK: 时钟输入端,要求频率范围为 10kHz～1.2MHz(典型值为 640kHz),可由微机时钟分频得到。

EOC：转换结束输出信号。转换正进行时为低电平，当 EOC 为 1 时则表示转换已完成，结果数据已存入锁存器。这个状态信号可用于向 CPU 发中断申请。

ALE：地址锁存输入信号线，用于锁存 ADDA～ADDC 的地址码。该信号上升沿把 ADDA、ADDB、ADDC 地址选择线的状态存入通道地址锁存器中。

OE：读允许输入信号线。当 OE 为 1 时，三态输出锁存器把数据送往总线。

$V_{REF}(+)$、$V_{REF}(-)$：参考电压输入端。

V_{CC}：+5V 工作电压输入端。

GND：接地。

2）ADC 0809 的工作过程

ADC 0809 的工作过程是：在进行 A/D 转换时，选择模拟通道的地址码应先送到 ADDA～ADDC 输入端，然后在 ALE 输入端加一个正跳变脉冲，将通道选择地址码锁存到 ADC 0809 内部的通道地址锁存器中，使对应通道的模拟电压输入和内部 A/D 转换电路接通。接着，在 START 端加一个负跳变信号，该信号的上升沿将 SAR 复位，其下降沿启动 A/D 开始真正的转换工作。此时，EOC 将输出低电平信号，表示 A/D 转换器正在工作。一旦转换结束，EOC 信号就由低电平变成高电平，此时只要在 OE（允许数据输出）端加一个高电平，即可通过 D_0～D_7 数据线将本次转换的结果数据从三态输出数据锁存器中读至数据总线上。

ADC 0809 的工作时序图如图 8.53 所示。

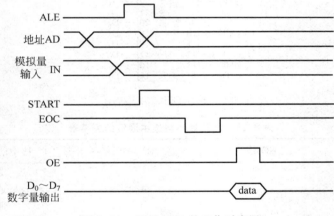

图 8.53　ADC 0809 的工作时序图

如果要用 EOC 信号向 CPU 发中断请求，要特别注意 EOC 的信号变为低电平相对于启动信号有 $2\mu s+8$ 个时钟周期的延迟，要设法避免产生虚假的中断申请。

ADC 0809 最大模拟输入范围为 0～5.25V，基准电压 V_{REF} 根据 V_{CC} 确定，典型值为 $V_{REF}(+)=V_{CC}$，$V_{REF}(-)=0$，$V_{REF}(+)$ 不允许比 V_{CC} 正，$V_{REF}(-)$ 不允许比地电平负。例如，基准电压选为 5.12V，则 1LSB 的误差为 20mV。

3）ADC 0809 的应用举例

（1）ADC 0809 与系统总线的连接。

ADC 0809 芯片与系统总线的连接非常简单，因为其输出端具有可控的三态输出门，所以可以与系统总线直接相连。其连接示意图如图 8.54 所示。

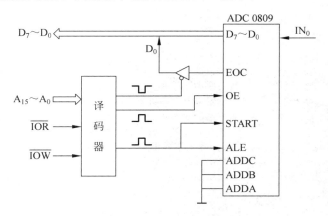

图 8.54　ADC 0809 与系统总线的连接示意图

从图 8.54 中可见，ADC 0809 的片选信号$\overline{CS}$由系统地址总线经译码产生；启动信号 START 和地址锁存信号 ALE 则由系统总线的 M/$\overline{IO}$、$\overline{WR}$和地址译码输出信号组合而成；输出允许信号 OE 由 M/$\overline{IO}$、$\overline{RD}$与地址信号组合形成；通道地址选择线 ADDA、ADDB、ADDC 分别接到数据总线的低 3 位。另外，系统时钟经分频后接到 ADC 0809 芯片的 CLOCK 引脚，转换结束信号 EOC 用作中断请求信号线，接中断控制器 8259。

当 CPU 向 ADC 0809 芯片送出一条输出指令时，M/$\overline{IO}$、$\overline{WR}$和地址信号同时有效，数据总线上送来所选择的模拟通道地址，有效的 ALE 信号将该通道地址锁存入 ADC 0809 的地址锁存器中，同时 START 信号有效，启动芯片开始进行 A/D 转换。

A/D 转换结束后，CPU 通过执行一条输入指令，使 M/$\overline{IO}$、$\overline{RD}$和地址信号同时有效，从而输出允许信号 OE 有效，ADC 0809 的输出三态门打开，转换数据通过数据总线读入。

例如，假设 ADC 0809 的端口地址为 279H，若要将模拟通道 4 中送来的模拟量转换为数字量再送到 AL 寄存器中，只需执行以下程序即可。

```
START: MOV    DX,279H          ; ADC 0809 端口地址
       MOV    AL,04H           ; 选择通道 4
       OUT    DX,AL            ; 启动 A/D 转换过程
       CALL   DELAY            ; 调用延时子程序
       IN     AL,DX            ; 读取转换后数据
```

（2）ADC 0809 应用举例。

设有 8 路外部模拟输入信号，现对它们进行一次循环采样并监控每一通道数字量的输出值不超过 0F0H，否则就紧急处理。

ADC 0809 同系统总线的连接示意图如图 8.54 所示。

设译码输出的片选地址为 380H～387H，则译码输出有效的片选信号$\overline{CS}$和$\overline{IOW}$或非，控制 ADC 的 START 和 ALE 端，使 A/D 转换开始并锁存模拟通道地址。

8 个模拟输入由 A_2～A_0 选择，如果写地址 380H，则锁定的是 0 号通道 IN0，后面的地址依此类推。转换结束后的读出数据操作也类似，只不过这时的输出允许 OE 端受译码输

出和 $\overline{IOR}$ 控制。转换结束 EOC 信号可以直接用作中断请求信号接到微型计算机总线的 IRQ上。系统时钟适当分频,作为 ADC 0809 的工作时钟。

主程序如下:

```
        ...
        MOV    CX,8          ; 一次循环采样,共 8 个通道
        MOV    DX,380H       ; 设置 A/D 接口地址
        MOV    AL,0          ; 为第一次监测置初值
AGAIN:  OUT    DX,AL         ; 送 START 启动转换,并锁定模拟输入地址
        HLT                  ; 暂停,等待中断,即 EOC 变高
        CMP    AL,0F0H       ; 模拟值与 0F0H 比较
        JA     OVER          ; 超限,转移到 OVER
        INC    DX            ; 为下一次检测准备地址
        LOOP   AGAIN         ; 中断返回后,开始采样下一通道
        ...
OVER:
        ...
```

中断服务子程序如下:

```
        ...
        IN   AL,DX           ; 送输出允许 OE 信号,并输入数字量到 AL 中
        ...
        IRET
```

8.5 例 题 解 析

1. 扼要说明简单的 I/O 接口芯片与可编程接口芯片的异同处。

【解析】

相同处:简单的 I/O 接口芯片与可编程接口芯片都能实现 CPU 与外设之间进行数据传送的控制,都具有暂存信息的数据缓冲器或锁存器。

不同处:简单的 I/O 接口芯片的接口功能比较单一,接口芯片在同 CPU 与外设的硬件连接固定后,接口电路的工作方式及接口功能就固定了,无法用软件来改变。而可编程接口芯片是多功能接口芯片,具有多种工作方式,用户可通过编制相应的程序段,使一块通用的 I/O 接口芯片能按不同的工作方式完成不同功能的接口任务。也可在工作过程中,通过编程对 I/O 接口芯片进行实时的动态操作,如改变工作方式、发送操作命令、读取接口芯片内部有关端口的状态信息等。

2. 根据接口电路的功能,简要说明 I/O 接口电路应包括哪些电路单元。

【解析】

接口电路必须实现如下功能。

(1) 实现 CPU 与外设之间的数据传送——数据锁存器和三态缓冲器组成的数据端口。

(2) 在程序查询的 I/O 方式中,便于 CPU 与接口电路或外设之间用应答方式来交换信

息——控制命令寄存器和状态寄存器。

（3）在中断传送的 I/O 方式中,必须提供各种中断控制功能——中断控制逻辑。

（4）具有选择接口电路中不同端口（寄存器）的功能——地址译码器。

（5）能对地址译码器选中的端口实现读/写操作——读/写控制逻辑。

3. 扼要说明 8255A 工作于方式 0 和方式 1 时的区别。

【解析】

方式 0 可以工作于无条件传送方式,也可以工作于查询传送（条件传送）方式,可由用户选择 PC_L 和 PC_H 中的各一条线作为 PA 口和 PB 口的联络信号线。方式 0 不能工作于中断传送方式；方式 1 可以工作于查询传送方式和中断传送方式,芯片规定了 PC 口中 6 条线作为 PA 口和 PB 口同外设之间的联络信号线及同 CPU 之间的中断请求线。

4. 8255A 的 3 个端口在使用上有什么不同?

【解析】

8255A 的端口 A,作为数据的输入、输出端口使用时都具有锁存功能；端口 B 和端口 C,作为数据的输出端口使用时具有锁存功能,而作为输入端口使用时不带有锁存功能。

5. 当数据从 8255A 的端口 C 读到 CPU 时,8255A 的控制信号 $\overline{CS}$、$\overline{RD}$、$\overline{WR}$、A_1、A_0 分别是什么电平?

【解析】

当数据从 8255A 的端口 C 读入 CPU 时,8255A 的片选信号 $\overline{CS}$ 应为低电平,才能选中芯片。A_1、A_0 为 10,即 A_1 接高电平,A_0 接低电平,才能选中端口 C。$\overline{RD}$ 应为低电平（负脉冲）,数据读入 CPU,$\overline{WR}$ 为高电平。

6. 简述 16 位系统中并行接口的特点。

【解析】

用两片 8255A 芯片来构成一个 16 位微机系统的输入与输出接口,一片为偶地址端口；另一片为奇地址端口。偶地址端口的 8255A 芯片由 CPU 的地址线 A_0 参与片选译码,其 8 位数据线同 CPU 的低 8 位数据线 $D_0 \sim D_7$ 相连；奇地址端口的 8255A 由 CPU 的"总线高允许 $\overline{BHE}$"参与片选译码,其 8 位数据线同 CPU 的高 8 位数据线 $D_8 \sim D_{15}$ 相连。8086 CPU 可以对某一个 8255A 的各端口进行 8 位字节信息传送,也可以对两个 8255A 的对应两个端口（两个 PA 口、两个 PB 口或两个 PC 口）用一个总线周期实现偶地址字的传送。

7. 8253 可编程计数器有两种启动方式,在软件启动时,要使计数正常进行,GATE 端必须为哪种电平,如果是硬件启动呢?

【解析】

8253 可编程计数器有两种启动方式,在软件启动时,要使计数正常进行,GATE 端必须为高电平；如果是硬件启动,则要在写入计数初值后使 GATE 端出现一个由低到高的正跳变,以启动计数。

8. 设 8253 计数器的时钟输入频率为 1.91MHz,为产生 25kHz 的方波输出信号,应向计数器装入的计数初值为多少?

【解析】

$$\frac{1.91\text{MHz}}{25\text{kHz}} = 76.4,$$ 应向计数器装入的初值是 76。

9. 在远距离数据传输时，为什么要使用调制解调器？

【解析】

在远距离传输时，通常使用电话线进行传输，电话线的频带比较窄，一般只有几千赫兹，因此传送音频的电话线不适于传输数字信号，高频分量会衰减得很厉害，从而使信号严重失真，以致产生错码。使用调制解调器，在发送端把将要传送的数字信号调制转换成适合在电话线上传输的音频模拟信号；在接收端通过解调，把模拟信号还原成数字信号。

10. 全双工和半双工通信的区别是什么？在二线制电路上能否进行全双工通信？为什么？

【解析】

全双工和半双工通信，双方都既是发送器又是接收器。二者的区别在于全双工可以同时发送和接收；半双工不能同时双向传输，只能分时进行。在二线制电路上是不能进行全双工通信的，只能单端发送或接收。因为一根信号线、一根地线，同一时刻只能单向传输。

11. 同步传输方式和异步传输方式的特点各是什么？

【解析】

同步传输方式中发送方和接收方的时钟是统一的，字符与字符间的传输是同步无间隔的。异步传输方式并不要求发送方和接收方的时钟完全一样，字符与字符间的传输是异步的。

12. 在异步传输时，如果发送方的波特率是600，接收方的波特率是1200，能否进行正常通信？为什么？

【解析】

不能进行正常通信，因为发送方和接收方的波特率不同，而接收端的采样频率是按传输波特率来设置的。

13. 如果串行传输速率是2400波特，则数据位的时钟周期是多少秒？

【解析】

数据位的时钟周期是 $\dfrac{1}{2400} = 4.17 \times 10^{-4}$ s。

14. 8251A 在编程时，应遵循什么规则？

【解析】

8251 在初始化编程时，首先使芯片复位，第一次向控制端口（奇地址）写入的是方式字；如果输入的是同步方式，接着向奇地址端口写入的是同步字符，若有两个同步字符，则分两次写入；以后不管是同步方式还是异步方式，只要不是复位命令，由 CPU 向奇地址端口写入的都是命令控制字，向偶地址端口写入的都是数据。

15. 什么是 8251A 的方式指令字和命令指令字？对二者在串行通信中的写入流程进行说明。

【解析】

"方式指令字"用来确定 8251A 的工作方式，是 8251A 能按要求的工作方式进行数据传输的必要条件，它可以用来规定以下几点。

(1) 是同步传送还是异步传送。

(2) 如果是同步传送，那么是单同步还是双同步，是内同步还是外同步。

（3）如果是异步传送，那么异步传送的字符格式如何规定（包括数据位的位数，是否采用奇偶校验，是奇校验还是偶校验，终止位是几位，等等），以及波特率因子的约定。

在"方式指令字"写入以后，"方式指令字"的规定进入工作状态，然后才能用 IN 或 OUT 指令通过数据口实现串行数据的输入/输出。

在 8251A 中，只有一个控制口地址（即由 $\overline{CS}$ 和 C/$\overline{D}$="H"决定的地址），因此"方式指令字"和"命令指令字"的写入必须按规定流程进行，规定：复位（开机）后，写入"方式指令字"，然后写入"命令指令字"。

16. 一个异步串行发送器，发送具有 8 位数据位的字符，在系统中使用一位作偶校验，两个停止位。若每秒钟发送 100 个字符，则它的波特率和位周期各是多少？

【解析】

每个字符需要的发送位数是 12 位（数据位 8 位、校验位一位、停止位两位、起始位一位）。每秒发送 100 个字符共 1200 位。因此波特率为 1200 波特，位周期=$\frac{1}{1200}\approx 833\mu s$。

17. DAC 0832 有哪几种工作方式？每种工作方式适用于什么场合？每种方式用什么方法产生的？

【解析】

DAC 0832 有以下 3 种工作方式。

（1）单缓冲方式：此方式只适用于只有一路模拟量输出或几路模拟量非同步输出的情况。采用的方法是：控制输入寄存器和 DAC 寄存器同时接收数据，或者只用输入寄存器而把 DAC 寄存器接成直通方式。

（2）双缓冲方式：此方式适用于多个 DAC0832 同时输出的情况。采用的方法是：先分别使这些 DAC 0832 的输入寄存器接收数据，再控制这些 DAC0832 同时传送数据到 DAC 寄存器以实现多个 D/A 转换同步输出。

（3）直通方式：此方式适用于连续反馈控制线路中。采用的方法是：数据不通过缓冲器，即 WR1、WR2、XFER、CS 均接地，ILE 接高电平。此时必须通过 I/O 接口与 CPU 连接，以匹配 CPU 与 D/A 的连接。

18. ADC 与微处理器接口的基本任务是什么？ADC 把模拟量信号转换为数字量信号，转换步骤是什么？转换过程用到什么电路？

【解析】

ADC 与微处理器接口的基本任务是：向 ADC 转发启动转换信号；向 CPU 提供转换结束信号，把转换好的数据送入微处理器。

转换步骤分为 4 步，即采样、保持、量化和编码。采样和保持在采样保持电路中进行；量化和编码在 ADC 中进行。

19. 8255A 用作查询式打印接口时的电路连接和打印机各信号的时序如图 8.55 所示，8255A 的端口地址为 80H～83H，工作于方式 0，试编写一段程序，将数据区中变量 DATA 的 8 位数据送打印机打印，程序以 RET 指令结束，并写上注释。

【解析】

PC$_7$ 引脚作为打印机的数据选通信号 $\overline{STB}$，由它产生一个负脉冲，将数据线 D$_7$～D$_0$ 上的数据送入打印机。另外分配 PC$_2$ 引脚来接收打印机的忙状态信号，打印机在打印某字符

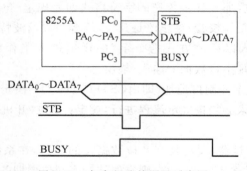

图 8.55 打印机连接图及时序图

时,忙状态信号 BUSY=1,此时,CPU 不能向 8255A 输出数据,一定要等待 BUSY 信号为低电平无效时,CPU 才能再次输出数据到 8255A。

打印程序为:

```
        MOV    AL,0BH              ; 置STB = 1
        OUT    83H,AL
PULL:   IN     AL,82H             ; 查询 BUSY 信号
        TEST   AL,08H
        JNZ    PULL
        MOV    AL,DATA            ; 将 DATA 送 PA 口
        OUT    80H,AL
        NOV    AL,0AH             ; 置STB = 0
        OUT    83H,AL
        MOV    AL,0BH             ; 置STB = 1
        OUT    83H,AL             ; 产生负脉冲选通信号
```

20. 假设在一系统中,8255A 端口地址为 0A8H、0AAH、0ACH、0AEH,试画出 8255 与 8086 CPU 微机系统接口图(用 74LS138 三八译码器)。设 8255 PA 口工作在方式 0 输出,PB 口工作在方式 1 输入,允许 PB 口中断,C 口剩余数据线全部输出。试写出 8255A 初始化程序。

【解析】

由于题目中给定的 8255A 端口地址为 0A8H、0AAH、0ACH、0AEH,根据地址,分析形成每个地址是地址引脚上的信号变化,如表 8.14 所示。

表 8.14　地址变化表

A_7	A_6	A_5	A_4	A_3	A_2	A_1	A_0	端口地址	功　　能
1	0	1	0	0	0	0	0	0A8H	选择 A 口
1	0	1	0	1	0	1	0	0AAH	选择 B 口
1	0	1	0	1	0	0	0	0ACH	选择 C 口
1	0	1	0	1	1	1	0	0AEH	选择控制字寄存器

根据地址分配,得到 8255 与 8086 CPU 微机系统接口如图 8.56 所示。

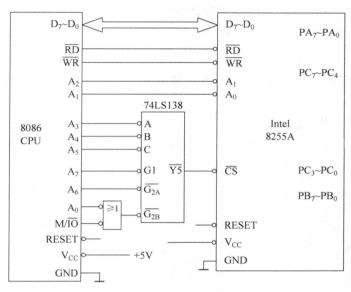

图 8.56 8255 与 8086 CPU 微机系统接口图

初始化程序段如下:

```
MOV    AL, 10000110B          ;A 口方式 0 输出,B 口方式 1 输入
                              ;C 口剩余数据线全部输出
OUT    0AEH,AL
MOV    AL,00000101B           ;PC2 置 1
OUT    0AEH, AL               ;允许 B 口输入中断
```

21. 某系统利用 8253 定时器/计数器通道 0 产生 1kHz 的重复方波,问通道 0 应工作在什么工作方式? 若 $CLK_0 = 2MHz$,试写出通道 0 的初始化程序。设 8253 端口地址为 2F0H、2F2H、2F4H、2F6H。

【解析】

8253 的工作方式 3 可产生重复方波,所以计数通道 0 应工作在方式 3。计数初值为:

$$N = (2 \times 10^6)/(1 \times 10^3) = 2000$$

由于采用 BCD 计数,只读/写高 8 位,因此方式控制字为 00100111B。

初始化程序如下:

```
MOV    DX,2F6H                ;通道 0 初始化
MOV    AL,00100111B
OUT    DX,AL
MOV    DX,2F0H                ;写入计数初值高 8 位,低 8 位自动清零
MOV    AL,20H
OUT    DX,AL
```

22. 设 8253 的 3 个计数器的端口地址为 201H、202H、203H,控制寄存器端口地址为 200H。输入时钟为 2MHz,让 1 号通道周期性地发出脉冲,其脉冲周期为 1ms,试编写初始化程序段。

【解析】

要输出脉冲周期为 1ms,输出脉冲的频率是 $\frac{1}{1 \times 10^{-3}} = 1 \times 10^3 \mathrm{Hz}$,当输入时钟频率为 2MHz 时,计数器初值是 $\frac{2 \times 10^6}{1 \times 10^3} = 2 \times 10^3 = 2000$。

使用计数器 1,先读低 8 位,后读高 8 位,设为方式 3,二进制计数,控制字是 76H。设控制口的地址是 200H,计数器 0 的地址是 202H。程序段如下:

```
MOV  DX, 200H
MOV  AL, 76H
OUT  DX, AL
MOV  DX, 202H
MOV  AX, 2000
OUT  DX, AL
MOV  AL, AH
OUT  DX, AL
```

23. 设 8253 的计数器 0 工作在方式 1,计数初值为 2050H;计数器 1 工作在方式 2,计数初值为 3000H;计数器 2 工作在方式 3,计数初值为 1000H。如果 3 个计数器的 GATE 都接高电平,3 个计数器的 CLK 都接 2MHz 时钟信号,试画出 OUT_0、OUT_1、OUT_2 的输出波形。

【解析】

计数器 0 工作在方式 1,即可编程的单脉冲方式。这种方式下,计数的启动必须由外部门控脉冲 GATE 控制。因为 GATE 接了高电平,当方式控制字写入后 OUT_0 变高,计数器无法启动,所以 OUT_0 输出高电平。

计数器 1 工作在方式 2,即分频器的方式。

输出波形的频率 $f = \frac{f_{\mathrm{CLK}}}{N} = \frac{2\mathrm{MHz}}{3000} = 666.7\mathrm{Hz}$,其周期为 1.5ms,输出负脉冲的宽度等于 CLK 的周期,即为 $0.5\mu\mathrm{s}$。

计数器 2 工作在方式 3,即方波发生器的方式,输出频率 $f = \frac{2\mathrm{MHz}}{1000} = 2000\mathrm{Hz}$ 的对称方波。

3 个 OUT 的输出波形如图 8.57 所示。

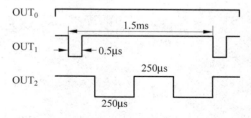

图 8.57　3 个 OUT 的输出波形

24. 对 8251A 进行初始化编程,设端口地址为 52H,采用内同步方式,两个同步字符(设同步字符为 16H),偶校验,7 位数据位/字符。

【解析】

根据题目要求,可以确定模式字为 00111000B,即 38H;而控制字为 10010111B,即 97H。它使 8251A 对同步字符进行检索;同时使状态寄存器中的 3 个出错标志复位。此外,使 8251A 的发送器启动,接收器也启动;控制字还通知 8251A,CPU 当前已经准备好进行数据传输。

其初始化程序段如下:

```
MOV   AL,38H        ；设置模式字,同步模式,用两个同步字符,
OUT   52H,AL        ；7 个数据位,偶校验
MOV   AL,16H
OUT   52H,AL        ；送同步字符 16H
OUT   52H,AL
MOV   AL,97H        ；设置控制字,使发送器和接收器启动
OUT   52H,AL
```

25. 对 8251A 进行初始化,要求:工作于异步方式,采用奇校验,指定两位终止位,7 位 ASCII 字符,波特率因子为 16;出错指示处于复位状态,允许发送,允许接收,数据终端就绪,不送出空白字符,内部不复位。

【解析】

首先确定"方式指令字":因是异步方式,波特率因子为 16,则 $D_1 D_0 = 10$;字符为 7 位 ASCII 字符,长度 7 位,则 $D_3 D_2 = 10$;采用奇校验,则 $D_5 D_4 = 01$;采用两位终止值,则 $D_7 D_6 = 11$。因此方式指令字为 11011010B = DAH。然后确定"命令指令字",按题意应为 00010111B = 17H。

则初始化程序段为(设 8251A 的端口地址为 80H、81H):

```
MOV   AL, 0DAH
OUT   81H, AL
MOV   AL, 17H
OUT   81H, AL
```

26. 用 8255A 控制 DAC 0832 进行 D/A 转换,控制 8253 产生方波。

(1) 试根据图 8.58 所示的连线,给出 8255A 和 8253 的端口地址,并为 8253 选择合适的工作方式,确定计数初值。

(2) 编程要求:设 8255 工作在方式 0,需转换的数字量在 BL 中存放,试编写程序段,使得 DAC 0832 产生模拟量输出,8253 产生所要求的方波。

【解析】

(1) 从图 8.58 中译码电路可知 8255A 的地址为 0218H~021BH,根据题意,8253 的计数器应工作于方式 3,计数初值为:

$$n = 0.03 \times (200 \times 1000) = 6000$$

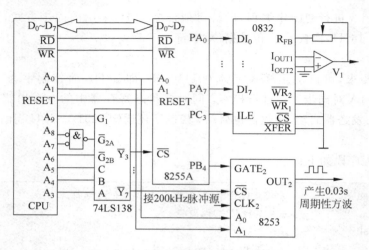

图 8.58　8255A 与 DAC 0832 连接图

（2）完成题目要求的程序段如下：

```
        MOV     DX,021BH                ;8255A 控制字端口
        MOV     AL,10000000B
        OUT     DX,AL
        MOV     DX,0218H                ;8255A 的端口 A
        MOV     AL,BI;
        OUT     DX,AL
        MOV     AL,00001011B            ;PC5 置 1,0832 进行 D/A 转换
        MOV     DX,021BH
        OUT     DX,AL
        MOV     AL,00001010B            ;PC5 清 0
        OUT     DX,AL
        MOV     DX,023BH                ;8253 控制字端口
        MOV     AL,10110110B            ;计数器 2,方式 3,二进制计数
        OUT     DX,AL
        MOV     AX,6000
        MOV     DX,023AH
        OUT     DX,AL                   ;送计数初值低 8 位
        MOV     AL,AH
        OUT     DX,AL                   ;送计数初值高 8 位
        MOV     DX,0219H                ;8255A 的端口 B
        MOV     AL,00010000B            ;PB4 置 1,GATE2 有效
        OUT     DX,AL
```

27. 根据图 8.59 所示的接口原理图,写出利用 ADC 0809 对 IN1 一个模拟量采样并转换 10 个点的程序片段。设该系统 8259A 的 8 个中断类型码为 70H～77H,边沿触发。

【解析】

由接口电路图分析可知,ADC 0809 的 START 地址为 89H,OE 地址为 98H;8259A 的地址为 A8H 和 A9H。完成对 IN1 一个模拟量采样并转换 10 个点的程序片段如下：

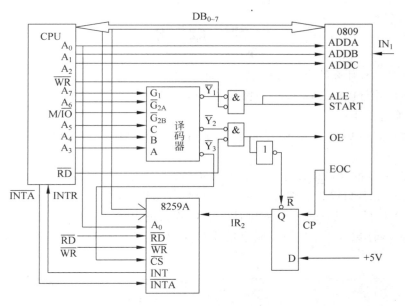

图 8.59 ADC 0809 数据采集中断模式电路图

```
; 建立向量表
        PUSH    DS
        MOV     AX,0
        MOV     DS,AX
        MOV     BX,OFFSET XY            ; XY 为中断服务程序首地址
        MOV     [01C8H],BX             ; 72H×4 = 01C8H
        MOV     BX,SEG XY
        MOV     [01CAH],BX
        POP DS
; 初始化 8259A
        MOV     AL,13H
        OUT     0A8H,AL                ; ICW1
        MOV     AL,,70H
        OUT     0A9H,AL                ; ICW2
        MOV     Al,01H
        OUT     0A9H,AL                ; ICW4
        MOV     BX,OFFSET WP           ; 设 WP 为内存缓冲区首地址
        MOV     CX,10
W:      OUT     89H,AL                 ; 启动 0809
        NOP
        NOP
        HLT                            ; 等待中断
        MOV     [BX],AL
        INC     BX
        LOOP    W
; 中断服务程序
XY:     IN      AL,98H                 ; 读转换好的数据
        IRET
```

习　题　8

1. 并行接口有什么特点? 其应用场合如何?

2. 可编程并行接口芯片 8255 有哪几种工作方式? 其差别何在? 它们在微机系统中的连接方法上有什么不同?

3. 可编程并行接口芯片 8255 的控制字有哪两个? 其控制字格式及每位的定义是什么?

4. 假定 8255 的端口地址分别为 0060H、0063H,编写出下列各情况的初始化程序:

(1) 将 A 口、B 口设置成方式 0,端口 A 和 C 作为输入口,B 口作为输出口;

(2) 将 A 口设置成方式 1,输入口,PC_6、PC_7 作为输出端;B 口设置成方式 1,输入口。

5. 设 8253 计数器 0~2 和控制字的 I/O 地址依次为 F8H~FBH,说明如下程序的作用。

```
MOV  AL, 33H
OUT  0FBH, AL
MOV  AL, 80H
OUT  0F8H, AL
MOV  AL, 50H
OUT  0F8H, AL
```

6. 定时/计数器芯片 Intel 8253 占用几个端口地址? 各个端口分别对应什么?

7. 试按如下要求分别编写 8253 的初始化程序,已知 8253 的计数器 0~2 和控制字 I/O 地址依次为 04H~07H。

(1) 使计数器 1 工作在方式 0,仅用 8 位二进制计数,计数初值为 128。

(2) 使计数器 0 工作在方式 1,按 BCD 码计数,计数值为 3000。

(3) 使计数器 2 工作在方式 2,计数值为 02F0H。

8. 设一个 8253 的计数器 0 产生 20ms 的定时信号,试对它进行初始化编程。

9. 让一个计数器 3 工作在单稳态方式,让它产生 15ms 的脉冲宽度(设输入频率为 2MHz)。

10. 请把一个 8253 与 8086 CPU 相连,地址为 2FF0~2FF3H。

11. 什么是异步工作方式? 画出异步工作方式时 8255A 的 T_xD 和 R_xD 线上的数据格式。什么是同步工作方式? 什么是双同步字符方式? 外同步和内同步有什么区别? 画出双同步工作时 8251 的 T_xD 和 R_xD 线上的数据格式。

12. 什么是 A/D 转换器、D/A 转换器?

13. 某 8 位 D/A 转换器芯片,输出为 0~+5V。当 CPU 分别送出 80H、40H、10H 时,其对应的输出电压各是多少?

14. ADC 中的转换结束信号(EOC)起什么作用? 如果 ADC 0809 与微机接口采用中断方式,则 EOC 应如何与微处理器连接?

第 9 章

实验

本章 9.8 节以后所有接口实验是基于唐都仪器的 TND86/88 试验箱设计,请读者参考实际所使用的实验设备,自行进行必要的修改。

9.1　动态调试程序 DEBUG

9.1.1　DEBUG 的启动与退出

DEBUG. com 是 DOS 的外部命令,也是一个非常方便的汇编程序分析工具。该程序的使用方式和其他系统程序类似。其特点如下。

（1）每个功能都用一个字符命令来实现。

（2）默认采用十六进制表示。

（3）操作格式灵活。

1. DEBUG 的启动

DEBUG 的启动命令格式如下。

```
DEBUG[<文件说明>][<参数>]
```

其中,<文件说明>是被调试的程序的全名；<参数>是该程序所涉及的参数。下面是几个启动 DEBUG 的例子。

```
C: \> DEBUG  DISKCOPY.COM  A:   B:↙
C: \> DEBUG  TT.COM↙
C: \> DEBUG↙
```

第一句是启动 DISKCOPY. com 程序,执行从驱动器 A 复制到 B 的操作。第二句是调试 TT. com 程序。第三句是启动 DEBUG,不装入文件。

DEBUG 装入内存后,接着就从磁盘上查找被调试的程序,找到后将其装入内存(对于后缀为. exe 的文件,DEBUG 将它装入到最低可用的区段中,文件说明放在尾部；对于后缀为. com 的文件,DEBUG 将文件说明放在首部,并从 100H 开始装入文件的执行部分),然后显示出 DEBUG 提示符"-"。等待用户进一步输入命令。

DEBUG 命令中使用的地址格式约定如下。

```
[<段地址>: ]<位移量>
```

其中,<段地址>可以是段寄存器名,或者是十六进制数,也可以默认。例如:

```
CS: 0100
2212: 0100
```

而地址范围的格式为:

```
<段地址>: <始位移量><末位移量>
```

或

```
<段地址>: <始位移量>L<长度>
```

例如:

```
CS: 100   100
2123: 100 L 10
```

2. 退出 DEBUG

当完成动态调试任务时,可使用 Q 命令退出并返回操作系统。其格式如下。

```
- Q ↙
```

9.1.2 汇编、执行、跟踪与反汇编

汇编、执行、跟踪和反汇编是 DEBUG 的一组最基本的操作。在 DEBUG 下汇编一小段程序后,就可以进入执行或跟踪执行过程,然后将该程序反汇编出来。

1. A 命令(逐行汇编命令)

A 是逐行汇编命令,主要用于小段程序的汇编和修改目标程序。使用逐行汇编命令汇编程序时,一般不允许使用标号和伪指令。但在 MS-DEBUG 中允许使用 DB 和 DW 这两条伪指令。汇编命令的格式如下。

```
A [<地址>]
```

其中,<地址>为开始汇编的地址,若没有<地址>,则从当前地址开始汇编。A 命令用 Ctrl+C 组合键或按 Enter 键退出汇编。汇编过程中发现错误时,显示出一个"?"并要求重新输入。

使用 A 命令来汇编小段程序往往比使用汇编、连接程序方便。汇编好的程序也可以用写盘命令存在磁盘上。

例如,汇编一小段程序(读软盘 BOOT 扇区内容)。

```
  - A ↙
2A7D: 0100 MOV      AX,0201              ;地址自动给出,逐行输入语句
2A7D: 0103 MOV      BX,0200
2A7D: 0106 MOV      CX,0001
2A7D: 0109 MOV      DX,0000
2A7D: 010C INT      13
2A7D: 010E INT      3
2ATD: 010F ↙                            ;结束输入
```

2. G 命令（执行）

G 命令用来启动运行一个程序或程序的一段。它的格式如下。

```
G[ =<起始地址>][<断点地址>…]
```

其中,断点最多允许设置 10 个。如果 G 命令不带参数,则从开始处运行装入的程序,运行后仍返回 DEBUG；如果 G 命令后有断点地址,则程序执行到断点地址时暂停并显示出各寄存器状态。

例如,执行下面的小程序。

```
 - G = 100 ↙   (从地址 100H 处开始执行)
AX = 8000 BX = 0200 CX = 0001 DX = 0001 SP = FFEE BP = 0000 SL = 0000 D1 = 0000
DS = 2A7D ES = 2A7D SS = 2A7D CS = 2A7D IP = 010E NV UP EI PL NZ NA PO CY
2A7D: 010E   CC   INT 3
```

运行到 INT 3 时停止执行,显示各寄存器的状态。在上面的显示结果中,CS：IP 寄存器内容为 2A7D：010E,表示当前程序的指令位置。

3. T 命令（跟踪执行）

T 命令用来逐条跟踪程序的执行。其格式如下。

```
T[ =<地址>][<跟踪命令条数>]
```

每条指令执行后,都要暂停并显示各寄存器的内容。跟踪执行实际上是单步执行。在分析程序时经常需要不断跟踪程序执行路径,从而分析出程序执行过程的细节。例如:

```
 - T = 0100  3 ↙
```

4. U 命令（反汇编）

U 命令可以对二进制代码程序做出反汇编,常用于分析和调试目标程序。其格式如下。

```
U[<地址>]
```

例如,反汇编前面汇编的程序。

```
 − U 100 ↙          （从地址 100H 处开始执行）
2A7D: 0100 B80102   MOV AX,0201              ；自动给出反汇编结果
2A7D: 0103 BB0002   MOV BX,0200
2A7D: 0106 B90100   MOV CX,0001
2A7D: 0109 BA0000   MOV DX,0000
2A7D: 010C CDL3     INT    13
2A7D: 010E CC       INT     3
2A7D: 010F 020A     ADD CL,LDP + SI
```

上述反汇编程序在汇编程序和内存地址中间增加了二进制的机器码，如 B80102、BB0002 等。注意，在反汇编过程中，如果源程序中有一段数据，则也被反汇编成"程序"，但读不懂，这时应越过这一段。另外，U 命令不识别程序结束，因此必须给定结束位置的地址。

9.1.3 显示、修改内存和寄存器命令

程序中反汇编出来的数据不易读懂，必要时需用显示命令进行显示；另外，当需要修改内存中的一些数据时，可以用修改内存命令来进行操作；修改寄存器参数时，要使用寄存器命令。

1. D 命令（显示内存）

该命令是将调入内存的程序以十六进制形式及对应的 ASCII 字符形式显示出来的。其格式如下。

```
D[<地址>]
```

或

```
D[<范围>]
```

其中，<地址>表示从该地址开始显示，若没有地址，则从当前地址显示；<范围>表示显示内存指定范围的内容。例如：

```
 − D 100,200 ↙
```

表示显示内存地址 100H 至 200H 这一段的内容。

注意：DEBUG 操作数一般是十六进制数。

2. E 命令（将内容写入内存）

将内容写到指定地址处。其格式如下。

```
E[<地址>][<字节串>]]
```

其中，<地址>为写入内容的地址；<字节串>为写入的内容。没有字节串的格式，是一种

交互式写入内容。

3. R 命令（修改寄存器）

显示寄存器的内容，然后修改其值。其格式如下。

```
R          （显示所有寄存器和标志）
R 寄存器   （显示指定寄存器）
RF         （显示所有标志）
```

显示寄存器内容时，首先显示 13 个 16 位寄存器的内容，随后是标志寄存器的内容，最后一行是下一条要执行的指令地址及指令内容。

例如，显示 CX 寄存器中的内容，并修改为 0F。

```
- R CX ↙
CX 0001
: 0F ↙
```

9.1.4　磁盘文件操作

利用 DEBUG 命令编写的小程序段运行无误之后，就可以将其存盘。

1. N 命令（命名）

N 命令可用来设置文件名，以便于进行读/写。其格式如下。

```
N<文件名>[<文件名>…]
```

<文件名>为用户指定的文件名。

2. W 命令（写盘）

W 命令是将当前内存指定长度的内容按 N 命令给出的文件名存入磁盘。其格式如下。

```
W[<地址>[<盘号><相对扇区号><扇区个数>]]
```

其中，<地址>是写盘内容在内存中的首地址（如果有磁盘参数，则按指定磁盘参数进行写盘操作）；盘号 0 表示 A 盘，1 表示 B 盘，2 表示硬盘 C；<扇区个数>是写入的扇区总数。

使用 W 命令写一个文件时，要先用 N 命令指定文件名，再用 R 命令将文件长度送到寄存器 BX 和 CX 中。

例如，将程序段命名并写入文件中。

```
- U 100 ↙           ; 反汇编
2A7D: 0100 B80102    MOV     AX,0201
2A7D: 0103 NU0002    MOV     BX,0200
2A7D: 0106 B90100    MOV     CX,0001
2A7D: 0109 BA0000    MOV     DX,0000
2A7D: 010C CDL3      INT     13
2A7D,010E CC         INT     3
```

```
 - R CX
CX 0001
 : 0F                    ；设置文件长度
 - NREADD.COM            ；命名
 - W                     ；写盘
WRITING 000F BYLES
 - Q                     ；结束退出
```

再如，将内存 0200 处的内容（一个扇区）写入 A 盘第 20 扇区中。

```
 - W  0200   0  20L
```

3. L 命令（读盘）

L 命令可将磁盘指定扇区的内容读到内存，或将指定文件读到内存。其格式如下。

```
L[<地址>][<盘号><相对扇区号><扇区数>]]
```

其中，<地址>为装入内容的内存首地址；<相对扇区号>为开始装载的扇区号；<扇区数>为要读入的扇区数（最大 80H）。

L 命令需与 N 命令配合使用。

例如，将 A 盘上的 DOS 引导程序读入内存 XXXX：7C00 处。

```
 - L  7C00   0  0  1
```

9.1.5 查找、比较、填充和移动内存命令

这组命令分别用于对内存中的内容进行查找、比较、填充固定的值以及查找某个特定的字节。

1. M 命令（移动内存）

移动内存内容实际上是将内存中的一块数据从一处复制到另一处。其格式如下。

```
M<源地址范围><目标地址>
```

其中，<源地址范围>为指定数据源的地址范围；<目标地址>为要复制到的首地址。

2. C 命令（比较）

C 命令是比较两块内存中的内容是否一致。其格式如下。

```
C<源地址范围><目标地址>
```

其中，<源地址范围>为指定内存块的范围；<目标地址>为被比较内存块的地址。

3. S 命令（查找）

S 命令是查找内存中指定的内容。其格式如下。

```
S<地址范围><要查找的字节或字符串>
```

例如,从 100H 处开始查找 B8,范围为 200H。

```
- S  100L200 B8 ↙
```

当输入查找命令之后,查找到的地址都被列出。为了验证,使用 U 命令逐条反汇编,可以看到结果。

4. F 命令(填充)

F 命令将某个指定内容整块地填写到内存指定的位置上。其格式如下。

```
F<地址范围><要填充的字节或字节串>
```

例如,从 200H 处开始填充 0F 个 0。

```
- F  200L0F  00 ↙
```

9.1.6 其他命令

1. H 命令(十六进制运算)

H 命令用来计算十六进制数的和与差。其格式如下。

```
H  值1  值2
```

其中,值 1 和值 2 为要进行计算的数。其"和"显示在前面,"差"显示在后面。

例如,计算十六进制数 12H 和 34H 的和与差。

```
- H  12  34 ↙
0046  FFDE      (注:FFDE 是 -12 的 16 位二进制数的补码)
```

其中,0046 为和,FFDE 是差。

2. I 命令(读端口信息)

I 命令是读端口信息命令,可显示从指定端口取得的输入数据。其格式如下。

```
I  端口地址
```

3. O 命令(输出到端口)

O 命令是将指定字节内容送到指定端口。其格式如下。

```
O<端口地址><字节内容>
```

例如,屏蔽 CMOS 口令的操作。

```
-O 70 90 ↙
-O 71 00 ↙
-Q ↙
```

DEBUG 操作有很多技巧和细节,限于篇幅,本书不做详述。

9.2 DOS 常用命令及 8086 指令使用

9.2.1 实验目的

通过实验复习和掌握下列知识。

(1) DOS 命令: CD、DIR、DEL、RENAME、COPY。

(2) 汇编指令: MOV、ADD、ADC、SUB、SBB、DAA、XCHG。

(3) DEBUG 命令: A、D、E、F、H、R、T、U。

(4) BCD 码、ASCII 码及用十六进制数表示二进制码的方法。

(5) 寄存器: AX、BX、CX、DX、F、IP。

9.2.2 实验类型

验证型实验。

9.2.3 实验内容及步骤

1. DOS 常用命令练习

(1) 开机后,选择"开始"→"程序"→"附件"→"命令提示符"命令,切换到命令提示符窗口下,操作过程如图 9.1 所示。

(2) 出现提示符后(此时按下 Alt＋Enter 组合键将得到全屏显示界面)输入"DIR"命令,查看此目录下的所有文件,如图 9.2 所示。

(3) 输入"CD\APPLY\MASM ↙"命令进入用户区,再查看此目录下的所有文件。

说明:公共计算机房为了防止学生误操作,一些磁盘或子目录是设置为只读属性的,C 盘的 APPLY 子目录下面的 MASM 二级子目录是完全开放的。为了防止学生所作文件因不能存盘而丢失,建议一般操作练习在此目录下运行。

(4) 使用 DIR 命令查看磁盘上的文件。

(5) 使用 COPY DEBUG.COM BUG 命令复制一个文件。

(6) 使用 RENAME BUG BG 命令将文件名 BUG 改为 BG。

(7) 使用 DEL BG 命令将文件 BG 删除。

在操作时要注意提示信息,并按提示操作。

2. DEBUG 命令使用

(1) 输入"DEBUG"命令进入 DEBUG 控制状态,显示提示符"-"。

(2) 使用 F 1001 0F'A'命令将'A'的 ASCII 码填入内存。

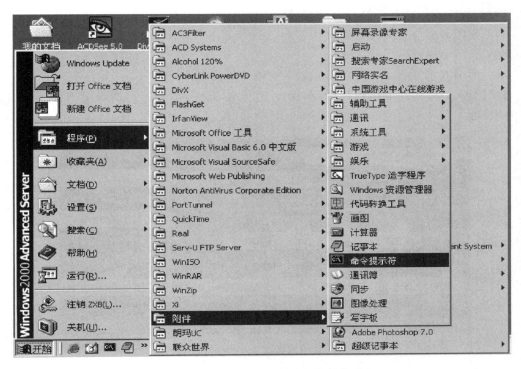

图 9.1　切换到命令提示符窗口的操作过程

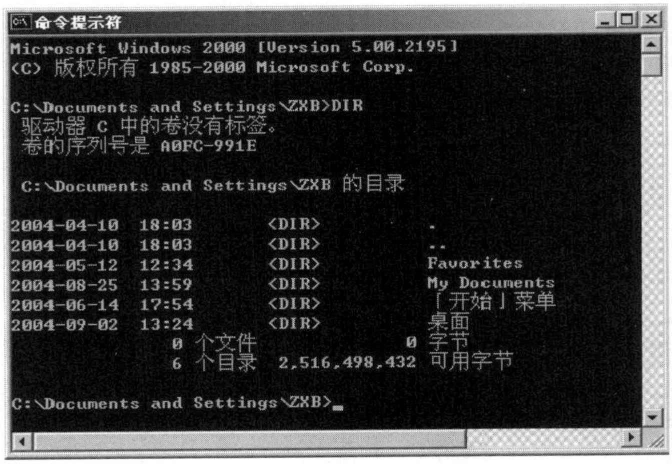

图 9.2　切换到命令提示符窗口

（3）使用 D 1001 0F 命令观察内存中的十六进制码及屏幕右边的 ASCII 字符。

（4）使用 F 1101 L 1F 41 命令重复上两项实验，观察结果并比较。

（5）使用 E 100 303132…3F 命令将 30H—3FH 写入地址为 100H 开始的内存单元中，再用 D 命令观察结果，看输入的十六进制数是什么字符的 ASCII 码。

（6）使用 H 命令检查下列各组十六进制数加减结果并和手算结果做比较。

34H、22H   56H、78H   A5、79H   1284H、5678H   A758H、347FH

（7）使用 R 命令检查各寄存器内容，注意 AX、BX、CX、DX、IP 及标志位中 ZF、CF 和 AF 的内容。

（8）使用 R 命令将 AX、BX 内容改写为 1050H 及 23A8H。

DEBUG 工具软件的执行界面，如图 9.3 所示，其中，标志寄存器显示内容一览表如表 9.1 所示。

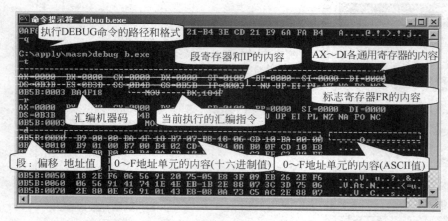

图 9.3　执行 DEBUG 以及其"T""R""D"命令的界面

表 9.1　标志寄存器显示内容一览表

标志位显示	1	0	标志位显示	1	0
CF	CY	NC	OF	OV	NV
ZF	ZR	NZ	PF	PE	PO
SF	NG	PL	DF	DN	UP
AF	AC	NA	IF	EI	DI

3. 常用 8086 汇编指令练习

1）传送指令

用 A 命令在内存 100H 处输入下列内容。

```
- A0100 ↙
****:0100    MOV    AX,1234 ↙
****:0103    MOV    BX,5678 ↙
****:0106    XCHG   AX,BX ↙
****:0108    MOV    AH,35 ↙
****:010A    MOV    AL,48 ↙
****:010D    MOV    DX,75AB ↙
****:010F    XCHG   AX,DX ↙
****:0111 ↙
-
```

注意："****"为段寄存器 CS 的值，是由计算机随机产生的；"↙"为回车操作。

用 U 命令检查输入的程序并记录，特别注意左边的机器码。

```
 − U0100 ⏎
```

用 T 命令逐条运行这些指令,每运行一行检查并记录有关寄存器及 IP 的变化情况。并注意标志位有无变化。

```
 − T = 0100 ⏎
 − T ⏎
 − T ⏎
   ⋮
```

2) 加减法指令

(1) 用 A 命令在内存 100H 处输入下列内容。

```
MOV  AH,34
MOV  AL,22
ADD  AL,AH
SUB  AL,78
MOV  CX,1284
MOV  DX,5678
ADD  CX,DX
SUB  CX,AX
SUB  CX,CX
```

(2) 用 U 命令检查输入的程序及对应的机器码。

(3) 用 T 命令逐条运行这些指令,检查并记录有关寄存器及 ZF 情况。

思考:这次运行还是输入 T,行不行? 怎么办? 用 R 命令检查一下 IP 的内容。注意 T 命令与 IP 的关系。

3) 带进位加减法

(1) 用 A 命令在内存 200H 处输入下列内容,并用 U 命令检查。

```
MOV  AH,12
MOV  AL,84
MOV  CH,56
MOV  CL,78
ADD  AL,CL
ADC  AH,CH
MOV  DH,A7
MOV  DL,58
SUB  DL,7F
SBB  DH,34
```

(2) 用 T 命令逐条运行这些指令,检查并记录有关寄存器及 RF 内容。

(3) 上面这段程序若改用 16 位操作指令达到同样结果,怎么改? 试修改并运行这段程序。

4）BCD 码加减法

（1）内容如下。

```
MOV  AL,58
ADD  AL,25
DAA
```

（2）要求：用 A 命令输入，U 命令检查，T 命令逐条运行并记录有关寄存器及 RF 内容。

9.2.4　实验报告

（1）十六进制数加减法手算结果及实验结果。

（2）常用汇编指令运行结果记录，列出自编程序。

9.3　内存操作数及寻址方法

9.3.1　实验目的

通过实验掌握下列知识。

（1）DEBUG 命令：G、N、W、L 及 Q。

（2）8088 系统中数据在内存中的存放方式和内存操作数的几种寻址方式。

（3）8088 指令：INC，DEC，LOOP，INT 3，INT 20H，寄存器 SI、DI。

（4）8088 汇编语言伪操作：BYTE PTR，WORD PTR。

（5）求累加和程序和多字节加减法程序。

9.3.2　实验类型

验证型实验。

9.3.3　实验内容及步骤

1. 内存操作数及各种寻址方式使用

1）程序内容

```
MOV  AX,1234
MOV  [1000],AX
MOV  BX,1002
MOV  BYTE  PTR  [BX],20
MOV  DL,39
INC  BX
MOV  [BX],DL
DEC  DL
MOV  SI,3
MOV  [BX + SI],DL
MOV  [BX + SI + 1],DL
MOV  WORD  PTR  [BX + SI + 2],2846
```

2）操作步骤

（1）用 A 命令输入上述程序，并用 T 命令逐条运行。

（2）每运行一条有关内存操作数的指令，要用 D 命令检查并记录有关内存单元的内容并注明是什么寻址方式。

（3）注意 D 命令显示结果中右边的 ASCII 字符及双字节数存放法。

（4）思考有关指令中的 BYTE PTR 及 WORD PTR 伪操作不加行不行，试一试。

2. 求累加和程序

1）程序内容

```
        MOV     BX,1000
        MOV     CX,10
        SUB     AX,AX
LOP:    ADD     AL,[BX]
        ADC     AH,0
        INC     BX
J:      LOOP    LOP
        INT     3
```

2）操作步骤

（1）用 A 命令将程序输入到 100H 开始的内存中，在输入时记下标号 LOP 和 J 的实际地址，在输入 LOOP 指令时 LOP 用实际地址值代替。

（2）用 NAA 命令将此程序命名为文件 AA（文件名可任取）。

（3）用 R 命令将 BX：CX 改为程序长度值（即最后一条指令后面的地址减去开始地址）。

（4）用 W100 命令将此程序存到 AA 命名的磁盘文件中。

（5）用 Q 命令退出 DEBUG。

（6）用 DEBUG AA 命令再次调入 DEBUG 和文件 AA，可用 U 命令检查调入程序。若调入 DEBUG 时忘了加 AA 文件名，可用 N 命令和 L 命令将文件调入。

（7）用 E 命令在内存地址 1000H 处输入 16 个数字。

（8）用 G＝100J（J 用实际地址代替）命令，使程序运行并停在断点 J 上，检查 AX、BX 的值是否符合预计值。

（9）用 T 命令运行一步，观察程序方向（IP 值）和 CX 值是否与估计的一样，若不一样，检查程序是否有错。

（10）重复使用 GJ 与 T 命令，再检查 AX 是否正确。

（11）用 G 命令使程序运行到结束，检查 AX 值是否正确。

3. 多字节加法程序

1）程序内容

```
        MOV  DI,1000
        MOV  CX,8
        MOV  SI,2000
        CLC
```

```
LOP:    MOV  AL,[SI]
        ADC  [DI],AL
        INC  SI
        INC  DI
        LOOP LOP
        INT  20
```

2) 操作步骤

(1) 用命令输入此程序。

(2) 用 E 命令在 1000H 开始处输入一个被加数 8B,在 2000H 开始处输入一个加数 8B,均为低字节在前面。

(3) 用 G 命令运行此程序,并用 D 命令检查其结果(存放在哪里?),是否正确?

(4) 将 INT 20H 指令改为 INT 3,有何区别? 若这条指令不加,行不行? 试一试。

9.3.4   自编程序

用 16 位减法指令编一个 32 位(4B)数减法程序,两个源数及结果存放地址同 9.3.3 节 "3. 多字节加法程序"。调试并做记录。

9.3.5   实验报告

(1) 各项实验结果记录。

(2) 自编程序原稿及调试后修正稿,写出原稿错在哪里。

9.4   汇编语言程序上机过程

9.4.1   实验目的

(1) 掌握常用工具软件 EDIT、MASM 和 LINK 的使用。

(2) 掌握伪指令: SEGMENT、ENDS、ASSUME、END、OFFSET、DUP。

(3) 利用 INT 21H 的 1 号功能实现键盘输入的方法。

(4) 了解.exe 文件和.com 文件的区别及用 INT 21H 4C 号功能返回系统的方法。

9.4.2   实验类型

验证型实验。

9.4.3   实验内容

```
DATA      SEGMENT
MESSAGE DB      '1THIS IS A SAMPLE PROGRAM OF KEYBOARD AND DISPLAY'
        DB      0DH,0AH,'PLEASE STRIKE THE KEY!',0DH,0AH,'$'
DATA      ENDS
```

```
STACK   SEGMENT   PARA   STACK'STACK'
        DB 50 DUP (?)
STACK   ENDS
CODE    SEGMENT
        ASSUME    CS: CODE,DS: DATA,SS: STACK
START:  MOV       AX,DATA
        MOV       DS,AX
        MOV       DX,OFFSET MESSAGE
        MOV       AH,9
        INT       21H
AGAIN:  MOV       AH,1
        INT       21H
        CMP       AL,1BH
        JE        EXIT
        CMP       AL,61H
        JC        ND
        CMP       AL,7AH
        JA        ND
        AND       AL,11011111B
ND:     MOV       DL,AL
        MOV       AH,2
        INT       21H
        JMP       AGAIN
EXIT:   MOV       AH,4CH
        INT       21H
CODE    ENDS
        END       START
```

9.4.4　实验步骤

（1）使用文字编辑工具（如 EDIT 或记事本）将源程序输入，其扩展名为.asm。

（2）使用 MASM 对源文件进行汇编，产生.obj 文件和.lst 文件。

（3）使用 TYPE 命令显示产生的.lst 文件。

（4）使用 LINK 命令将.obj 文件连接成可执行的.exe 文件。

（5）在 DOS 状态下运行 LINK 产生的.exe 文件。即在屏幕上显示标题并提示按键。每按一键则在屏幕上显示两个相同的字符，但小写字母被改成大写。按 Esc 键可返回DOS。若未出现预期结果，则用 DEBUG 检查程序。

汇编语言程序的建立及汇编过程如图 9.4 所示。

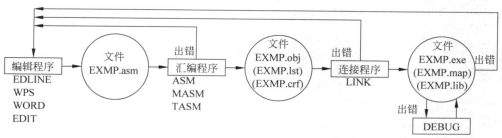

图 9.4　汇编语言程序的建立及汇编过程

9.4.5　实验报告

（1）汇编、连接及调试时产生的错误，其原因及解决办法。

（2）思考题。

① 若在源程序中把 INT 21H 的"H"省去，会产生什么现象？

② 把 INT 21H 4CH 号功能改为 INT 20H，行不行？

（3）按要求完成实验报告。

9.5　分　支　程　序

9.5.1　实验目的

（1）掌握利用间接转移指令 JMPBX 实现多分支的方法。

（2）掌握宏替换指令 MACRO 及 ENDM，符号扩展指令 CBW。

9.5.2　实验类型

验证型实验。

9.5.3　实验内容

```
DISP      MACRO     MSG
          LEA       DX,MSG
          MOV       AH,9
          INT       21H
          MOV       AH,4CH
          INT       21H
          ENDM
STACK     SEGMENT   STACK
          DB        256    DUP(0)
STACK     ENDS
DATA      SEGMENT
PARM      DB        16     DUP(?)
BRTABLE   DW        OFFSETBRA,OFFSETBRB,OFFSETBRC
          DW        OFFSETBRD,OFFSETBRE,OFFSETBRF
MSGA      DB        'I LIKE MY IBM - PC!$'
MSGB      DB        'HOW ARE YOU!$'
MSGC      DB        'NIBAO COLLEGE $'
MSGD      DB        'THIS IS A SAMPLE $'
MSGE      DB        'WELLCOME USE MY COMPUTER!$'
MSGF      DB        'THE ASSEMBLER LANGUAGE OF 8088 $'
ERRMS     DB        'ERROR!!INVALID PARAMETER!!$'
DATA      ENDS
CODE      SEGMENT
          ASSUME    CS: CODE,DS: DATA,SS: STACK
```

```
START:  MOV   AX,DATA
        MOV   ES,AX
        MOV   SI,80H
        LEA   DI,PARM
        MOV   CX,16
        CLD
        REP   MOVSB
        MOV   DS,AX
        CMP   PARM,2
        JC    ERR
        MOV   AL,PARM+2
        SUB   AL,30H
        JC    ERR
        CMP   AL,6
        JNC   ERR
        LEA   BX,BRTABLE
        CBW
        ADD   AX,AX
        ADD   BX,AX
        JMP   [BX]
ERR:    DISP  ERRMS
BRA:    DISP  MSGA
BRB:    DISP  MSGB
BRC:    DISP  MSGC
BRD:    DISP  MSGD
BRE:    DISP  MSGE
BRF:    DISP  MSGF
CODE    ENDS
        END   START
```

9.5.4 实验步骤

（1）输入并汇编此程序。要求生成一个.lst 文件。用 TYPE 命令检查.lst 文件,观察宏替换命令产生的指令集。

（2）将.obj 文件连接成.exe 文件(假设为 AA.exe)。

（3）用 DEBUG AA.exe ×××(×××为任意字符串)命令将 AA.exe 带参数调入 DEBUG,用 D 命令观察 DS：0080 处的命令行,记录 80H 处的内容和字符个数的关系。

（4）退出 DEBUG。直接带参数运行此程序：AAn(n=0～5)。

（5）依次观察并记录 n 从 0 到 5 时的运行结果。

9.5.5 实验报告

（1）实验记录。

（2）体会和建议。

9.6 多重循环程序

9.6.1 实验目的

（1）掌握多重循环程序和排序程序的设计方法。

（2）掌握带符号数的比较转移指令：JL、JLE、JG、JGE。

（3）掌握伪指令 EQU 及操作符"$"的使用。

（4）掌握 COM 文件的要求和生成过程。

9.6.2 实验类型

验证型实验。

9.6.3 实验内容

```
CODE       SEGMENT
           ORG       100H
           ASSUME    CS: CODE, DS: CODE
MAIN:      JMP       START
ARRAY      DW        1234H, 5673H, 7FFFH, 8000H, 0DFFH
           DW        0AB5H, 0369H, 005FH, 5634H, 9069H
COUNT      EQU       $ - ARRAY
START:     MOV       CX, COUNT
           SHR       CX, 1
           DEC       CX
           MOV       BL, - 1
AGAIN:     MOV       DX, CX
           AND       BL, BL
           JE        EXIT
           XOR       BL, BL
           XOR       SI, SI
AGAIN1:    MOV       AX, ARRAY[SI]
           CMP       AX, ARRAY[SI + 2]
           JLE       NCHG
           XCHG      ARRAY[SI + 2], AX
           MOV       ARRAY[SI], AX
           MOV       BL, - 1
NCHG:      INC       SI
           INC       SI
           DEC       DX
           JNZ       AGAIN1
           LOOP      AGAIN
EXIT:      MOV       AH, ACH
           INT       21H
CODE       ENDS
           END       MAIN
```

9.6.4　实验步骤

（1）输入、汇编并连接此程序。忽略连接时的无堆栈告警。

（2）用 EXE2BIN 命令将 .exe 文件转换为 .com 文件。

命令格式如下。

```
EXE2BIN ???.exe ???.com
```

（3）在 DEBUG 下运行此程序，记录运行结果。

（4）将转移指令 JLE 改为 JBE、JGE 和 JAE，分别运行并记录排序结果。

9.6.5　实验报告

（1）实验记录。

（2）写出自编程序及绘制流程图。

（3）体会和建议。

9.7　子　程　序

9.7.1　实验目的

（1）掌握利用堆栈传递参数的子程序调用方法。

（2）掌握子程序递归调用方法。

（3）过程调用伪指令：PROC、ENDP、NEAR 和 FAR。

（4）8088 指令：CALL、RET、RET n。

（5）掌握利用 RET 指令退出 EXE 文件的方法。

9.7.2　实验类型

验证型实验。

9.7.3　实验内容及步骤

1. 利用堆栈传递参数的子程序调用（求累加和）

1）程序内容

```
STACK       SEGMENT   STACK
            DB        256    DUP(0)
STACK       ENDS
DATA        SEGMENT
ARY1        DB        1,2,3,4,5,6,7,8,9,10
COUNT1      EQU       $ - ARY1
SUM1        DW        ?
ARY2        DB        10,11,12,13,14,15,16,17,18
```

```
COUNT2    EQU     $ - ARY2
SUM2      DW      ?
DATA      ENDS
MAIN      SEGMENT
          ASSUME  CS: MAIN, DS: DATA, SS: STACK
START     PROC    FAR
          PUSH    DS
          XOR     AX, AX
          PUSH    AX
          MOV     AX, DATA
          MOV     DS, AX
          MOV     AX, COUNT1
          PUSH    AX
          LEA     AX, ARY1
          PUSH    AX
          CALL    FARPTRSUM
          MOV     AX, COUNT2
          PUSH    AX
          LEA     AX, ARY2
          PUSH    AX
          CALL    FARPTRSUM
          RET
START     ENDP
MAIN      ENDS
PROCE     SEGMENT
          ASSUME  CS: PROCE
SUM       PROC    FAR
          MOV     BP, SP
          MOV     CX, [BP + 6]
          MOV     BX, [BP + 4]
          XOR     AX, AX
ADN:      ADD     AL, [BX]
          ADC     AH, 0
          INC     BX
          LOOP    ADN
          MOV     [BX], AX
          RET     4
SUM       ENDP
PROCE     ENDS
          END     START
```

2）操作步骤

（1）输入、汇编并将此程序连接成.exe文件。

（2）用DEBUG的断点命令和T命令运行此程序，观察并记录每次过程调用及进出栈指令前后（带";"的语句）的SP和堆栈内容。

（3）记录最后结果：SUM1、SUM2 的段及偏移地址和它们的内容。

2. 子程序递归调用（求阶乘）

1）程序内容

```
STACK      SEGMENT   STACK
           DB        100H   DUP(?)
STACK      ENDS
DATA       SEGMENT
RESUL      DW        ?
DATA       ENDS
CODE       SEGMENT
MAIN       PROC      FAR
           ASSUME    CS: CODE, DS: DATA, SS: STACK
START:     PUSH      DS
           SUB       AX, AX
           PUSH      AX
           MOV       AX, DATA
           MOV       DS, AX
           MOV       AX, 5
           CALL      FACT
           MOV       RESUL, AX
           RET
FACT       PROC
           AND       AL, AL
           JNE       IIA
           MOV       AL, 1
           RET
IIA:       PUSH      AX
           DEC       AL
           CALL      FACT
X2:        POP       CX
           MUL       CL
           RET
FACT       ENDP
MAIN       ENDP
CODE       ENDS
           END       START
```

2）操作步骤

（1）将程序输入、汇编并连接成 .exe 文件。

（2）使用 DEBUG 的断点和 T 命令检查并记录每层递归嵌套过程的堆栈和 AL 内容。

（3）修改源程序，将阶乘数 5 改为本程序的最大允许值（是多少？），重新汇编、连接。用 DEBUG 运行并记录 RESUL 单元内容。

（4）若要在 DOS 命令下直接运行并显示阶乘结果（十六进制形式），试修改程序并调试运行。

9.7.4 实验报告

(1) 实验记录。

(2) 写出自编程序及绘制流程图。

(3) 体会和建议。

9.8 存储器扩展实验

9.8.1 实验目的

(1) 掌握存储器扩展方法和存储器读/写操作。

(2) 了解6264RAM的特性。

9.8.2 实验类型

验证型实验。

9.8.3 实验内容及步骤

1. 系统中的存储器扩展单元

静态 RAM 的存储单元由 MOS 管组成的触发器电路构成,每个触发器可以存放一位信息。只要不掉电,所存储的信息就不会丢失。因此,静态 RAM 工作稳定,不需要外加刷新电路,使用方便。但一般 SRAM 的每一个触发器是由 6 个晶体管组成的,SRAM 芯片的集成度不高,目前较常用的有 6116(2K×8 位)、6264(8K×8 位)和 62256(32K×8 位)。

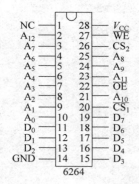

图 9.5　6264 引脚

6264 是一个 8K×8 位的存储器,引脚如图 9.5 所示,8 根数据线 $D_0 \sim D_7$,13 根地址线 $A_0 \sim A_{12}$,片内地址 0000H~1FFFH,另外 7 根地址线 $A_{13} \sim A_{19}$,经译码后作为片选信号接 6264 的 CS 端。$\overline{WE}$、$\overline{OE}$、$\overline{CE_1}$、CE_2 的共同作用决定了芯片的运行方式,如表 9.2 所示。

表 9.2　6264 运行方式

$\overline{WE}$	$\overline{CE_1}$	CE_2	$\overline{OE}$	方式	$D_0 \sim D_7$
×	H	×	×	未选中(掉电)	高阻
×	×	L	×	未选中(掉电)	高阻
H	L	H	H	输出禁止	高阻
H	L	H	L	读	OUT
L	L	H	H	写	IN
L	L	H	L	写	IN

2. 存储器扩展实验

按图 9.6 所示实验线路编写程序,将 6264RAM 直接挂至系统总线进行存储器扩展。

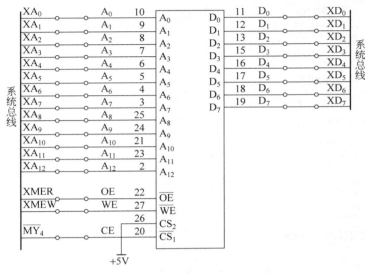

图 9.6 实验单元中的 6264

3. 实验程序

```
STACK      SEGMENT    STACK
           DW         64   DUP(?)
STACK      ENDS
DATA       SEGMENT
TABLE      DB         0AH   DUP(?)
DATA       ENDS
CODE       SEGMENT
           ASSUME     CS:CODE,DS:DATA
START:     MOV        AX,DATA       ;程序装入后用 U 命令查看此语句可知数据段地址,
           MOV        DS,AX         ;以便于用 E 命令修改变量参数
           MOV        CX,000AH
           MOV        BX,OFFSET   TABLE
           MOV        SI,0000H
A1:        MOV        AL,[BX]
           PUSH       DS
           PUSH       AX
           MOV        AX,2000H
           MOV        DS,AX
           POP        AX
           MOV        [SI],AL
           POP        DS
           INC        SI
           INC        BX
```

```
        LOOP   A1
A2：   JMP    A2
CODE   ENDS
       END    START
```

4. 实验步骤

（1）按图 9.6 所示实验线路接线。

（2）输入程序并检查无误，经汇编、连接后装入系统。

（3）用 U 命令查看程序第 1、2 句，找出原数据区段地址××××，用 E 命令在××××：0000～××××：0009 中分别放入 10 个数。

（4）运行程序。

（5）用 D 命令检查 2000：0000～2000：0009 单元内容是否与原数据区放入的 10 个数一致。

9.8.4　实验报告和思考题

（1）除地线公用外，5 根地址线和 11 根地址线可各选择多少个地址单元？

（2）编程把扩展的内存单元全部清零。

（3）写出实验记录和体会。

（4）写出自编程序及绘制流程图。

9.9　中断特性及 8259 应用编程实验

9.9.1　实验目的

（1）认识系统的中断特性。

（2）掌握 8259 中断控制器的工作原理及应用编程。

（3）学习在接口实验单元上构造、连接实验电路的方法。

9.9.2　实验类型

验证型实验。

9.9.3　实验内容及步骤

1. 8259 应用实验（1）

1）接线图

按照图 9.7 所示接线。

2）实验程序

编程思路如图 9.8 所示，程序如下。

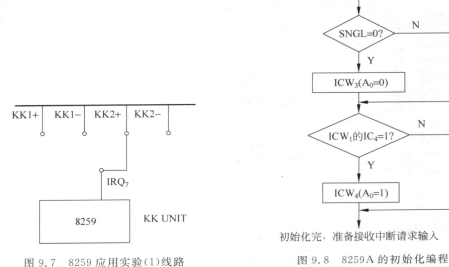

图 9.7　8259 应用实验(1)线路

图 9.8　8259A 的初始化编程

```
STACK       SEGMENT    STACK
            DW         64   DUP(?)
STACK       ENDS
CODE        SEGMENT
            ASSUME     CS: CODE
START:      PUSH       DS               ; 保存数据段
            MOV        AX,0000H
            MOV        DS,AX            ; 数据段清零
            MOV        AX,OFFSETIRQ7    ; 取中断程序入口地址(相对地址)
            ADD        AX,2000H         ; 加装载时 IP = 2000H 地址(绝对地址)
            MOV        SI,003CH         ; 填 8259 中断 7 中断矢量
            MOV        [SI],AX          ; 填偏移量矢量
            MOV        AX,0000H         ; 段地址 CS = 0000
            MOV        SI,003EH
            MOV        [SI],AX          ; 填段地址矢量
            CLI                         ; 关中断
            POP        DS               ; 出栈
            IN         AL,21H           ; 读 8259 中断屏蔽字
            AND        AL,7FH           ; 开 8259 中断 7
            OUT        21H,AL
            MOV        CX,000AH
A1:         CMP        CX,0000H
            JNZ        A2
            IN         AL,21H           ; 读 8259 中断屏蔽字
            OR         AL,80H           ; 关 8259 中断 7
```

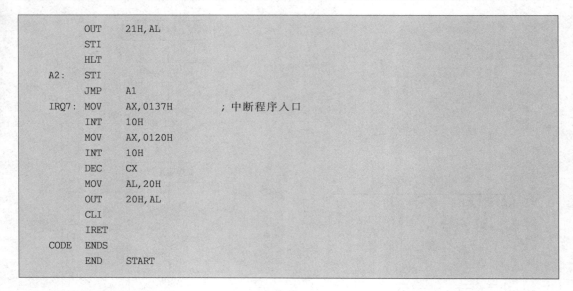

```
            OUT     21H,AL
            STI
            HLT
    A2:     STI
            JMP     A1
    IRQ7:   MOV     AX,0137H          ; 中断程序入口
            INT     10H
            MOV     AX,0120H
            INT     10H
            DEC     CX
            MOV     AL,20H
            OUT     20H,AL
            CLI
            IRET
    CODE    ENDS
            END     START
```

3）实验流程

程序流程图如图 9.9 所示。

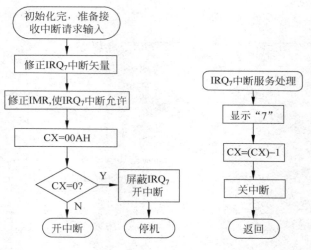

图 9.9　程序流程图

2. 8259 应用实验（2）

1）线路连接

根据图 9.10 所示实验线路，编写程序，完成下面的要求。

当无中断请求时，执行主程序，延时显示"main"；若有中断请求，则执行其中断服务程序，显示该中断号"6"或"7"；若正在执行较低级的中断服务程序，则允许比它优先级高的中断被响应（$IRQ_6 > IRQ_7$）。主程序在执行过程中，每显示一个"main"，则空一格。

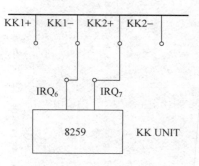

图 9.10　8259 应用实验（2）线路

2）实验程序

```
STACK       SEGMENT   STACK
            DW        64 DUP(?)
STACK       ENDS
DATA        SEGMENT
TABLE       DB        4DH,41H,49H,4EH,20H,00H
DATA        ENDS
CODE        SEGMENT
            ASSUME    CS: CODE,DS: DATA
START:      MOV       AX,DATA
            MOV       DS,AX
            PUSH      DS
            MOV       AX,0000H
            MOV       DS,AX
            MOV       AX,OFFSET  IRQ6
            ADD       AX,2000H
            MOV       SI,0038H
            MOV       [SI],AX
            MOV       AX,0000H
            MOV       SI,003AH
            MOV       [SI],AX
            MOV       AX,OFFSET  IRQ7
            ADD       AX,2000H
            MOV       SI,003CH
            MOV       [SI],AX
            MOV       AX,0000H
            MOV       SI,003EH
            MOV       [SI],AX
            POP       DS
            MOV       AL,13H
            OUT       20H,AL
            MOV       AL,08H
            OUT       21H,AL
            MOV       AL,09H
            OUT       21H,AL
            MOV       AL,3DH
            OUT       21H,AL
            STI
A1:         MOV       CX,0007H
            MOV       AX,010DH
            INT       10H
A2:         MOV       AH,06H
            MOV       BX,OFFSET  TABLE
            INT       10H
            CALL      DALLY
            LOOP      A2
            JMP       A1
```

```
IRQ6:     STI
          CALL   DALLY
          MOV    AX,0136H
          INT    10H
          MOV    AL,20H
          OUT    20H,AL
          IRET
IRQ7:     STI
          CALL   DALLY
          MOV    AX,0137H
          INT    10H
          MOV    AL,20H
          OUT    20H,AL
          IRET
DALLY:    PUSH   CX
          PUSH   AX
          MOV    CX,0040H
A3:       MOV    AX,056CH
A4:       DEC    AX
          JNE    A4
          LOOP   A3
          POP    AX
          POP    CX
          RET
CODE      ENDS
          END    START
```

3）实验步骤

（1）画出以上程序流程图。

（2）按图 9.10 连接实验电路，输入程序并检查无误，经汇编、连接后装入系统。

（3）G＝0000：2000 ↙，运行实验程序，则连续显示"main"，先后按动 KK1 和 KK2 微动开关来模拟中断请求信号，记录请求顺序及显示结果。

9.9.4　实验报告和思考题

（1）8259 应用实验（1）中，若 KK2 接 IRQ₆，程序如何改动？

（2）在 8259 应用实验（2）中，若先按动 KK2，再按动 KK1（此时尚未显示"7"），显示结果会是什么？为什么？

（3）写出实验记录和体会。

（4）按格式要求完成实验报告。

9.10　8259 级联实验

9.10.1　实验目的

掌握 8259 级联方案的硬件接线及编程。

9.10.2 实验类型

验证型实验。

9.10.3 实验内容及步骤

1. 实验线路

本实验是以系统中的 8259A 作为主片,外接另一片 8259 作为从片,从而构成 8259 级联方式的中断实验线路,如图 9.11 所示。其中,规定主片的 IRQ_7 上连接一片从片,从片上的 IRQ_7 接外中断申请电路(R-S 单脉冲触发器),并规定从片的中断矢量编号为 30H～37H,其命令寄存器组编址为 00H 和 01H。

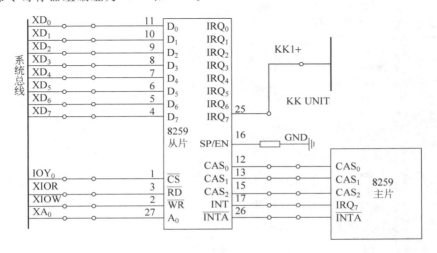

图 9.11 8259 级联实验线路

2. 实验程序

```
STACK       SEGMENT  STACK
            DW       64 DUP(?)
STACK       ENDS
CODE        SEGMENT
            ASSUME   CS: CODE
START:      CLI
            MOV      AL,11H
            OUT      20H,AL
            MOV      AL,08H
            OUT      21H,AL
            MOV      AL,80H
            OUT      21H,AL
            MOV      AL,1DH
            OUT      21H,AL
            MOV      AL,7DH
            OUT      21H,AL
```

```
        MOV    AL,11H
        OUT    00H,AL
        MOV    AL,30H
        OUT    01H,AL
        MOV    AL,07H
        OUT    01H,AL
        MOV    AL,09H
        OUT    01H,AL
        MOV    AL,7FH
        OUT    01H,AL
        PUSH   DS
        MOV    AX,0000H
        MOV    DS,AX
        MOV    AX,OFFSET IRQ7
        ADD    AX,2000H
        MOV    SI,00DCH
        MOV    [SI],AX
        MOV    AX,0000H
        MOV    SI,00DEH
        MOV    [SI],AX
        POP    DS
A1:     STI
        HLT
        JMP    A1
IRQ7:   MOV    AX,0137H
        INT    10H
        MOV    AX,0120H
        INT    10H
        MOV    AL,20H
        OUT    00H,AL
        OUT    00H,AL
        IRET
CODE    ENDS
        END    START
```

3. 实验步骤

（1）画出以上程序的流程图。

（2）根据图 9.11 搭接实验线路，其中，$\overline{\text{INTA}}$ 连接必须在开机上电之后。

（3）输入程序并检查无误，经汇编、连接后装入系统。

（4）G＝0000：2000 ↙，运行实验程序，并通过按动 KK1 微动开关向从片申请中断，每按动一次 KK1，显示屏上显示一个"7"字符，表明 CPU 响应了一次中断。

9.10.4　实验报告和思考题

（1）写出实验记录和体会。

（2）按格式要求完成实验报告。

9.11　8255 并行接口应用实验

9.11.1　实验目的

（1）复习并掌握 8255 的各种工作方式及其应用。

（2）学习在系统接口实验单元上构造实验电路。

9.11.2　实验类型

综合型实验。

9.11.3　实验内容及步骤

1. 系统中的 8255 芯片

拨动开关和发光二极管电路如图 9.12 所示。

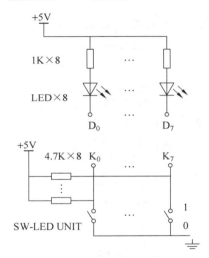

图 9.12　拨动开关和发光二极管电路

2. 8255 接口应用实验（1）

1）实验线路连接

按图 9.13 所示实验线路图编写程序，使 8255 端口 A 工作在方式 0 并作为输出口，端口 B 工作在方式 0 并作为输入口。用一组开关信号接入端口 B，端口 A 输出线接至一组发光二极管上，然后通过对 8255 芯片编程来实现输入/输出功能。

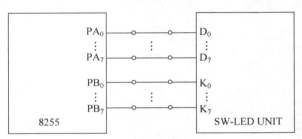

图 9.13　实验线路图

2）实验程序

```
STACK       SEGMENT  STACK
            DW       64  DUP(?)
STACK       ENDS
CODE        SEGMENT
            ASSUME   CS: CODE
START:      MOV      AL,82H
            OUT      63H,AL
A1:         IN       AL,61H
            OUT      60H,AL
            JMP      A1
CODE        ENDS
            END      START
```

3）实验步骤

（1）按图 9.13 接线，输入程序并检查无误，经汇编、连接后装入系统。

（2）运行程序，拨动开关组，观察发光二极管应一一对应。

3. 8255 接口应用实验（2）

1）实验线路连接

根据图 9.14 所示接线，编写程序，使 8255 端口 A 工作在方式 0 并作为输出口，端口 B 工作于方式 1 并作为输入口，则端口 C 的 PC_2 成为选通信号输入端 STBB，PC_0 成为中断请求信号输出端 INTRB。当 B 口数据就绪后，通过发 STBB 信号来请求 CPU 读取端口 B 数据并送端口 A 输出显示。

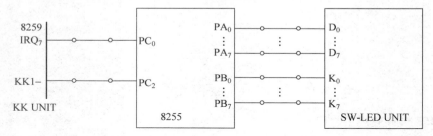

图 9.14　实验接线图（KK1-初态为"1"）

2）实验程序

```
STACK       SEGMENT  STACK
            DW       64 DUP(?)
STACK       ENDS
CODE        SEGMENT
            ASSUME   CS: CODE
START:      CLI
            MOV      AL,0A6H
            OUT      63H,AL
            MOV      AL,05H
```

```
              OUT     63H,AL
              PUSH    DS
              MOV     AX,0000H
              MOV     DS,AX
              MOV     AX,OFFSET IRQ7
              ADD     AX,2000H
              MOV     SI,003CH
              MOV     [SI],AX
              MOV     AX,0000H
              MOV     SI,003EH
              MOV     [SI],AX
              POP     DS
              IN      AL,21H
              AND     AL,7FH
              OUT     21H,AL
A1:           STI
              HLT
              JMP     A1
IRQ7:         IN      AL,61H
              OUT     60H,AL
              MOV     AL,20H
              OUT     20H,AL
              IRET
CODE          ENDS
              END     START
```

3) 实验步骤

(1) 根据图 9.14 搭接实验线路。

(2) 输入源程序并检查无误,经汇编、连接后装入系统。

(3) 运行实验程序,然后拨动开关组 $K_0 \sim K_7$,准备好后,按动微动开关 KK1,观察发光二极管组,应与开关组信号对应。

9.11.4　实验报告和思考题

(1) 在 8255 应用实验(1)和(2)中,若设 A 口为输入,B 口为输出,工作方式不变,则两程序应如何改动?

(2) 以 8255 端口 A 或 B 作为输出,接 8 个发光二极管,编程使 8 个发光二极管循环点亮。

(3) 写出实验记录和体会。

(4) 按格式要求完成实验报告。

9.12　8253 定时/计数器应用实验

9.12.1　实验目的

(1) 熟悉 8253 在系统中的典型接法。

(2) 掌握 8253 的工作方式及应用编程。

9.12.2 实验类型

综合型实验。

9.12.3 实验内容及步骤

1. 8253 计数器应用实验（1）

1）实验线路连接

设定 8253 的 2♯ 通道工作方式为方式 0，用于事件计数，当计数值为 5 时，发出中断请求信号，显示"M"。其实验线路图如图 9.15 所示。

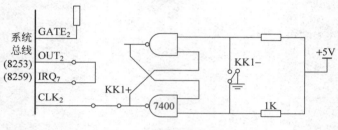

图 9.15　实验（1）线路图

2）实验程序

程序流程图如图 9.16 所示，程序如下。

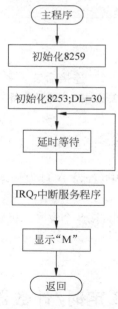

图 9.16　程序流程图

```
STACK      SEGMENT  STACK
           DW       64  DUP(?)
```

```
        STACK       ENDS
        CODE        SEGMENT
                    ASSUME  CS：CODE
        START：      IN          AL，21H
                    AND         AL，7FH
                    OUT         21H，AL
                    MOV         AL，90H
                    OUT         43H，AL
        A1：         MOV         AL，05H
                    OUT         42H，AL
                    HLT
                    STI
                    JMP         A1
                    MOV         AX，014DH
                    INT         10H
                    MOV         AX，0120H
                    INT         10H
                    MOV         AL，20H
                    OUT         20H，AL
                    IRET
        CODE        ENDS
                    END         START
```

3）实验步骤

（1）按图 9.15 接线，输入程序并检查无误，经汇编、连接后装入系统。

（2）在 0000H：003CH 单元填入 IRQ_7 中断矢量，即 0000H：003C 12 20 00 00。

（3）运行程序，按动 KK1 键，观察是否每按 6 次，屏幕上显示一个"M"字符。

2. 8253 定时器应用实验（2）

1）实验线路

利用 8253 的 0# 通道来定时中断（IRQ_0），循环显示 0～9 这 10 个数。实验（2）线路图如图 9.17 所示。

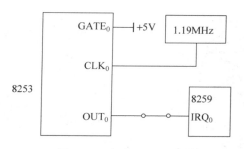

图 9.17　实验（2）线路图

2）实验程序及流程

流程图如图 9.18 所示，程序如下。

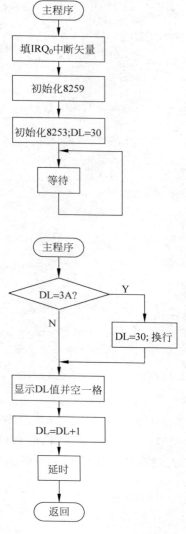

图 9.18 程序流程图

```
STACK      SEGMENT  STACK
           DW       64  DUP(?)
STACK      ENDS
ODE        SEGMENT
           ASSUME   CS: CODE
START:     PUSH     DS
           MOV      AX,0000H
           MOV      DS,AX
           MOV      AX,OFFSET IRQ0
           ADD      AX,2000H
           MOV      SI,0020H
           MOV      [SI],AX
```

```
            MOV    AX,0000H
            MOV    SI,0022H
            MOV    [SI],AX
            POP    DS
            MOV    AL,0FCH
            OUT    21H,AL
            MOV    AL,15H
            OUT    43H,AL
            MOV    AL,0FFH
            OUT    40H,AL
            MOV    DL,30H
    A1:     STI
            JMP    A1
    IRQ0:   MOV    AH,01H
            MOV    AL,DL
            CMP    AL,3AH
            JNZ    A2
            MOV    AL,0DH
            INT    10H
            MOV    AL,30H
    A2:     INT    10H
            INC    AX
            MOV    DL,AL
            MOV    AX,0120H
            INT    10H
            CALL   DALLY
            MOV    AL,20H
            OUT    20H,AL
            IRET
    DALLY:  PUSH   AX
            MOV    CX,0100H
    A3:     MOV    AX,0560H
    A4:     DEC    AX
            JNZ    A4
            LOOP   A3
            POP    AX
            RET
    CODE    ENDS
            END    START
```

3）实验步骤

（1）输入程序并检查无误,经汇编、连接后装入系统。

（2）运行程序,显示屏上应连续逐行显示 0~9 这 10 个数,直到用"RESET"复位开关来终止。

（3）修改 8253 的 0♯时间常数,再运行程序,观察显示的快慢程度。

3. 电子发声实验（3）

1）实验线路搭接

系统的 OPCLK(1.1625MHz)作为音乐节拍,由表格查出每个音符对应的时长送给计数器 2(工作在方式 3:方波频率发生器),以确定音调,驱动扬声器产生音乐。实验(3)接线图如图 9.19 所示。

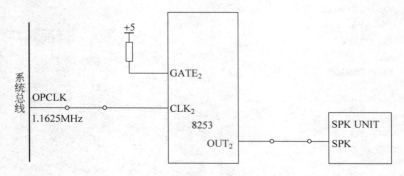

图 9.19 实验(3)接线图

2) 实验程序

```
STACK       SEGMENT   STACK
            DW        64  DUP(?)
STACK       ENDS
DATA        SEGMENT
TABLE       DB   33H,33H,3DH,33H,26H,26H,26H,26H,2DH,2DH,26H,2DH
            DB   33H,33H,33H,33H,33H,33H,4DH,45H,3DH,3DH,3DH,45H
            DB4DH,45H,45H,45H,45H,45H,45H,45H,45H,33H,33H,3DH
            DB33H,26H,26H,26H,28H,2DH,2DH,26H,26H,33H,33H,33H
            DB33H,45H,3DH,39H,39H,39H,52H,4DH,4DH,4DH,4DH,4DH
            DB4DH,4DH,4DH,2DH,2DH,26H,26H,26H,26H,26H,26H,28H
            DB28H,2DH,28H,26H,26H,26H,26H,2DH,28H,26H,2DH,2DH
            DB33H,3DH,4DH,45H,45H,45H,45H,45H,45H,45H,45H,33H
            DB33H,3DH,33H,26H,26H,26H,28H,2DH,2DH,26H,2DH,33H
            DB33H,33H,33H,33H,33H,45H,3DH,39H,39H,39H,52H,4DH
            DB4DH,4DH,4DH,4DH,4DH,4DH,4DH,00H
DATA        ENDS
CODE        SEGMENT
            ASSUME    CS: CODE,DS: DATA
START:      MOV       AX,DATA
            MOV       DS,AX
            MOV       BX,OFFSET  TABLE
            MOV       AL,[BX]
            MOV       AH,00H
A1:         MOV       DL,25H
            MUL       DL
            PUSH      AX
            MOV       AL,0B7H
            OUT       43H,AL
            POP       AX
            OUT       42H,AL
            MOV       AL,AH
            OUT       42H,AL
```

```
              INC     BX
              MOV     AH,00H
              MOV     AL,[BX]
              TEST    AL,0FFH
              JZ      A3
              MOV     CX,77FFH
     A2:      PUSH    AX
              POP     AX
              LOOP    A2
              JMP     A1
     A3:      MOV     BX,OFFSET  TABLE
              MOV     AL,[BX]
              MOV     AH,00H
              JMP     A1
     CODE     ENDS
              END     START
```

3）实验步骤

（1）按图 9.19 接线，输入程序并检查，经汇编、连接后装入系统。

（2）G=2000↙运行程序，即可听到扬声器发出音乐声。

9.12.4 实验报告和思考题

（1）总结 8253 门控端 GATE2 的作用。

（2）8253 可替代哪些常用器件？

（3）写出实验记录和体会。

（4）按格式要求完成实验报告。

9.13 8251 串行接口应用实验

9.13.1 实验目的

（1）掌握 8251 的工作方式。

（2）学习串行通信的有关知识。

9.13.2 实验类型

验证型实验。

9.13.3 实验内容及步骤

1. 系统中的 8251 芯片

1）电路连接

系统中的 8251 电路图如图 9.20 所示。

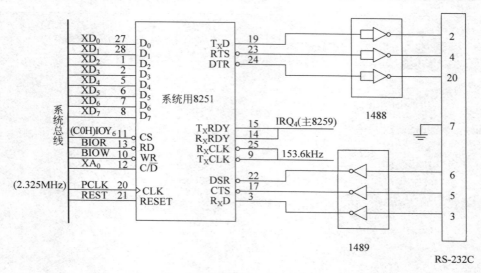

图 9.20　系统中的 8251 电路图

2）初始化

8251A 初始化流程如图 9.21 所示。

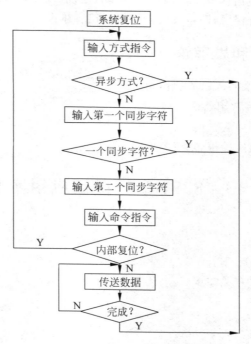

图 9.21　8251A 初始化流程图

3）系统中的 8251 芯片

系统装有一片 8251 芯片，并和标准 RS-232C 接口连好，如图 9.20 所示。在教学系统中，该电路用来完成同微机的联机以及串行监控操作，系统用 8251 端口地址如表 9.3 所示。

表 9.3　系统用 8251 端口地址

信号线	寄存器	编址
IOY_6	数据口	C0H
	控制寄存器	C1H

4）实验单元中的 8251

实验单元另装有一片 8251 芯片,用于各种串行口实验,如图 9.22 所示。8251 端口地址,如表 9.4 所示。

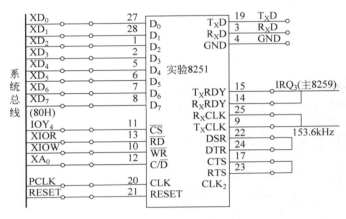

图 9.22　实验单元中的 8251

表 9.4　实验用 8251 端口地址

信号线	寄存器	编址
IOY_4	数据口	80H
	控制寄存器	81H

2. 8251 串行接口应用实验

1）串行数据格式

对串行传输的数据格式,本实验有如下规定。

(1) 一个字有一个逻辑"0"的起始位,8 位数据位,一位逻辑"1"的停止位,如图 9.23 所示。

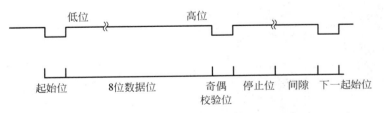

图 9.23　异步串行信号时序图

（2）传输波特率 9600Baud。

2）数据信号的串行输出

如图 9.24 所示，将示波器连入，便可观察数据波形。

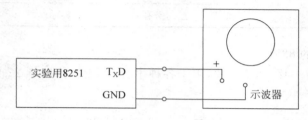

图 9.24　串口与示波器连线

3）实验程序

```
STACK       SEGMENT   STACK
            DW        64  DUP(?)
STACK       ENDS
CODE        SEGMENT
            ASSUME  CS: CODE
START:      CALL      INIT
A1:         CALL      SEND
            MOV       CX,0001H
A2:         MOV       AX,01E0H
A3:         DEC       AX
            JNZ       A3
            LOOP      A2
            JMP       A1
INIT:       MOV       AL,76H
            OUT       43H,AL
            MOV       AL,0CH
            OUT       41H,AL
            MOV       AL,00H
            OUT       41H,AL
            CALL      RESET
            CALL      DALLY
            MOV       AL,7EH
            OUT       81H,AL
            CALL      DALLY
            MOV       AL,34H
            OUT       81H,AL
            CALL      DALLY
            RET
RESET:      MOV       AL,00H
            OUT       81H,AL
            CALL      DALLY
            OUT       81H,AL
            CALL      DALLY
```

```
              OUT     81H,AL
              CALL    DALLY
              OUT     80H,AL
              CALL    DALLY
              OUT     80H,AL
              CALL    DALLY
              MOV     AL,40H
              OUT     81H,AL
              RET
DALLY:        PUSH    CX
              MOV     CX,3000H
A4:           PUSH    AX
              POP     AX
              LOOP    A4
              POP     CX
              RET
SEND:         MOV     AL,31H
              OUT     81H,AL
              MOV     AL,55H
              OUT     80H,AL
              RET
CODE          ENDS
              END     START
```

4）实验步骤

（1）用示波器与 8251 旁的 T_XD、GND 排针引脚相连接。

（2）输入程序并检查无误，经汇编、连接后装入系统。

（3）运行程序，在示波器上观察数据波形。

（4）改变发送的数据，运行程序，观察相应的波形。

3. 串口自发自收实验

1）串行数据格式

对于串行传输的数据格式，本实验有如下规定。

一个字有一个逻辑"1"起始位，8 位 ASCII 码数据位，一位逻辑"1"停止位，传输波特率为 9600Baud。实验接线如图 9.25 所示。

图 9.25 实验接线图

2）实验程序

```
STACK         SEGMENT  STACK
              DW       64 DUP(?)
STACK         ENDS
CODE          SEGMENT
              ASSUME  CS:CODE
START:        MOV     AL,76H
              OUT     43H,AL
              MOV     AL,0CH
```

```
            OUT    41H,AL
            MOV    AL,00H
            OUT    41H,AL
            CALL   INIT
            CALL   DALLY
            MOV    AL,7EH
            OUT    81H,AL
            CALL   DALLY
            MOV    AL,34H
            OUT    81H,AL
            CALL   DALLY
            MOV    DI,3000H
            MOV    SI,4000H
            MOV    CX,000AH
A1:         MOV    AL,[SI]
            PUSH   AX
            MOV    AL,37H
            OUT    81H,AL
            POP    AX
            OUT    80H,AL
A2:         IN     AL,81H
            AND    AL,01H
            JZ     A2
            CALL   DALLY
A3:         IN     AL,81H
            AND    AL,02H
            JZ     A3
            IN     AL,80H
            MOV    [DI],AL
            INC    DI
            INC    SI
            LOOP   A1
A4:         JMP    A4
INIT:       MOV    AL,00H
            OUT    81H,AL
            CALL   DALLY
            OUT    81H,AL
            CALL   DALLY
            OUT    81H,AL
            CALL   DALLY
            OUT    81H,AL
            CALL   DALLY
            OUT    80H,AL
            CALL   DALLY
            MOV    AL,40H
            OUT    81H,AL
            RET
DALLY:      PUSH   CX
            MOV    CX,3000H
```

```
A5:     PUSH    AX
        POP     AX
        LOOP    A5
        POP     CX
        RET
CODE    ENDS
        END     START
```

3）实验步骤

（1）按图 9.25 将 T_XD 和 R_XD 短接。

（2）输入程序并检查无误,经汇编、连接后装入系统。

（3）用 E 命令在 4000H～400AH 单元赋值。

（4）运行程序,用 D 命令观察 3000H～300AH 单元内容和 4000H～400AH 单元内容是否一致。

9.13.4　实验报告和思考题

（1）8251 有几种工作方式? 其数据格式如何?

（2）8251 对收发时钟有什么特殊要求?

（3）写出实验记录和体会。

（4）按格式要求完成实验报告。

9.14　自动计数显示系统

9.14.1　实验目的

本实验是对并行口、中断控制器、定时器/计数器的一次综合性自行设计练习。

9.14.2　实验类型

设计型实验。

9.14.3　实验内容

主程序重复显示"Welcome You!";8253 计数器工作于方式 0,做事件计数,每 5 次事件后,通过 8259 向 CPU 申请中断,终止显示"Welcome You!"程序;CPU 响应中断后,通过 8255 使 8 个指示灯依次点亮(要求有一定的时间间隔,间隔自定),并要求在屏幕上显示中断 CPU 次数和灯亮的顺序号,即显示的结果为 $n12345678$,n 为中断次数,设 $n=1～9$。

9.14.4　实验报告

（1）设计实验线路、实验流程图和实验程序。

（2）软硬件调试。

（3）写出实验记录和体会。

（4）按格式要求完成实验报告。

图书资源支持

感谢您一直以来对清华版图书的支持和爱护。为了配合本书的使用，本书提供配套的资源，有需求的读者请扫描下方的"书圈"微信公众号二维码，在图书专区下载，也可以拨打电话或发送电子邮件咨询。

如果您在使用本书的过程中遇到了什么问题，或者有相关图书出版计划，也请您发邮件告诉我们，以便我们更好地为您服务。

我们的联系方式：

地　　址：北京海淀区双清路学研大厦 A 座 707

邮　　编：100084

电　　话：010－62770175－4604

资源下载：http://www.tup.com.cn

电子邮件：weijj@tup.tsinghua.edu.cn

QQ：883604(请写明您的单位和姓名)

用微信扫一扫右边的二维码，即可关注清华大学出版社公众号"书圈"。

资源下载、样书申请

书圈